新世纪工程管理专业系列教材

招标投标与合同管理

（第2版）

主编　王俊安

中国建材工业出版社

图书在版编目（CIP）数据

招标投标与合同管理/王俊安主编．—2版．—北京：中国建材工业出版社，2009.5（2018.9重印）
（新世纪工程管理专业系列教材）
ISBN 978-7-80227-557-7

Ⅰ．招… Ⅱ．王… Ⅲ．①建筑工业—招标—教材②建筑工程—投标—教材③建筑工程—合同—管理—教材
Ⅳ．TU723

中国版本图书馆 CIP 数据核字（2009）第 062683 号

内 容 简 介

本书系根据最新的法律、规范，结合国内外招标投标与合同管理的最新研究与实践成果，在保持第 1 版优点的基础上重新编写而成。本书系统地阐述了工程建设领域的招标投标与合同管理，全面地反映了招标投标及合同管理的国际惯例和我国法律、规范的新变化，重点介绍了《中华人民共和国标准施工招标资格预审文件》（2007 年版）、《中华人民共和国标准施工招标文件》（2007 年版）和国家标准《建设工程项目管理规范》（GB/T 50326—2006）中合同管理的内容。全书内容包括：绪论、招标投标制度、招标条件与规则、投标业务与方法、合同的商签与履行、建设工程合同管理、国际招标投标概要、工程担保与保险、违约与合同纠纷的处理。附录中提供了 70 个相关网络资源的链接信息。通过研读本书，读者能够基本掌握招标投标与合同管理的一般规律和技巧。

本书可作为高等学校工程管理、建筑工程及相关专业的教材和教学参考书，也可供企事业单位以及政府主管部门从事招标投标与合同管理的专业人员参考，还可作为各类招标投标与合同管理人员的培训教材。

招标投标与合同管理

主编　王俊安

出版发行：中国建材工业出版社
地　　址：北京市海淀区三里河路 1 号
邮　　编：100044
经　　销：全国各地新华书店
印　　刷：北京雁林吉兆印刷有限公司
开　　本：787mm×1092mm　1/16
印　　张：22.5
字　　数：554 千字
版　　次：2009 年 5 月第 2 版
印　　次：2018 年 9 月第 20 次
书　　号：ISBN 978-7-80227-557-7
定　　价：56.00 元

本社网址：www.jccbs.com.cn
本书如出现印装质量问题，由我社发行部负责调换。联系电话：（010）88386906

新世纪工程管理专业系列教材
编　委　会

总　　序

为促进我国高等院校工程管理专业下设的房地产经营管理、投资与造价管理、物业管理等方向的教学质量的提高，全国部分财经类高校工程管理专业的负责人经过充分酝酿，决定在本专业各院校的专家和学者的共同努力下，发挥各院校的优势，突出各院校的专业特色，通力合作出版一套《新世纪工程管理专业系列教材》。

专业教材的建设是一个重要的问题，没有高质量的教材，就难以培养素质和能力方面都符合市场经济发展要求的专业人才。21 世纪不断发展的科学与技术，快速变化的国际国内市场等新形势，对工程管理专业人才的知识结构和能力素质都提出了更新、更高的要求，在发展变化中求生存，在学习创新中求发展是所有高校专业建设首先要考虑的问题。因此，尽快编写出符合时代要求，符合教育教学规律，与工程管理专业培养目标相吻合的高水平教材就成为当务之急。

《新世纪工程管理专业系列教材》以管理、财经类院校工程管理专业为主，在完全符合教育部专业指导委员会对本专业人才培养目标所设定的"管理、经济、工程技术和法律"四个知识平台基本要求的前提下，突出财经类、管理类院校对工程项目在经营管理、价值评估、可行性研究、项目营销策划、资产的保值增值等方面的专业特色，撰写以管理和经济为主线条的系列教材以满足人才培养的需要。

经过所有参编院校的认真讨论，一致同意本系列教材编写的基本原则为：

1. 所编写的教材必须符合建设部高等工程管理学科专业指导委员会对本专业人才培养目标的具体要求；

2. 财经类院校对工程管理专业人才的培养应该偏重在培养经营管理能力方面。在教材编写中，要考虑培养学生对市场经济基本知识的良好运用能力，要体现培养懂工程技术的经营管理人才的教学意图，以培养房地产开发商和经营商人才为主，为工程建设企业培养经营型人才；

3. 新编写的教材要有一定的超前性：要体现出 21 世纪对人才的要求，考虑到我国加入WTO 后对工程管理人才的知识结构和能力的要求，所涉及的内容要争取和国际惯例衔接，面向世界、面向未来；

4. 突出案例教学：力争在教材中体现实用性，在课程内容允许的情况下，以培养学生的实际工作能力为出发点，选取恰当案例作为课程内容的补充和延伸；

5. 在部分教材中争取用国外成熟的原版教材作为参考资料，扩充学习者的知识面；

6. 在新编教材中，考虑运用现代化教学手段，有条件的教材要同步编写电子课件以利于多媒体教学，或同步编写习题集以利于学习者课下练习和自学；

7. 时间和进度要服从质量，保证教材的先进性和适用性。

我们相信，在所有参编院校的共同努力下，本系列教材必定能满足新世纪快速发展和不断创新的工程管理专业的教学需要。

新世纪工程管理专业

系列教材编委会

2002 年 4 月

第 2 版前言

本书的第 1 版于 2003 年 3 月出版后，受到广大读者的关注。

自第 1 版出版发行以来，不仅有大量的与《中华人民共和国招标投标法》相配套的法规颁布和修订，而且国家发展和改革委员会、财政部、原建设部、铁道部、交通部、原信息产业部、水利部、民用航空总局、广播电影电视总局九部委首次联合编制了《标准施工招标资格预审文件》和《标准施工招标文件》，并于 2007 年年底正式发布。同时，国家标准《建设项目工程总承包管理规范》（GB/T 50358—2005）、《建设工程项目管理规范》（GB/T 50326—2006）、《建设工程工程量清单计价规范》（GB 50500—2008）等先后颁布实施。六年来，国内外招标投标与合同管理的实践在多个领域进展迅速，出现了不少新的研究成果，这使专业文献的广度和深度又得到了发展。

第 2 版编写的原则，一是，保持和强化原书优点，如注重理论联系实际，将知识性和实用性融为一体，文字通俗易懂；二是在内容上去旧增新，包括更换概念，增补理论基础及热点问题的新研究成果，删繁就简等。

在第 2 版里许多地方都作了改进，特别是对原版的结构进行了适当调整，力求在体例上更合理，内容上更充实、更有新意，陈述得更清楚、更准确。本版内容分为绪论、招标投标制度、招标条件与规则、投标业务与方法、合同的商签与履行、建设工程合同管理、国际招标投标概要、工程担保与保险、违约与合同纠纷的处理共 9 章。本版的篇幅比第 1 版有所增加，为此，我们对教学提个建议：整体上前六章已经包括了建设项目招标投标与合同管理的基本内容，后三章是扩展的专题内容，如果教学时数较多，前六章精讲，其他章可略讲；若教学时数不充裕，教师可只教前六章，后三章供学生自学。

本书由王俊安担任主编，负责大纲拟定和全书统稿。练继亮、郑子艳、宋海风参与了本书的编写。分工为：第 1 章至第 6 章由王俊安编写，第 7 章由练继亮编写，第 8 章由郑子艳编写，第 9 章由宋海风编写。

在本书编写过程中，我们进行了系统的资料检索，由于资料浩繁，不能一一列出，主要参考文献列于书末。我们在这里谨向作者和资料提供者致以衷心的感谢。

本书的责任编辑，中国建材工业出版社的马学春同志为第 1 版和第 2 版的编辑出版付出了辛勤劳动，也向她表示衷心感谢。

限于编写者的水平，书中定有不妥和疏漏之处，敬请读者批评指正。

作　者
2009 年 3 月

第 1 版前言

本书作为新世纪工程管理专业系列教材之一，全面介绍了工程建设领域的招标投标与合同管理，重点放在招标投标与合同管理的理论和实践的应用方面。全书以市场经济理论为基础，依据《中华人民共和国招标投标法》、《中华人民共和国合同法》以及国家有关部门最新颁布的招标投标及合同管理方面的法律、法规的规定，全面反映了招标投标及合同管理的国际惯例和我国法律、法规的新变化。编写时紧密结合招标投标活动的特点，系统阐述了招标投标和合同管理的理论、法律知识和操作方法。读者通过研读本书，能够基本掌握招标投标和合同管理的一般规律和技巧。

招标投标是利用市场经济的价值规律和竞争机制形成合同的过程，作为一种采购方式和订立合同的一种特殊程序，在国际、国内贸易中得到广泛应用，如建设项目的采购、政府采购、科技项目采购、物业管理采购等。从发展趋势看，招标投标的领域还在继续拓宽，规范化程度也正在进一步提高。

改革开放之前，由于我国长期实行计划经济体制，企业的生存和发展主要靠政府，企业获得合同的手段极端欠缺公开性和透明性，要通过"拉关系"等不正当手段获得合同，对于招标投标比较陌生，进入市场经济尤其是与国际市场接轨的过程中，失掉了许多商业机会；对市场经济条件下的合同管理，特别是合同风险管理和索赔意识的淡漠与无知，造成了较大的经济损失，甚至因此造成企业破产。在全球范围内，每年用于采购的数额达数亿美元，竞争的主要方法就是招标投标。据报道，仅世界银行每年就有 4 万份合同通过招标方式向全世界授予；在国内，我国的建设投资现在已呈现出多元化局面，国内的外资项目，如世行项目、亚行项目、中外合资项目、外商独资项目均已按国际惯例进行交易和管理。随着《中华人民共和国政府采购法》的颁布实施，政府为本国教育、国防、公共基础设施、公共健康和安全等购买大量的货物、服务和工程，也主要采取招标方式采购。所以，我国加入世界贸易组织以后，无论是政府管理部门，还是企事业单位乃至个人，熟悉、掌握招标投标规则和合同管理知识，对于适应竞争环境，提高自身竞争力都有重大意义。

招标投标和合同管理活动涉及的知识面很宽，它跨越相关的技术、经济、法律与管理领域，是一项综合性很强的经济活动。本书分为绪论、招标投标制度、投标业务与方法、工程建设合同、合同管理、索赔等六章和附录共七部分。按照注重理论联系实际，加强通用性、实用性、操作性，做到学以致用的指导思想进行编写，力求全面贯彻新世纪工程管理专业系列教材编委会提出的编写原则及要求，以适应工程管理专业教育的要求，将知识性和实用性融为一体，编写时力求内容先进、概念清楚、结构合理、方法实用、叙述简明。

本书可作为本科工程管理专业《招标投标与合同管理》课程的教材，同时可供工程管理专业人员阅读，还可作为各类招标投标和合同管理人员的参考书及培训教材。

本书由王俊安担任主编，负责大纲拟定和全书统稿。编写人员的分工为：第 1 章、第 2

章、第 5 章、第 6 章为王俊安执笔，第 3 章、第 4 章为徐兴艾执笔。

本书在编写过程中进行了系统的资料检索，主要参考了国家有关部门最新颁布的招标投标与合同管理方面的法律、法规，以及近年来出版的教材与著作，还有大量的互联网资料，谨此向作者和资料提供者致以衷心的感谢，主要参考文献列于书末。

虽竭尽努力，但书中难免有不尽人意之处，恳请读者及同行批评指正。

编　者

2003 年 1 月

目　　录

第1章 绪 论

招标投标作为一种采购方式和订立合同的一种特殊程序，在国际、国内贸易中，已有许多领域采用。我国工程建设领域的招标投标制度是随着建筑市场的形成而逐步建立和完善起来的。从发展趋势看，招标投标的领域还在继续拓宽，规范化程度也正在进一步提高。

现在我国建设投资已呈现出多元化局面，国内的外资项目，如世行项目、亚行项目、中外合资项目、外商独资项目均已按国际惯例进行交易和管理。市场竞争越激烈，合同风险越会显现出来，越要重视合同和合同管理。这是发展趋势。

1.1 工 程 建 设

1.1.1 工程建设活动

1.1.1.1 工程建设的概念

工程建设①，也称工程建设活动，或简称工程，是对土木建筑工程的建造和线路管道、设备安装及与之相关的其他建设工作的总称。

土木建筑工程，包括矿山、铁路、公路、道路、隧道、桥梁、堤坝、电站、码头、飞机场、运动场、房屋等工程。

线路管道和设备安装，包括电力、通讯线路，石油、燃气、给水、排水、供热等管道系统和各类机械设备、装置的安装。

其他建设工作，包括建设单位及其主管部门的投资决策活动、政府的监督管理以及征用土地、工程勘察设计、工程监理和相应的技术咨询等工作。

工程建设活动为国民经济的发展和人民生活的改善提供重要的物质技术基础，并对众多产业的振兴发挥促进作用，因此它在国民经济中占有相当重要的地位。

工程建设活动的对象是建设项目，工程建设活动的成果是建设产品。房屋建筑是最常见的建设产品。

1.1.1.2 建设项目

在我国，对于建设项目有不同的定义。

《建设项目工程总承包管理规范》（GB/T 50358—2005）定义，建设项目（engineering project）是指需要一定量的投资，经过决策和实施（设计、施工等）的一系列程序，在一定的约束条件下以形成固定资产为明确目标的一次性事业。

---

① 由于工程的含义十分广泛，要根据不同情况和不同使用场合来体现其具体含义，因此工程建设有多种不同的表述。比如，《中华人民共和国建筑法（修订征求意见稿）》第二条定义："本法所称建设工程，是指房屋工程、土木工程及其附属设施。本法所称建筑活动，是指：建设工程的勘察、设计、施工、安装、装饰装修、维护维修、拆除；建筑构配件的生产与供应；服务于建设工程的项目管理、工程监理、招标代理、工程造价咨询、工程技术咨询、检验检测等活动。"

《建设工程项目管理规范》（GB/T 50326—2006）定义，建设工程项目（construction project）是为完成依法立项的新建、扩建、改建等各类工程而进行的、有起止日期的、达到规定要求的一组相互关联的受控活动组成的特定过程，包括策划、勘察、设计、采购、施工、试运行、竣工验收和考核评价等。简称为项目。

由此可见，建设项目应满足如下要求：第一，在技术上，满足在一个总体设计或初步设计的范围内；第二，在构成上，由一个或几个相互关联的单项工程所组成；第三，在建设组织上，实行统一管理、统一核算；第四，在运作上，要经过特定的建设程序和特定的建设过程；第五，在目标上，要满足特定的约束条件、形成确定的固定资产。

1.1.1.3 建设程序

建设程序是指由法律、行政性法规、规章所规定的，进行工程建设活动所必须遵循的阶段及其先后顺序。

依据我国现行工程建设程序法规的规定，工程建设程序可概括地分为三个大阶段，每个阶段又各包含若干环节。

（1）工程建设前期阶段。包括：项目建议书、可行性研究、立项（项目评估、审核）、获得建设用地、报建、项目发包与承包、初步设计等环节。

（2）工程建设实施阶段。包括：勘察设计、设计文件审查、施工准备、工程施工、生产准备与试生产、竣工验收等环节。

（3）投产阶段。包括：生产运营或交付使用、承包商的期内包修、项目后评价等。

国际上一般将一个建设项目分为四个阶段来进行。第一个阶段叫概念阶段，即项目的机会研究、可行性研究、评估、决策、立项阶段。第二阶段叫项目定义阶段，即从项目实施策划至签订承包合同的阶段。第三阶段叫项目执行阶段，即执行承包合同到项目建成交付使用的阶段。第四阶段叫收尾阶段，即项目的完善和终结阶段。

1.1.1.4 工程建设活动的特殊性

工程建设活动的特殊性可以从工程项目管理的角度和建筑产品交易角度分别考察。

（1）从项目管理的视角看，工程项目具有如下基本特征：

1）独特性，又称唯一性。

2）一次性。指项目有明确的开始时间和明确的结束时间。

3）渐进明晰的特征。渐进的含义是指"这是一种持续不断的增长过程"；明晰的含义是指"工作需要仔细、详细，并通盘考虑"。

4）项目的多目标属性。工程项目具有明确的目标。项目目标一般包括成果性目标和约束性目标。

5）整体性与不可逆转性。

6）项目需要各种资源来完成，同时包含着一定的不确定性。

（2）从交易角度来看，工程项目本身，作为建筑业向社会提供的最终产品，也是一种商品，一般称为建筑产品。建筑产品与其他商品的区别，可以从产品本身和建设过程两大方面归纳出如下几点：

1）产品规模（体量）大、投资高，具有投资大额性；

2）产品固定、个体差别较大，不能批量生产，具有单件性；

3）产品是一个组合的整体，具有组合性或称综合性。建设产品是由许多材料、制品经施工装配而组成的综合体，是由许多个人和单位分工协作、共同劳动的总成果，往往也是由许多具有不同功能的建（构）筑物有机结合成的完整体系；

4）生产场所不固定，具有生产流动性；

5）受自然和社会条件的制约多；

6）生产周期长。在长的建设周期中，不能提供完整产品，不能发挥完全的效益，因而造成了大量的人力、物力和资金的长期占用。同时，由于建设周期长，受政治、社会与经济、自然等因素影响大；

7）建设过程的连续性和协作性。

（3）从产品质量管理角度看，工程建设项目具有多形式、有很强单项性、在多方监控下实现、直接服务于社会的大型产品特性。

1）工程项目的产品特性分别来自该项目的工业、民用、军事、社会生活用途所产生的建设要求，一般具有社会性，设计、工艺及施工组织的多样性，每件产品的生产周期长，耗工多及费用高等产品特性，与一般的制造业产品有区别；

2）项目设计、施工的单项性；

3）满足政府单项监控的要求。工程建设项目的立项、设计、招标投标、开工许可、质量监控及竣工验收、质量缺陷保修等都需要符合政府相关主管部门以相关法律、法规为依据所提出的单项监控要求；

4）满足建设单位一方的监控要求。项目的勘察、设计、施工、保修都必须以各阶段合同要求为依据，在建设单位及其委托的监理单位对项目的监控下实施，施工期间建设单位及监理单位在现场驻地监控；

5）各产品实现单位单项组织生产。项目的勘察、设计、施工、监理等单位分别与建设单位签订承包合同，单项组织生产，产品质量是专项管理的成果。

1.1.2　建设项目管理方式

建设项目的实施是一个复杂的系统工程，有其内在的客观规律，必须采用与之相适应的管理模式和管理方法去实现。工程总承包和工程项目管理是国际通行的工程建设项目组织实施方式。不同项目管理模式的承包范围见图1-1。

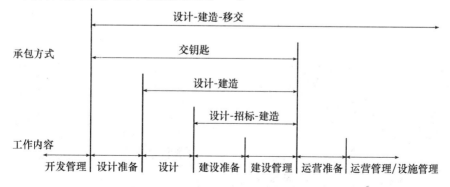

图1-1　不同项目管理模式的承包范围

3

1.1.2.1 传统的自管方式

长期以来，我国的建设项目，特别是政府投资工程，组织实施方式基本沿袭了计划经济体制下的传统管理模式，大都是由建设单位组建临时基建班子进行建设管理。这种临时性、非专业化、自建自管的管理方式，其弊端主要表现在：专业管理知识与经验不足，项目前期决策不科学，管理水平和效率低，超投资，工程建设水平难以提高，基本建设的整体效益较低，等等。

设计-招标-建造（DBB）模式是国际上传统的、通用的项目管理模式，我国目前也基本上采用这种模式。这种模式最突出的特点是强调工程项目实施必须按照设计-招标-建造的顺序进行，只有一个阶段结束后，另一个阶段才开始。设计、建造分别由不同的承包者完成。

1.1.2.2 总承包管理方式

工程总承包是指从事工程总承包的企业受业主委托，按照合同约定对工程项目的勘察、设计、采购、施工、试运行（竣工验收）等实行全过程或若干阶段的承包。

工程总承包企业按照合同约定对工程项目的质量、工期、造价等向业主负责。工程总承包企业可依法将所承包工程中的部分工作发包给具有相应资质的分包企业；分包企业按照分包合同的约定对总承包企业负责。

工程总承包主要有如下方式：

（1）设计采购施工（EPC）/交钥匙总承包。指工程总承包企业按照合同约定，承担工程项目的设计、采购、施工、试运行服务等工作，并对承包工程的质量、安全、工期、造价全面负责。交钥匙总承包是设计采购施工总承包业务和责任的延伸，最终是向业主提交一个满足使用功能、具备使用条件的工程项目；

（2）设计-施工总承包（D-B）。设计-施工总承包是指工程总承包企业按照合同约定，承担工程项目设计和施工，并对承包工程的质量、安全、工期、造价全面负责；

（3）根据工程项目的不同规模、类型和业主要求，工程总承包还可采用设计-采购总承包（E-P）、采购-施工总承包（P-C）等方式。

近十几年来，工程总承包在国际工程中发展十分迅速，已成为工程承包的主要实施模式。根据美国设计-建造学会的报告，目前国际上约50%的工程采用工程总承包的方式建造。

在国内的工程承包市场中，总承包项目仅为10%左右，且主要集中在石化、化工、电力、冶金等专业工程领域，房屋建筑工程总承包项目市场份额较小。

1.1.2.3 三角管理方式

三角管理方式或称工程项目管理方式，是指由业主分别与承包单位和工程项目管理企业签订合同，工程项目管理企业受业主委托，按照合同约定，代表业主对工程项目的组织实施进行全过程或若干阶段的管理和服务。

工程项目管理企业不直接与该工程项目的总承包企业或勘察、设计、供货、施工等企业签订合同，但可以按合同约定，协助业主与工程项目的总承包企业或勘察、设计、供货、施工等企业签订合同，并受业主委托监督合同的履行。

工程项目管理主要有如下方式：

（1）项目管理服务（PM）。项目管理服务是指工程项目管理企业按照合同约定，在工程项目决策阶段，为业主编制可行性研究报告，进行可行性分析和项目策划；在工程项目实施阶段，为业主提供招标代理、设计管理、采购管理、施工管理和试运行（竣工验收）等服务，代表业主对工程项目进行质量、安全、进度、费用、合同、信息等管理和控制。工程项目管理企业一般应按照合同约定承担相应的管理责任。

（2）项目管理承包（PMC）。项目管理承包是指工程项目管理企业按照合同约定，除完成项目管理服务（PM）的全部工作内容外，还可以负责完成合同约定的工程初步设计（基础工程设计）等工作。项目管理承包企业一般应当按照合同约定承担一定的管理风险和经济责任。

（3）根据工程项目的不同规模、类型和业主要求，还可采用其他项目管理方式。

1.1.3 工程建设的参与者

工程建设活动是一个系统性的工作，根据我国现行规定，除了政府的管理部门（如行政管理、质量监督等部门），金融机构及建筑材料、设备供应商之外，我国从事建设活动的单位[①]主要有建设单位、房地产开发企业、工程项目管理企业、工程勘察设计企业、工程监理企业、建筑业企业以及工程咨询服务单位等。

1.1.3.1 建设单位

建设单位是指拥有相应的建设资金，办妥工程建设手续，以建成该项目达到其经营使用目的的政府部门、事业单位、企业单位或个人[②]。

在国际上，通常使用业主（Owner）一词，也有些国家和地区使用雇主（Employer）一词，其含义是一样的。在我国国内建筑市场上，建设单位实际上就是类似于业主的角色。过去在某些大、中型项目中，工程指挥部行使了业主的权力。原国家计委规定自1992年起，新开工的大中型基本建设项目原则上都要实行项目业主责任制（1996年改成项目法人责任制），以促使我国的投资效益有一个根本的改观。

建设单位（业主），是工程建设项目建设全过程的总负责方，拥有确定建设规模、功能、外观，选用材料、设备，按照法律法规规定选择承包单位等权利。

在我国，建设单位对建设项目进行自行管理的，其组成人员应符合一定的要求，并应向建设行政主管部门进行申报。不具备规定条件的，或按规定应当实施工程监理的建设项目，必须委托具备相应资质等级的工程监理单位实行监理。

1.1.3.2 房地产开发企业

房地产开发企业是指在城市及村镇从事土地开发、房屋及基础设施和配套设施开发经营业务，依法取得相应资质等级证书，具有企业法人资格的经济实体。未取得房地产开发资质等级证书（简称资质证书）的企业，不得从事房地产开发经营业务。

根据《房地产开发企业资质管理规定》（建设部令第77号），房地产开发企业的资质等

---

① 法律常赋予参与不同范围建设活动的当事人以特定的名称。如，业主在招标投标活动中为招标人，签订合同时为发包人或委托人等。

② 狭义的建设单位是指项目建设管理单位，即建设项目法人（业主）及房地产开发商为实施工程项目建设而设置的管理机构。

级，按照其拥有的注册资本、专业技术人员和开发业绩等条件划分为一、二、三、四级资质和暂定资质。

各资质等级企业应当在规定的业务范围内从事房地产开发经营业务，不得越级承担任务。

在工程建设中，房地产开发企业的角色和一般建设单位相似。

1.1.3.3 工程项目管理企业

工程项目管理企业是以工程项目管理技术为基础，以工程项目管理服务为主业，具有与工程项目管理相适应的组织机构、项目管理体系、项目管理专业人员和项目管理技术，通过提供项目管理服务，创造价值并获取利润的企业。工程项目管理企业代表业主对项目的建设实施全面管理。

按照《建设工程项目管理试行办法》（建市［2004］200号）规定，工程项目管理企业应当具有工程勘察、设计、施工、监理、造价咨询、招标代理等一项或多项资质。工程项目管理企业按照现行有关企业资质管理规定，在其资质等级许可的范围内开展工程项目管理业务。

工程项目管理企业能够在工程项目决策阶段为业主提供项目前期策划，编制项目建议书、可行性研究报告，在工程项目实施阶段为业主提供招标管理、勘察设计管理、采购管理、施工管理、试运行管理和组织项目后评价等服务，代表业主对工程项目的质量、安全、进度、费用、合同、信息、环境、风险等方面进行管理。根据合同约定，可以为业主提供全过程或分阶段项目管理服务。

1.1.3.4 工程勘察设计企业

工程勘察设计企业是指依法取得资格，从事工程勘察、工程设计活动的单位。一般情况下，工程勘察和工程设计是业务各自独立的企业。

建设工程勘察，是指根据建设工程的要求，查明、分析、评价建设场地的地质、地理环境特征和岩土工程条件，编制建设工程勘察文件的活动。一般包括初步勘察和详细勘察两个阶段。

建设工程设计，是指根据建设工程的要求，对建设工程所需的技术、经济、资源、环境等条件进行综合分析、论证，编制建设工程设计文件的活动。

根据《建设工程勘察设计资质管理规定》（建设部令第160号），工程勘察、工程设计企业按照其拥有的注册资本、专业技术人员、技术装备和勘察设计业绩等条件申请资质。建设工程勘察、设计资质分为工程勘察资质、工程设计资质。

工程勘察资质又分为工程勘察综合资质、工程勘察专业资质、工程勘察劳务资质。工程勘察综合资质只设甲级；工程勘察专业资质设甲级、乙级，根据工程性质和技术特点，部分专业可以设丙级；工程勘察劳务资质不分等级。

工程设计资质分为工程设计综合资质、工程设计行业资质、工程设计专业资质和工程设计专项资质。工程设计综合资质只设甲级；工程设计行业资质、工程设计专业资质、工程设计专项资质设甲级、乙级。根据工程性质和技术特点，个别行业、专业、专项资质可以设丙级，建筑工程专业资质可以设丁级。

政府建设管理部门制定有建设工程勘察、工程设计资质标准。国家对从事建设工程勘察、设计活动的专业技术人员，实行执业资格注册管理制度。

1.1.3.5 工程监理企业

工程监理企业，是指经政府有关部门批准，取得工程监理企业资质证书，具有法人资格，受建设单位委托，依据国家有关法律法规、技术标准和工程监理合同，对工程项目实施监督管理的单位。"监理"是我国特有的称法，西方国家承担监理任务的是工程咨询公司、工程顾问公司、建筑师事务所等，一般通称"工程师"。

工程建设中，监理单位接受业主的委托和授权，对工程建设项目施工阶段的工程质量、建设工期、施工安全、建设投资和环境保护等代表建设单位实施专业化监督管理，业主和承包者①之间与建设合同有关的联系活动要通过监理单位进行。

根据《工程监理企业资质管理规定》（建设部令第158号），工程监理企业按照其拥有的注册资本、专业技术人员和工程监理业绩等资质条件申请资质。取得相应等级的资质证书后，方可在其资质等级许可的范围内从事工程监理活动。工程监理企业资质分为综合资质、专业资质和事务所资质。其中，专业资质按照工程性质和技术特点划分为若干工程类别。综合资质、事务所资质不分级别。专业资质分为甲级、乙级；其中，房屋建筑、水利水电、公路和市政公用专业资质可设立丙级。

1.1.3.6 建筑业企业

建筑业企业，过去也称工程施工企业，是指从事土木工程、建筑工程、线路管道设备安装工程、装修工程的新建、扩建、改建活动的企业。在国际上一般称为承包商。

在我国，建筑业企业按照其拥有的注册资本、专业技术人员、技术装备和已完成的建筑工程业绩等条件申请资质。取得建筑业企业资质证书后，方可在资质许可的范围内从事建筑施工活动。

根据《建筑业企业资质管理规定》（建设部令第159号），我国的建筑业企业分为施工总承包、专业承包和劳务分包三个序列，各序列按照工程性质和技术特点分别划分为若干资质类别，各资质类别按照规定的条件划分为若干资质等级。

政府主管部门规定了建筑业企业资质等级标准和各类别等级资质企业承担工程的具体范围。如，房屋建筑工程施工总承包企业资质分为特级、一级、二级、三级。

取得建筑业企业资质证书的企业，可以从事资质许可范围相应等级的建设工程总承包业务，可以从事项目管理和相关的技术与管理服务。

1.1.3.7 工程咨询和服务单位

工程咨询和服务单位主要向业主提供工程咨询和管理等智力型服务。改革开放以来，国家对原有的投资体制和基本建设管理体制进行了一系列的改革，产生了许多为工程提供咨询服务的专业单位，除了勘察设计单位和监理单位外，从事工程咨询和服务的单位还很多，如工程咨询（狭义）、信息咨询、工程造价咨询、工程质量检测、工程招标代理、房地产中介（包括咨询、价格评估、经纪等）、房地产测绘等单位。

工程咨询和服务单位一般应当取得相应的工程咨询单位资质证书，或者是拥有规定数

---

① 为叙述简便起见，在不至于发生歧义的情况下，本书在泛指工程建设的承接一方（如工程咨询单位、勘察设计单位、施工单位、材料供应单位）时，一般通称承包者，有时也包括监理单位在内。

量执业（职业）人员的独立法人资格的经济组织，并在核定的范围内从事相应咨询服务。比如在项目投资决策阶段的主要工作——可行性研究，一般由工程咨询（狭义）单位来完成。

1.1.4 建设项目的交易方式

工程建设项目的交易，从业主的角度讲是指项目的采购①或发包，站在项目承包者的角度讲就是对项目的承接或承包。因此，广义地讲，项目发包就是业主采用一定方式，择优选定项目承接单位的活动；而项目承包是指承包者通过一定的方式取得某一项目的全部或其中一部分合同的活动。

1.1.4.1 内容与分类

项目采购的内容非常广泛，可以包括项目的全过程，也可以分别对预可行性研究、可行性研究、勘察设计、材料及设备采购、设备与非标准设备的加工、建筑安装工程施工、设备安装、生产准备（如生产职工培训）和竣工验收等阶段进行采购。对一个承包者来说，既可承包项目的全部工作，也可以承包某一项或几项工作。工程项目生命周期如图1-2所示。

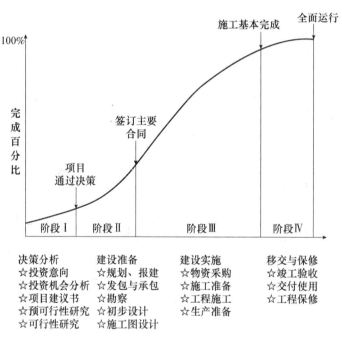

图1-2　工程项目生命周期示意

工程项目交易的内容，因采购范围不同而不同。常见的有：

（1）全过程采购。即从项目建议书开始直到竣工投产交付使用，实行一次性全面采购；

（2）工程咨询采购。即以广义工程咨询（如可行性研究、勘察、设计、监理）为内容的采购，也称为服务采购；

---

① 采购，一般是指以合同方式有偿取得货物、工程和服务的行为，包括购买、租赁、委托、雇用等。

（3）工程材料、设备采购。即以材料设备供应为内容的采购，也称为货物采购；

（4）工程施工采购。即以工程施工为内容的采购，也称为工程采购。

工程项目交易的方式，受采购内容和具体条件的影响，方式灵活多样，站在承包者的角度，其主要分类如图1-3所示。

1.1.4.2 按承包范围（内容）划分交易方式

1. 建设全过程承包

建设全过程承包也叫"统包"，发包的工作范围一般是从项目立项到交付使用的全工程。项目全过程承包是工程建设承包向社会化、专业化方向发展的一种较好的形式，也是目前国际上广泛采用的一种承包方式。

在实践中，由于对全过程范围的认定不同，所以实际上的全过程承包有许多不同的情况。如设计-施工总承包、设计采购施工/交钥匙总承包等。

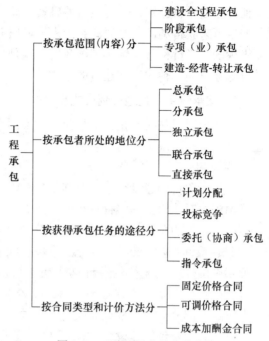

图1-3　工程项目交易方式分类

这种承包方式的优点是充分借鉴专职的承包单位已有的经验，节约投资、缩短建设工期并保证建设的质量，提高投资效益。业主基本上不再参与建设过程中的具体管理，只是对项目的建设过程进行较为宏观的监督和控制。

2. 阶段承包

阶段承包的内容是建设过程中某一阶段或某些阶段的工作。例如勘察设计承包，建筑施工承包，设备安装承包等。

在施工阶段，还可根据承包内容的不同，细分为以下3种方式：

（1）包工包料。即承包商提供工程施工所用的全部人工、材料和机械。这是国际上采用的较为普遍的施工承包方式；

（2）包工部分包料。也有称包工半包料的，即承包商只负责提供施工所用的全部人工、机械和一部分材料，其余部分则由业主或总包商负责供应；

（3）包工不包料。也称为清包工，即承包人仅提供劳务而不承担供应任何材料的义务，一般情况下，承包人不提供施工机具，而仅自带工人手用工具。

3. 专项承包

专项承包的内容是某一建设阶段中的某一专门项目，由于专业性较强，多由有关的专业承包者承包，故称专业承包。例如，勘察设计阶段的工程地质勘察、基础或结构工程设计，施工阶段的基础施工、金属结构制作和安装，以及建设准备过程中的设备选购和生产技术人员培训等。

4. 建造-运营-转让承包

建造-运营-转让承包，即BOT（Build-Operate-Transfer），这种方式是指一国财团或投资人作为项目发起人，从一个国家的政府获得某项基础设施的建设特许权，然后由其独立或联合其他方组建项目公司，负责项目的融资、设计、建造和运营，整个特许期内项目公司通过项目的运营来获得利润，并以此利润来偿还债务。特许期满之时，整个项目由项目公司无偿或以极少的名义价格移交给东道国政府。这是20世纪80年代兴起的依靠国外私人资本进行基础设施建设的一种融资和建造的方式。

1.1.4.3 按承包者所处地位划分交易方式

一个建设项目往往不止一个承包者。不同承包者之间、承包者与业主之间的关系不同，地位不同，也就形成不同的承包方式。

1. 总承包

一个建设项目的建设全过程或其中某个阶段的全部工作由一个单位承包下来，称为总承包。我国提倡对建筑工程实行总承包。

国际上常见的总承包方式有：全过程总承包、设计-施工总承包、投资-设计-施工总承包[①]、投资-设计-施工-经营一体化总承包、施工总承包[②]等。

近年来国外广泛流行的一种称为快速轨道方式（Fast-Track-Construction-Management）的发包方式：在主体设计方案确定后，随着设计工作的进展，完成一部分分项工程的设计后，即对这一部分分项工程组织发包，业主可以将工程直接发包给每一个分项工程的承包商，也可以直接发包给建设管理公司（CM公司）[③]，由CM公司再组织分包。

我国《建筑法》规定，总承包者可以将承包工程中的部分工程发包给具有相应资质条件的分包单位；但是，除总承包合同中约定的分包外，必须经业主认可。施工总承包的，建筑工程主体结构的施工必须由总承包者自行完成。

这种承包方式，业主仅同这个总承包者发生直接业务关系，而不同各专业承包者发生直接关系。

我国由于长期采取设计与施工分开的管理体制，目前具备设计、施工双重能力的单位为数较少。

2. 分承包

分承包简称分包，是指总承包者把所承包工程中的部分工程或某些工作交给其他单位（一般称为分包商）来实施。在现场，分包商的工作在总承包商的控制之下。我国《建筑法》和《合同法》对工程分包作出了明确规定，允许分包，但不允许再分包和层层转包。

3. 独立承包

独立承包是指承包者依靠自身的力量完成承包的任务。这种承包方式通常仅适用于规模小、技术要求比较简单的工程以及修缮工程。

----

① 即建设项目由承包商贷款垫支，并负责规划、设计、施工，建成后再转让给业主。类似的承包方式，在我国曾属违规之列。

② 广义的施工总承包应包括施工管理总承包在内。在施工中，管理承包商通常不直接负责施工，而是把施工部分承包出去，并管理其他承包商的工作，承担全部责任以及价格、质量和按期施工的风险。施工管理总承包与施工监理不同，施工监理是为业主工作的代理，它不承担该类风险。

③ 采用这种特定的发包模式，业主将根据设计的进展，按先后分别委托施工，使工作明显增加、组织和协调等管理工作难度增大。因此，一般认为，无论业主直接面对分项承包商还是由CM公司组织分包，业主都需要委托一家CM公司（承包商，不是咨询单位）来承担建设管理工作。

4. 联合承包

联合承包是指在承包大型或技术复杂的工程项目时，由两个或两个以上承包者联合共同承包。一般情况下，参加联合的各单位要签订联合承包协议，明确各自的责任、权利、义务，并推选出代表与业主签订承包合同，共同承包的各方，对承包合同承担连带责任。

这种方式的优点是，由于多家联合，资金雄厚，技术和管理上可以取长补短，发挥各自的优势和弥补自身的不足，有能力承包更大的工程任务。同时，由于多家共同估价，在报价及投标策略上互相交流经验，也有助于提高竞争力，较易得标。在国际工程承包中，外国承包企业与工程所在国家承包企业联合经营也有利于对当地国情民俗、法律法规的了解和适应，便于工作的开展。

5. 直接承包

直接承包就是在同一工程项目上，不同的专业承包者分别与业主签订承包合同，各自直接对业主负责。现场协调工作可由业主自己去做，或委托一个承包者牵头去做。

1.1.4.4 按获得承包任务的途径划分交易方式

根据承包者获得任务的不同途径，承包方式可划分为四类：

（1）计划分配。计划分配获得任务的方式，是我国在传统的计划经济体制下推行的建设工程承发包制。一般由中央或地方政府的计划部门分配建设工程任务，由设计、施工单位与建设单位签订承包合同；

（2）投标竞争。投标竞争，即招标投标方式。通过投标竞争，中标者获得任务，与业主签订承包合同。这是市场经济条件下实行的主要的承包方式；

（3）委托承包。委托承包即直接发包（或称议标），由业主与承包者协商，签订委托其承包某项工程任务的合同；

（4）指令承包。指令承包是由政府主管部门依法指定工程承包者，仅适用于某些特殊情况。

1.2 招标投标

在商业贸易中，特别是在国际贸易中，大宗商品或大型建设项目的采购等，通常不采用一般的交易程序，而是按照预先规定的条件，对外公开邀请符合条件的国内外制造商或承包者报价投标，最后由采购者从中选出价格和条件优惠的投标人，与之签订合同。在这种交易中，对项目采购（包括货物的购买、工程的发包和服务的采购）的采购者来说，他们进行的业务是招标；对项目承包者（或供应商）来说，他们进行的业务是投标。

1.2.1 招标投标活动

1.2.1.1 概念

招标投标活动，或称招标投标，是招标人对工程、货物和服务事先公开招标文件，吸引多个投标人提交投标文件参加竞争，并按招标文件的规定选择交易对象的行为。

招标和投标是一个过程的两个方面。

1.2.1.2 当事人

参加招标投标活动的主要当事人是招标人①和投标人。按照《中华人民共和国招标投标法》（以下简称《招标投标法》）的定义，招标人是依照《招标投标法》规定提出招标项目、进行招标的法人或者其他组织；投标人是响应招标、参加投标竞争的法人或者其他组织。那么，从众多投标人中选择出的最大限度满足事先公布条件要求的最佳投标人，即是招标投标活动的中标人。

根据《中华人民共和国民法通则》的规定，法人是指具有民事权利能力和民事行为能力，并依法享有民事权利和承担民事义务的组织，包括企业法人、机关法人、事业单位法人和社会团体法人。法人具备下列条件：①依法成立；②有必要的财产或者经费；③有自己的名称、组织机构和场所；④能够独立承担民事责任。其他组织，根据最高人民法院关于适用《中华人民共和国民事诉讼法》若干问题的意见第40条对"其他组织"所作解释，它是指合法成立、有一定的组织机构和财产，但又不具备法人资格的组织，包括：①依法登记领取营业执照的私营独资企业、合伙组织；②依法登记领取营业执照的合伙型联营企业；③依法登记领取我国营业执照的中外合作经营企业、外资企业；④经民政部门核准登记领取社会团体登记证的社会团体；⑤法人依法设立并领取营业执照的分支机构；⑥中国人民银行、各专业银行设在各地的分支机构；⑦中国人民保险公司设在各地的分支机构；⑧经核准，登记领取营业执照的乡镇、街道、村办企业；⑨符合本条规定条件的其他组织。

1.2.1.3 招标采购的对象

招标采购的对象是工程、货物和服务。

工程，在此专指各类房屋和土木工程建造、设备安装、管道线路敷设、装饰装修等建设以及附带的服务。货物，是指各种各样的物品包括原材料、产品、设备和固态、液态或气态物体和电力，以及货物供应的附带服务。服务，是指除货物和工程以外的任何采购对象，如勘察、设计、咨询、监理等。

1.2.2 招标投标制的发展

1.2.2.1 招标投标制的产生与发展

比较规范的招标活动首次出现于较大规模的投资项目或大宗物品的购买活动。

招标投标活动起源于英国。18世纪后期，英国政府和公用事业部门实行"公共采购"，形成公开招标的雏形。19世纪初，英法战争结束后，英国军队需要建造大量军营，为了满足建造速度快并节约开支的要求，决定每一项工程由一个承包商负责，由该承包商统筹安排工程中的各项工作，并通过竞争报价方式来选择承包商，结果有效地控制了建造费用。这种竞争性的招标方式由此受到重视，其他国家也纷纷仿效。

最初的竞争招标要求每个承包商在工程开始前根据图纸计算工程量并做出估价，到19世纪30年代发展为以业主提供的工程量清单为基础进行报价，从而使投标的结果具有可比性。进入20世纪，特别是第二次世界大战之后，招标投标制度的影响力不断扩大，先是西方发达国家，接着世界银行（WB）及其他国际金融组织在货物采购、工程承包、咨询服务

---

① 招标人的某些工作也可以委托招标代理机构来完成。

中大量推行招标方式，近二三十年来，发展中国家也日益重视和采用设备采购、工程建设招标。

经过两个多世纪的实践，招标投标作为一种交易方式已经得到广泛应用，并日趋成熟，目前已经形成了一整套体制和实施方法，规范化程度越来越高。国际上一些著名的行业学会如国际咨询工程师联合会（FIDIC，通称"菲迪克"），英国土木工程师学会（ICE）、美国建筑师学会（AIA）等都编制了多种版本的合同条件，适用于不同类型、不同合同的工程的招标投标活动，在世界上的许多国家和地区广泛应用。

联合国有关机构和一些国际组织对于应用招标投标方式进行采购，也作出了明确的规定。如联合国贸易法委员会的《关于货物、工程和服务采购示范法》、世界贸易组织（WTO）的《政府采购协议》、世界银行的《国际复兴开发银行贷款和国际开发协会信贷采购指南》等。可以说，招标投标目前已被公认为一种成熟而可靠的交易方式，在国际经济贸易中被普遍采用。

1.2.2.2　我国招标投标的沿革

由于我国的商品经济一直没有得到很好发展，而招标投标实际是成熟商品经济的一种交易行为，因此，招标投标在我国的起步较晚。但是有人认为它是改革开放的产物，则有失公允。我国清朝末期已有了关于工程招标投标活动的文字记载，在 1949 年以前也普遍运用招标投标方式，新中国建立后曾继续保留一段时间，以后才完全取消了。

招标投标就其商品交换择优选择的意义及其外在形式，可以认为，在我国悠久的历史中早有应用。究其发展历程，可追溯到明代的建筑工程承包制。

清代以后，由明代沿袭下来的工程建筑包工不包料的承包雇佣制，在工程建筑中又得到了进一步的发展。清朝雍正年间（约公元 1723 年前后），在建筑工程包工不包料的方式中，融进了在承包房舍建造等工程时进行招商比价的方法，通过招商比价获得对房舍建造的承包权。

1840 年鸦片战争以后，西方殖民者的入侵和外国资本的侵入，使当时国外已经采用的招标投标方式也引入我国，清代末期，我国长期采用的"工官制度"受到冲击，并逐步被瓦解。最晚在 19 世纪 60 年代，以投标制、包工制为特色的近代工程承包方式已经在上海出现。据《东方"巴黎"——近代上海建筑史话》一书介绍，在上海，1864 年开工的法国领馆大楼，由英国建筑师设计，法商希米德营造厂和英商怀氏斐欧特营造厂竞争投标，结果由希米德营造厂中标承建。这种具有强烈竞争意识的投标制度，让自然经济下的中国工匠颇感新鲜，他们也尝试着参与投标承包工程。1864 年，一名叫孙金昌的建筑工匠在投标中击败对手，中标承建大英自来火房工程；同年，另一名叫魏荣昌的承包商中标承建法公董局大楼。他们是上海近代史上最早接触西方经营技术的先驱。1880 年，上海第一家中方营造厂——杨瑞泰营造厂宣告成立，并夺得了江南海关工程承包权。自 20 世纪初起，中国营造商基本垄断了上海重要建筑工程的施工承包权。

据史料记载，国人最早采用招商比价（招标投标）方式发包工程的是 1902 年张之洞创办的湖北制革厂，五家营造商参加开价比价，结果张同开以 1270.1 两白银的开价中标，并签订了以质量保证、施工工期、付款办法为主要内容的承包合同。1918 年，汉阳铁厂的两项扩建工程曾在汉口《新闻报》刊登广告，公开招标。1929 年，当时的武汉市采购办委员会曾公布招标规则，规定公有建筑或一次采购物料超过 3000 元，均需通过招标决定承办厂商。但在清末和民国时期，并没有形成全国性的招标投标制度。

在新中国成立之前，营造厂争揽工程，主要采取投标方式，也有通过"比价商议"或亲友介绍的方式。投标分硬标和软标两种。硬标以最低价作为得标标准。软标则由业主和建筑师全面衡量营造厂的信誉、技术、资金和标价的情况决定得标人。"比价商议"则由建筑师推荐几家有能力承担此项工程的营造厂，开列工程估价单进行比较，也综合考虑各厂的技术水平、资金实力、社会信誉，这实质上是邀请投标。

新中国成立后，1951 年 6 月 11 日，中华全总召开全国建筑工作会议，提出整理与改革建筑业的十一条办法，其中包括废除投标制，实行工程任务分配制和废除层层转包，建立合同制。自此到改革开放，由于商品经济基本被窒息，招标投标也不可能被采用，因此招标投标制被长期封存。

1978 年，党的十一届三中全会之后，经济改革和对外开放揭开了我国招标发展历史的新篇章。1979 年，我国土木建筑企业参与国际市场竞争，以投标方式在中东、亚洲、非洲和我国港澳地区开展国际承包工程业务，取得了国际工程投标的经验与信誉。国务院在 1980 年 10 月颁布了《关于开展和保护社会主义竞争的暂行规定》，指出："对一些适宜于承包的生产建设项目和经营项目，可以试行招标、投标的办法。"世界银行在 1980 年提供给我国的第一笔贷款，即第一个大学发展项目时，便以国际竞争性招标方式在我国（委托）开展其项目采购与建设活动。

从 1980 年开始，上海、广东、福建、吉林等省、市又开始试行工程招标投标。1984 年，国务院决定改革单纯用行政手段分配建设任务的老办法，实行招标投标制，并制定和颁布了相应的法规，随后便在全国进一步推广。随着经济体制的改革，招标投标已逐步成为我国工程、服务和货物采购的主要方式。

20 世纪 90 年代初期到中后期，全国各地普遍加强对建设工程招标投标的管理和规范工作，也相继出台了一系列法规和规章，招标方式已经从议标为主转变到以邀请招标为主，这一阶段是我国招标投标发展史上重要的阶段，招标投标制度得到长足的发展，全国的建设工程招标投标管理体系基本形成，为完善我国的招标投标制度打下了坚实的基础。

我国政府有关部委为了推行和规范招标投标活动，先后发布多项相关法规。1999 年 8 月 30 日，第九届全国人民代表大会常务委员会第十一次会议通过了《招标投标法》，并于 2000 年 1 月 1 日起施行。2002 年 6 月 29 日，第九届全国人民代表大会常务委员会第二十八次会议通过了《中华人民共和国政府采购法》，确定招标投标方式为政府采购的主要方式。这标志着我国招标投标活动从此走上法制化的轨道，我国招标投标制进入了全面实施的新阶段。《招标投标法》颁布后，有关部委相继出台了与之相配套的部门规章，招标投标体制不断完善，招标投标制在各地各部门得到了进一步的推广。

目前，我国已经在建设工程、政府采购、土地出让、机电设备进口、科研课题分配、药品采购、物业管理等多个领域推行招标投标制。

1.2.2.3 招标投标制的适用条件

招标投标的交易方式，是市场经济的产物，采用这种交易方式必须具备两个基本条件：一是要有能够开展公平竞争的市场经济运行机制；二是必须存在招标投标采购项目的买方市场，对采购项目能够形成卖方多家的竞争局面，买方才能居于主导地位，有条件以招标方式从多家竞争者中选择中标者。

"物竞天择，适者生存"是一条自然规律。它不仅存在于自然界，同样也存在于人类社会。人类社会发展中最激烈的竞争，是在商品经济发达起来以后出现的市场竞争。竞争也就是选择。

招标投标实质上是一种选择行为，是有目的的择优汰劣活动。它实际上是一种有规范、有约束的竞争活动，也可以说是一种竞争的规范。作为一种有规范、有约束的竞争活动，招标投标是商品经济和竞争机制发展到一定高度的必然产物和结果。

1.2.3 国际上运用招标投标方式进行采购的主要部门

可以说，任何企业、部门都可以运用招标采购。但国际上，招标为其法定的采购方式的仅见于集体性组织，即国际组织或机构、国际金融机构、各政府部门、各国公用事业部门、国有企业等。

1.2.3.1 国际组织或机构

国际组织或机构较大的主要包括：联合国主要机构和各种附属组织、欧洲联盟（欧盟）、经济合作与发展组织（经合组织）、关税合作理事会、77 国集团等。

联合国主要机构包括：联合国大会、安全理事会、经济及社会理事会、托管理事会、国际法院和秘书处。联合国系统主要的专门或独立组织有：国际原子能机构，国际劳工组织，联合国粮食及农业组织，联合国教育、科学及文化组织，世界卫生组织，国际民用航空组织，万国邮政联盟，国际电信联盟，国际气象组织，国际货币基金组织，世界贸易组织，等等。

联合国的采购项目分为中期与长期两种。中期项目采用招标制，投标之前不能询价，直接把标书通过网络投到有关部门；长期项目采用信用招标制，投标的对象均为长期客户，可以在投标之前给出一基价范围，供应商依据该范围进行投标。

1.2.3.2 国际金融机构

国际金融机构包括世界性金融机构和地区性金融机构。主要有：世界银行（即国际复兴开发银行）和国际开发协会、国际金融公司、国际农业发展组织、亚洲开发投资银行、非洲开发银行、泛美开发银行、加勒比海开发银行、欧洲投资银行、国际投资银行等。

国际金融机构作为世界或地区的大银行，专门组织进行国家间金融互助活动。它向各国发放贷款不为赢利，而是通过贷款促进一国经济的发展。因此，各国际金融机构不但要对贷款的使用实行监督，并且要求采用最节省、合理的方式采购。招标投标方式就成为这些机构要求的、必需的采购方式。

1.2.3.3 各国政府及公用事业部门

许多西方发达国家的政府早有法令或条令规定，政府各部门和公用事业部门（也包括国有企业）所需货物、服务、工程的采购，都应采用公开招标的方式。但与此同时，因这些国家基本都有"购买国货"的立法，所以，招标基本限于国内。1980 年 1 月 1 日，关税和贸易总协定东京回合的关于政府采购须用国际竞争性招标的协议通过以后，国际招标才成为这些国家的主要方式。

1.2.4 鲁布革工程的主要经验

1.2.4.1 鲁布革电站的引水工程招标投标简况

鲁布革水电站位于云南罗平和贵州兴义交界的黄泥河下游，电站工程由三部分组成：①首部枢纽拦河大坝；②引水系统；③厂房枢纽。

水利电力部早在 1977 年就着手进行鲁布革电站的建设，水电十四局开始修路，进行施工准备。但由于资金缺乏，准备工程进展缓慢，前后拖延 7 年之久。20 世纪 80 年代初，水利电力部决定利用世界银行贷款，使工程出现转机。

项目建设多渠道利用外资，包括：世界银行贷款 1.454 亿美元，挪威政府赠款 9000 万挪威克郎，澳大利亚政府赠款 790 万澳元。

1981 年 6 月经国家批准，列为重点建设工程。1982 年 7 月，国家决定将鲁布革水电站的引水工程作为水利电力部第一个对外开放、利用世界银行贷款的工程，该工程的施工，按世界银行规定，实行建国以来第一次按照 FIDIC 推荐的程序进行的国际公开（竞争性）招标。

为了适应外资项目管理的需要，水利电力部组建了鲁布革工程管理局承担项目业主代表和工程师（监理）的建设管理职能。昆明水电勘测设计院承担项目的设计。

招标工作由水利电力部委托中国进出口公司进行，其招标过程的主要工作内容包括：

（1）1982 年 9 月，刊登招标公告及编制招标文件。根据世行规定，采用了 FIDIC 的《土木工程施工国际通用合同条件》（第三版）。

（2）1982 年 9 月～1983 年 6 月，资格预审。本工程的资格预审分两阶段进行。第一阶段资格预审（1982 年 9 月～1982 年 12 月），从 13 个国家的 32 家公司中选定 20 家合格公司，包括国内公司 3 家；第二阶段资格预审（1983 年 2 月～1983 年 6 月），与世界银行磋商第一阶段预审结果，中外公司为组成联合投标公司进行谈判。

（3）1983 年 6 月 15 日，发售招标文件（标书）。15 家外商及 3 家国内公司购买了标书，8 家投了标。

（4）1983 年 11 月 8 日，当众开标。对各投标人的投标文件进行开封和宣读。共 8 家公司投标，其中联邦德国霍克蒂夫公司未按照招标文件要求投送投标文件，而成为废标。

各投标单位的折算报价如表 1-1 所示。

表 1-1　鲁布革水电站引水系统投标报价一览表

投标公司	折算报价（元）	投标公司	折算报价（元）
日本大成公司	84630590.97	南斯拉夫能源工程公司	132234146.30
日本前田公司	87964864.29	法国 SBTP 公司	179393719.20
意美合资英波吉洛联营公司	92820660.50	中国闽昆、挪威 NIS 联营公司	121327425.30
中国贵华、西德霍兹曼联营公司	119947489.60	联邦德国霍克蒂夫公司	内容系技术转让，不符合投标要求，废标

（5）1983 年 11 月～1984 年 4 月，评标、定标。按照国际惯例，只有前三标能进入评标阶段，因此确定大成、前田和英波吉洛公司 3 家为评标对象。最后确定日本大成公司中标，

16

与之签订合同，合同价 8463 万元，合同工期 1597 天。

鲁布革引水系统原为水电十四局承担的工程，且已经做了大量施工准备，但是在投标竞争中，十四局和闽江局及挪威联合的公司投标价为 12132.7 万元，比大成公司高了 30%。并且这次国际竞争性招标，我国公司按规定评标时还享受 7.5% 的国内优惠。

引水工程于 1984 年 7 月 14 日签订合同。1984 年 7 月 31 日发布开工令，1984 年 11 月 24 日，正式开工。1988 年 8 月 13 日正式竣工，工程师签署了工程竣工移交证书。合同工期为 1597 天，竣工工期为 1475 天，提前 122 天。

大成公司采用施工总承包制，在现场，日本的管理及技术人员仅 30 人左右。大成公司雇用我国的公司分包，雇用的 400 多人都是我国水电十四局的职工，中国工人在中国工长的带领下，创造了 $\phi 8.8m$ 隧洞独头月进尺 373.5m 的优异成绩，超过了日本大成公司历史的最高纪录，达到世界先进水平。工程质量综合评价为优良。包括除汇率风险以外的设计变更、物价涨落、索赔及附加工程量等增加费用在内的工程初步结算为 9100 万元，仅为标底 12958 万元的 60.8%，比合同价仅增加了 7.53%。

1.2.4.2 鲁布革工程的管理经验

鲁布革引水系统工程进行国际招标和实行国际合同管理，在当时具有很大的超前性。这是在 20 世纪 80 年代初我国计划经济体制还没有根本改变，建筑市场还没形成，外部条件尚未充分具备的情况下进行的。由于仅电站引水系统进行了国际招标，首部大坝枢纽、地下厂房工程和机电安装仍由水电十四局负责施工，因此形成了一个工程两种管理体制并存的状况。这正好给了人们一个充分比较、研究、分析两种管理体制差异的极好机会。

鲁布革工程的管理经验主要有以下几点：

（1）最核心的经验是把竞争机制引入工程建设领域，实行铁面无私的招标投标；

（2）工程施工采用全过程总承包方式和科学的项目管理；

（3）严格的合同管理和工程师监理制；

（4）施工现场的管理机构和作业队伍精干、灵活，真正能战斗；

（5）科学组织施工，讲究综合经济效益。

在我国工程建设发展和改革的过程中，鲁布革水电站的建设占有一定的历史地位，发挥了重要的历史作用。在总结鲁布革工程管理经验的基础上，我国建设系统结合国情，逐步推行了建设体制的三项改革，即项目建设的业主责任制、工程建设监理制和招标投标制。

直到 20 年后，"鲁布革"工程管理经验仍被我国政府深入推广。2007 年 6 月 15 日，全国建筑企业推广鲁布革工程管理经验 20 周年企业发展与改革研讨会暨第 6 届国际工程项目管理高峰论坛在北京召开，即证明了这一点。

1.2.5 招标投标的规则

1.2.5.1 发达国家及国际组织的招标投标规则

从历史上看，各国的招标投标制度往往都起始于政府采购。法制国家一般都要求通过招标的方式进行政府采购，也往往在政府采购制度中规定招标投标的程序。不少国家和国际组织都制定有自己的采购法。

1782 年，英国政府设立了文具公用局，作为负责政府部门所需办公用品采购的机构，该局在设立之初就规定了招标投标的程序。该局后来发展成为物资供应部门，专门采购政府各部门所需物资。

美国联邦政府的招投标历史可以追溯到1792年。

为了在欧共体范围内彻底消除货物自由流通的障碍，欧共体（欧盟）相继颁布了关于公共采购各个领域的公共指令，构成了目前欧盟的公共采购法律体系。

世界银行为了规范借款国的招标采购行为，于1985年颁布了以强化对招标采购的严密监管而著称的《国际复兴开发银行货款和国际开发协会信贷采购指南》。至今，该指南已修订4次。

获得国际社会普遍认可的招标采购规则，并不是一蹴而就的，它的形成经历了一个漫长的过程。从1963年，代表发达国家的"经济合作与发展组织（OCED）"首先开始讨论制定政府采购的国际公共规则，到2006年12月8日，世界贸易组织政府采购委员会暂行通过1994年版《政府采购协定》的全面修订文本，期间经历了40多年。

1.2.5.2 中国法律中有关招标投标的规定

我国除《招标投标法》之外，在法律层面上，还有多部法律涉及招标投标的内容。

《中华人民共和国合同法》第十五条、第一百七十二条、第二百七十一条涉及了合同中招标事项。其中明确了招标公告为要约邀请。

《中华人民共和国建筑法》第十六条、第十八条、第十九条、第二十条、第二十一条、第二十二条、第二十三条、第七十八条等，对建筑工程发包与承包的招标投标活动相关内容进行了规定。

《中华人民共和国政府采购法》第四条、第十二条、第二十六条、第二十七条、第二十八条、第二十九条、第三十四条、第三十五条、第三十六条、第三十七条、第四十二条、第七十一条等条文，对政府采购中的招标投标内容作了规定。

《中华人民共和国反不正当竞争法》第十五条、第二十七条对串通投标的相关内容进行了规定。

《中华人民共和国刑法》第二百二十三条对扰乱市场秩序罪（串通投标罪）的处罚进行了规定。

《中华人民共和国行政许可法》第四十五条、第五十三条对行政许可中的招标内容作了规定。其中规定，实施法律所列事项的行政许可的，行政机关应当通过招标、拍卖等公平竞争的方式做出决定。

《中华人民共和国城市房地产管理法》第十二条规定，土地使用权出让，可以采取拍卖、招标或者双方协议的方式。商业、旅游、娱乐和豪华住宅用地，有条件的，必须采取拍卖、招标方式。

《中华人民共和国公证法》第十一条中规定，根据自然人、法人或者其他组织的申请，公证机构办理招标投标公证事项。

《中华人民共和国农村土地承包法》第三条中规定，农村土地承包采取农村集体经济组织内部的家庭承包方式，不宜采取家庭承包方式的荒山、荒沟、荒丘、荒滩等农村土地，可以采取招标、拍卖、公开协商等方式承包。

《中华人民共和国促进科技成果转化法》第八条规定，各级人民政府组织实施的重点科技成果转化项目，可以由有关部门组织采用公开招标的方式实施转化。

《中华人民共和国固体废物污染环境防治法》第三十九条规定，县级以上地方人民政府环境卫生行政主管部门应当组织对城市生活垃圾进行清扫、收集、运输和处置，可以通过招标等方式选择具备条件的单位从事生活垃圾的清扫、收集、运输和处置。

《中华人民共和国可再生能源法》第十三条中规定，建设应当取得行政许可的可再生能源并网发电项目，有多人申请同一项目许可的，应当依法通过招标确定被许可人。

《中华人民共和国物权法》第一百一十三条、第一百三十七条、第一百三十八条涉及了招标投标的内容。其中规定，工业、商业、旅游、娱乐和商品住宅等经营性用地以及同一土地有两个以上意向用地者的，应当采取招标、拍卖等公开竞价的方式出让。采取招标、拍卖、协议等出让方式设立建设用地使用权的，当事人应当采取书面形式订立建设用地使用权出让合同。

《中华人民共和国反垄断法》第三十四条规定，行政机关和法律、法规授权的具有管理公共事务职能的组织不得滥用行政权力，以设定歧视性资质要求、评审标准或者不依法发布信息等方式，排斥或者限制外地经营者参加本地的招标投标活动。

1.2.5.3 招标文件示范（标准）文本

1. 招标文件示范（标准）文本的特点

招标文件示范文本和招标文件标准文本，是招标投标法律法规落实到操作层面上的具体体现，是两类具有不同特点的招标文件文本。

招标文件示范文本是国家行政主管部门、行业协会、学术团体、国际组织发布的可以反复使用、不具有国家强制执行力的招标文件文本。示范文本具有示范性、公平性、非强制性的特点。制订示范文本的目的和功能在于指引和辅导当事人编写招标文件。

招标文件标准文本，是国家行政主管部门、行业协会、学术团体、国际组织发布的，经过多方论证将某一类招标的实质内容统一而形成的标准化、规范化文本，它可以反复使用、具有强制性。

标准文本具有重复使用、预先拟定、未经协商的特点。

我国最早使用招标文件标准文本的是世界银行贷款项目。1991 年 5 月 17 日，财政部发布了《关于世界银行贷款项目招标采购采用标准文本的通知》。

2. 世界银行招标文件标准文本

《国际复兴开发银行贷款和国际开发协会信贷采购指南》2.12 要求：借款人应使用世界银行发布的适当的标准招标文件（简称 SBD）。世界银行可接受为适应项目具体情况而做的、必要的最小改动。任何此类改动只能放在投标资料表或合同资料表中，或放在合同专用条款中，而不得对世界银行标准招标文件（SBD）中的标准文字进行修改。如果世界银行还没有发布相关的标准招标文件（SBD），那么，借款人应使用世界银行可接受的其他在国际上公认的标准合同条件和合同格式。

世界银行招标文件标准文本主要包括：

（1）《标准招标文件——货物采购》（2007 年 5 月版）；

（2）《标准采购文件——土建工程采购资格预审文件及用户指南》（2006 年 8 月）；

（3）《标准招标文件——设备和设施的供应与安装》（2007 年 6 月修订版）；

（4）《标准招标文件——设施的设计、供应与安装》（2008 年 4 月版）；

（5）《标准招标文件——工程采购》（2007 年 4 月修订版）；

（6）《标准招标文件——小型合同工程采购》（2008 年 4 月版）；

（7）《标准建议书征询文件——选择咨询顾问》（2004 年 5 月版）；

（8）《标准招标文件——商品采购（化肥和化肥原材料)》（1993 年 5 月版）；

（9）《世界银行贷款项目招标文件范本——土建工程国内竞争性招标文件》（中华人民共和国财政部编，1997 年 5 月版）；

（10）《世界银行贷款项目招标文件范本——货物采购国内竞争性招标文件》（中华人民共和国财政部编，1997 年 5 月版）。

3. 我国的《标准施工招标资格预审文件》和《标准施工招标文件》

我国国家发展和改革委员会、财政部、原建设部、铁道部、交通部、信息产业部、水利部、民用航空总局、广播电影电视总局联合编制了《标准施工招标资格预审文件》和《标准施工招标文件》，并于 2007 年年底对外正式发布，自 2008 年 5 月 1 日起试行。

按照《〈标准施工招标资格预审文件〉和〈标准施工招标文件〉试行规定》的要求，这两个文件在政府投资项目中试行。国务院有关行业主管部门可根据《标准施工招标文件》并结合本行业施工招标特点和管理需要，编制行业标准施工招标文件。

4. 国内其他典型的招标文件示范文本

（1）水利水电工程招标文件示范文本。主要包括水利水电工程施工招标文件示范文本、水利工程施工监理招标文件示范文本。

（2）公路工程招标文件示范文本。公路工程招标文件示范文本由交通部组织编写，目前实行的主要有勘察设计范本、公路施工范本，监理范本 2008 年尚在征求意见之中。

（3）房屋建筑和市政基础设施工程施工招标文件范本。该示范文本由原建设部于 2002 年 11 月 21 日以建市［2002］256 号文件发布。

（4）工商领域企业固定资产投资项目招标文件范本（2002 年版）。

（5）铁路建设项目施工招标文件示范文本。该示范文本由铁道部以铁建设 2007［107］号文件发布，分《铁路建设项目施工单价承包招标文件示范文本（试行)》、《铁路建设项目施工总价承包招标文件示范文本（试行)》和《铁路建设项目工程总承包招标文件示范文本（试行)》三种，各种示范文本由独立成册的资格预审文件和招标文件组成。目前的示范文本为 2007 年试行版，自 2007 年 6 月 20 日起实施。

（6）机电产品采购国际竞争性招标文件。该文件由商务部发布，目前有效的文本是 2008 年版《机电产品采购国际竞争性招标文件》。

1.3　合同与合同管理

1.3.1　合同

项目组织是一个临时性的组织，在这个临时性的组织中，项目业主对资源进行分配，以达到其发展目标。除了最小的项目外，一般的项目业主不可能拥有充足的资源，所以就需要从外部获得资源。因此，项目合同就成了项目管理中的一个必要组成部分，它是项目业主引进资源创建项目的途径。

签订合同是一个法律行为。合法的合同受法律保护；签约者必须对自己的行为负责，全面履行合同；不履行合同是违约行为，必须承担相应的经济的甚至法律的责任。在市场经济中，企业的形象和信誉是企业的生命，而能否圆满地履行合同是企业形象和信誉的重要方面。

1.3.1.1 合同及其法律性质

合同是平等主体的自然人、法人、其他组织之间设立、变更、终止民事权利义务关系的协议。简而言之，合同是当事人之间设立、变更或者终止权利义务的协议。

合同有广义、狭义之分。广义上的合同，指一切产生权利义务的协议。狭义上的合同，指作为平等主体的当事人之间设立、变更或者终止民事权利义务的协议。反映交易关系的合同系指狭义上的合同，亦即《中华人民共和国合同法》（以下简称《合同法》）调整的合同。

合同具有以下法律性质：

（1）合同是一种民事法律行为。合同以意思表示为要素，并且按意思表示的内容赋予法律效果。

（2）合同是两方以上当事人的意思表示一致的民事法律行为。合同成立必须有两方以上的当事人，他们相互做出意思表示，并且取得一致。如果合同当事人的意思不一致，就形不成合同。

（3）合同是以设立、变更、终止民事权利义务关系为目的的民事法律行为。设立民事权利义务关系，是指当事人依法订立合同后，便在他们之间产生民事权利义务关系；变更民事权利义务关系，是指当事人依法成立合同后，便使他们之间原有的民事权利义务发生变化，形成新的民事权利义务关系；终止民事权利义务关系，是指当事人依法成立合同后，便使他们之间既有的民事权利义务关系归于消灭。

（4）合同是当事人在平等、自愿的基础上产生的民事法律关系。合同当事人的法律地位平等，一方不得将自己的意志强加给另一方；当事人依法享有自愿订立合同的权利，任何单位和个人不得非法干预。

（5）合同是具有法律约束力的民事法律行为。依法成立的合同，对当事人具有法律约束力。当事人应当按照约定履行自己的义务，不得擅自变更或者解除合同；依法成立的合同，受法律保护。除不可抗力等法律规定的情形外，当事人一方不履行合同或者履行合同义务不符合约定，皆要承担继续履行、采取补救措施或者赔偿损失等违约责任。

1.3.1.2 合同的成立要件

任何合同的订立过程总会有一个结果，但并不是任何合同的订立过程都会产生一个合同。合同订立的结果可以分为积极结果和消极结果。积极结果是经过合同的订立过程，当事人意欲订立合同的目的实现，形成了一个具体的合同。消极结果是在合同的订立过程完结后，当事人意欲订立合同的愿望失败，没有形成具体的合同。

合同的订立不同于合同的成立。合同的订立是一个动态过程，是当事人基于缔约目的而进行意思表示的互动过程；合同的成立是合同订立过程的结果，是当事人间合同关系的形成与开始。合同的订立作为具体合同的形成过程，可以包括要约邀请、要约、承诺等诸阶段；合同的成立则是合同订立过程的一个阶段，并且是最终阶段。因此，没有合同的订立，就没有合同的成立，而合同的成立，则是合同订立过程所产生的合乎当事人缔约目的的结果。

合同订立的积极结果是合同成立。这也是当事人的目的所在。合同属于法律行为中的双方法律行为，由两个意思表示——要约和承诺组成。当事人、标的和意思表示，称为合同的三要素，也是合同的成立要件。

1. 当事人

合同既属于双方法律行为，其当事人应有双方。各方的当事人可以是一人或多人，分属于对立的双方。所谓对立，是指双方的利益和行为目的是对立的，不像共同行为中的多数当事人的利益和目的是一致的（同方向的）。法律常赋予各种合同的当事人以特定的名称，例如称建设工程合同中收受工程款而交付工程的一方为承包人，称其对方（支付工程款而接受工程）为发包人等。这样便于明确各方的权利义务。

2. 标的

法律行为的标的是指当事人通过法律行为所要完成的事项。

3. 意思表示

合同的成立，不仅双方当事人都要有意思表示，即要有对立的两个意思表示，而且双方的意思表示要"一致"，即双方达成一个"合意"。所谓合意，即双方当事人的意思表示在内容上的一致。法律对双方的意思表示特称为要约与承诺。

合同的成立与合同的生效是不同的。判断合同成立与否，解决的是意思表示内容的一致性；判断合同生效与否，解决的是意思表示内容的合法性。因此，生效的合同必须是已经成立的合同，而已经成立的合同未必是一个生效的合同，如合同虽已成立但无效，或被撤销，或效力未定。

1.3.1.3 合同分类

按照一定的标准，可以将合同分类。

1. 有名合同与无名合同

按照合同在法律上有无名称，可将合同分为有名合同与无名合同。

有名合同，是指法律加以规范，并赋予一定名称的合同。无名合同，是指法律尚未特别规定的合同。

2. 诺成合同与践成合同

按照合同的成立是否需要交付标的物，可分为诺成合同与践成合同。

诺成合同，又称不要物合同，是指双方当事人意思表示一致，合同即为成立的合同。践成合同，又称要物合同、实践合同，是指合同的成立除双方意思表示一致外，还需交付标的物的合同。如寄存合同。

3. 要式合同与不要式合同

按照合同的成立是否为特定方式，可分为要式合同与不要式合同。符合特定方式（如法律要求必须具备一定形式和手续）合同方可成立的，为要式合同；无需以特定方式合同即可成立的，为不要式合同。

4. 口头合同与书面合同

按照合同成立的形式，可分为口头合同与书面合同。以口头形式订立的合同，为口头合同；以书面形式订立的合同，为书面合同。书面合同又分为一般书面合同和特殊书面合同。

一般书面合同，指当事人之间自行订立，即发生法律效力的书面合同；特殊书面合同，指当事人订立的合同须经依法批准、登记等程序，方发生法律效力的书面合同。

书面形式是指合同书、信件和数据电文（包括电报、电传、传真、电子数据交换和电子邮件）等可以有形地表现所载内容的形式。口头形式是指当事人以直接对话的方式订立合同，即当事人以语言作为意思表示手段，通过语言表现合同内容的合同形式。

5. 双务合同与单务合同

按照合同双方当事人权利义务的关联性，可分为双务合同与单务合同。

双务合同，指双方当事人互有债权债务，一方的义务正是对方的权利，彼此形成对价关系的合同。例如租赁合同。

单务合同，又称片务合同，指一方当事人只承担义务，另一方当事人只享有权利，彼此没有对价关系的合同。例如赠与合同。

6. 主合同与从合同

按照合同能否独立存在，可分为主合同与从合同。能够独立存在的合同，为主合同。依附于主合同方能存在的合同，为从合同。如保证合同。主合同无效，从合同亦无效；从合同无效，不影响主合同的效力。

7. 有效合同与无效合同

按照合同的效力可分为有效合同与无效合同。合法的合同、未被撤销的可撤销合同、被追认的合同，均为有效合同；被撤销的合同、未被追认的合同和法定无效的合同，均为无效合同。有效合同发生法律效力，产生当事人之间的民事权利义务关系。无效合同自始无效，产生无效民事行为的法律效果。

1.3.1.4 要约与承诺

要约、承诺是法律对订立合同过程中双方当事人的意思表示的特称。要约指当事人中先提出要订立合同一方所作的意思表示；承诺指另一方当事人对要约所作的回应。提出要约的一方为要约人，接受要约的一方为被要约人。通过一方提出要约、另一方做出承诺的方式而达成合意，订立合同，这是订立合同的最通常的方式，也是主要方式。这是国际合同公约和世界各国合同立法的通行做法。

1. 要约

要约是希望和他人订立合同的意思表示。在商业习惯用语上，通常把要约称之为发价、报价、出盘、发盘等。

要约具有以下性质：要约必须是特定人的意思表示，必须是以缔结合同为目的；要约的内容必须具体确定；要约必须是向受要约人发出；要约的内容必须充分，即要约一经受要约人承诺，要约人即受该意思表示约束，合同就足以成立。

要约撤回，是指要约在发生法律效力之前，取消要约，使要约不发生法律效力的一种意思表示。要约人可以撤回要约，撤回要约的通知应当在要约到达受要约人之前或同时到达受要约人。

要约撤销，是要约到达受要约人之后（即要约已生效）、受要约人发出承诺通知之前，要约人取消要约意思表示。要约可以撤销，撤销要约的通知应当在受要约人发出承诺通知之前到达受要约人。但有下列情形之一的，要约不得撤销：第一，要约人确定了承诺期限或者以其他形式明示要约不可撤销;第二,受要约人有理由认为要约是不可撤销的,并已经为履行工作做了准备工作。

2. 承诺

承诺是受要约人同意要约的意思表示。在商业习惯用语上,承诺又称之为接受、接盘等。

承诺具有以下特征:承诺必须由受要约人以通知的方式做出;承诺只能向要约人做出;承诺的内容应当与要约的内容一致;承诺必须在承诺期限内到达要约人。

受要约人在承诺期限内发出承诺,按照通常情形能够及时到达要约人,但因其他原因承诺到达要约人时超过承诺期限的,除要约人及时通知受要约人因承诺超过期限不接受该承诺的以外,该承诺有效。

承诺的撤回是承诺人阻止或者消灭承诺发生法律效力的意思表示。承诺可以撤回。撤回承诺的通知应当在承诺通知到达要约人之前或者与承诺通知同时到达要约人。

3. 要约邀请

有些合同在要约之前还会有要约邀请行为。要约邀请又称引诱要约,是希望他人向自己发出要约的意思表示。

要约邀请具有如下特点:要约邀请不具有缔约的目的,其目的只是引诱他人向自己发出要约;发出要约邀请的当事人,可以随时撤回要约邀请,对他人根据要约邀请发出的要约,要约邀请人可以不予承诺;要约邀请不是合同订立过程中的必要阶段,并不是任何具体合同的订立都要经过要约邀请;它是当事人订立合同的预备行为,在法律上属于一种事实行为,无需承担责任[①]。

合同法明确规定,寄送价目表、招标公告、拍卖公告、商业广告(如果商业广告的内容符合要约规定的,视为要约)、招股说明书等为要约邀请。

4. 要约和承诺的生效

对于要约和承诺的生效,世界各国有不同的规定,但主要有发信主义和受信主义两种确定原则。

发信主义,也称投邮主义,即要约人(受要约人)将其书面要约(承诺)有目的地发出后,要约(承诺)即生效。受信主义,又称到达主义,即要约(承诺)到达受要约人(要约人)时生效。目前,世界上大部分国家和《联合国国际买卖合同公约》都采用了受信主义,我国《合同法》也采用了受信主义。

1.3.2 合同管理

J. Rodney Turner 在《项目中的合同管理》一书中写到:"有效的项目合同管理能够提升项目绩效(或节省成本)8%以上,甚至能够提高项目绩效30%或更多。"在中国目前的高速发展阶段,有效的项目合同管理已经成为一个亟须解决的问题。

---

① 有学者认为,要约邀请也是具有法律意义的意思表示,特别是当要约邀请中包含承诺方法或承诺标准的内容时,比如定标方法与标准等,如果他人发出要约,而要约邀请人却不按要约邀请中既定的方法或标准承诺,需承担缔约过失责任或者反不当竞争法上的责任。

1.3.2.1 合同管理的概念

《建设项目工程总承包管理规范》（GB/T 50358—2005）定义，项目合同管理（project contract administration）是对项目合同的订立、履行、变更、终止、违约、索赔、争议处理等进行的管理。《建设工程项目管理规范》（GB/T 50326—2006）定义，项目合同管理（project contract management）是对项目合同的编制、签订、实施、变更、索赔和终止等的管理活动。

在管理学中，对"管理"一词可以有不同的理解。到目前为止，还没有一个统一的定义。在 ISO9000：2000《质量管理体系基础和术语》中，对管理的定义是，指挥和控制组织（人员的职责、权限和相互关系的安排）的协调的活动。

概括而言，合同管理就是对合同的编制、签订、履行、变更、转让、解除、终止以及计划、评审、监督、控制、协调等一系列行为的总称。其中编制、签订、履行、变更、转让、解除、终止等是合同管理的内容；计划、评审、监督、控制、协调等是合同管理的手段。合同管理是项目管理的重要内容，也是项目管理中其他活动的基础和前提。

合同管理有着十分广泛而复杂的内涵：

（1）合同管理作为一种活动，是在特定组织、特定时空环境下发生、发展直至结束的；

（2）合同管理是一种有目的的活动，它与活动主体的目标相关；

（3）合同管理的核心是协调，协调的对象是组织中各种资源之间的关系；

（4）合同管理活动是一个动态过程。

广义上讲，工程建设合同管理有两个层次，第一层次是政府对工程合同的宏观管理，第二层次是合同当事人各方对合同实施的具体管理。

政府对工程合同的宏观管理，又称合同监督处理，是指国家行政机关依照职权，对利用合同危害国家利益、社会公共利益的违法行为，进行监督并依法进行处理或者移交司法机关追究刑事责任的活动。政府对合同的管理主要包括制定法规、编制或认定标准合同条件（或示范文本）和监督合同执行等几个方面。

合同当事人各方对合同实施的具体管理，是各方在合同的订立和履行过程中自身所进行的计划、组织、指挥、监督和协调等活动，使内部各部门、各环节互相衔接、密切配合，以顺利实现预期的管理目标的过程。本书所谈的合同管理主要是指这一层面上的。

在我国，经过改革开放的洗礼，工程建设合同签约的各方面正在成熟起来。但总的来说，目前合同意识淡薄、合同管理水平低仍是我国工程建设中的普遍现象。

1.3.2.2 合同管理在项目管理中的地位

在工程项目管理中，合同管理是一个较新的职能。近年来，合同管理已成为工程项目管理的一个重要的分支领域和研究的热点。在发达国家，20 世纪 80 年代前人们较多地从法律方面研究合同；在 1980 年代，人们较多地研究合同事务管理；从 1980 年代中期以后，人们开始更多地从工程项目管理的角度研究合同管理问题。

当前我国的项目管理中，普遍采用了美国项目管理协会（PMI）的管理体系，在美国项目管理协会《项目管理知识体系指南》（PMBOK 指南）中并没有单独列入"合同管理"。合同管理之所以没有列入 PMBOK 指南，并不是合同管理不重要，而是合同管理已经成为了发达国家经济建设的基础，FIDIC 条款的每一条，都是必须落实到合同中去的，按合同文字说话早已成为美国以及其他发达国家的习惯。而我国由于商品经济不发达，长期以来长官意志、人情观念代替了法制，在工程建设行业也没有树立合同的权威性。因此，建立以合同管理为核心的项目管理体系，是提高项目管理水平的必由之路。

为了分析土木工程类专业毕业生进入建筑施工企业后，需要哪些方面的管理知识，美国曾于 1978 年、1982 年、1984 年三次对 400 家大型建筑企业的中上层管理人员进行了大规模调查。调查表列出当时建筑管理方向的 28 门课程（包括专题），由实际工作者按课程的重要性排序，调查结果表明，与建设项目相关的法律和合同管理居于最重要的地位。

现在，人们越来越清楚地认识到，合同管理在项目管理中有着特殊的地位和作用。我国《建设工程项目管理规范》（GB/T 50326—2006）和《建设项目工程总承包管理规范》（GB/T 50358—2005）都把"合同管理"作为独立的一章，作为非目标性管理的一个主要内容做了要求。国外许多工程项目管理公司（咨询公司）和大的工程承包企业都十分重视合同管理工作，将它作为工程项目管理中与成本（投资）、工期、组织等管理并列的一大管理职能，如图 1-4 所示。

合同管理作为工程项目管理的一个重要的组成部分，它必须融合于整个工程项目管理中。要实现工程项目的目标，必须对全部项目、项目实施的全过程和各个环节、项目的所有工程活动实施有效的合同管理。合同管理与其他管理职能密切结合，共同构成工程项目管理系统，如图 1-5 所示。

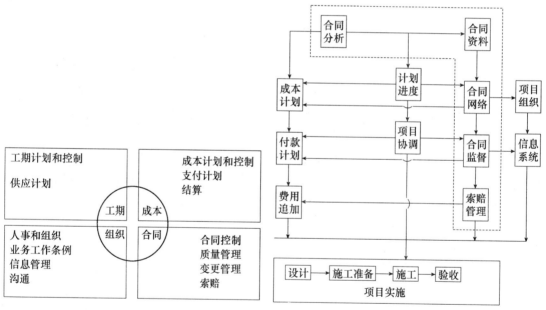

图 1-4　项目管理职能图　　　　　　图 1-5　工程项目管理流程图
（德国国际工程项目管理公司）　　　（德国国际工程项目管理公司）

1.3.3　合同的法律基础

1.3.3.1　合同法律基础的概念与作用

在市场经济中，工程建设承发包是一个法律行为，它受到一定的法律制约和保护。任何合同都在一定的法律条件下起作用，受到该法律的保护与制约，该法律即被称为合同的法律基础或法律背景。

法律基础对合同的实施和管理有如下两个作用：

（1）合同在其签订和实施过程中受到这个法律的制约和保护；该合同的有效性和合同签订与实施带来的法律后果按这个法律判定。

（2）对一份有效的合同，除合同作为双方的第一行为准则外，如果出现合同规定以外的情况，或出现合同本身不能解决的争执，或合同无效，应依据适用于合同关系的法律解决。它决定了争执解决的程序，以及这些法律条文在应用和执行中的优先次序。

合同的法律基础是合同的先天特性，它对合同的签订、履行以及合同争执的解决常常起决定性作用。这里应注意：合同是指合同的全部内容，包括合同协议书、合同变更文件、合同的各种附件；法律是指合同签订和实施过程中所涉及到的全部法律、法规、规章，而不是指某一方面的法律。

1.3.3.2 我国工程建设合同的法律体系

在我国，所有国内工程建设合同都必须以我国的法律作为基础。这是一个完整的法律体系，它不仅包括法律，还包括各种行政法规、地方法规；不仅包括建设领域的，还包括其他领域的法律和法规，如税法、会计法、公司法。根据《中华人民共和国立法法》有关立法权限的规定，目前该法律规范体系由如下五个层次组成：

（1）法律；

（2）行政法规；

（3）部门规章；

（4）地方性法规；

（5）地方规章。

下层次的法规和规章不能违反上层次的法律和行政法规，而行政法规也不能违反法律，上下形成一个统一的法律体系。在不矛盾、不抵触的情况下，在上述体系中，对于一个具体的合同和具体的问题，通常特殊、详细、具体的规定优先。

由于工程建设是一个非常复杂的社会生产活动，在我国，适用于工程建设合同关系的法律、法规主要包括：

（1）《中华人民共和国民法通则》；

（2）《中华人民共和国合同法》；

（3）《中华人民共和国招标投标法》；

（4）《中华人民共和国建筑法》；

（5）建设市场管理法规；

（6）涉及合同主体资格管理的法规；

（7）工程合同管理法规，包括国家关于合同公证和鉴证的规定；

（8）工程质量管理法规；

（9）工程造价管理法规；

（10）税务法规；

（11）《中华人民共和国劳动法》；

（12）《中华人民共和国环境保护法》；

（13）《中华人民共和国保险法》；

（14）《中华人民共和国担保法》；

（15）合同争执解决方面的法规，如仲裁法、诉讼法；

（16）《中华人民共和国文物保护法》；

（17）安全生产方面的法规；

（18）有关司法解释；

（19）其他。如《中华人民共和国土地管理法》、《中华人民共和国城乡规划法》、《中华人民共和国城市房地产管理法》、《中华人民共和国标准化法》等。

第 2 章　招标投标制度

制度是在一定历史条件下形成的，旨在为人类行为设定制约和控制的，为人们所接受、公认或要求遵守的规则和习惯，它作用于各种社会主体并由权威予以保障。其外在表现形式是规则和习惯。基于对制度的一般认识，我们不妨对招标投标制度作出一个概念性的描述：招标投标制度是在长期的交易实践中形成的旨在约束招标投标行为的一系列规则和惯例，其表现形式是一国或某个国际组织管理招标投标活动的法律和惯例。实际上，各国正是通过管理招标投标活动（主要是通过管理公共采购）的立法确立招标投标制度的。

本章主要讨论我国的招标投标制度。

2.1　招标投标法律制度

2.1.1　招标投标的基本概念

在市场经济条件下，通过招标投标活动，可以使招标人、投标人双方获得双赢的结果，这种制度安排符合市场经济规律。招标的本质意义在于，在公开、公平、公正、择优与规范的原则下，通过竞争，优化社会资源配置，建立有序的竞争机制，维护社会的公正。

2.1.1.1　招标投标概念的界定

招标投标活动是《中华人民共和国招标投标法》（以下简称《招标投标法》）所调整的对象，是我国《招标投标法》对招标、投标、开标、评标、中标等程序和步骤的概括。在我国的许多立法中，都对法律适用对象进行了明确定义。令人感到缺憾的是，《招标投标法》并未像其他法律一样，给招标投标活动下一个明确的定义，这给实际工作带来了诸多不便，使人们对招标投标活动的认识存在各种争议。

对招标投标的含义，学界有多种不同的表述方法和表达方式。有的将招标投标作为一个整体概念解释，有的将招标、投标分别加以解释，且指出招标与投标是相互对应的一对概念，是一个问题的两个方面。

从概括招标投标活动的全貌和特征的角度讲，招标投标必须作为一个整体概念进行定义，这样才便于正确理解招标投标行为的内涵。

招标投标，或称招标投标活动可以这样定义：是招标人对工程、货物和服务事先公开招标文件，吸引多个投标人提交投标文件参加竞争，并按招标文件的规定选择交易对象的行为。

2.1.1.2　招标投标活动中的主要参与者

招投标活动中的主要参与者包括招标人、投标人、招标代理机构和政府监督部门。

1. 招标人

招标人是指依照法律规定提出招标项目、进行招标的法人或者其他组织。也就是工程、货物或服务的需求者。

2. 投标人

投标人是响应招标、参加投标竞争的法人或者其他组织。也就是工程、货物或服务的供给者。

招标公告或者投标邀请书发出后，所有对招标公告或投标邀请书感兴趣的并有可能参加投标的人，称为潜在投标人。那些响应招标并购买招标文件，参加投标的潜在投标人称为投标人。

3. 招标代理机构

招标代理机构是依法设立、从事招标代理业务并提供相关服务的社会中介组织。招标代理机构受招标人委托，代为办理有关招标事宜，如编制招标方案、招标文件及工程标底，组织评标，协调合同的签订等。招标代理机构在招标人委托的范围内办理招标事宜，并遵守法律关于招标人的规定。

4. 政府监督部门

招标投标的政府监督部门，就是招标投标活动的行政执法部门。在我国，由于实行招标投标的领域较广，有的专业性较强，涉及不少部门，目前还不可能由一个部门统一进行监督，只能根据不同项目的特点，由有关部门在各自的职权范围内分别负责监督。目前，国务院明确的政府监督部门主要有：国家发展和改革委员会、住房和城乡建设部、铁道部、交通运输部（包括民航局）、工业和信息化部、水利部、商务部等行业主管部门。

2.1.1.3 招标投标的基本程序

招标投标要遵循一定的程序，工程建设已经形成了一套相对固定的招标投标程序。按照国际惯例，公开招标的基本程序是：招标→投标→开标→评标→定标→签订合同。以上环节有的由招标人单方面组织进行，有的由投标人单方面组织进行，有的则由招标人和投标人双方共同参与。整个过程按工作特点不同，可划分成三个阶段：招标准备阶段、招投标阶段和定标成交阶段。招标准备阶段从成立招标机构开始，到编制完成招标所需文件结束；招投标阶段从发布招标信息（公告或邀请书）开始，到投标截止结束；定标成交阶段，从开标开始，到签订合同结束。公开招标的程序如图2-1所示。

1. 招标

招标是招标人单独所作的行为。

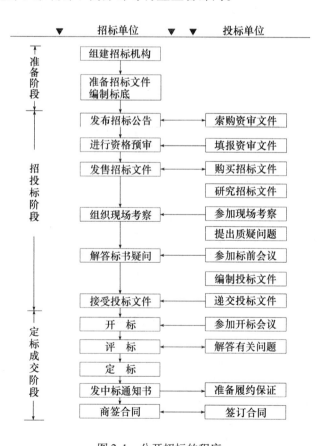

图2-1 公开招标的程序

30

在这一环节，招标人所要进行的工作步骤主要有：组织招标机构、编制招标文件（需要标底的要确定标底）、发布招标公告或发出招标邀请、投标资格预审、通知合格的投标人参加投标并向其出售标书、组织现场踏勘、召开标前会议等。这些工作主要由招标机构组织进行。

2. 投标

投标是投标人单独所作的行为。在这一环节，投标人所要进行的工作步骤因具体招标项目的不同特点和招标人的要求而定，主要有：在招标人所在地注册（备案）、筹措资金、申请投标资格、购买标书（获得投标资格后）、考察现场、办理投标保函、算标①、编制和投送投标文件等。

3. 开标

开标是招标机构在预先规定的时间和地点将各投标人的投标文件正式启封揭晓的行为。开标由招标机构组织进行，但须邀请各投标人代表参加。在这一环节，招标人要按有关要求，逐一揭开每份投标文件的封套，公开宣布投标人的名称、投标价格及投标文件中的其他主要内容。公开开标结束后，还应由开标组织者整理一份开标会纪要。

4. 评标

评标是招标机构确定的评标委员会根据招标文件的要求，对所有投标文件进行评估、排序，并推荐出中标候选人的行为。评标是招标人的单独行为，由招标机构组织进行。在这一环节，招标人所要进行的工作步骤主要有：审查标书是否符合招标文件的要求和有关惯例，组织人员对所有标书按照一定方法进行比较和评审，就初评阶段被选出的几份标书中存在的某些问题要求投标人加以澄清，最终评定并写出评标报告等。

5. 定标

定标也称决标，是指招标人在评标的基础上，最终确定中标人，或者授权评标委员会直接确定中标人的行为。定标对招标人而言，是授标；对投标人而言，则是中标。定标也是招标人的单独行为。在这一环节，招标人所要经过的步骤主要有：裁定中标人；通知中标人其投标已被接受；向中标人发出中标通知书；通知所有未中标的投标人，并向他们退还投标担保等。

6. 签订合同

签订合同习惯上也称授予合同，因为它实际上是由招标人将合同授予中标人并由双方签署的行为。签订合同是购货人或业主与中标的承包者双方共同的行为。在这一阶段，通常先由双方进行签订合同前的谈判，就投标文件中已有的内容再次确认，对投标文件中未涉及的一些技术性和商务性的具体问题达成一致意见；双方意见一致后，由双方授权代表在合同上签署，合同随即生效。为保证合同履行，签订合同后，中标的承包者还应向购货人或业主提交一定形式的履约担保。

2.1.2 《中华人民共和国招标投标法》及其配套法规

2.1.2.1 招标投标法的概念

招标投标法是国家用来规范招标投标活动、调整在招标投标过程中产生的各种关系的法

---

① 投标人确定投标报价的过程，称为算标。一般将编写投标文件和确定报价的过程称为做标。

律规范的总称。按照法律效力的不同，招标投标法律规范分为三个层次：第一层次是由全国人大及其常委会颁布的招标投标法律；第二层次是由国务院颁发的招标投标行政法规以及有立法权的地方人大颁发的地方性招标投标法规；第三层次是由国务院有关部门颁发的招标投标的部门规章以及有立法权的地方人民政府颁发的地方性招标投标规章。

《中华人民共和国招标投标法》（以下简称《招标投标法》）是社会主义市场经济法律体系中非常重要的一部法律，是整个招标投标领域的基本法，一切有关招标投标的法规、规章和规范性文件都必须与《招标投标法》相一致。

2.1.2.2 《招标投标法》的基本内容

《招标投标法》于 1999 年 8 月 30 日经九届全国人大常委会第十一次会议审议通过，自 2000 年 1 月 1 日起实施。

《招标投标法》共 6 章，68 条。第一章为总则，规定了《招标投标法》的立法宗旨、适用范围、强制招标的范围，以及招标投标活动中应遵循的基本原则；第二章至第四章根据招标投标活动的具体程序和步骤，规定了招标、投标、开标、评标和中标各阶段的行为规则；第五章规定了违反上述规则应承担的法律责任；第六章为附则，规定了本法的例外适用情形以及生效日期。

2.1.2.3 《招标投标法》的立法目的

制定《招标投标法》的根本目的是完善社会主义市场经济体制。招标投标立法的根本目的，是维护市场竞争秩序，完善社会主义市场经济体制。市场经济的一个重要特点，就是要充分发挥竞争机制的作用，使市场主体在平等条件下公平竞争，优胜劣汰，从而实现资源的优化配置。

从上述根本目的出发，《招标投标法》的直接立法目的有以下 4 点：

（1）规范招标投标活动；

（2）提高经济效益；

（3）保证项目质量；

（4）保护国家利益、社会公共利益和招标投标活动当事人的合法权益。这个立法目的从前三个目的引申而来，也是《招标投标法》最直接的立法目的。

2.1.2.4 《招标投标法》的配套法规

《招标投标法》颁布以来，地方人大和各级政府主管部门相继修改、制定了一系列的招标投标配套法规，如各省级的招标投标条例或招标投标法实施办法。

国务院根据招标投标法的授权或招标投标法实施的具体情况出台了相关的政策文件。如国务院办公厅以国办发〔2000〕34 号发布了《关于国务院有关部门实施招标投标活动行政监督的职责分工的意见》、以国办发〔2004〕56 号发布了《关于进一步规范招标投标活动的若干意见》等。

中央有关部门或单独或联合颁布了相关的专业招标投标管理办法或规定。如：《工程建设项目招标范围和规模标准规定》、《工程建设项目自行招标试行办法》、《评标专家和评标专家库管理暂行办法》、《评标委员会和评标方法暂行规定》、《工程建设项目施工招标投标办法》、《工程建设项目勘察设计招标投标办法》、《工程建设项目招标投标活动投诉处理办法》、《工程建设项目货物招标投标办法》、《政府采购货物和服务招标投标管理办法》、《招标投标违法行为记录公告暂行办法》等。

这些配套法规的颁布有力地推动了《招标投标法》的实施，为最终形成完整的招标投标法律体系奠定了良好基础。同时，随着招标投标市场的发展，实践中也暴露出了一些矛盾和问题，亟待通过健全制度、完善机制来解决。为此，国务院决定制定《招标投标法实施条例》，并从2006年启动了起草工作，已经连续3年列入了立法计划，有望在近期完成立法工作。

2.1.3 实行招标投标制的作用

招标投标被称为市场经济中高级、规范、有组织的交易方式。招标是一种引发竞争的程序，投标就是竞争，是竞争的一种具体方式，招标投标是竞争机制的具体运用。招标投标作为一种竞争制度，作为一种有规范、有约束的竞争活动，它有以下的特殊作用。

2.1.3.1 确立了竞争的规范准则，有利于开展公平竞争

社会主义市场经济是一种竞争性的经济。社会资源的合理配置，各种生产要素的最佳组合，以及价值规律与供求规律作用的发挥，都需要通过竞争来实现。我国发展社会主义市场经济的目的就是要利用价值规律、竞争规律、供求规律，实现资源的合理配置。而招标是走向市场经济的"催化剂"，它作为规范化的一种竞争手段，在促进社会资源的合理流动与配置上起着十分重要的作用。

现代竞争与原始竞争的根本区别在于，现代竞争遵循着已经形成的规范准则。具体包括：

（1）平等准则。现代竞争必须合乎等价交换、平等交易这一商品经济的内在要求；竞争主体的法律地位一律平等，不容歧视；

（2）信誉准则。商品经济是一种契约经济，它要求发生经济关系的各方具有良好的信誉，有足够的信誉保证；

（3）正当准则。竞争只能是质量、价格、技术、服务等的竞争，而不允许竞争主体采用各种损人利己、敲诈与欺骗等不正当的行为和手段进行竞争；

（4）合法准则。各种竞争行为、竞争活动和形成的竞争关系，都必须符合有关法律、法规的条款，违法的要受到禁止和制裁。

竞争是招标投标机制中最为根本的内涵之一。

招标投标的直接目的是择优，通过择优，实现时间的节约、资金的节约、劳动的节约，最终实现资源的优化配置。

招标投标机制有助于解决无序竞争的问题，促进建立统一、开放、竞争、有序的市场体系。

招标投标制度的建立有利于培育"公开、公平、公正"的市场竞争秩序。

2.1.3.2 扩大了竞争范围，可以使招标人更充分地获得市场利益，社会获得更大的效益

招标投标在不同领域的应用，其功用或目的也是不尽相同的。最初的招标，是在买方市场的条件下，具体买家所采取的一种交易方式，其基本目的只为了降低购买成本，追求的只是经济效益。社会效益也许是客观存在的，但当时的人们并没有去发现它，因此也未去追求它。

采用招标方式采购货物、服务或进行工程发包，可以广泛地吸引投标人参与投标，从而

扩大竞争范围。

竞争范围的扩大，竞争主体的增加，将使招标人有可能以更低的价格采购到所需要的货物、服务或付出更少的工程建设款项，可使项目更早地投入生产运营，从而更充分地获得市场利益。

通过推行招标投标制度，所获得的社会效益是多方面的。

仔细观察招标投标机制的发展历史及其在不同领域的应用，我们可以发现它有两个"万变不离其宗"的最基本的功用和目的：一是按市场原则实现资源优化配置；二是以廉政为原则防止腐败。前者可以称为招标投标的自然属性，后者则是其社会属性。这也就是我们常说的经济效益和社会效益。

毋庸讳言，招标投标在我国并没有得到应有的发展，人们对于招标投标的认识，无论是对它所产生的经济效益，还是对于它所带来的社会效益，都有待进一步深入研究。

2.1.3.3 有利于引进先进技术和管理经验，提高企业有效竞争能力

通过国际竞争性招标，发展中国家不仅可以节省大量外汇，而且还可以引进发达国家的一些先进技术和管理经验。我国鲁布革水电站引水系统实行国际招标，使我国工程主管单位和施工单位学到了外国工程公司先进的施工组织方法和经验，引进了工程建设施工的监理制度，学到了科学的投标策略和方法等。这些经验不仅对鲁布革水电站建设起了良好作用，而且推动了我国工程建设管理的改革。

国际竞争性招标对货物、服务和工程等均有客观的通常惯用的衡量标准。发展中国家的制造商和承包商通过参与投标，可以了解和熟悉这些标准，从而使自己的产品和工程建造达到国际公认的质量标准，提高国际竞争能力。

2.1.3.4 提供正确的市场信息，有利于规范交易双方的市场行为

实行招标投标制度，招标人始终处于主导地位，掌握着选择投标人与投资决策等大权。但是招标人必须做好前期的规划、落实投资资金、招标文件和合同条件等一系列前期的准备工作，才能依法进行招标工作。这就保证了工程前期必须严格地按照需要的科学化程序办事，从而使项目招标后，按照承包合同顺利地进行实施。

同时，竞争具有定价功能。运用招标投标交易方式进行采购，其结果不仅仅使特定招标人采购到的标的物价廉物美，事实上每一次招标投标的结果都传导了比较真实的价格信息，竞争越是充分、完全，价格信息越趋真实准确。

招标方式下的采购，尤其是有专职招标代理机构介入的情况下，竞争相对要更加完全，就有可能营造出充分竞争的氛围。在这种竞争态势之下，作为竞争结果的价格，就比较准确地反映了供求状况；它对社会资源流动提供的是正常的导向信息。

招标投标交易方式给我们提供了一种创造近乎于完全竞争的方法，因此，运用招标投标方式进行的采购，不仅符合市场经济的竞争原则，同时还促进了竞争，规范了交易双方的行为，最终促进了社会资源的优化配置。

2.1.4 招标投标的适用范围

2.1.4.1 招标投标适用范围的含义

招标投标具有十分广泛的社会适用性。一些学者经过研究认为：凡有竞争的存在，就有

招标投标介入的可能性和必要性。

招标投标的适用范围，是指哪些主体对哪些标的进行交易必须采用招标投标的方式。一般而言，包括三个方面的内容：一是招标的主体是谁；二是招标的标的是什么；三是实行招标投标的标的数量或价值必须达到多少（即招标限额）才适用。这三个方面是相互联系的，构成一个整体，缺一不可，舍其一不足以说明招标适用范围的全部含义。

正是在这种延伸的意义上，招标投标对于世界经济的发展以及各国经济发展，均具有十分重要的意义。也使招标投标自身的内涵已不仅仅限于采购行为或交易方式，其本质的意义在于，在公开、公平、公正、择优与规范的原则下，通过竞争促进降低成本，提高资源利用效率及优化资源配置，建立有序的竞争机制，维护社会的公正。

但招标投标作为一种交易方式也并非万能。它虽然比较规范并有一定的约束性，但毕竟有些规范还不具有法律效力，因而也难免产生那些其他交易方式也可能产生的问题。同时，招标采购方式所需准备的文件很多，从发布招标公告、投标人做出反应、评标到最后授予合同，一般需要几个月甚至一年以上的时间。所以，招标投标方式一般适用于那些采购数额较大、货物的技术和质量要求高，并对其技术性能和质量有客观衡量标准的采购项目。

法律层面上确定招标的适用范围，由于涉及到有关交易主体的权利和义务以及国家的管理和监督职权，不是任意设定的；在国际条约、协定的规定方面，还涉及到参加国的承诺和保留以及国内法与它的协调等一系列问题。

2.1.4.2　招标的主体范围

目前，世界各国由于具体国情不同，法律在确定招标主体的范围时不完全一致。

在我国，《中华人民共和国采购法》（以下简称《政府采购法》）把各级国家机关、事业单位和团体组织纳入招标采购的主体范围之内。《中华人民共和国城市房地产管理法》、《中华人民共和国土地管理法》把出让国有土地使用权（土地使用权出让，是指国家将国有土地使用权在一定年限内出让给土地使用者，由土地使用者向国家支付土地使用权出让金的行为）的市、县人民政府土地行政主管部门纳入招标的主体范围之内。《招标投标法》把使用国有资金（或者国家融资）、使用国际组织或者外国政府贷款、援助资金的单位列入招标的主体范围之内，这实际上明确了国有企业或国有资产投资者实际拥有控制权企业的工程建设应纳入招标范围。

2.1.4.3　招标的标的范围

从有关国家、国际组织的法律、条约、协议等规定来看，招标投标的标的分为货物、工程和服务，已经成为一种共识。

随着社会的进步及社会经济的发展，以及我国社会主义市场经济体制的建立与完善，市场竞争日趋激烈，因此，招标投标的运用范畴不断有所延伸。招标标的从过去单一的实物形态项目转向全方位的实物形态、知识形态项目甚至产权的转让，如新产品开发、设备改造、科研课题、勘察设计、城市规划、科技咨询、项目监理、中介服务、承包租赁、国有土地使用权出让、不良资产转让等方面。

《国务院办公厅关于进一步规范招投标活动的若干意见》（国办发〔2004〕56号）提出："按照深化投资体制改革的要求，逐步探索通过招投标引入竞争机制，改进项目的建设和管理。对经营性的、有合理回报和一定投资回收能力的公益事业、公共基础设施项目建设，以及具有垄断性的项目，可逐步推行项目法人招标制。进一步探索采用招标等竞争性方式选择工程咨询、招标代理等投资服务中介机构的办法。对政府投资的公益项目，可以通过招标选择项目管理单位对项目建设进行专业化管理。大力推行和规范政府采购、科研课题、特许经营权、土地使用权出让、药品采购、物业管理等领域的招投标活动。"

2.1.4.4　招标的限额

我国《招标投标法》第三条规定：工程建设项目（包括项目的勘察、设计、施工、监理以及与工程建设有关的重要设备、材料等的采购）的具体范围和规模标准，由国务院发展计划部门会同国务院有关部门制订，报国务院批准。法律或者国务院对必须进行招标的其他项目的范围有规定的，依照其规定。

《工程建设项目招标范围和规模标准规定》（国家计委 3 号令）明确规定该法第二条至第六条规定范围内的各类工程建设项目，包括项目的勘察、设计、施工、监理以及与工程有关的重要设备、材料等的采购，达到下列标准之一的，必须进行招标：

(1) 施工单项合同估算价在 200 万元人民币以上的；

(2) 重要设备、材料等货物的采购，单项合同估算价在 100 万元人民币以上的；

(3) 勘察、设计、监理等服务的采购，单项合同估算价在 50 万元人民币以上的；

(4) 单项合同估算价低于以上各项规定的标准，但项目总投资额在 3000 万元人民币以上的。

依法必须进行招标的项目，全部使用国有资金投资或者国有资金投资占控股或者主导地位的，应当公开招标。

我国《政府采购法》第八条规定："政府采购限额标准，属于中央预算的政府采购项目，由国务院确定并公布；属于地方预算的政府采购项目，由省、自治区、直辖市人民政府或者其授权的机构确定并公布。"比如《国务院办公厅关于印发中央预算单位 2007～2008 年政府集中采购目录及标准的通知》（国办发〔2007〕30 号），对当年中央预算单位政府、部门集中采购范围、采购限额及公开招标数额的标准做出具体规定："政府采购货物或服务的项目，单项或批量采购金额一次性达到 120 万元以上的，必须采用公开招标方式。政府采购工程公开招标数额标准按照国务院有关规定执行，200 万元以上的工程项目应采用公开招标方式。"

2.1.5　招标投标活动的原则

一部法律的基本原则，贯穿于整部法律，统帅该法律的各项制度和各项规范，是该法律立法、执法、守法的指导思想，是解释、补充该法律的准则。《招标投标法》第五条明确规定了该法律的基本原则，即公开、公平、公正和诚实信用的原则，诚实信用原则是一切民事法律行为所共同遵守的一条原则，"三公一诚信"原则，是所有市场竞争行为所应遵守的规范。从《招标投标法》中还可以提炼出其他四项原则，即合法原则、强制与自愿相结合原则、开放性原则和行政监督原则。这些原则本身具有规范作用，当事人必须遵守。

2.1.5.1　公开、公平、公正和诚实信用的原则

这是招标投标活动应当遵循的基本原则。

招标投标行为是市场经济的产物，并随着市场的发展而发展，它必须遵循市场经济活动

的基本原则。各国立法及国际惯例普遍确定，招标投标活动必须遵循"公开、公平、公正"的"三公"原则。鉴于"三公"原则在招标投标活动中的重要性，《招标投标法》始终以其为主线，在总则及分则的各个条款中予以具体体现。

所谓"公开"原则，从招标人的角度说，就要求把整个招标投标活动程序、要求、标准公之于众；从投标人的角度说，就是能够了解整个招标投标活动的程序、要求、标准，以及整个过程透明可见。综合而言，就是要求招标投标活动具有较高的透明度，实行招标信息、招标程序、评标标准和程序以及中标结果公开，使每一个投标人获得同等的信息，知悉招标的一切条件和要求。透明度高、规范性强的交易程序具有可预测性，使投标人可以计算出他们参加投标活动的代价和风险，从而提出具有竞争力的价格。公开原则，还有助于防止招标人做出随意的或不正当的行为或决定，从而增强潜在投标人参与竞争并中标的信心。

"公平"原则，就是要求在招标投标活动中，双方当事人的权利、义务要大致相等，合情合理。同时，对于招标人和投标人之间的关系来说，双方在交易活动中地位平等，不歧视任何一方，任何一方不得向另一方提出不合理要求，不得将自己的意志强加给对方。此外，投标人也不以不正当的手段参加竞争。

"公正"原则，就是要求招标人对每一个投标人应一视同仁，给予所有投标人平等的机会，评标时按事先公布的程序和标准对待所有投标人。对所有投标截止日期以后送达的投标文件都应拒收，与投标人有利害关系人员不得作为评标人员。

所谓诚实信用原则，也称诚信原则，是民事活动的基本原则之一。这条原则的含义是，招标投标当事人应以诚实、善意的态度行使权利，履行义务，以维持双方的利益平衡，以及自身利益与社会利益的平衡。在当事人之间的利益关系中，诚信原则要求尊重他人利益，以对待自己事务的态度对待他人事务，保证彼此都能得到自己应得的利益。在当事人与社会的利益关系中，诚信原则要求当事人不得通过自己的活动损害第三人和社会的利益，必须在法律范围内以符合其社会经济目的的方式行使自己的权利。从这一原则出发，《招标投标法》规定了不得规避招标、不得串通投标、不得泄露标底、不得骗取中标、不得非法律允许的转包合同等诸多义务，要求当事人遵守，并规定了相应的罚则。

2.1.5.2 强制与自愿相结合原则

所谓强制与自愿相结合原则，是指法律强制规定范围内的项目必须采取招标方式进行交易，而强制招标范围以外的项目采取何种交易方式（招标或非招标）、何种招标方式（公开招标或邀请招标）都由当事人依法自愿决定。这是我国招标投标法的核心内容之一，也是最能体现立法目的的原则之一。

《招标投标法》规定，我国对特定项目实行强制招标制度。这和世界各国及世行等国际金融组织的采购规则的精神是一致的。

根据招标投标的相关规定，强制招标范围以外的项目可以不采用招标方式采购。这是因为在有些情况下，招标方式并不是最有效的采购方式，而其他采购方式或许更加适宜。我国《政府采购法》在确定招标作为政府采购的主要采购方式的同时，还规定了竞争性谈判、单一来源采购和询价等采购方式。《招标投标法》第六十六条规定："涉及国家安全、国家秘密、抢险救灾或者属于利用扶贫资金实行以工代赈、需要使用农民工等特殊情况，不适宜进行招标的项目，按照国家有关规定可以不进行招标。"

2.1.5.3　合法原则

所谓合法原则，是指在我国境内进行的一切招标投标活动，必须符合我国的招标投标法。

凡是在中国境内进行的招标投标活动，不论招标主体的性质、招标采购项目的性质如何，都适用招标投标法的有关规定。也就是说，只要是在我国境内进行的招标投标活动，都必须遵循一套标准的程序，即《招标投标法》中规定的程序。但是，强制招标的程序要求比自愿招标更为严格，自愿招标的选择余地更为灵活。

对于使用国际组织或外国政府贷款及援助资金的项目，《招标投标法》同时规定："使用国际组织或者外国政府贷款、援助资金的项目进行招标，贷款方、资金提供方对招标投标的具体条件和程序有不同规定的，可以适用其规定，但违背中华人民共和国的社会公共利益的除外。"

2.1.5.4　开放性原则

《招标投标法》第六条规定："依法必须进行招标的项目，其招标投标活动不受地区或者部门的限制。任何单位和个人不得违法限制或者排斥本地、本系统以外的法人或者其他组织参加投标，不得以任何方式非法干涉招标投标活动。"

这条规定的实质，是确立了招标投标活动的另一项基本原则——不得进行部门或地方保护，不得非法干涉，即开放性原则。

从我国近些年的招标情况看，部门垄断、地方保护、画地为牢、"近亲繁殖"、非法干涉造成的后果相当严重，成为一些重大恶性工程质量事故的灾难性根源。

在市场经济体制下，经济活动要遵循价值规律的要求，通过价格杠杆和竞争机制的功能，把资源配置到效益好的环节中去。招标作为市场经济体制的产物，其最大的特点就是通过充分竞争，使生产要素得以在不同部门、地区之间自由流动和组合，从而满足招标人获得质优价廉的货物、工程和服务的要求。因此，一个统一、开放、竞争的市场，不存在任何形式的限制、垄断或干涉，是招标发挥作用的外部环境和前提条件。

2.1.5.5　行政监督原则

《招标投标法》第七条中规定："招标投标活动及其当事人应当接受依法实施的监督。有关行政监督部门依法对招标投标活动实施监督，依法查处招标投标活动中的违法行为。"

《招标投标法》规定的强制招标制度，主要针对关系社会公共利益、公众安全的基础设施和公用事业项目，利用国有资金或国际组织、外国政府贷款及援助资金进行的项目等，由于这些项目关系国计民生，政府必须对其进行必要的监控，招标投标活动便是其中重要的一个环节。同时，强制招标制度的建立，使当事人在招标与不招标之间没有自治的权利，也就是说，赋予当事人一项强制性的义务，使其必须主动、自觉接受监督。

2.2　招标投标制度设计

2.2.1　招标投标机制的内涵

2.2.1.1　机制、市场机制与竞争机制

1. 机制

"机制"一词最早源于希腊文，原指机器的构造和动作原理。生物学和医学通过类比借

用此词。后来，人们将"机制"一词引入经济学的研究，用"经济机制"一词来表示一定经济肌体内各构成要素之间相互联系和作用的关系及其功能。

机制的建立，一靠体制，二靠制度。这里所谓的体制，主要指的是组织职能和岗位责权的调整与配置；所谓制度，广义上讲包括国家和地方的法律、法规以及任何组织内部的规章制度。也可以说，通过与之相应的体制和制度的建立（或者变革），机制在实践中才能得到体现。

在任何一个系统中，机制都起着基础性的、根本的作用。在理想状态下，有了良好的机制，甚至可以使一个社会系统接近于一个自适应系统——在外部条件发生不确定变化时，能自动地迅速做出反应，调整原定的策略和措施，实现优化目标。正常的生物机体（如人体）就具有这种机制和能力。

2. 市场机制

经济机制是表示一定经济机体内各构成要素之间相互联系和作用的关系及其功能，又称为经济运行机制。

市场运行机制是市场经济的总体功能，是经济成长过程中最重要的驱动因素，是价格机制、竞争机制、风险机制、供求机制所构成的。价格机制是市场经济的核心机制，竞争机制是市场经济的关键机制，风险机制是市场经济的基础机制，供求机制是市场经济的保证机制。

3. 竞争机制

竞争机制是市场机制的内容之一，是商品经济活动中优胜劣汰的手段和方法。竞争是商品经济的产物，只要有商品经济存在，就必然存在竞争。商品的价值决定、价值规律的实现，都离不开竞争。

竞争机制是商品经济最重要的经济机制。它反映竞争与供求关系、价格变动、资金和劳动力流动等市场活动之间的有机联系。它同价格机制和信贷利率机制等紧密结合，共同发生作用。竞争包括买者和卖者双方之间的竞争，也包括买者之间和卖者之间的竞争。竞争的主要手段，在同一生产部门内主要是价格竞争，以较低廉的价格战胜对手。在部门之间，主要是资金的流入或流出，资金由利润率低的部门流向利润率高的部门。竞争机制充分发挥作用和展开的标志是优胜劣汰。

2.2.1.2　招标投标机制

建立招标投标机制，就是要研究招标投标与市场经济的关系，招标与投标之间的关系，采购人、招标人和投标人的关系；研究市场调节功能与竞争机制；研究招标投标的特点、功能及其运行规律等，从而建立适应这些关系、符合招标投标本质特征及其运行规律的招标投标管理体制和运行机制。

招标投标机制是指在市场经济条件下，采购人、招标人和投标人之间的相互关系、招标投标的运行规律及市场竞争对招标投标的调节功能。招标投标是商品经济发展的产物，它随着市场经济的发展而发展。

市场机制的运行规律是"竞争→发展→再竞争→再发展"，如此循环下去。招标投标的运行规律是"需求→竞争→优胜劣汰→成交"，竞争贯穿了招标投标的全过程。招标人通过组织招标，择优选定工程、货物、服务等标的承包者，以获取最佳投资效益为目的。投标人在利润原则的驱动下参与投标竞争，以获取最佳利润及自身发展为目的。招投标双方在市场机制的调解下，按招标投标的运行规律运作，最终是各得其所，达到了自身的目的。

由此可见，招标投标机制寓于市场机制之中，并受市场机制的调节。招标投标在市场竞争机制的调节下，通过"公开、公平、公正"的、优胜劣汰的竞争，完成了商品的交换，实现了物化劳动的社会价值，使社会资源得以优化配置。

招标投标机制的内涵可以概括为如下几个主要方面：

（1）建立规范有序的市场运行准则是招标投标的首要功能；

（2）充分的竞争与有组织的选择是招标投标的基本属性；

（3）追求综合效益最大化是招标投标的直接动因；

（4）实现资源合理化配置是招标投标的最终目标。

2.2.1.3 业主选择招标投标的基本目标

工程项目的招标投标是业主和承包者双方互相选择的过程，是承包者之间互相竞争的过程，又是合同的形成过程。对此业主的基本目标是：

（1）采购有较好的经济性和效率性。也就是说，所采购的工程、货物、服务应具有优良的质量，招标投标的总成本（采购对象的成本与采购活动的成本之和）最低，以及在合理的、较短的时间内完成采购，以满足项目工期的要求。

（2）选择一个能胜任项目工作的承包人。他必须有雄厚的经济技术实力，有丰富的承包经验，且要有较好的资信。

（3）签订一个有利的合同。包括：①适当的、公平的、反映市场水平的合同价格；②完备的，没有漏洞、二义性和矛盾的合同条件；③合理且明确地分配项目的工作和工程责任，合理地分配风险，以保证项目工作能及时、按质、按量地完成。

2.2.2 招标竞争的主要方式

2.2.2.1 招标的基本方式

招标投标方式是采购的基本方式，决定着招标投标的竞争程度，也是防止不正当交易的重要手段。总体来看，目前世界各国和有关国际组织的有关采购法律、规则都规定了公开招标、邀请招标为主要的招标方式。

公开招标，又叫无限竞争性招标，是指招标人以招标公告的方式邀请不特定的法人或者其他组织投标，所有有兴趣的承包者都可以提交投标的招标方式。实行公开招标，可以使买主以有利的价格采购到需要的货物、服务，或完成工程建设，同时又可以保证所有合格的投标人都有参加投标的机会，实现公平竞争，还可以大大减少项目采购中的作弊现象。因此，公开招标方式被认为是最系统、最完整和规范性最好的招标方式，其他招标方式往往参照公开招标方式进行。

邀请招标，也称选择性招标或有限性招标，是指招标人以投标邀请书的方式邀请特定的法人或者其他组织投标，只有被邀请的承包者才能够提交投标的招标方式。《招标投标法》规定，招标人采用邀请招标方式的，应当向3个以上具备承担招标项目的能力、资信良好的特定的法人或者其他组织发出投标邀请书。

两种招标方式各有千秋。在实际招标中，各国或国际组织的做法也不尽一致。例如，

《欧盟采购指令》规定，如果采购金额达到法定招标限额，采购单位有权在公开和邀请招标中自由选择。实际上，邀请招标在欧盟各国运用得非常广。

2.2.2.2 招标的分类

1. 按照地域范围的不同分

按照地域范围的不同，招标可分为国际招标和国内招标两种。

国际招标的地域不限于招标国本国，而是面向国际市场。国际招标要求制作完整的英文招（投）标文件，在国际上通过各种媒介刊登招标公告。

国内招标的范围只限于国内，可用本国语言编写招标文件和投标文件，只在国内的媒体上登出广告。通常用于合同金额较小（世界银行规定一般为 50 万美元以下）、采购品种比较分散、分批交货时间较长、劳动密集型、商品成本较低而运费较高、当地价格明显低于国际市场等采购。

2. 招标按照竞争性强弱和有无限制分

招标按照竞争性强弱和有无限制，可分为无限竞争性招标、有限竞争性招标、非竞争性招标、排他性招标和混合型招标等。

采用无限竞争性招标时，一切有兴趣参加投标竞争的承包者，只要通过资格预审，都可以参加投标竞争，一切投标人都有均等的竞争机会。

有限竞争性招标也称邀请招标或选择性招标，只有得到招标人邀请的承包者才能参加有限竞争性招标。由于被邀请参加的投标竞争者有限，不仅可以节约招标费用，而且提高了每个投标人的中标机会。然而，由于邀请招标限制了充分的竞争，因此招标投标法规一般都规定，招标人应尽量采用公开招标方式。

非竞争性招标，国内亦称议标。这种招标方式的做法是业主邀请一家自己认为理想的承包者直接进行协商谈判，通常不进行资格预审，不需开标。严格说来，这并不是一种招标方式，而是一种合同谈判、一种直接采购。

排他性招标是特殊情况下的招标方式。在利用外国政府贷款采购项目时，一般都规定必须在借款国和贷款国同时进行招标，只有借、贷两国的承包者可以参加投标，第三国的承包者不得参加。

混合型招标，是指兼有不同类型招标的特征或保留招标的优点又混有其他交易方式特点的招标方式。比较典型的有两阶段招标和邀请建议书。

2.2.2.3 两阶段招标和邀请建议书

1. 两阶段招标

两阶段招标也称两步法招标程序[①]，是对仅有"一次投标"的公开招标方式的改良。

两阶段招标的做法是：先邀请提交根据概念设计或性能规格编制的不带报价的技术建议书，可进行技术和商务澄清和调整，随后对招标文件做出修改；第二步邀请提交最终的技术建议书和带报价的投标文件。

世界银行规定，这种程序适用于交钥匙合同，或大型复杂的工厂或特殊性质的土建工

---

① 除两步法招标外，世界银行不接受双信封或三信封制，即要求投标商同时提交单独分开的资格、技术和价格建议书，但在不同阶段按顺序依次开封并进行评审。

程，也适用于采购那些技术升级换代很快的设备，如大型计算机和通讯系统。

2. 邀请建议书

邀请建议书或称征求建议书、征询建议书。这是一种有多种"评选程序"的改良公开招标方法——其中包括允许招标人与投标人进行直接谈判。

一般所称的"招标"，即公开招标，禁止招标人与投标人之间就投标文件进行谈判（主要是开标后、中标前）。与公开招标方式相比，征求建议书是一种相对自由的方法，可以允许采购人根据项目的具体情况同供应商或承包商进行谈判。征求建议书也是一种比较新的采购方法，1980 年代才在美国的政府采购制度中确立其地位。1994 年，《货物、工程和服务采购示范法》也将其同两阶段招标、竞争性谈判一起列入适用于同一采购环境下的采购方法。

招标人在邀请建议书中向各投标人告知的"评选程序"可以是：不通过谈判的评选程序，或通过同时谈判的评选程序，或通过顺序谈判的评选程序——当然，一个项目的采购"评选程序"只能选择其中的一种，且选定的"评选程序"一经确定并公开，即不可更改。

（1）邀请建议书的"不通过谈判的评选程序"是这样进行的：技术和财务建议书应分别装在密封的信封中提交→按照事先规定的标准及方式，评比每一份技术建议书→对技术建议书符合要求的财务建议书进行比较。

（2）邀请建议书的"通过同时谈判的评选程序"是这样进行的：与提出了可接受的建议书的供应商或承包商进行谈判，并可设法或允许对所提建议做出修改，条件是让所有这些供应商或承包商都得到参与谈判的机会→在谈判结束后，请采购过程中所有有兴趣的供应商或承包商在某一规定日期之前就其建议书的所有方面提出最佳和最后的报盘→技术和财务建议书应分别装在密封的信封中提交→按照事先规定的标准及方式，评比每一份技术建议书→对技术建议书符合要求的财务建议书进行比较。

（3）邀请建议书的"通过顺序谈判的评选程序"是这样进行的：只报送技术建议书→按照事先规定的标准及方式，评比每一份技术建议书→邀请技术建议书取得最佳评分的供应商或承包商就其建议书的报价进行谈判→在与评分较佳的供应商或承包商的谈判不能产生采购合同时，则通知该供应商或承包商结束谈判→通知评分达到界限以上的供应商或承包商，可考虑与他们进行谈判→邀请评分次高的供应商或承包商进行谈判→如果仍谈不成，则根据评分高低顺序再邀请其他供应商或承包商进行谈判，直至达成采购合同或否决全部其余建议书为止。在这种程序中，有一个地方特别值得注意，那就是采购实体不得同已终断谈判的供应商或承包商重开谈判，以免造成不必要的延误及滋生腐败。

2.2.3 招标人投标人的权利和义务

法学一般认为，权利是指法律关系的当事人一方实现正当利益的行为依据，义务则是指法律关系的当事人一方为了满足他方利益所实施的行为依据。

2.2.3.1 招标人的权利和义务

招标人享有的权利一般包括：

（1）自行组织招标或者委托招标代理机构进行招标；

（2）自由选定招标代理机构并核验其资质证明；

（3）委托招标代理机构招标时，可以参与整个招标过程，其代表可以进入评标委员会；

（4）拒绝非法干预；

（5）自主澄清、修改招标文件；

（6）自主决定对投标人的资格审查，要求投标人提供有关资格情况的资料；

（7）拒绝不合要求投标人的投标；

（8）主持开标；

（9）根据评标委员会推荐的候选人确定中标人或授权评标委员会直接确定中标人。

招标人应该履行的义务一般包括：

（1）不得侵犯投标人的合法权益；

（2）保持招标具有竞争性；

（3）委托招标代理机构进行招标时，应当向其提供招标所需的有关资料并支付委托费；

（4）合理编制招标文件、公开招标的要求与条件；

（5）依法组建评标机构；

（6）招标过程中对（潜在）投标人的保密、协助、通知；

（7）中标人确定前不与投标人进行实质性谈判；

（8）接受招标投标管理机构的监督管理；

（9）与中标人签订并履行合同。

2.2.3.2　投标人的权利和义务

投标人享有的权利一般包括：

（1）平等地获得招标信息；

（2）自主投标；

（3）要求招标人或招标代理机构对招标文件中的有关问题进行答疑；

（4）投标截止日前改变投标；

（5）依法分包；

（6）参加公开开标；

（7）质询、控告、检举招标过程中的违法行为。

投标人应该履行的义务一般包括：

（1）按招标文件规定编制、报送投标文件；

（2）保证所提供的投标文件的真实性；

（3）投标截止日后不得改变投标；

（4）应约对投标文件的有关问题进行答疑；

（5）提供投标保证金或其他形式的担保；

（6）被确定为中标人前不与招标人进行实质性接触；

（7）中标后与招标人签订并履行合同，非经招标人同意不得转让或分包合同。

2.2.4　招标代理机构

2.2.4.1　招标代理机构的性质

招标代理机构有广义和狭义之分，狭义的招标代理机构是指接受招标人委托，代为从事招标组织活动的中介机构。而广义的招标代理机构还应该包括专门从事政府采购活动，而隶属于政府部门的招标管理机构。本书所用为其狭义含义。

招标代理机构是独立于政府和企业之外，受招标人委托，代为从事招标组织活动的中介机构，属于市场中介组织。在代办招标过程中，招标机构不仅要接受招标人和投标人的监督，还要受到国家法律法规和社会的监督，以及执业资格和职业道德的约束。

1984 年成立的中国技术进出口总公司国际金融组织和外国政府贷款项目招标公司（后改为中技国际招标公司）是我国第一家招标代理机构。据原建设部统计，截至 2007 年 5 月 31 日，国内 25 个省、自治区、直辖市共有工程招标代理机构 4802 家，其中甲级 786 家，乙级 2026 家，暂定级 1990 家。

2.2.4.2 代理的法律制度

代理成为一种独立的法律制度，是商品经济发展的结果。代理是指代理人以被代理人的名义，在其授权范围内向第三人做出意思表示，所产生的权利和义务直接由被代理人享有和承担的法律行为。

代理行为具有以下特征：

（1）代理人以自己的技能为被代理人的利益独立为意思表示。换句话说，代理人的使命是代他人为法律行为，如订立合同、履行债务、请求损害赔偿等；

（2）代理人必须以被代理人的名义实施法律行为，即所谓的"直接代理"；

（3）代理行为的法律效果直接归属于被代理人。

从法律意义上说，招标代理属于委托代理的一种，应遵守法律的有关规定。

招标代理机构在招标人委托的权限范围内，以招标人名义办理招标事宜，为招标人取得权利、设定义务。因此，在招标投标活动中，尽管投标人是与招标代理机构联系的，但其代表的是招标人的利益，行为后果也由招标人承担。

2.2.4.3 招标代理资格制度

1. 行政许可管理部门

根据《招标投标法》的规定，《国务院办公厅印发国务院有关部门实施招标投标活动行政监督的职责分工意见的通知》（国办发［2000］34 号）予以具体规定："从事各类工程建设项目招标代理业务的招标代理机构的资格，由建设行政主管部门认定；从事与工程建设有关的进口机电设备采购招标代理业务的招标代理机构的资格，由外贸行政主管部门认定；从事其他招标代理业务的招标代理机构的资格，按现行职责分工，分别由有关行政主管部门认定。"

2. 设立条件

招标投标法规定，招标代理机构一般应当具备下列条件：

（1）有从事招标代理业务的营业场所和相应资金；

（2）有能够编制招标文件和组织评标的相应专业力量；

（3）有符合法律规定条件、可以作为评标委员会成员人选的技术、经济等方面的专家库。

2.2.4.4 资格及业务管理

目前，中央管理部门涉及招标代理资格管理的办法主要包括：《工程建设项目招标代理机构资格认定办法》（建设部令第 154 号）、《中央投资项目招标代理机构资格认定管理办法》（发改委令第 36 号）、《机电产品国际招标代理机构的资格审定办法》（商务部令[2005]第 6 号）、《政府采购代理机构资格认定办法》（财政部令第 31 号）。

招标代理机构管理办法一般均规定了招标代理机构资格等级、申请的门槛、年度资格审核以及罚则等内容。

2.2.4.5　招标代理机构的权利和义务

招标代理机构必须依法取得法定的招标投标代理资格等级证书，并依据其招标投标代理资质等级从事相应的招标代理业务。招标代理机构受招标人或投标人的委托开展招标投标代理活动，其代理范围由委托人授权，其行为对招标人或投标人产生效力。

作为一种民事代理人，招标代理机构享有的权利包括：

（1）组织和参与招标投标活动；

（2）依据招标文件规定，审查投标人的资格；

（3）按照规定标准收取招标代理费；

（4）招标人或投标人授予的其他权利。

招标代理机构也应该履行相应的义务：

（1）维护招标人和投标人的合法权益；

（2）组织编制、解释招标文件或投标文件；

（3）接受招标管理机构的指导、监督。

2.2.5　招标投标的法律性质

从法律的角度讲，招标投标法律关系是民事法律关系，但也带有一定的行政色彩①。招标投标的目的在于选择中标人，并与之签订合同。因此，学界普遍认为，招标投标是当事人双方经过要约和承诺两阶段订立合同的一种竞争性程序，其特点是在合同订立过程中引入竞争机制，以便使合同订立更有效率。招标投标中主要的具体法律行为有招标行为、投标行为和确定中标人行为。

2.2.5.1　招标行为的法律性质是要约邀请

招标的直接目的在于邀请投标人投标。其真实的意图是通过广告（公开发布或定向投递）的方式使相对人获得招标人的公开信息—招标文件—招标人关于招标的程序、要求以及合同条件和中标条件。

招标文件的内容包括了合同条件，但它仍够不成要约。它不符合合同法关于要约要"具体"②且"表明经受要约人承诺，要约人即受该意思表示约束"的要求。

---

① 国家计委政策法规司，国务院法制办财政金融法制司编著. 中华人民共和国招标投标法释义. 北京：中国计划出版社，1999.

② 联合国国际货物销售合同公约（1980 年 4 月 11 日订于维也纳）第十四条规定："（1）向一个或一个以上特定的人提出的订立合同的建议，如果十分确定并且表明发价人在得到接受时承受约束的意旨，即构成发价。一个建议如果写明货物并且明示或暗示地规定数量和价格或规定如何确定数量和价格，即为十分确定。（2）非向一个或一个以上特定的人提出的建议，仅应视为邀请做出发价，除非提出建议的人明确地表示相反的意向。"据此可以认为，构成要约的内容必须具体应包括：标的、数量、价格三要素。

因此，招标行为属于要约引诱的性质，不具有要约的效力①。

对于要约邀请在法律上是否要承担责任是有分歧的。主要有两种观点，一种认为要约邀请是订立合同的预备行为，属事实行为，在法律上无须承担责任；另一种观点认为要约邀请是具有法律意义的意思表示，受其中具有承诺意义内容的约束，要约邀请并不是不产生任何效力，要约邀请只是不产生对方一旦接受就成立合同的效力，发出要约邀请的人，把成立合同的最终权利留给了自己，要约邀请仍能产生法律上的责任。

站在招标投标活动的角度，后一种观点是容易接受的。因为这种观点解释招标投标过程中的许多规定比较容易让人接受。

据此，招标是具有法律意义的意思表示，招标人应承担其违反有效招标而产生的法律责任。

招标行为是有时效的。招标的生效应从招标文件开始发出之日开始。从招标生效到投标截止日期止，是投标准备期，也可以说是招标的有效期，由于招标是要约邀请性质，在此期间招标人可以依法修改或变更招标文件。对于招标人是否可以撤回招标文件，《招标投标法》没有明确规定，但根据《招标投标法》第二十三条的规定，招标人撤回招标文件应属不当行为。《工程建设项目施工招标投标办法》和《工程建设项目勘察设计招标投标办法》都明确规定了招标人无正当理由不得中止招标。投标人可以根据招标文件的引诱准备投标文件，超过这个期限，招标人不得再对招标文件作任何修改和变更，更不得撤销，招标文件作为引诱投标的作用完全丧失，投标人也不得再以此为据进行投标。

招标生效后，遇有下列情形之一的，招标失效，招标人不再受其约束：①招标文件发出后，在招标有效期内无任何人响应；②招标已依法结束；③招标人终止，如死亡、解散、被撤销或宣告破产等。

2.2.5.2 投标行为的法律性质是要约

投标是投标人按照招标人提出的招标文件的要求，在规定期间内向招标人发出的以订立合同为目的的意思表示，符合要约的特征。投标文件中包含有将来订立合同的具体条款，包括项目的价格，只要投标人承诺（宣布中标）就可按投标文件提出的内容签订合同。作为要约的投标行为具有法律约束力，表现在投标是一次性的，同一投标人不能就同一标的进行一次以上的投标；各个投标人对自己的报价负责；在投标文件发出后的投标有效期内，投标人不得随意修改投标文件的实质性内容和撤回投标文件；投标人必须接受投标经招标人承诺后即成立合同的法律后果。

投标行为也存在时效问题。投标是要约行为，应发生要约的效力。关于投标的生效时间《招标投标法》采用了与《合同法》一致的原则，但规定的时间不是投标文件送达招标人的时间②，而是投标截止时间，按法律规定也就是开标时间。所以，投标在开标时生效，同时对招标人发生效力，使其取得承诺的资格。但招标人无必须与某一投标人订约的义务，除在

---

① 也有人认为不可一概而论，如果招标人在招标公告或投标邀请书中明确表示必须与报价最优者签订合同，则招标人负有在投标后与其中条件最优者订立合同的义务，这种招标的意思表达可以视为要约。

② 《合同法》所称"要约到达受要约人时生效"，这里"到达"应包括两方面的含义：一是指在空间上要约已经从要约人处抵达受要约人；二是受要约人已经知晓或者应当知晓要约的内容。因此，投标文件送达招标人，只是形式上的到达，而非全部法律意义上的"到达"。

招标文件中有明确相反表示外，招标人可以废除全部投标，不与投标人中的任何一人订约。

实践中，投标的有效期一般到合同签订日止。为了保证在开标后有足够的时间进行评标、审批、中标人收到中标通知、商签合同，在招标文件中通常规定投标的有效期到投标截止日后多少日止。投标生效后，遇有下列情形之一，投标失效，投标人不再受其约束：①投标人或投标文件不符合招标文件的要求；②投标有效期届满；③投标人未同意或未按招标人要求延展投标有效期；④招标人对投标文件做出实质性变更；⑤投标人终止，如死亡、解散、被撤销或宣告破产等。

2.2.5.3　授标行为的法律性质是承诺

招标人一旦确定中标人，发出中标通知书，就是对中标人的承诺。《招标投标法》第四十五条规定："中标人确定后，招标人应当向中标人发出中标通知书，并同时将中标结果通知所有未中标的投标人。中标通知书对招标人和中标人具有法律效力。中标通知书发出后，招标人改变中标结果的，或者中标人放弃中标项目的，应当依法承担法律责任。"中标通知书发出后，招标人和中标人各自都有权利要求对方签订合同，也有义务与对方签订合同。另外，在确定中标结果之前，双方不能就合同的内容进行谈判。

授标也有时效问题。中标人的选定意味着招标人对该投标人的条件完全同意，双方当事人的意思表示完全一致，合同即告成立。招标人做出承诺的法定方式是发出中标通知书。合同法规定承诺通知到达要约人时生效，它的生效采取"到达主义"。根据《招标投标法》第45条规定，招标投标法采取了与合同法一般性承诺完全不同的方式，是采取"发信主义"，即：中标通知书发出时生效。自中标通知书发出之日起30日内，招标人和中标人应当按照招标文件和中标人的投标文件订立书面合同。

2.2.6　招标投标制度设计的理论基础

人类创造了很多能够诱导人们显示并测度他们的效用的技术和制度，如拍卖和招标投标制度。为什么招标机制在现实经济生活中有着如此广泛的应用呢？经济学家通过40年的研究，形成了一套系统的经济理论，用来分析和理解招标机制的优越性，也为实际操作提供了许多有用的建议。

2.2.6.1　基础术语

1. 资源配置

资源配置是对相对稀缺的资源在各种不同用途上加以比较做出的选择。

如何把稀缺资源有效地配置到各种不同的、相互竞争的需要上，始终是人类在生存和发展中要解决的一个基本问题。人类配置资源的方式可以分为市场竞争机制、行政命令、法律强制、投票制、随机抽奖等，当然还包括各种欺诈方式。在上述资源配置方式中，市场竞争机制以其快速、高效和公正的特点在世界各国得到了最广泛的应用。市场竞争机制又可分为纯粹的市场竞争、垄断的市场竞争、拍卖、招标投标、双边谈判等。

2. 激励相容

在市场经济中，每个理性经济人都会有自利的一面，其个人行为会按自利的规则行为行动；如果能有一种制度安排，使行为人追求个人利益的行为，正好与企业实现集体价值最大化的目标相吻合，这一制度安排，就是"激励相容"。

3. 拍卖与招标

拍卖与招标是信息经济学的一个十分精彩的专题，因为其中存在私有信息。在招标和拍卖中，金钱的流动方向是不同的，两相比较，在拍卖中，人们对"已经存在的"拍卖品的了解是比较完全的，而在工程或服务招标中，人们对"未来完成的"工程和"未来提供的"服务的信息，就不那么完全清楚，这是因为后者牵涉"未来"的不确定性。拍卖和招标的本质区别，就在这里。所以，商品拍卖总是"价高者得"，但是工程和服务招标，除了比较价格以外，还要考虑企业实施承诺和企业信誉等其他因素，而不能只是强调"价低者得"。

在注意了上述本质区别的前提下，我们可以发现，拍卖和招标不仅在形式和操作上有许多共同的地方，而且在经济学意义上有许多共同的规律。讨论清楚拍卖，招标也就比较清楚了。

2.2.6.2　拍卖理论

1. 拍卖理论基本内容

拍卖作为商品交易的一种方式，在人类历史上已存在了 2500 多年，但是对拍卖理论的研究直到 20 世纪 60 年代才开始。1961 年，威廉·维克瑞开创性地提出了拍卖理论，随后拍卖理论蓬勃发展，已经形成了比较完善的理论。

传统观点认为，如果交易者双方所掌握的信息不对称，市场上产生的均衡结果将是一种无效率的状态。但是，维克瑞却以拍卖这种具有重大实践意义的市场制度为例指出，并非信息不对称的市场一定无效率。市场是否有效率，取决于其规则是否符合"激励相容"的约束，是否能够有效地诱导自利的市场参与者说出他们真正愿意支付的价格。

威廉·维克瑞引入了著名的"第二价格拍卖"，分析了不同种类的拍卖市场机制。

一般来说，只要弄懂四种基本拍卖形式和一条基本拍卖定理（等价收入定理），大致就可以明白所谓的拍卖理论。

第一种形式是升价拍卖，又叫英式拍卖，就是我们最常见到的拍卖，即狭义的拍卖。大家在一起公开竞标，往上抬价，出价最高者获得拍品。

第二种是降价拍卖，又叫荷兰式拍卖，价格则是由高往低降，第一个接受价格的人获得拍品。

剩下两种是密封式竞价。一级价格密封拍卖是说，每个人都对拍品单独报价，相互不知底细，填了标价封在信封里交上去，最后拍卖师拆开信封，出价最高者获胜；二级价格密封拍卖与一级价格密封拍卖类似，唯一不同的是，最后出价最高的人获得拍品，但他无需付出自己所喊价格，只需要按照排位第二高的价格付钱就行。

2. 拍卖理论的基本结论

拍卖理论定量描述经济环境的最基本的假设是所谓独立私人价值假设：投标者是风险中性的；每个投标者知道拍卖品对他的价值，但不知道其他投标者对拍卖品的价值；所有投标者对拍卖品的估值是独立同分布的随机变量，招投双方均知道这个分布函数。在这些理想的假设条件下，拍卖有以下特征：

（1）英式拍卖与第二价格拍卖是等价的。无论假设投标者是风险中性或风险厌恶都成立；

（2）荷兰式拍卖与第一价格拍卖策略等同。在风险厌恶假设下，投标者的最优报价随其风险厌恶程度的增大而增大，一般大于其私人价值；

（3）英式及第二价格拍卖的结果是帕累托最优的；

（4）收入等同定理。无论采用何种拍卖方式，拍卖人最优的预期收入相同，而且等于预期的次高私人价值。该定理只有在投标者风险中性假设下才成立。如果投标者是风险厌恶的，那么第一价格与荷兰式拍卖收入随着风险厌恶程度增大而增大，而且大于第二价格与英式拍卖的收入；

（5）拍卖理论研究同时表明，设定适当的最低保留值有利于招标者提高其收入。招标者设定的保留值严格大于其对拍卖品的估值，低于此值投标者将不会投标。如果所有投标者的报价均低于此保留价，则招标者拒绝卖出拍卖品。这主要用于应对当投标者之间的估值具有加盟性质即不独立时的情形；

（6）进一步的理论研究还显示，招标者公开地显示有关拍卖品品质和期望卖价的某些信息可以提高招标收入。在实际的拍卖中，投标者往往是风险厌恶的，他们对拍卖物品的估值也依赖于其他投标者的估值以及对拍卖品某些品质的估计，必具有加盟性质，因此招标者必须注重公开招标信息，增加招标透明度。

2.2.6.3 博弈论

1. 博弈的类型

博弈根据不同的基准有不同的分类。

一般认为，博弈主要可以分为合作博弈和非合作博弈。合作博弈和非合作博弈的区别在于相互发生作用的当事人之间有没有一个具有约束力的协议，如果有，就是合作博弈，如果没有，就是非合作博弈。

从行为的时间序列性划分，博弈进一步分为静态博弈、动态博弈两类。静态博弈是指在博弈中，参与人同时选择或虽非同时选择但后行动者并不知道先行动者采取了什么具体行动；动态博弈是指在博弈中，参与人的行动有先后顺序，且后行动者能够观察到先行动者所选择的行动。

按照参与人对其他参与人的了解程度分为完全信息博弈和不完全信息博弈。完全博弈是指在博弈过程中，每一位参与人对其他参与人的特征、策略空间及收益函数有准确的信息。不完全信息博弈是指如果参与人对其他参与人的特征、策略空间及收益函数信息了解得不够准确，或者不是对所有参与人的特征、策略空间及收益函数都有准确的信息，在这种情况下进行的博弈就是不完全信息博弈。

2. 经济学中的"智猪博弈"

这个例子讲的是：猪圈里有两头猪，一头大猪，一头小猪。猪圈的一边有个踏板，每踩一下踏板，在远离踏板的猪圈的另一边的投食口就会落下少量的食物。如果有一只猪去踩踏板，另一只猪就有机会抢先吃到另一边落下的食物。当小猪踩动踏板时，大猪会在小猪跑到食槽之前刚好吃光所有的食物；若是大猪踩动了踏板，则还有机会在小猪吃完落下的食物之前跑到食槽，争吃到另一半残羹。

那么，两只猪各会采取什么策略？答案是：小猪将选择"搭便车"策略，也就是舒舒服服地等在食槽边；而大猪则为一点残羹不知疲倦地奔忙于踏板和食槽之间。

原因何在？因为，小猪踩踏板将一无所获，不踩踏板反而能吃上食物。对小猪而言，无论大猪是否踩动踏板，不踩踏板总是好的选择。反观大猪，已明知小猪是不会去踩动踏板的，自己亲自去踩踏板总比不踩强吧，所以只好亲力亲为了。

"小猪躺着，大猪跑"的现象是由于故事中的游戏规则所导致的。

为使资源最有效配置，规则的设计者是不愿看见有人搭便车的。而能否完全杜绝"搭便车"现象，就要看游戏规则的核心指标设置是否合适了。

3. "囚徒困境"博弈

"囚徒困境"博弈模型，是含有占优战略均衡的一个著名例子。

假设有两个小偷 A 和 B 联合犯事、私人民宅被警察抓住。警方将两人分别置于不同的两个房间内进行审讯，对每一个犯罪嫌疑人，警方给出的政策是：如果一个犯罪嫌疑人坦白了罪行，交出了赃物，于是证据确凿，两人都被判有罪。如果另一个犯罪嫌疑人也作了坦白，则两人各被判刑 8 年；如果另一个犯罪嫌疑人没有坦白而是抵赖，则以妨碍公务罪（因已有证据表明其有罪）再加刑 2 年，而坦白者有功被减刑 8 年，立即释放。如果两人都抵赖，则警方因证据不足不能判两人的偷窃罪，但可以私人民宅的罪名将两人各判入狱 1 年。表 2-1 给出了这个博弈的支付矩阵。

表 2-1 "囚徒困境"博弈的支付矩阵

	B 坦白	B 抵赖
A 坦白	-8, -8	0, -10
A 抵赖	-10, 0	-1, -1

从上表可知，对 A（B）来说，尽管他不知道 B（A）作何选择，但他知道无论 B（A）选择什么，他选择"坦白"总是最优的。结果是两人都被判刑 8 年。但是，倘若他们都选择"抵赖"，每人只被判刑 1 年。在表中的四种行动选择组合中，（抵赖、抵赖）是帕累托最优的，因为偏离这个行动选择组合的任何其他行动选择组合都至少会使一个人的境况变差。不难看出，"坦白"是任一犯罪嫌疑人的占优战略，而（坦白，坦白）是一个占优战略均衡。这个结局被称为"纳什均衡"，也叫非合作均衡。

"囚徒的两难选择"有着广泛而深刻的意义。当个人理性与集体理性冲突，各人追求利己行为而导致的最终结局是一个"纳什均衡"，也是对所有人都不利的结局。他们两人都是在坦白与抵赖策略上首先想到自己，这样他们必然要服长的刑期。只有当他们都首先替对方着想时，或者相互合谋（串供）时，才可以得到最短时间的监禁的结果。"纳什均衡"首先对亚当·斯密的"看不见的手"的原理提出挑战。按照斯密的理论，在市场经济中，每一个人都从利己的目的出发，而最终全社会达到利他的效果。

4. 博弈中最优策略的产生

艾克斯罗德（Robert Axelrod）在开始研究合作之前，设定了两个前提：①每个人都是自私的；②没有权威干预个人决策。也就是说，个人可以完全按照自己利益最大化的企图进行决策。在此前提下，合作要研究的问题是：①人为什么要合作；②人什么时候是合作的，什么时候又是不合作的；③如何使别人与你合作。

在研究中发现，合作的必要条件是：①关系要持续，一次性的或有限次的博弈中，对策者是没有合作动机的；②对对方的行为要做出回报，一个永远合作的对策者是不会有人跟他合作的。

提高合作性的方法包括：①要建立持久的关系；②要增强识别对方行动的能力，如果不清楚对方是合作还是不合作，就没法回报他了；③要维持声誉，说要报复就一定要做到，对方才知道你是不好欺负的，才不敢不与你合作；④能够分步完成的对局不要一次完成，以维持长久关系；⑤不要嫉妒对方的成功；⑥不要首先背叛，以免担上罪魁祸首的道德压力；⑦不仅对背叛要回报，对合作也要做出回报；⑧不要耍小聪明，占对方便宜。

囚徒困境扩展为多人博弈时，就体现了一个更广泛的问题——"社会悖论"，或"资源悖论"。人类共有的资源是有限的，当每个人都试图从有限的资源中多拿一点儿时，就产生了局部利益与整体利益的冲突。人口问题、资源危机、交通阻塞，都可以在社会悖论中得以解释，在这些问题中，关键是通过研究，制定游戏规则来控制每个人的行为。

重复博弈在现实中是很难完全实现的。一次性博弈的大量存在，引发了很多不合作的行为，而且，对策的一方在遭到对方背叛之后，往往没有机会也没有还手之力去进行报复。在这些情况下，社会要使交易能够进行，并且防止不合作行为，必须通过法制手段，以法律的惩罚代替个人之间的"一报还一报"，规范社会行为。

2.2.6.4 机制设计理论

1. 机制设计理论研究的主要内容

机制设计理论创立于20世纪六七十年代，起源于赫维茨的开创性工作，并经由马斯金、迈尔森等人进一步发展。有学者认为，今天的经济学在很大程度上成为研究激励问题的学科，如何设计机制为经济主体提供合理的激励已成为当代经济学的核心主题。

机制设计理论讨论了信息不完全带来的信息无效和激励不足问题。在信息不完全、决策分散化、自愿选择和交换条件下，机制设计理论考虑了如何设计出一套经济机制，避免信息不完全所带来的资源配置损失，实现资源最优化利用等既定社会目标的理论。该理论旨在说明，即使在市场机制不能充分实现效率最大化目标时，社会仍能通过选择某种其他经济机制来达到既定的社会目标。

2. 机制设计理论的主要结论

好的机制需要较小的信息成本。即所设计的机制需要较少的关于消费者、生产者以及其他经济活动参与者的信息和信息（运行）成本。在达到效率最大化目标上，没有什么经济机制能够比市场机制具有更少的信息维度；通过机制设计所实现的效率最大化都可以和通过竞争市场机制所实现的配置一样好。因此，当市场机制能够解决资源最优配置问题时，应该让市场来解决；在市场无能为力的情况下，需要设计其他一些机制来弥补市场机制的失灵。

好的机制设计必须满足激励相容条件，即在所设计的机制下，使得各个参与者在追求个人利益的同时能够达到设计者所设定的目标。当信息不完全并且直接控制不可能或不恰当时，可以考虑采用分散化决策的方式来进行资源配置或做出社会决策。在制度或规则的制订者不能了解所有个体信息的情况下，所要制定的机制要能够给每个参与者以激励，使参与者在追求个人利益的同时也达到机制所制定的目标。因此，任何机制设计，都不得不考虑激励问题。要实现某一个目标，首先要使这个目标是在技术可行性范围内；其次，要使它满足个人理性，即参与性。如果一个人都不参与你提供的博弈，因为他有更好的选择，那么你的机制设计就是虚设的；第三，它要满足激励相容约束，要使个人自利行为自愿实现制度的目标。

2.2.6.5　招标投标的经济学分析

招标制度作为在长期的经济活动中形成的一种成熟的交易方式，在经济学上具有特殊的意义。招标制度由于其一次性报价的特点，形成投标方之间的博弈，从而有利于消减买卖双方的信息不对称，有利于买方以较低的价格采购商品。

1. 招标人与投标人之间的关系

招标投标的整个过程就是招标人与投标人、投标人与投标人之间的博弈过程。这些有着各自不同利益的主体在决策时相互影响和作用，成为博弈中的各方。

招标投标活动中，招标人与投标人之间的信息是不对称的，即每个市场参与者所拥有的知识是不对等的，在市场交易中，一方掌握的信息多于另一方。交易者双方都拥有一些对方不知道的私人信息，并可在交易中策略性地利用这些信息为自己谋利。不对称信息产生的根本原因是社会劳动分工和专业化生产。

招标人与投标人之间的关系是典型的非对称信息博弈。

信息经济学的研究成果表明，当市场参与人之间存在信息不对称时，任何一种有效的资源配置机制必须满足"激励相容"和"个人理性"条件。招标投标①正是能满足激励相容和个人理性条件的一种有效的市场机制。在招标投标中，激励相容是指投标人贡献私人真实信息对自己有利，对招标人也有利；个人理性是指投标人只有在参与投标的获得水平比不参与投标更高时，才会决定参与招标投标活动。

在信息不对称的条件下，能够形成招标、拍卖这类有效的市场机制，主要是"事先的承诺"起了作用。所谓"事先的承诺"就是招标人事先确定的一系列规则。这些规则约束对方的行为，更重要的是约束了自己的行为。正是因为招标人约束了自己的行为，投标人才肯报告自己的真实信息。因为，任何投标人都知道招标人在看到报价后不能改变他的承诺，就是事后违约可以给他带来好处，他也不能毁约。当然，如果投标人事先知道招标者会反悔，那他将不会像事先规定的那样出价。在招标中，承诺的好处是可以采用规定的程序使投标人按招标人期望的方式出价的。承诺会固定交易中某些可变因素，使交易中可能出现的结果收敛到对承诺方有利的某一点。

2. 招标投标的机制设计

机制设计理论的主要贡献就在于说明如何设计出一种制度或契约，使之能产生出一种激励机制，让拥有私人信息的交易者出于自身利益的考虑而主动吐露"真情"，从而实现有效率的交易。

激励的含义是机制设计者（委托人）诱使具有私人信息的代理人从自身利益出发而采取行动，以符合委托人的目标要求。其中不完全信息的存在是激励存在的先决条件，正因为机制设计者不知道代理人的私人信息，也就是对他们的行为模式只有不确定性的了解，激励的使用才有必要。激励也可以视为使代理人真实公布（或表现）其私人信息的手段。

委托人设计机制的目的是最大化自己的期望效用。但他这样做时，要面临两个约束：第

---

① 在理论研究中，把招标投标等同于密封拍卖，认为招标投标与拍卖相类似，也是通过竞争确定特定物品价格的市场机制，只不过竞价是以密封的方式进行，且竞争不是在需求方面是在供给方（卖方）展开，以价格最低成交。

一个约束是，如果让一个理性的代理人有兴趣接受委托人设计的机制（从而参与博弈）的话，代理人在该机制下得到的期望效用必须不小于他在不接受这个机制时得到的最大期望效用。这个约束被称为参与约束或个人理性约束。代理人在博弈之外能得到的最大期望效用被称为代理人的保留效用。因为当代理人参与博弈时他就失去了博弈之外的机会，因而保留效用也就是机会成本。个人理性约束要求机制所针对的个体愿意参与，而不采取规避行为。机制应激起人们参与的动力，使他们能通过参与而获得好处，即参与应比不参与好。第二个约束是，给定委托人不知道代理人类型的情况下，代理人在所设计的机制下必须有积极性选择委托人希望他选择的行动。显然，只有当代理人选择委托人希望的行动所得到的期望效用不小于他选择其他行动所得到的期望效用时，代理人才有积极性选择委托人所希望的行动。这个约束被称为激励相容约束，其含义是：激励的设计应是有效的，应保证人们愿意真实地公布自己的私有信息。形象地说，激励应保证代理人说实话比不说实话好，按要求做比不按要求做好。

典型的机制设计是一个三阶段的不完全信息博弈：在第一阶段，委托人设计一个"机制"（或合同、激励方案）。这里，机制是一个博弈规则（或简称博弈），根据这个规则，代理人发出信号（如在招标中投标人报价），实现的信号决定配置结果（如谁中标、支付什么价格）。在第二阶段，代理人同时选择接受或不接受委托人设计的机制。如果代理人选择不接受，他即得到外生的保留效用。在第三阶段，接受机制的代理人根据机制的规定进行博弈。

3. 招标投标的博弈过程及最优策略的选取方法

招标过程中，招标人并不清楚众多投标人的真实情况，招标人只能观察到投标文件及投标人的报价，但是这些书面资料存在着投标人说谎的问题。投标人书面资料的可信度取决于投标人的诚信情况，也受招标人招标文件设置的定标标准和方法的制约，招标人定标标准和方法得当，可以最大限度地避免投标人说谎的现象出现。由此可见，招标人和投标人之间是不完全信息博弈，用经济学的理论来讲是非对称信息下最优契约的选择问题。

设想有一项建设工程要招标，假设选择标价最低者为中标人，并按其投标价承包——通过招标签订合同的价格 P，是中标人的报价 $b^*(c)$ ——类似于第一价格密封投标。因此，在正常情况下，招标投标属于比较典型的不完全信息静态博弈，从而也就可以用相应的理论来解释和指导。

根据第一价格密封投标博弈模型理论[①]推导出的招标博弈的贝叶斯纳什均衡[②]是：

$$P = b^*(c) = \frac{c_h}{n} + \frac{n-1}{n}c_i$$

式中，n 为投标人数量；c_h 为投标人共知的真实价格的最高值；c_i 为投标人 I 的真实价格（即私人价值）。

---

① 该模型被称为基准模型，是建立在如下假设基础之上的：所有投标人都是风险中性（指对待风险的态度为无所谓）；标的对每一个投标的私人价值不依赖于其他投标人的价值；投标人的支付价格只依赖于自己的报价；投标人是对称的，即所有投标人知道自己的私人价值 c_i，其他人只知道 c_i 的概率分布函数 $f(x)$，所有投标人的价值概率分布函数相同，即投标标的成本分布函数是公共信息；投标人将以相同的方式选择投标策略，即 $b_i = b(c_i)$。

② 贝叶斯纳什均衡是这样一种类型依从战略组合：在给定自己的类型和别人类型的概率分布情况下，每个参与人的期望效用达到了最大化，也就是说，没有人有积极性选择其他战略。

从上式可以看出，投标人的报价 b^* 与投标人的真实价格 c 之间的差距随投标人的数量 n 的增加而递减。显然，b^* 会随 n 的增加而减小。特别地，当 $n \to \infty$ 时，$b^* \to c$，这就是说，投标人越多，招标人所付出的价格就越低；当投标人趋于无穷时，招标人所付出的价格将几乎等于中标人的真实生产成本。因此，让更多的人加入竞标是招标人的利益所在。

理论上认为，如果考虑采用第二价格密封招标方法——投标价最低者中标，但却以第二低标价为价格得以承包，会更合理、有效。但是，在实际中，第二价格密封招标方法几乎没有被采用，主要原因是容易被投标人合谋和操纵。

4. 招标机制设计中的注意点

（1）定标因素应是标的的生产成本，而不应是其他。

（2）应保证一定数量的投标人参与投标，不应人为限制投标人的数量。Gaver 和 Zimmer 通过大量的案例研究发现，当工程项目的投标人数增加 1% 时，投标报价将下降 2%。这是招标人应该严肃对待的一个问题。另外，投标人数达到一定数量的时候，从理论上讲，投标人报价下降幅度并不明显，反而会造成投标人正常投标成本上升，中标预期下降，影响投标人参与投标的积极性，影响招标的有效性和效率。当正常投标成本高于非正常投标成本时，还会诱使投标人采用非正常手段参与投标，进一步影响招标的有效性。

2.3　招标投标制度的特征

2.3.1　我国招标投标流程中的时间要求

招标文件或资格预审文件发售持续时间：自招标文件或者资格预审文件出售之日起至停止出售之日止，最短不得少于 5 个工作日。

编制资格预审申请文件的时间：自开始发售资格预审文件之日起至潜在投标人提交资格预审申请文件截止时间止，一般不得少于 14 日。

编制投标文件所需的合理时间：依法必须进行招标的施工、货物、勘察设计等，自招标文件开始发出之日起至投标人提交投标文件截止之日止，最短不得少于 20 日。

投标人要求澄清或招标人修改招标文件的时间：招标人最后发出的修改招标文件（补遗书）至开标之日止最短不得少于 15 日。

评标定标时限：评标委员会提出书面评标报告后，招标人一般应当在 15 日内确定中标人，但最迟应当在投标有效期结束日 30 个工作日前确定。

招标结果公示时限：招标人一般需要在指定的媒介上将评标结果公示 5 个工作日。

招标结果报告时限：依法必须进行招标的项目，招标人应当自发出中标通知书之日起 15 日内，向有关行政监督部门提交招标投标情况的书面报告。

签订合同时限：招标人和中标人应当自中标通知书发出之日起 30 日内，按照招标文件和中标人的投标文件订立书面合同。

退还投标保证金时限：招标人与中标人签订合同后 5 个工作日内，应当向中标人和未中标的投标人一次性退还投标保证金。招标文件中规定给予未中标人经济补偿的，也应在此期限内一并给付。

2.3.2 招标投标与一般方式缔约的比较

2.3.2.1 缔约方式

按照合同的订立方式可以将合同分为竞争缔约和自由缔约。

自由缔约一般采取即时交易方式、谈判缔约方式、交换函电方式和寄送订货单或样品的方式等。传统上，一般缔约方式是磋商谈判，要价还价。采取谈判缔约方式时，其缔约过程大致可分为三个阶段：准备、谈判、签约。在此过程中，信件、电报、电传等，只要明确地表达了当事人的意思且传达到了对方，均可作为有效方式。

2.3.2.2 招标相对于一般方式缔约的特点

招标投标与一般缔约方式之间的最大的区别在于交易费用和交易信息的对称性。

招标投标交易方式可以节约交易费用。

招标投标交易方式促使交易双方的信息趋于对称。

2.3.2.3 招标投标缔约方式与一般缔约方式之间的比较结果

招标投标缔约方式与一般缔约方式之间的比较结果见表2-2。

表2-2 招标投标缔约与一般方式缔约特点比较表

缔约方式	招标投标方式缔约	一般方式缔约
缔约条件、要求的提出	一次性、公开透明； 当事人一般不直接接触	谈判了解、渐进式明朗； 当事人直接接触
缔约当事人	一个招标人对多个竞争的投标人； 一般是法人和其他组织； 最终的缔约相对人需经过一个评议程序产生	一般一对一； 法人、其他组织和自然人均可； 最终的缔约相对人一般即时产生
缔约标的	规定项目的缔约必须采用招标投标方式	自愿选择
缔约过程	具体程序明确、公开； 要约邀请、要约、承诺（三段）； 均为一次性、书面方式进行	具体程序不确定、隐蔽； 要约、承诺（二段）； 要约、新（反）要约可以多次、交替出现、次数不定，可以是书面、口头或其他方式
信息交换过程及程度	招标人通过招标文件一次性公开其要求； 报价及其他承诺一次性在投标文件中公开； 信息披露较彻底	卖方总是自觉或不自觉地根据谈判的进度，向采购人提供自己产品的信息； 卖方提供信息，其前提总是在于己有利的条件之下； 买方也总是不会主动地放弃对有关信息的搜索； 交易双方的信息交换过程也往往是旷日持久的、"挤牙膏式"的
合意的表达方式	必须书面； 合同成立与生效有一定间隔	任意方式； 一般合同成立即生效

2.3.3 招标投标与竞争性交易的比较

2.3.3.1 交易、竞争与竞争性交易方式

招标投标活动是一种竞争性交易方式，也有的称作竞争性采购方式。

招标投标活动只是具有竞争性交易方式中的一种，其他主要的具有竞争性的交易方式还有拍卖、竞争性谈判、询价等方式。在实践中，拍卖①和招标经常被混为一谈。有的新闻媒体、企事业单位、行政主管部门，甚至是有立法权的部门，也经常将两者混为一谈，因此有必要进行较细的区分。

2.3.3.2 招标投标方式与其他竞争性交易方式之间的比较

招标投标、拍卖、竞争性谈判和询价这几种竞争性交易方式的特点归纳如表2-3所示。

表2-3 几种竞争性交易方式的特点

交易方式	招标投标	拍卖	竞争性谈判	询价
交易当事人	提出交易的一方一般是买方；一个买方、多个卖方；招标人（代理人）、多个投标人；符合一定条件的法人或其他组织	提出交易的一方一般是卖方；一个卖方、多个买方；拍卖人、委托人、多个竞买人；自然人、法人或其他组织	提出交易的一方一般是买方；一个买方、多个卖方；自然人、法人或其他组织	
交易组织方式	自行或委托代理	委托	自行	
交易要求、条件明示方式	招标公告或投标邀请书；招标文件、投标文件	拍卖公告；标的说明资料；现场竞价	谈判邀请；谈判文件、最终报价	询价通知书；报价
交易标的	工程、货物、服务	财产及财产权利	货物、服务	货物
竞价方式	一次；秘密；书面	多次；公开；一般口头	多次；秘密；一般书面	一次；秘密；一般书面
交易过程	一般有资格审查、现场踏勘步骤；交易双方不就实质内容进行面对面接触；只评标过程不公开	有展示拍卖标的、看样步骤；交易双方不就实质内容进行面对面接触；一般全过程公开	交易双方就实质内容进行面对面接触；过程秘密	交易双方不就实质内容进行面对面接触；过程秘密
竞争内容	价格、服务、单位实力等多方面	价格唯一	一般是价格	
确定最终交易对象方式	经评审程序；一般低价者得中	一般无评审程序；高价者得中	简易对比；一般低价者得中	

---

① 我国《拍卖法》第三条对拍卖的定义是："拍卖是指以公开竞价的形式，将特定物品或者财产权利转让给最高应价者的买卖方式。"

2.3.3.3　招标投标与拍卖的区别

招标和拍卖都具有竞争和公平的特性，两种交易方式都是在固定的时间、地点，按照固定的程序和条件进行的，但拍卖与招标有本质的区别：通俗地说，当一方要买，而多方争着卖时，买方根据一定的条件选择一个卖方的交易叫招标①，招标方式可使买方的效益最大化；当一方想卖，而多方争着买，卖方按价高者得的原则选择一个买方的交易叫做拍卖，拍卖方式可使卖方的效益最大化。

此外，招标与拍卖还有以下几点不同：

（1）拍卖的最大特点是价高者得，即将物品或财产权利卖给出价最高的人，而招标最大的特点却是购买满足招标文件要求的投标人中要价最低（但不低于成本价）的人的货物或服务；

（2）拍卖时，竞买人一般可以多次出价（采用密封递价方式拍卖时，只可出一次价，但这种拍卖方式很少用），而招标时投标人却只能报一次价；

（3）拍卖时的出价是公开的，在拍卖会场上的所有人都能当场知道每个竞买人的出价（密封递价方式拍卖时除外），而招标时，每个投标人的出价都是保密的，只有在开标时才知道；

（4）一般拍卖用口头语表示，而投标必须用书面形式表达；

（5）在拍卖中，前一竞买人的应价在后一竞买人又有更高应价时，即失去约束力，不发生法律上的后果。但在招标中，在规定期限内投标的，能否中标不取决于投标先后，即使前投标人提出比后投标人在某些方面更令招标者满意的方案，然而在全面衡量后，仍可选择后投标人中标；

（6）我国《招标投标法》规定，当招标人具有编制招标文件和组织评标能力的，可以自行办理招标事宜。拍卖却不同，我国《拍卖法》规定，非拍卖企业不得从事拍卖活动，拍卖人不得在其组织的拍卖活动中拍卖自己的物品和财产权利；

（7）招标可分为邀请投标和公开招标，而拍卖只能是公开拍卖；

（8）拍卖是以价格为最大约束的，只要竞买人的应价是最高的，就卖给他，而不考虑其他因素。招标除价格因素外，还要满足招标文件的其他条件，否则出价再合招标人的意，也可能落标；

（9）从合同订立的角度来讲，拍卖人的叫价和竞买人的叫价或应价，均为要约引诱，不是要约本身。但投标人的报价，除另有约定外，均视为要约，不能随便撤销或更换；

（10）招标要有5个以上（单数）成员组成的评标委员会根据招标文件确定的评标标准进行评审，确定中标人或推荐中标候选人交由招标人确定中标人，而拍卖时，一位拍卖师就可以根据最高叫价或应价当场宣布成交，确定买受人；

（11）招标是根据我国《招标投标法》进行的，拍卖是根据我国《拍卖法》进行的。

---

① 实践中也有以招标方式出卖的，即所谓的"标卖"方式。在标卖方式下，由卖方作为招标人，提出出卖的标的物及出卖条件，由买方作为投标人投标竞买，卖方从中选择在出价等方面最符合自己要求的投标人中标，与其签订标的物买卖的合同。如我国法律规定国有土地使用权可以采取招标方式出让。本书所说的招标投标活动，除特别说明外，都是指由采购方作为招标人，货物的卖方和工程的承包方、服务的提供方作为投标人的招标投标活动。

2.3.4 招标投标的特点

2.3.4.1 招标投标活动是由符合一定条件的组织发起的

在国内外，招标投标主要应用于公共采购领域，招标人是政府部门、国有企业或社会组织，且一般采取委托招标代理机构进行招标的组织和实施。因此，招标投标活动发起人的组织性特征十分明显[①]。这个特点包括：

（1）招标投标活动的发起者不能是自然人，只能是法人或者其他组织；

（2）发起招标投标活动的招标人至少应是招标项目资金已经落实的法人或其他组织；

（3）自行办理招标事宜的招标人应具备相应的能力；

（4）受托组织招标的代理人应是具备相应条件的组织。

2.3.4.2 招标投标程序与规则具体、明确、公开

目前各国的招标投标活动大多参考国际惯例进行，从招标、投标、评标、定标到签订合同，每个环节都有严格的程序、规则，并且多数以法律或行业规则的方式予以公开。这些程序和规则具有强烈的法律约束性，当事人不能随意改变。在具体的招标投标活动中，相关程序、规则，还要结合具体标的，在招标文件中明确、公开。

这个特点包括：

（1）招标投标活动需遵循一定的程序和规则；

（2）各种标的、各地的招标投标活动具有基本相同的程序与规则；

（3）招标投标活动是按事先确定的时间、地点、步骤进行的；

（4）招标投标活动的程序与规则是事先确定且向公众或特定投标人公开的。

2.3.4.3 招标要求和条件通过招标文件一次性公开

招标文件是整个招标投标活动的纲领性文件。编写招标文件是招标人公开自己要求和条件的法定形式，招标人发布招标公告或发出投标邀请书的目的就是引诱潜在投标人购买招标文件。

潜在投标人通过招标文件了解招标要求（条件）、招标程序、投标规定及授标标准，根据招标文件的内容和自身的条件决定是否参与投标竞争。

这个特点包括：

（1）招标投标活动需要编制招标文件；

（2）一个项目的招标只编制一份书面的招标文件；

（3）招标文件主要写明招标人的招标要求和条件；

（4）招标文件向潜在投标人公开。

2.3.4.4 有多个投标人以递交一份密封的投标文件的方式参与竞争

招标投标是一项竞争性很强的市场经济活动，投标人应达到一定数量时才能引起充分竞争，按惯例，至少有 3 家投标人才能带来有效竞争。

---

① 事实上，由于招标标的一般具有数量大、价值高、技术要求复杂等特点，招标投标的投标人一般也是法人或其他组织，但法律规定有例外情况，自然人可以成为投标人。《招标投标法》规定，科研项目允许个人参加投标；政府采购法规定，自然人可以成为政府招标采购货物或服务的投标人。

投标文件的内容是投标人对招标文件提出的实质要求和条件做出的响应，递交投标文件表明投标人决定参与竞争、愿意受招标文件的约束，作为中标人完成招标文件确定的标的。为了保证竞争的公平，招标投标活动要求投标人以密封方式报送投标文件，一般在公开开标时才开启。

这个特点包括：

（1）招标投标活动存在多个参加竞争的投标人；

（2）一个投标人只能编制一份书面的投标文件；

（3）投标人以递交投标文件的方式参与竞争，且只有以密封方式递交给招标人才可能参与竞争。

2.3.4.5　投标文件由招标人在投标人在场的情况下公开开启

公开开标即意味着投标人应知悉秘密投标的情况，这是避免暗箱操作的主要措施。通过公开开标，可以揭开投标过程神秘的面纱，招标人对将来的投标人大致心中有数，投标人也可以明了自己的投标实力、技巧和策略应用的效果，同时，为进一步评判评标的公正性提供了基础。

这个特点包括：

（1）密封的投标文件需要公开开启；

（2）开启活动由招标人主持；

（3）开标时投标人在场。一般而言，正式开标时所有投标人都应在场[①]。

2.3.4.6　交易对象的选择由一定的组织按公开的程序和标准秘密进行

交易对象的选择即评标，是审查确定中标人的必经程序，也是考察招标投标活动是否公平、公正的一个重要环节，评标标准和程序是《招标投标法》规定的招标文件必须载明的实质性内容之一。《招标投标法》还规定："评标由招标人依法组建的评标委员会负责"；"评标委员会成员的名单在中标结果确定前应当保密"；"招标人应当采取必要的措施，保证评标在严格保密的情况下进行"；"评标委员会应当按照招标文件确定的评标标准和方法，对投标文件进行评审和比较"。

这个特点包括：

（1）交易对象的选择有明确的程序和标准；

（2）交易对象的选择程序和标准对所有投标人是公开的；

（3）交易对象的选择由一定的组织完成；

（4）交易对象选择的具体过程秘密进行；

（5）选择交易对象的具体人员在评标过程结束前保密。

2.3.4.7　招标人以发出中标通知书的方式确定交易对象，公开最终交易结果

招标人对特定投标人投标文件的确认，一般也是通过书面方式作出的，这就是中标通知书，中标通知书所载投标人为中标人。一般一个具体标的的招标投标活动只发一份中标通知

---

① 《FIDIC 招标程序》建议：正式开标可视具体情况按下列两种方式中的一种进行：在报纸上刊登开标（含日期、时间、地点）的广告的公开开标方式；在那些希望参加开标的投标人到场的情况下开标的限制性开标方式。每一种开标方式均应将开标信息通知所有投标人。一般情况下应采用限制性开标方式。

书，中标人获得与招标人签订合同的权利。

这个特点包括：

（1）中标结果需要以中标通知书的书面形式作出；

（2）中标通知书由招标人签发；

（3）中标结果需要向所用投标人公开；

（4）中标通知书是判断中标人和中标内容的法律文件。

2.4　招标投标活动的行政监督

招标投标活动及其当事人应当接受依法实施的监督。招标投标当事人有权拒绝行政部门违法实施的监督，或者违法给予的行政处罚，并可依照《中华人民共和国行政复议法》、《中华人民共和国行政诉讼法》和《中华人民共和国国家赔偿法》的有关规定获得救济。

有关行政监督部门依法对招标投标活动实施监督。行政监督部门可根据监督检查的结果或当事人的投诉，依法查处招标投标活动中的违法行为。

2.4.1　行政执法

2.4.1.1　行政及行政执法的概念

行政是国家政府机关依法管理国家事务、社会公共事务和机关内部事务的活动。

行政执法是行政机关依照法律、法规的规定，对相对人采取的直接影响其权利义务的具体行政行为，或者对相对人的权利义务的行使进行监督检查的行政行为。行政机关是权力机关的执行机关，它的基本职能就是执法。

根据行为方式的不同，行政执法可分为：行政监督、行政处理、行政处罚和行政强制执行4类。

2.4.1.2　依法行政的基本要求

随着我国民主与法制建设的发展，人们逐步认识到，行政机关是权力机关的执行机关。权力机关的意志主要通过其所制定的法律表达出来，因此，执行机关也就是执法机关，行政机关必须依法行政。

国务院《全面推进依法行政实施纲要》提出的依法行政的基本要求是：

（1）合法行政；

（2）合理行政；

（3）程序正当；

（4）高效便民；

（5）诚实守信；

（6）权责统一。

2.4.1.3　行政执法行为的法律效力

行政执法行为的法律效力具体表现在以下方面：①具有确定力。即行政执法行为有效成立后，非依法不得变更或撤销；②具有拘束力。生效的行政执法行为，对相对人和行政机关都具有法律拘束力；③具有执行力。正确的行政执法行为代表了国家意志，是以国家强制力来保证实施的。在相对人不履行规定的义务时，行政机关可以依法强制执行或申请人民法院强制执行。

2.4.2 招标投标行政监督部门分工

2.4.2.1 招标投标法对行政监督的规定

《招标投标法》第7条规定："招标投标活动及其当事人应当接受依法实施的监督。有关行政监督部门依法对招标投标活动实施监督，依法查处招标投标活动中的违法行为。对招标投标活动的行政监督及有关部门的具体职权划分，由国务院规定。"

2.4.2.2 国务院有关部门行政监督的职责分工

我国的招标投标行政监督实行条块结合，分级负责制。

国务院办公厅印发的《国务院有关部门实施招标投标活动行政监督的职责分工意见》（国办发〔2000〕34号）中规定：

（1）国家发展计划委员会指导和协调全国招投标工作，并组织国家重大建设项目稽察特派员，对国家重大建设项目建设过程中的工程招投标进行监督检查。

（2）工业（含内贸）、水利、交通、铁道、民航、信息产业等行业和产业项目的招投标活动的监督执法，分别由经贸、水利、交通、铁道、民航、信息产业等行政主管部门负责；各类房屋建筑及其附属设施的建造和与其配套的线路、管道、设备的安装项目和市政工程项目的招投标活动的监督执法，由建设行政主管部门负责；进口机电设备采购项目的招投标活动的监督执法，由外经贸行政主管部门负责。

（3）从事各类工程建设项目招标代理业务的招标代理机构的资格，由建设行政主管部门认定；从事与工程建设有关的进口机电设备采购招标代理业务的招标代理机构的资格，由外经贸行政主管部门认定；从事其他招标代理业务的招标代理机构的资格，按现行职责分工，分别由有关行政主管部门认定。

（4）各省、自治区、直辖市人民政府可根据《招标投标法》的规定，从本地实际出发，制定招投标管理办法。

这种多部门管理的格局，虽然有利于发挥各有关部门在专业管理方面的长处，但也造成了多头管理难以避免的诸多矛盾和问题，使基层单位难以适从，也容易造成部门垄断的现象。随着时间的推移，迫切需要对招标投标管理体制进行适当的改革，建立适合我国国情的精干、高效的招标投标监督管理体制。

2.4.2.3 部门协调机制

由于目前招标投标的监管是多部门管理的格局，为了加强各有关部门的沟通联系，依法共同做好招标投标行政监督工作，从2005年开始，中央部委和地方监管部门逐渐建立了协调机制，通过联席会议协调解决出现的矛盾和问题，形成合力，促进招投标行政法规、部门规章及政策统一，防止政出多门。

《招标投标部际协调机制暂行办法》确定的招标投标部际协调机制的主要职责范围包括：

（1）分析全国招标投标市场发展形势和招标投标法律、行政法规和部门规章执行情况，商讨规范涉及多个部门招标投标活动的工作计划和对策建议；

（2）协调各有关部门和地方政府实施招标投标行政监督过程中发生的矛盾和分歧；

（3）通报招标投标工作信息，交流有关材料、文件；

（4）加强部门之间在制订招标投标行政法规、部门规章、规范性文件以及范本文件时的协调和衔接；

（5）加强部门之间以及部门和地方政府之间在招标投标投诉处理、执法活动方面的沟通；

（6）组织开展招标投标工作联合检查和调研；

（7）研究涉及全国招标投标工作的其他重要事项；

（8）研究需呈报国务院的涉及多个部门招标投标活动的重大事项。

2.4.3 投诉处理机制

2.4.3.1 法律救济

法律救济，属于公力救济的一种，它是指在法定权利受到侵害或可能受到侵害的情况下，依照法律规则所规定的方法、程序和制度所进行的救济。

法律救济的根本目的，在于补救受损害者的合法权益，为其合法权益提供法律保护，这是法律救济的基本功能。

法律救济包含救济权和救济方法，即实体和程序两个层面的内容。法律救济的依据——救济权是要求违法者履行义务或予以损害赔偿的权利；救济的方法是实现救济权的程序、步骤和方法。

法律救济可以通过如下途径获得：一是诉讼渠道，即司法救济渠道；二是行政救济渠道。行政救济就是通过一定的行政程序裁决有关管理中的纠纷，从而使权益受到损害的人获得法律上的补救。它包括行政申诉、行政复议和行政赔偿三种方式；三是其他渠道，包括行政调解、内部调解、行政仲裁等。

2.4.3.2 招标投标的法律救济

招标投标活动是平等主体间进行的民事活动，是民事法律行为。《招标投标法》和《政府采购法》赋予投标人和其他利益关系人对招标投标活动的质疑与投诉权。《民法通则》和《合同法》也同时赋予了当事人因财产关系和人身关系提起民事诉讼的权利。因此，投标人可以通过质疑—投诉（或诉讼）的程序解决问题，也可以直接进行民事诉讼，主张自己的权利。

《招标投标法》第六十五条规定："投标人和其他利害关系人认为招标投标活动不符合本法有关规定的，有权向招标人提出异议或者依法向有关行政监督部门投诉。"

《政府采购法》在第六章规定了政府采购的"质疑与投诉"的要求。

2.4.3.3 招标投标的投诉

涉及到投诉，必须要回答如下问题：谁能投诉？向谁投诉？什么情况下可以投诉？采取什么方式投诉？何时投诉？投诉问题如何处理？

对于投诉问题，《招标投标法》的规定过于原则化，相关管理部门制定了配套的招标投标行政监督部门的投诉规定。

根据《招标投标法》第六十五条的规定，有权提出异议或者投诉的人为投标人和其他利害关系人。其他利害关系人是指除投标人以外的，与招标项目或者招标活动有直接或者间接利益关系的自然人、法人或者其他组织。一般地，投诉人可以直接投诉，也可以委托代理人办理投诉事务。

招标投标活动中出现不符合法律规定的情形时，反映问题有两个层次，一个是向招标人提出异议，再者是向有关行政监督部门投诉。

投诉人投诉时，应当提交投诉书。投诉书应当包括下列内容：投诉人的名称、地址及有效联系方式；被投诉人的名称、地址及有效联系方式；投诉事项的基本事实；相关请求及主张；有效线索和相关证明材料。

投诉人应当在知道或者应当知道其利益受到侵害之日起 10 日内提出书面投诉。

2.4.3.4 招标投标投诉的处理

按照现行规定，行政监督部门收到投诉书后，应当在 5 日内进行审查，视情况分别作处理决定：不符合投诉处理条件的，决定不予受理，并将不予受理的理由书面告知投诉人；对符合投诉处理条件，但不属于本部门受理的投诉，书面告知投诉人向其他行政监督部门提出投诉；对于符合投诉条件并决定受理的，收到投诉书之日即为正式受理。

行政监督部门受理投诉后，应当调取、查阅有关文件，调查、核实有关情况。对情况复杂、涉及面广的重大投诉事项，有权受理投诉的行政监督部门可以会同其他有关的行政监督部门进行联合调查，共同研究后由受理部门作出处理决定。

行政监督部门调查取证时，应当由两名以上行政执法人员进行，并作笔录，交被调查人签字确认。

在投诉处理过程中，行政监督部门应当听取被投诉人的陈述和申辩，必要时可通知投诉人进行质证。

负责受理投诉的行政监督部门应当自受理投诉之日起 30 日内，对投诉事项作出处理决定，并以书面形式通知投诉人、被投诉人和其他投诉处理结果有关的当事人。情况复杂，不能在规定期限内作出处理决定的，经本部门负责人批准，可以适当延长，并告知投诉人和被投诉人。

当事人对行政监督部门的投诉处理决定不服或者行政监督部门逾期未作处理的，可以依法申请行政复议或者向人民法院提起行政诉讼。

对于性质恶劣、情节严重的投诉事项，行政监督部门可以将投诉处理结果在有关媒体上公布，接受舆论和公众监督。

2.4.4 违法行为与法律责任

2.4.4.1 招标投标的法律责任

所谓法律责任，是指行为人因违反法律规定的或合同约定的义务而应当承担的强制性的不利后果。法律责任一般包括主体、过错、违法行为、损害事实和因果关系等构成要件。

《招标投标法》规定的法律责任主体有招标人、投标人、招标代理机构、有关行政监督部门、评标委员会成员、有关单位对招标投标活动直接负责的主管人员和其他直接责任人员，以及任何干涉招标投标活动正常进行的单位或个人，其主要的法律责任如表 2-4 所示。

表 2-4　招标投标活动主要参与者的法律责任简表

主体	违法行为	处　罚	备　注
招标人	必须进行招标的项目不招标；将必须进行招标的项目化整为零或者以其他任何方式规避招标	责令限期改正；可以处项目合同金额 5‰以上 10‰以下的罚款；对全部或者部分使用国有资金的项目，可以暂停项目执行或者暂停资金拨付；对单位责任人依法给予处分	1. 强制招标项目违反《招标投标法》规定，中标无效的，应当依照规定的中标条件从其余投标人中重新确定中标人或者依照法律重新进行招标； 2. 任何单位违反法律规定，限制或者排斥本地区、本系统以外的法人或者其他组织参加投标的，为招标人指定招标代理机构的，强制招标人委托招标代理机构办理招标事宜的，或者以其他方式干涉招标投标活动的，责令改正；对单位责任人依法给予警告、记过、记大过的处分，情节较重的，依法给予降级、撤职、开除的处分。个人利用职权进行前款违法行为的，依照前款规定追究责任；
	以不合理的条件限制或者排斥潜在投标人；对潜在投标人实行歧视待遇；强制要求投标人组成联合体共同投标，或者限制投标人之间竞争	责令改正；可以处 1 万元以上 5 万元以下的罚款	
	强制招标项目，招标人向他人透露已获取招标文件的潜在投标人的名称、数量或者可能影响公平竞争的有关招标投标的其他情况，或者泄露标底	给予警告；可以并处 1 万元以上 10 万元以下的罚款；对单位责任人依法给予处分；构成犯罪的，依法追究刑事责任；影响中标结果的，中标无效	
	强制招标项目，招标人与投标人就投标价格、投标方案等实质性内容进行谈判	给予警告；对单位责任人依法给予处分；影响中标结果的，中标无效	
	在依法推荐的中标候选人以外确定中标人的；强制招标项目在所有投标被否决后自行确定中标人	责令改正；可以处中标项目金额 5‰以上 10‰以下的罚款；对单位责任人依法给予处分；中标无效	
	不按招标文件和中标人的投标文件订立合同的；与中标人订立背离合同实质性内容的协议	责令改正；可以处中标项目金额 5‰以上 10‰以下的罚款	
评标委员	收受投标人的好处；向他人透露对投标文件的评审和比较、中标候选人的推荐以及与评标有关的其他情况	给予警告；没收收受的财物，可以并处 3000 元以上 5 万元以下的罚款；取消担任评标委员会成员的资格，不得再参加任何强制招标项目的评标；构成犯罪的，依法追究刑事责任	

主体	违法行为	处　　罚	备　注
招标代理人	泄露应当保密的与招标投标活动有关的情况和资料； 与招标人、投标人串通损害国家利益、社会公共利益或者他人合法权益	处 5 万元以上 25 万元以下的罚款； 对单位责任人处单位罚款数额 5% 以上 10% 以下的罚款； 没收违法所得； 情节严重的，暂停直至取消招标代理资格； 构成犯罪的，依法追究刑事责任； 给他人造成损失的，负赔偿责任； 影响中标结果的，中标无效	3. 本表中"单位责任人"指单位直接负责的主管人员和其他直接责任人员
投标人	相互串通投标或者与招标人串通投标的； 以向招标人或者评标委员会成员行贿的手段谋取中标； 以他人名义投标或者以其他方式弄虚作假，骗取中标	中标无效； 处中标项目金额 5‰以上 10‰以下的罚款； 对单位责任人处单位罚款数额 5% 以上 10% 以下的罚款； 并处没收违法所得； 情节严重的，取消其 1～3 年内参加强制招标项目的投标资格，直至吊销营业执照； 构成犯罪的，依法追究刑事责任； 给招标人造成损失的，负赔偿责任	
	将中标项目转让，将中标项目肢解后分别转让； 将中标项目的部分主体、关键性工作分包； 分包人再次分包	转让、分包无效； 处转让、分包项目金额 5‰以上 10‰以下的罚款； 并处没收违法所得； 可以责令停业整顿；情节严重的，吊销营业执照	
	不履行与招标人订立的合同	履约保证金不予退还，还应当对损失予以赔偿； 情节严重的，取消其 2～6 年内参加强制招标项目的投标资格，直至吊销营业执照	
监管人	徇私舞弊、滥用职权或者玩忽职守	构成犯罪的，依法追究刑事责任；不构成犯罪的，依法给予行政处分	

违法行为，指行为人实施的损害国家利益、社会公共利益或者他人合法利益的行为。招标投标过程中的违法行为的表现形式多种多样，具体如表 2-4 所示。

2.4.4.2　行政责任

一般地，法律责任分为民事责任、行政责任和刑事责任。因《招标投标法》规定的法律责任主要是行政责任，下面仅对行政责任做简要介绍。

行政责任是指行政法律关系的主体违反行政管理法规而依法应承担的惩戒性法律后果。根据承担行政责任的主体的不同，行政责任分为行政主体承担的行政责任、国家公务员承担的行政责任和行政相对方承担的行政责任。从行政责任的形式来看，行政责任有赔偿损失、履行职务、恢复被损害的权利、行政处分和行政处罚等。行政处分是指国家行政机关依照行政隶属关系对违法失职的公务员给予的惩戒措施。根据有关规定，行政处分有 6 种形式，即警告、记过、记大过、降级、撤职和开除。行政处罚是指行政主体对违反行政法律、法规和规章,尚未构成犯罪的行政管理相对人实施的制裁。《中华人民共和国行政处罚法》规定的行政处罚种类包括:警告;罚款;没收违法所得、没收非法财物;责令停产停业、责令停止执业业务;暂扣或者吊销许可证;暂扣或者吊销执照;行政拘留;法律、行政法规规定的其他行政处罚。

2.4.4.3 招标投标失信惩戒机制

为健全招标投标失信惩戒机制,推动招标投标信用体系建设,我国有关部门从2006年开始研究建立招标投标违法行为记录公告制度,并于2008年6月以国家发展和改革委员会等十部委文件形式印发了《招标投标违法行为记录公告暂行办法》,这标志着招标投标违法行为记录公告制度的正式确立,体现了招标投标业界创新招标投标管理机制,进一步规范招标投标活动的愿望和要求。

招标投标失信惩戒机制,简单地说,就是及时将有关行政主管部门在依法履行职责过程中,对招标投标当事人违法行为所作行政处理决定的记录及违法当事人的基本情况等信息在约定的媒体上公布,供社会公众查询,有效提高违法成本,加大失信惩诫和警示力度。

招标投标违法行为记录公告所涉及招标投标活动当事人包括招标人、投标人、招标代理机构以及评标委员会成员。

国务院有关行政主管部门、省级人民政府有关行政主管部门,按照规定的职责分工,建立各自的招标投标违法行为记录公告平台。

对招标投标违法行为所作出的以下行政处理决定给予公告:警告;罚款;没收违法所得;暂停或者取消招标代理资格;取消在一定时期内参加依法必须进行招标的项目的投标资格;取消担任评标委员会成员的资格;暂停项目执行或追回已拨付资金;暂停安排国家建设资金;暂停建设项目的审查批准;行政主管部门依法作出的其他行政处理决定。

违法行为记录公告的基本内容为:被处理招标投标当事人名称(或姓名)、违法行为、处理依据、处理决定、处理时间和处理机关等。

第3章 招标条件与规则

从招标投标的本质意义上来说，只要是买主或卖主需要的、数额较大的标的都可以通过招标方式进行——不论是商品还是非商品，凡是适宜于竞争的社会、经济活动，均可纳入招标投标程序，采用招标投标的方式进行。工程建设项目采购已普遍地采用这种形式。一般地讲，"招标"与"投标"是买方与卖方两个方面的工作。从买方角度看，招标是一项有组织的采购活动，作为购买方的业主，应着重分析招标的程序与组织方法，以及法律、国际惯例与规则；从卖方的角度看，投标是利用商业机会进行竞卖的活动，卖方应侧重于投标的竞争手段和策略的研究。

3.1 招标的类别与范围

招标规则的主要体现方式是法律。在我国，招标投标活动主要由招标投标法和政府采购法来规范，两个法律分别规定了不同的强制招标范围。

3.1.1 招标的类别

3.1.1.1 招标的内涵

在实际应用中，招标概念有广义、中义和狭义之分。

广义的招标是指由招标人对工程、货物和服务事先公开招标文件，吸引多个投标人提交投标文件参加竞争，并按招标文件的规定选择交易对象的行为。这实际上就是招标投标的全过程。

中义的招标，或称次广义招标，是指由招标人对工程、货物和服务事先公开招标文件，并按招标文件的规定选择交易对象的行为。这实际上是招标投标活动中由招标人所作的全部工作内容。

狭义的招标是指招标人向社会或几个特定的承包者发出投标邀请，事先公开招标文件的行为，是招标人希望他人根据公开的招标文件向自己投标的意思表示。

当人们笼统地提招标时，通常指广义的招标；当招标与投标一起使用时，则多指中义招标；当将招标投标活动分解成招标、投标、开标、评标、中标等不同步骤时，指狭义的招标。

与中义的招标相对的一个概念是投标，投标是指投标人接到招标通知后，根据招标通知的要求填写招标文件、编制相关文件（统称投标文件），并将其送交给招标人的行为，是投标人响应招标，向招标人提交投标文件，希望中标的意思表示。

可见，从次广义上讲，招标与投标是一个过程的两个方面，分别代表了买方（卖方）和卖方（买方）的交易行为。

3.1.1.2 工程建设项目招标的类型

工程建设项目按照招标采购对象（标的）划分的类型参见图3-1所示。普遍实行的招标包括工程施工招标、工程货物招标、工程服务招标三类。

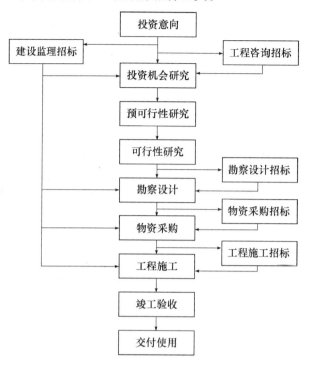

图 3-1　阶段招标示意

服务招标和施工、货物的招标相比，有自身的特点。比如设计招标，特别是规划或建筑方案的招标，一般采用设计竞赛的方式进行，与工程、货物的招标相比，有以下特点：

（1）设计活动的不确定因素多，是一种难以定量的技术性服务，越是大型、技术复杂的建设项目，如核电站、水电站等，不确定因素越多；

（2）设计招标的评标重在选人、选单位、选方案，交易价格是次要的、最后考虑的因素。而且，越是智力投入高、对专业技术水平有特别要求的招标项目，价格因素在评审中所占的比例就越低；

（3）设计招标费用高、代价大[1]。提出一个好的设计方案，需要广泛收集资料，现场踏勘，深入分析，精心构思，大量计算，反复论证，优化比选等，越是大型复杂项目，招标投标的成本越高、难度越大。小型项目实行招标，社会成本大，则有可能违背效益优先的原则；

（4）设计招标往往涉及知识产权[2]保护问题。投标方案凝聚了设计单位的核心技术和工程经验，是建设工程设计人员心血的结晶，当投标方案涉及专利或者专有技术，或者招标人（中标人）希望吸收、使用他人未中标方案中的某项技术或某个创意时，都涉及知识产权问题。

---

① 采用设计竞赛方式招标的，招标文件一般会规定对那些提交符合要求的投标文件的投标人给予一定金额的补偿（或奖金）。而不像其他类型的招标那样，参与投标的全部费用均由投标人自己承担。

② 原建设部编制有《工程勘察设计咨询业知识产权保护与管理导则》。

3.1.2 我国的强制招标范围

3.1.2.1 招标投标法规定的强制招标范围

在我国境内进行下列工程建设项目，包括项目的勘察、设计、施工、监理以及与工程建设有关的重要设备、材料等的采购，必须进行招标：

（1）大型基础设施、公用事业等关系社会公共利益、公众安全的项目

关系社会公共利益、公众安全的基础设施项目的范围包括：能源、交通运输、邮电通讯、水利、城市设施、生态环境保护项目和其他基础设施项目。

关系社会公共利益、公众安全的公用事业项目的范围包括：供水（电、气、热）等市政工程项目；科教文卫体等项目；商品住宅（包括经济适用住房）和其他公用事业项目。

（2）全部或者部分使用国有资金投资或者国家融资的项目

使用国有资金投资项目的范围包括：使用各级财政预算资金的项目；使用纳入财政管理的各种政府专项建设基金的项目；使用国有企业事业单位自有资金，并且国有资产投资者实际拥有控制权的项目。

国家融资项目的范围包括：使用国家发行债券所筹资金的项目；使用国家对外借款或者担保所筹资金的项目；使用国家政策性贷款的项目；国家授权投资主体融资的项目和国家特许的融资项目。

（3）使用国际组织或者外国政府贷款、援助资金的项目

其范围包括：使用世界银行、亚洲开发银行等国际组织贷款资金的项目；使用外国政府及其机构贷款资金的项目；使用国际组织或者外国政府援助资金的项目。

3.1.2.2 政府采购法规定的强制招标范围

各级国家机关、事业单位和团体组织，使用财政性资金采购依法制定的集中采购目录以内的或者采购限额标准以上的货物、工程和服务的，应把公开招标作为政府采购的主要采购方式。货物服务采购项目达到公开招标数额标准的，必须采用公开招标方式。因特殊情况需要采用公开招标以外的采购方式的，应当在采购活动开始前获得设区的市、自治州以上人民政府采购监督管理部门的批准。

3.1.3 强制招标的规模与招标方式

3.1.3.1 招标投标法确定的强制招标的规模标准与招标方式

规定范围内的各类工程建设项目，必须进行招标的规模标准见本书2.1.4.4。

依法必须进行招标的项目，全部使用国有资金投资或者国有资金投资占控股或者主导地位的，应当公开招标。

国家重点项目和地方重点项目①应当公开招标；不适宜公开招标的，经国务院发展计划部门或省、自治区、直辖市人民政府批准，可以进行邀请招标。

---

① 国家重点建设项目，是指从国家大中型基本建设项目中确定的对国民经济和发展有重大影响的骨干项目，由国务院发展计划部门商国务院有关主管部门确定。地方重点建设项目，指从地方大中型基本建设项目中确定的对本地区经济和社会发展有重大影响的骨干项目，由省、自治区、直辖市人民政府确定。

其他项目可以实行邀请招标。

3.1.3.2 政府采购法强制招标的规模标准与招标方式

政府采购限额标准的制定，实行分级管理。属于中央预算的政府采购项目，由国务院确定并公布；属于地方预算的政府采购项目，由省、自治区、直辖市人民政府或者其授权的机构确定并公布。

近年，中央政府公开招标的限额标准基本保持稳定。具体标准见本书2.1.4.4。

各地的限额标准不完全统一，一般与当地的经济发展水平有关。

按照政府采购法的规定，符合下列情形之一的货物或者服务，可以采用邀请招标方式采购：具有特殊性，只能从有限范围的供应商处采购的；采用公开招标方式的费用占政府采购项目总价值的比例过大的。

3.2 招标人及招标项目的条件

招标人和招标项目需要达到一定条件，才能实施招标活动。

3.2.1 一般要求

3.2.1.1 招标人的条件

工程建设的招标人是指依照法律规定提出招标项目，进行工程建设的勘察、设计、施工、监理以及与工程建设有关的重要设备、材料等招标的法人或者其他组织。

所谓"提出招标项目"，是指根据实际情况和《招标投标法》的有关规定，提出和确定拟招标的项目，办理有关审批手续，落实项目的资金来源等。"进行招标"，指提出招标方案，拟订或决定招标方式，编制招标文件，发布招标公告，审查潜在投标人资格，主持开标，组建评标委员会，确定中标人，签订书面合同等。这些工作既可由招标人自行办理，也可委托招标代理机构代而行之。即使由招标代理机构办理，也是代表了招标人的意志，并在其授权范围内行事，仍被视为是招标人"进行招标"。

招标人具有编制招标文件和组织评标能力的，可以自行办理招标事宜。也就是说，招标人自行办理招标必须具备两个条件：一是有编制招标文件的能力；二是有组织评标的能力。这两项条件不能满足，必须委托代理机构办理。这是因为如果让那些对招标程序不熟悉、自身也不具备招标能力的项目单位组织招标，会影响招标工作的规范化、程序化，进而影响到招标质量和项目的顺利实施。另外，也可防止项目单位借自行招标之机，行招标之名而无招标之实。

招标人自行办理招标的能力要求，具体包括：①具有项目法人资格（或者法人资格）；②具有与招标项目规模和复杂程度相适应的工程技术、概预算、财务和工程管理等方面的专业技术力量；③有从事同类工程建设项目招标的经验；④设有专门的招标机构或者拥有3名以上专职招标业务人员；⑤熟悉和掌握招标投标法及有关法规规章。

3.2.1.2 项目招标条件

招标项目必须具备履行审核手续、落实资金来源这两个条件，才能开始招标程序。

工程建设不同性质的招标，应当具备的条件也有所不同或有所偏重。

3.2.1.3 招标事项核准

按照现行规定，招标事项核准包括如下几种方式：①依法必须进行招标的工程建设项目中，按照工程建设项目审批管理规定，凡应报送项目审批部门审批的，必须在报送的项目可行性研究报告中增加有关招标的内容；②向国家申请500万元及以上中央政府投资补助、转贷或者贷款贴息的地方政府投资项目，地方政府审批部门在审批项目时核准相关招标内容。向中央政府管理部门提交资金申请报告时，应附核准的招标内容，审批部门在审批资金申请报告时复核招标内容；③向国家申请500万元及以上中央政府投资补助、转贷或者贷款贴息的企业投资项目，在提交资金申请报告时，应附招标内容，审批部门在审批资金申请报告时核准招标内容；④国家重点建设项目，向管理部门提交项目申请报告时，应附招标内容，审批部门在核准或初核项目申请报告时核准招标内容；⑤向国家申请中央政府投资补助、转贷或者贷款贴息的政府投资项目或者企业投资项目，资金申请额不足500万元的，在资金申请报告中不附招标内容，管理部门也不核准招标内容；但项目符合国家规定范围和标准的，应当依法招标。

项目审批部门在批准项目可行性研究报告或申请报告时，应依据法律、法规规定的权限，对项目建设单位拟定的招标范围、招标组织形式、招标方式等内容提出核准或者不予核准的意见。

3.2.2 工程建设招标的具体条件

3.2.2.1 建筑工程方案设计招标

根据设计条件及设计深度，建筑工程方案设计招标类型分为建筑工程概念性方案设计招标和建筑工程实施性方案设计招标两种类型。

建筑工程方案设计招标时，应当具备下列条件：按照国家有关规定需要履行项目审批手续的，已履行审批手续，取得批准；设计所需要资金已经落实；设计基础资料已经收集完成；符合相关法律、法规规定的其他条件。

建筑工程实施性方案设计招标应当具备以下条件：政府投资的项目已经取得政府有关审批机关对项目建议书或可行性研究报告的批复，企业（含外资、合资企业）投资的项目具有经核准或备案的项目确认书；具有规划管理部门确定的项目建设地点、规划控制条件和用地红线图；有符合要求的地形图；提供所需的建设场地的工程地质、水文地质初勘资料；水、电、燃气、供热、环保、通讯、市政道路和交通等方面的基础资料；有符合规划控制条件、立项批复和充分体现招标人意愿的设计任务书。

建筑工程概念方案设计招标应当具备以下条件：具有经过审批机关同意的项目建议书批复或招标人已取得土地使用证；具有规划管理部门确定的项目建设地点、规划控制条件和用地红线图。

3.2.2.2 勘察设计招标的具体条件

依法必须进行勘察设计招标的工程建设项目，在招标时应当具备下列条件：
（1）按照国家有关规定需要履行项目审批手续的，已履行审批手续，取得批准；
（2）勘察设计所需资金已经落实；
（3）所必需的勘察设计基础资料已经收集完成；

（4）法律法规规定的其他条件。

3.2.2.3 工程施工招标的具体条件

依法必须招标的工程建设项目，应当具备下列条件才能进行施工招标：

（1）招标人已经依法成立；

（2）初步设计及概算应当履行审批手续的，已经批准；

（3）招标范围、招标方式和招标组织形式等应当履行核准手续的，已经核准；

（4）有相应资金或资金来源已经落实；

（5）有招标所需的设计图纸及技术资料。

3.2.2.4 工程货物招标的具体条件

依法必须招标的工程建设项目，应当具备下列条件才能进行货物招标：

（1）招标人已经依法成立；

（2）按照国家有关规定应当履行项目审批、核准或者备案手续的，已经审批、核准或者备案；

（3）有相应资金或者资金来源已经落实；

（4）能够提出货物的使用与技术要求。

3.2.2.5 工程监理招标的具体条件

进行施工监理招标的工程项目，应当具备下列条件：

（1）建设工程全过程监理招标，已完成立项审批手续；建设工程施工阶段监理招标，应当完成勘察和设计工作。

（2）建设资金已经落实。

（3）项目法人或者承担项目管理的机构已经依法成立。

3.3 招标准备与实施

3.3.1 招标准备

在正式对外招标即发布招标公告之前，招标单位先要做一系列准备工作，也就是说要有一个招标准备过程。招标准备工作除了场地准备、技术物质准备以外，主要工作是：成立招标机构、编制招标文件。

3.3.1.1 招标工作的一般程序

对于不同类型的招标，有着不同特点的具体流程。

招标工作一般按下列程序进行：

（1）招标人成立招标机构、确定招标方式；

（2）招标人编制投标资格预审文件和招标文件；

（3）发布招标信息（招标公告或投标邀请书）；

（4）发售资格预审文件；

（5）按规定日期接受潜在投标人编制的资格预审文件；

（6）组织对潜在投标人资格预审文件进行审查；

（7）向资格预审合格的潜在投标人发售招标文件，并按规定将招标文件向行政主管部门备案；

（8）组织购买招标文件的潜在投标人现场踏勘，召开标前会进行答疑；

（9）在规定时间和地点，接受投标人的投标文件；

（10）组织开标会；

（11）组建评标委员会评标，评标委员会委员在中标结果确定前保密；

（12）在评标委员会推荐的中标候选人中，确定中标人；

（13）向行政主管部门提交招标投标情况的书面报告；

（14）发中标通知书，并将中标结果通知所有投标人；

（15）进行合同谈判，并与中标人订立书面合同；

（16）项目资料归档。

3.3.1.2 成立招标机构

任何一项招标，招标人都要有一个专门的招标机构，并由该机构全权负责整个招标活动。招标机构的主要职责一是决策，二是处理日常事务工作。具体事项主要有：审定招标项目；拟定招标方案和招标文件；组织投标、开标、评标和定标；组织签订合同。

招标机构作为专门性机构，由各方面人员组成，具体人员则可根据特定采购项目的性质和要求而定。

按照惯例，招标机构至少要由3名成员组成。

为了有效地管理招标程序，业主或代理机构需要指定专人作为招标协调员。

3.3.1.3 划分标段

标段的划分，也称分标、分标段、分标包或捆包，是指业主或其委托的咨询单位将准备招标的内容根据各方面情况，分成若干组，每一组或几个内容有关联的组，列入一个合同单独招标。也就是对划分的招标标段独立编出招标文件进行招标。每一批招标可以包括一个或几个合同。这是业主合同总体策划的一个重要内容。

划分标段实质上是为了吸引并选择承包者。标段的划分，核心内容是其合理性。划分标段一般要考虑以下几个方面：

（1）市场结构情况。不同的供应商或承包商，一般所提供的货物或设备或所能承包的工程是不相同的。除非在特殊情况下采用交钥匙合同的方式外，供应设备和承包工程的合同应当分开。同样，采购货物和设备也应根据市场的结构分别捆包。即使同一类设备，也要视同一制造商一般所能提供的设备性能、型号等情况分别捆包。

另一方面，有些国内企业能提供技术要求不太高而价格比较便宜的设备，但一些技术要求很高的设备，一般企业无力制造，以向国际性大制造商采购为宜，划分标段就应考虑这种市场结构情况，以取得较好的效果。

（2）可否组合在一起。当同一项目的不同组成部分，甚至由同一机构主管的几个不同项目可能都需要同一类设备或原材料时，就有可能将它们组合起来捆为一个包。因为采购合同规模大，就有可能促进竞争，降低价格，或在今后因设备的标准相同而方便维修。但是同种设备或材料，若质量要求不一样，也不可捆为一个包。

（3）需用的时间。在项目实施中，对采购设备、货物、工程或其他服务的时间要求有先有后，相隔可长达几年。采购计划就应瞻前顾后，相互衔接，通盘安排。

（4）竞争性。大的采购合同或内容多的标段对大企业有更大的吸引力；较小的合同或内容单一的标段则能吸引更多实力较小的投标人，包括本国企业，从而增加招标的竞争性，还可以鼓励本国企业投标。总之，标段大小应适当，以求促进竞争性。有些工程项目规模很大，本国承包商无力竞争。为了鼓励较小的承包商也能参加竞争，又不致影响大承包商的竞争积极性，可以采取"分片捆包"的办法，将一个大项目分成几个分段，各投标人可以根据自己的资源和力量，以及经过资格预审审定的投标资格，对其一段或几段甚至全部分段投标。业主在评标时，可以按如何对自己最为有利而选定中标人。

（5）市场惯例、运输及其他费用。在国际市场上采购大宗货物或原材料，可能会引起价格上涨。与其一次招标，不如划分成几次，每次小量采购为好，以免引起价格暴涨。反之，则可以将需要分别采购的若干个小合同组合成一个较大的捆包。这样，不但可以吸引制造企业而不单是经营商来参加投标，使投标报价降低，而且还可以租用专用船只，而不是散货搭载运输，从而降低运费。

（6）用货地点的考虑。由于我国幅员广大，如果设备或货物的使用地区分布很广，就应考虑在什么地方交货最为经济方便；如果是进口设备或货物，可以在招标文件中要求供应商将同一合同的设备和货物分在不止一个港口进口。但如果是国内招标，或虽是国际招标，但国内供应商中标可能性很大时，适当将捆包分得小一点，就有利于邻近招标人用货现场的供应商中标，从而也可因节省运费而降低成本。

（7）招标项目本身的特点。项目的构成与性质、资金筹措、场地的环境条件、技术的复杂程度、施工周期长短等，这些项目本身的特点，都是标段划分要考虑的影响因素。

对整个项目所需采购的全部类目，包括设备、其他货物、工程和服务的标段、时间划分应统筹考虑，应制定整个项目全部标段的进程表，以便在项目实施中彼此衔接，相互协调，避免出现错误（错）、丢项（漏）、重叠（碰）或内容不全（缺）等问题。

总之，分标是正式编制招标文件前一项很重要的工作，必须对各种因素进行综合考察和分析比较，确定最好的分标方案。然后按分标的特点编写招标文件。

3.3.1.4 确定标底（招标控制价）

标底是我国工程招标（有些工程材料设备的采购也会编制标底）中的一个特有概念，它是依据国家规定的工程量计算规则及招标文件规定的计价方法和要求计算出来的工程造价，是招标人对建设工程的期望价格。在国外，标底一般被称为"估算成本"、"合同估价"或"投标估值"。设立标底的做法是针对我国当时建筑市场发育状况和国情而采取的措施。按照惯例，标底应在正式招标前先制定出来。标底在开标前是保密①的，任何人不得泄露，泄露标底者要负法律责任。

一个工程只能编制一个标底。标底一般可采用以下三种方式：

（1）以批准概算的相应部分作为标底；

（2）委托造价工程师编制标底；

---

① 《招标投标法》第22条中规定："招标人设有标底的，标底必须保密。"《深圳经济特区建设工程施工招标投标条例》中要求："标底应当在投标截止日期3日前同时向所有投标人公开。"这里的标底，相当于招标控制价的作用。

（3）以投标价的加权平均值作为标底。

标底的评标作用日渐弱化，我国已经开始尝试无标底评标。国家标准《建设工程工程量清单计价规范》（GB 50500—2008）提出了一个"招标控制价"的概念，作为招标工程限定的最高工程造价，在招标时公布。

3.3.2　资格预审文件的编制

采用资格预审的招标，需编写资格预审文件和招标文件；不进行资格预审的招标只需编写招标文件。资格预审是指招标人在发出投标邀请前，对潜在投标人的投标资格进行的审查。只有通过资格预审的潜在投标人，方可取得投标资格。

3.3.2.1　资格审查的方式与目的

《招标投标法》规定，招标人可以根据招标项目本身的要求，在招标公告或者投标邀请书中，要求潜在投标人提供有关资质证明文件和业绩情况，并对潜在投标人进行资格审查；国家对投标人的资格条件有规定的，依照其规定。

资格审查是招标投标程序中的一个重要步骤，特别是大型的或复杂的招标采购项目，资格审查更是必不可少的。

资格审查有资格预审和资格后审两种方式。资格预审是在招标前对潜在投标人进行的资格审查；资格后审是在投标后（一般是在开标后）对投标人进行的资格审查。在这两种方法中，以采用资格预审方法为多。

资格审查的主要目的是确定投标人是否具有独立订立合同的权利，是否具有相应的履约能力等。资格预审是与评标分开而独立进行的，这样可以使评标工作更集中于评比标价和投标书的其他优点。资格预审是对所有投标人的一次"粗筛"，实际上也是投标人的第一轮竞争。我们知道，工程项目投标人相互之间的竞争，一方面是价格竞争；另一方面的竞争内容，因交易时并没有发生实际供给，所以表现为投标企业前一阶段在质量、信誉等方面的历史业绩。

3.3.2.2　资格预审方法

招标人发出的资格预审文件应当载明资格预审评审办法。

资格预审评审办法如同评标办法的重要性一样，是资格预审活动中的重要文件，是招标人资格预审文件的重要组成部分，也是指导投标申请人准备资格预审申请文件和资格预审评审委员会进行资格预审评审活动的最重要的依据性文件。

《标准施工招标资格预审文件》中规范了资格审查方法。此文件审查办法有两种：其一是合格制，即依据资格审查文件中公布的资格审查标准，通过初步审查、详细审查和澄清，确定合格的投标人；其二是有限数量制，即依据资格审查文件中公布的资格审查标准，通过初步审查、详细审查和澄清，采用打分和淘汰方法确定有限数量的合格投标人。

投标人数过多，申请人的投标成本加大，不符合节约的原则；而人数过少又不能形成充分竞争。所以由招标人结合项目特点和市场情况，选择使用合格制或者有限数量制。如无特殊情况，鼓励招标人采用合格制。

3.3.2.3　资格预审文件的内容

资格预审文件是指招标人编制的，表明招标项目的概况、资格要求、资格预审程序与规则、资格预审合格标准以及资格审查申请要求的书面文书。

一般情况下，一个标段对应一份资格预审文件。

资格预审文件需要载明以下主要内容：

（1）资格预审公告；

（2）资格预审须知；

（3）资格预审申请表格式；

（4）有关附件（工程概况、各标段详细情况、计划工期、实施要求、建设环境与条件、招标时间安排等）。

按惯例，采用资格预审的，发布资格预审公告，一般就不再发布招标公告了。资格预审公告主要让欲参加资格预审的潜在投标人对整个项目有粗略的、概念性的了解。其内容包括：招标人和招标项目的基本情况；投标人的合格条件和资质要求；获得资格预审文件的办法、时间、地点和费用；递交资格预审申请文件的地点和截止时间等。《工程建设项目施工招标投标办法》规定，采取资格预审的，招标人可以发布资格预审公告，资格预审公告适用有关招标公告的规定。

招标人需要区别项目性质、特点和要求，编制相应的资格预审文件，不能人为地和不必要地将资格预审复杂化，普通住宅、厂房等技术要求并不复杂的工程，可以是一个简单的资格预审，也可以不进行资格预审而采用资格后审。同时需要注意，在投标申请人符合法定投标资格条件的情况下，附加合格条件的总合格标准不应过高，评审条件也不宜过多，以避免排斥潜在投标人。

资格预审文件的具体内容和范例见本书3.4.1。

3.3.2.4 初步评审的条件设立

初步评审的条件即符合性和完整性评审条件，一般包括以下内容：

（1）投标申请人是否在公告规定的报名投标的截止时间前报名投标；

（2）投标申请人是否在公告或招标人书面通知规定的时间和方式获取资格预审文件；

（3）资格预审申请书（或申请文件）是否在资格预审文件规定的截止时间前提交；

（4）资格预审申请书（或申请文件）的格式和内容是否符合资格预审文件的规定；

（5）资格预审申请书（或申请文件）中的辅助证明资料是否符合资格预审文件的要求；

（6）资格预审申请书（或申请文件）的装订或密封是否符合资格预审文件的要求；

（7）申请人致函是否按照资格预审文件要求签字和（或）盖章；

（8）以联合体形式申请投标是否未附联合投标协议，或者联合体中有成员又单独或参加另一个联合体申请同一项目投标；

（9）招标人按照法律、法规、规章约定的其他标准和条件。

未通过初步评审的不得进入详细评审。

3.3.2.5 拒绝投标申请条件的设定

招标人可以根据招标项目的实际情况，在资格预审文件中对实质性要求或者不进行实质性响应即被拒绝的事项进行约定，一般对所有这类约定以醒目的方式加以标识，且在拒绝投标申请条件中作对应列示。本着"慎重拒绝"的原则设定拒绝投标申请条件，在评审办法中集中列示，设定的拒绝投标申请条件必须严格执行。

拒绝投标申请的条件一般包括以下情形：

（1）未按规定时间和方式获取资格预审文件的；

（2）资格预审申请书（或申请文件）逾期送达或者未送达指定地点的；

（3）资格预审申请书（或申请文件）未按照资格预审文件要求装订或密封的；

（4）资格预审申请书（或申请文件）中有关材料弄虚作假的；

（5）资格预审申请书（或申请文件）未按照资格预审文件要求提交有关材料的公证书的；

（6）资格预审申请书（或申请文件）无投标申请人盖章且无法定代表人或其授权的代理人签字和公章的；

（7）资格预审申请书（或申请文件）未按规定的格式填写，内容遗漏或关键字迹模糊、无法辨认的；

（8）以联合体身份参加资格预审的申请人，再行独立申请投标或加入其他联合体申请投标的；

（9）联合体申请资格预审未附联合投标协议、未指定联合体参加资格预审的牵头人、无所有联合体成员法定代表人签署的授权书的；

（10）以他人名义申请投标的；

（11）与其他投标申请人串通，或与招标人串通申请投标的；

（12）不符合法律、法规及规章规定的强制性规定的；

（13）拒不按照要求对资格预审申请书（或申请文件）进行澄清、说明或者补正的；

（14）不符合资格预审文件中规定的实质性要求的；

（15）处于被责令停业，投标资格被取消，财产被接管、冻结、破产状态的；

（16）在最近3年内有骗取中标和严重违约及重大工程质量问题的；

（17）招标人的任何不具独立法人资格的附属机构（单位），或者为招标项目的前期准备或者监理工作提供设计、咨询服务的任何法人及其附属机构（单位）申请投标的；

（18）与招标项目已确定的监理单位有隶属关系或者其他利害关系的；

（19）其他违反法律、法规的情形。

需要说明的是，材料设备招标应当按照七部委《工程建设项目货物招标投标办法》第三十二条第二、三两款关于母、子公司等不得同时投标的规定，设立拒绝投标申请人投标申请的条件，并在资格预审文件或评审办法中，按照择优选择原则依排名次序从同时申请投标的母、子等公司中选择一个候选投标人；对施工招标，招标人应当通过资格预审文件预先的约定，禁止母、子公司同时投标，同属一个母公司的各子公司（含子公司的子公司）参与投标的，应当将入围数限制在投标人总数的1/3以内。

3.3.2.6 详细评审的标准和条件设定

详细评审的标准和条件主要根据评审办法中详细评审阶段应评审的内容进行设定，与评审内容相对应，标准及条件可以文字说明或表格的形式予以表现。需要强调的是，能够量化的标准应该进行量化，无法精确量化的，应该给予详细的标准说明，尽可能地限制评审委员会自由裁量的空间。

一般分成必要合格条件与附加合格条件两部分。

1. 必要合格条件

必要合格条件仅限于法律、法规等规定必须满足的法定允许投标的条件，不管是采用定量评审法，还是采用定性评审法，该部分评审一般均只进行定性评审，只要有一项不满足，其投标资格将被拒绝，招标人超出法定允许投标条件的其他条件，应当在附加合格条件中考虑。必要合格条件一般包括以下方面：

（1）企业营业执照；

（2）企业资质等级；

（3）注册资本金；

（4）项目经理资质等级；

（5）安全生产许可证；

（6）没有处于被责令停业，投标资格被取消，财产被接管、冻结，破产状态；

（7）在最近3年内没有骗取中标和严重违约及重大工程质量问题；

（8）招标人按照法律、行政法规规定约定的其他资格条件。

2. 附加合格条件

附加合格条件是招标人根据招标项目特点和自己的要求，结合资格预审的目的设立的附加条件，评审因素的设定及其标准和条件应当紧密围绕审核投标申请人的履约能力这一核心目的。在实行定性评审法时，需要载明合格标准，在实行定量评审法，应当载明各个评审因素的评审标准、量化分值和权重，评审因素一般应当实行百分制评审（招标人不限制投标人数量，又实行定量评审法的，应当在评审办法中明确一个合格分数线，如：60分以上为合格）。具体标准、条件、分值及权重可参考下列原则：

（1）人力资源（权重0.20～0.30，分值20～30分，视项目具体情况而定，下同）

1）企业组织机构、人员情况。分值可以占该部分总分值的15%～20%。

2）拟派项目经理。考核项目经理工作年限以近10年为宜，分值可以占该部分分值的30%左右。

3）拟派项目技术负责人、项目副经理（如：专业安装经理）和合同经理。分值可以占该部分分值的30%左右。

4）项目经理部人员构成情况。一般应当鼓励呈"腰鼓"形比例的人员搭配，分值可以占该部分分值的10%左右。

（2）财务状况（权重0.20，分值20分左右）

该项评审对监理企业没有实际意义。

1）净资产（货币资金）。

2）资产负债率。

3）平均货币资金余额和主营业务收入的比值。

4）资信情况（授信额度）。

（3）机械设备（权重0.20～0.30，分值20～30分）

1）自有机械设备情况。

2）可投入（闲置）机械设备情况。

3）拟投入机械设备情况。

（4）企业管理体系（权重0.05，分值5分以下）

企业的质量体系、环保体系、安全体系是保障项目成功的体系保证，可从企业目前质量体系、环保体系、职业健康安全管理体系等认证情况设定分值，并明确相应的评审标准。质量体系可以是2分，其他认证可以均分该部分分值。

（5）企业以往业绩（权重0.10，分值10分左右）

1）企业同类工程经历。

2）合同履约率。

资格预审文件或评审办法应当对"合同"的范围进行明确界定，原则是：施工总承包招标应当限于施工总承包合同的履约率；材料设备招标应当限于材料设备供应合同的履约率。不应背离资格预审目的，不合理地扩大"合同"范围。

（6）在施和新承接工程情况（权重0.05，分值5分左右）

（7）诉讼及不良行为记录（权重0.05，分值5分左右）

1）法律诉讼。

2）不良行为记录。

3）恶意投诉。

（8）其他（权重0.05~0.10，分值5~10分）

该部分由招标人结合项目具体情况进行设定。

3.3.3 招标文件的编制

招标文件的编制是招标准备工作中最为重要的一环。一方面招标文件是提供给投标人的投标依据，投标人根据招标文件介绍的项目情况、合同条款、技术、质量和工期的要求等投标报价。另一方面，招标文件是签订工程合同的基础，是业主方拟定的合同草案。几乎所有的招标文件内容都将成为合同文件的组成部分。尽管在招标过程中招标人也有可能对招标文件进行补充和修改，但基本内容不会改变。

3.3.3.1 招标文件的内涵与作用

招标文件，也有简称标书的，是表明招标项目的概况、技术要求、招标程序与规则、投标要求、评标标准以及拟签订合同主要条款的书面文书。

法律赋予了招标文件十分重要的地位，只要其所作的规定不违反法律，法律都予以承认，它是招标投标活动得以进行的基础。不但招标人受招标文件的约束，投标人也要受其约束，这是为了实现交易的效率及公平性所必需的。

招标文件是招标人向投标人提供的为进行投标工作所必需的书面文件，在一定程度上它可以看做是招标人的需求说明书。其主要目的在于：明示自己的需求，阐明需要采购标的的性质，通报招标将依据的规则和程序，告知订立合同的条件。

招标文件在招标过程中的作用，包括：

（1）招标文件是招标人招标承建工程项目、采购货物或服务的法律文件；

（2）招标文件是投标人准备投标文件及投标的依据；

（3）招标文件是评标的依据；

（4）招标文件还是签订合同所遵循的文件。

由此可见，下大力气认真准备招标文件，是招标采购工作得以顺利进行的关键一步。

3.3.3.2 招标文件的内容

招标文件一般包括编写和提交投标文件的规定、投标文件的评审标准与方法、合同的主要条款以及附件等内容。

招标文件中包含的技术要求、投标报价要求和主要合同条款等内容是招标文件的关键内容，统称实质性要求。

当前国际上通用的完整的招标文件，是招标采购经验的结晶，不仅具有可操作性，也包含了工程法律学、工程管理学和商务贸易学的机理，涉及商务、法律、财务、经济、专业技术等多个专业内容，并且在招标文件的各个组成部分中，相互交叉和渗透。

项目性质不同、招标范围不同，招标文件的内容和格式也有所区别。根据《中华人民共和国标准施工招标文件》（2007 年版），建设工程施工招标文件包括的主要内容有：

（1）招标公告（或投标邀请书）；

（2）投标人须知。其作用是具体制定投标规则，提供给投标人应当了解的投标程序，以使其能提交响应性的投标。在标准投标文件中，其标准条款一般不能改动，必须改动时，只能在投标人须知前附表中进行。投标人须知前附表中包含了使投标人须知标准文本更适合于具体的招标项目的详细信息；

（3）评标办法。是筛选中标人的方法和标准，针对不同招标类型有多种方法（详细内容见本书 3.5.5）；

（4）合同条款及格式。一般包括通用合同条款（具体内容见本书 5.7）和专用合同条款以及相应的协议书、保函等格式。专用条款是对通用条款或行业专用标准条款中的相应条款加以修改、补充或给出数据以适用于合同的具体情况；

（5）工程量清单。按规定格式和规范提供施工工程的种类细目、特征和数量；

（6）图纸。提供给投标人编制投标文件所需的图纸、技术资料及类似信息；

（7）技术标准和要求。为了使投标人的投标书中避免出现限制条件或先决条件，而能够提交符合实际又具有竞争力的投标，一套精确、明细的技术、质量方面的标准和要求是必不可少的；

（8）投标文件格式；

（9）投标人须知前附表规定的其他材料。

招标文件的具体内容和范例见本书 3.4.2。

3.3.3.3 招标文件编制的基本原则和要求

1. 基本原则

招标人或其委托的招标代理机构应本着公平、互利的原则，务使文件完整、严密、周到、细致，内容明确、合理合法，以使投标人能够充分了解自己应尽的职责和享有的权益。

（1）招标文件的制定要符合竞争性招标的要求。符合国家的有关规定，如果是国际组织贷款，应符合该组织的各项规定和要求。如有不一致之处，应有妥善处理办法。

（2）招标文件的制定要让所有合格的有意参加投标的投标人及时了解招标人的要求。

（3）招标文件的制定要为所有合格的有意参加投标的投标人提供均等的参加所需标的的投标机会。

（4）招标文件的制定应有有关专家参加。对于大型项目的招标文件，一般招标人需要在招标公司协助下准备。

2. 基本要求

招标采购的一大特点就是编制招标文件。因此，招标文件编制质量的优劣，直接影响到采购的效果和进度。招标文件应为潜在投标人提供准备投标文件所必需的所有信息。招标文件的内容要全面，要求要明确，标准要合理和公平，特别应注意以下几个方面：

（1）充分利用标准招标文件或范本。同时，应尽可能少作改动；

（2）招标文件应明确规定投标人做好投标准备所需要的一切必要资料；

（3）应该向所有的投标人提供相同的信息，应确保投标人有同等的机会按时获得额外的信息；

（4）招标文件的详细程度和复杂程度应随着招标项目的大小和合同性质的不同而有所变化；

（5）招标文件中引用的标准和技术规格①应鼓励更广泛的竞争；

（6）技术规格应以有关的特征和（或）性能要求为依据，应避免引用商标名称、商品目录，或类似的分类。如果必须引用某一具体制造商的商标或商品目录以澄清不完整的技术规格时，则应在参照号后面加上"或相当于"的字样。技术规格中应该允许接受特征相似和提供性能至少与规定的规格相同的货物；

（7）除合同另有规定外，技术规范应要求招标项目中使用的所有货物和材料是新的、未使用过的，并应为现行或最新型号的；

（8）图纸应该和技术规格的内容相一致，应明确规定两者的优先顺序；

（9）招标文件应明确说明将要签订的合同类型以及合适的合同条款；

（10）评标的标准公开而合理，评标和挑选最低评价价的投标的基础应该在投标人须知和（或）技术规格中明确规定出来。对偏离招标文件另行提出新的技术规格（可能更先进）的标书的评审标准，更应切合实际，力求公平；

（11）招标文件中应该明确规定评标中除考虑价格因素之外还应考虑的其他评标因素，以及这些因素如何进行量化或评价；

（12）招标文件还应明确规定用于判定提交的货物或完成的工程是否和技术规格相一致所需的测试、标准和方法；

（13）如果投标允许根据替代设计方案、材料、完成时间和付款条件等来投标的话，应该明确说明可接受的条件和评价方法；

（14）招标文件收费应当合理，只能收取招标文件印刷和递交给投标人的成本，收费不能太高，以免影响合格投标人的积极性；

（15）注意公正地处理招标人和承包者的利益，使承包者能获得合理的利润，如果不恰当地将过多的风险转移给承包者一方，势必迫使承包者加大风险金，提高投标报价，最终还是招标人一方增加支出。

3.3.3.4 招标文件编写的具体问题

1. 招标文件范本的利用

为规范招标文件的内容和格式，节约招标文件编写的时间，提高招标文件的质量，国家

---

① 在设备和货物采购中，技术规范规定了所要采购的设备和货物的性能、标准以及物理和化学特征；在工程采购中，技术规范和图纸共同反映了整个工程的设计意图和技术要求。

有关部门分别编制了标准招标文件和招标文件范本。这些"标准"文件在推进我国招投标工作中起到重要作用，在使用"标准"文件编制具体项目的招标文件时，通用文件和标准条款一般不需作任何改动，只需根据招标项目的具体情况，对投标人须知资料表（或前附表）、专用条款、协议条款以及技术规范、工程量清单、投标文件附录等部分中的具体内容重新进行编写，加上招标图纸即构成一套完整的招标文件。

2. 投标有效期

招标文件应当载明投标有效期。投标有效期从提交投标文件截止日起计算。我国《招标投标法》规定，应在投标有效期前28天确定中标单位。因此，投标有效期的确定应视工程情况而定，应考虑工程的规模与复杂性并为评标、澄清、上级的批准及通知中标提供充足的时间。如交通部颁布的《公路工程国内招标文件范本》建议公路工程的投标有效期为70～120天。

3. 评标标准与要求

招标文件中规定的评标标准和评标方法应当合理，招标文件不得要求或者标明特定生产供应者以及含有倾向或者排斥潜在投标人的其他内容，不得妨碍或者限制投标人之间的竞争。

评标需量化的因素及其权重应当在招标文件中明确规定。应当在招标文件中明确投标人不得以低于成本价的价格投标。

招标文件应当对汇率标准和汇率风险作出规定。我国有关法规规定，招标文件未作规定的，汇率风险由投标人承担。

4. 投标保证金

在招标文件中应明确投标保证金数额，一般投标保证金数额不超过投标总价的2%。投标保证金可采用现金、支票、银行汇票。也可以是银行保函或担保书。为了避免出具保函的银行泄露投标人的价格，最好规定一个固定的金额而不用投标价格的某一百分比。如果规定用投标价格的百分比，应说明此百分比为不低于1%（小型工程可适当提高到2%）。

投标保证金的有效期一般应超过投标有效期的28天。

5. 履约担保

中标单位应按规定向招标单位提交履约担保，履约担保可采用银行保函或履约担保书。

3.3.4 招标实施过程

招标实施是整个招标过程的实质性阶段。招标实施的过程主要包括以下几个具体步骤：发布招标公告；投标资格预审；通知参加投标人并出售标书；召开标前会议。

3.3.4.1 发布招标公告

1. 发布招标公告的渠道

招标公告是面向公众公开发布的载明招标人、招标项目情况、投标截止日期以及获取招标文件的办法等事项的书面文告。

公开招标项目均应发布招标公告。

在公开招标中，招标公告是发布招标信息的唯一合法渠道，是公开招标最显著的特征之一。发布招标公告是招标实施过程的开始。其主要目的是发布招标信息，使那些感兴趣的承包者知悉，前来购买招标文件，编制投标文件并参加投标。

通常情况下，一项招标往往需要同时通过几种渠道发布招标公告，使投标具有广泛性。在我国，依法必须进行招标项目的招标公告，应当通过国家指定的报刊、信息网络或者其他媒介发布。原国家计委指定《中国日报》、《中国经济导报》、《中国建设报》和中国采购与招标网（http：//www. chinabidding. com. cn）为发布依法必须招标项目招标公告的媒介。

采用资格预审的，发布资格预审公告，一般就不再发布招标公告了。

2. 招标公告的内容

招标公告应以简短、明了和完整为宗旨。一般而言，在招标公告中，主要内容应为对招标人和招标项目的描述，使潜在的投标人在掌握这些信息的基础上，根据自身情况，作出是否购买招标文件并投标的决定。

通常情况下，招标公告应包括以下主要内容：

（1）招标人的名称和地址；

（2）招标项目的名称、性质、数量、实施地点和时间；

（3）获取招标文件办法；

（4）接受投标文件的最后日期和地点；

（5）开标日期、时间和地点；

（6）如果需要，规定投标资格的标准以及提供资格预审资料的日期、份数和使用的语言；

（7）必要时，规定投标保证金金额。

3.3.4.2 投标资格预审

资格预审一般按下列程序进行：招标人编制资格预审文件；发布资格预审公告或资格预审邀请书；出售资格预审文件；潜在投标人编制并递交资格预审申请文件；对资格预审申请文件进行评审；编写资格评审报告；发出资格预审结果通知。

1. 发出资格预审公告或资格预审邀请书

发出资格预审公告通常有两种做法：一种做法是在前述的招标公告中写明将进行投标资格预审，并通告领取或购买投标资格预审文件的地点和时间；另一种做法是在报纸上另行刊登资格预审公告，但一般不再公开发布招标公告。

资格预审公告应在国家指定的媒介上公开发布。公告中不得含有限制具备条件的潜在投标人购买资格预审文件的内容。

2. 出售资格预审文件

招标人应当按照资格预审公告规定的时间、地点出售资格预审文件。自资格预审文件出售之日起至停止出售之日止，一般最短不少于5个工作日。

资格预审文件的售价应当合理，不得以营利为目的。具备条件的，也可以通过信息网络发售资格预审文件。

招标人应当合理确定资格预审申请文件的编制时间，自开始发售资格预审文件之日起至潜在投标人递交资格预审申请文件截止之日止，一般不少于14个工作日。

招标人如需对已出售的资格预审文件进行补充、说明、勘误或者局部修正，需要在递交资格预审申请文件截止之日7日前以编号的补遗书的形式通知所有已购买资格预审文件的潜在投标人。对已出售的资格预审文件进行补充、说明、勘误或者局部修正的内容，为资格预审文件的组成部分。

购买资格预审文件或递交资格预审申请文件的单位少于 3 家的，招标人应重新组织资格预审或经有关部门批准采取邀请招标方式。

3. 评审

招标人接收申请人递交的资格预审申请书（或申请文件）时，需要当场验证密封情况。资格预审申请书的开启不必公开进行，开启后由招标人组织专家进行评审。

关于资格预审审查机构的组成、专家的资格及产生方式等，《招标投标法》没有作出具体规定，各地、各行业主管部门采用了不完全相同的方式，如《标准资格预审文件》规定，审查委员会参照《招标投标法》第 37 条规定组建（依法必须进行招标的项目，其审查委员会由招标人的代表和有关技术、经济等方面的专家组成，成员人数为 5 人以上单数，其中技术、经济等方面的专家不得少于成员总数的 2/3）。

分标段同时招标的，资格预审应当分标段分别组成各自的评审委员会，以保证评审的效率。

评审程序一般可分为：资格预审评审准备工作；初步评审（符合性和完整性评审，包括拒绝投标申请条件的判定）；详细评审；汇总评审结果并完成评审报告（推荐投标候选人或者直接确定投标人）。

需要说明的是，在详细评审阶段，在不影响公正、公平原则的前提下，评审委员会可以就投标申请人对其资格预审文件中存在的矛盾、模糊、含义不清之处启动质疑程序，要求投标申请人进行必要的澄清、说明或者补正，并在资格预审评审办法中明确相应的具有可操作性的程序。澄清、说明和补正必须以书面形式进行，且不得超出资格预审申请书（或申请文件）的范围或者改正其实质性错误使其通过资格预审。评审委员会不得向投标申请人提出带有暗示性或诱导性的问题，或者向其明确资格预审申请书（或申请文件）中的重大遗漏和实质性错误。

根据评审情况向招标人推荐合格投标人，或者根据招标人授权直接确定合格投标人。

评审后，通知所有合格的资格预审申请人前来购买标书。

4. 评审报告

评审委员会完成评审后要对评审结果进行汇总，还需要复核评审结果、编制并向招标人提交书面评审报告。

评审报告应当如实记载以下内容：评审的标准和办法；对各申请书（或申请文件）评审和比较意见；取消投标申请的情况说明；经评审的投标候选人的排序或符合条件的投标人名单；澄清、说明、补正事项纪要等。

评审报告应当由资审委员会全体成员签字。对评审结论持有异议的评审委员会成员可以书面形式阐述其不同意见和理由。评审委员会成员拒绝在评审报告上签字且不陈述其不同意见和理由的，视为同意评审结论。评审委员会应当对此作出书面说明并记录在案。

3.3.4.3 发出投标邀请并出售招标文件

按照惯例，招标单位在资格预审结束后，通常以书信方式发出投标邀请，通知获得投标资格的申请人及时购买招标文件，同时在媒体上公布这一通知。但一般不公布获得投标资格的申请人名单，因为这种做法可能导致合格申请人之间串通舞弊。《招标投标法》规定，招标人不得向他人透露已获取招标文件的潜在投标人的名称、数量以及可能影响公平竞争的有关招标投标的其他情况。

投标邀请通知应将购买招标文件的日期、时间、地点和每份招标文件的售价，接受投标文件的日期（即截止投标日期）、时间、送交地点，提交正、副本的份数告知合格申请人。

招标文件可以用邮寄的方式发出，但由于投标人编制标书的时间紧，为节省时间，最好还是让投标人前来购买。招标文件一般按套发售。向投标人供应招标文件的套数的多少可以根据招标项目的复杂程度等确定，一般都是一个投标人一套。

实行资格预审的，招标文件只售给获得投标资格的投标人，一般按编制、印刷这些文件的工本费收费，招标活动中的其他费用（如发布招标公告）不能计入该成本。另外，招标人要做好购买记录，内容包括购买招标文件投标人的详细名称、地址、电话、招标文件编号、招标号、品目号、标段号等。这样做是为了便于掌握购买招标文件的投标人的情况，便于将购买招标文件的投标人与日后的投标人进行对照，对于未购买招标文件的投标人，将取消其投标。同时，便于在需要时与投标人进行联系，如在对招标文件进行修改时，能够将修改文件准确、及时地发给购买招标文件的投标人。

招标人在编制招标文件过程中，由于受到所获得的信息、时间、经验、专业知识的限制，招标文件有可能出现错误或者遗漏，如果使用错误的招标文件进行招标，必然会影响招标的效果，甚至导致招标失败。因此，对已经发出的招标文件，招标人可以出于任何理由，主动地或者根据投标人的要求，对一些条款表述不清，或者容易产生误解的内容，甚至涉及实质性内容的错误，在法定的时间里进行澄清或者修改[1]。

《招标投标法》规定，招标人对已发出的招标文件进行必要的澄清或者修改的，应当在招标文件要求提交投标文件截止时间至少 15 日前，以书面形式通知所有招标文件收受人。该澄清或者修改的内容为招标文件的组成部分。

招标文件发出后，招标人接受投标人对招标文件有关问题要求澄清的函件，要对问题进行澄清，并书面通知所有潜在投标人。

招标文件发售后，招标人、招标代理机构不得随意撤回和否认，否则应当赔偿投标人的直接损失。

3.3.4.4　召开标前会议

按照惯例，大型采购项目，尤其是大型工程的招标，招标人通常在投标人购买招标文件后安排一次投标人会议，即标前会议，也称投标预备会。一些项目，招标人还会根据招标项目的具体情况，在标前会议之前，集体组织投标人踏勘现场[2]，介绍有关情况。

召开标前会议的目的是统一澄清投标人提出的各类问题。招标文件中一般注明标前会议的日期。有些招标人要求投标人在规定日期内将问题（包括现场勘查中的疑问）用书面形式寄给招标人，以便招标人汇集研究，提出统一的解答。招标人可以书面形式答复投标人提

---

[1]　澄清是指招标人对招标文件中的遗漏、词义表述不清或对比较复杂的事项进行说明，回答投标人提出的各种问题。修改是指招标人对招标文件中出现的错误进行修订。

[2]　现场的踏勘是指招标人组织投标人对项目实施现场的经济、地理、地质、气候等客观条件和环境进行的现场调查。

出的疑问，并将该书面答复通知所有投标人（但不指明澄清问题的来源），在这种情况下就无需召开标前会议。

标前会议通常是在项目所在地召开。会上，招标人将对招标文件的内容进行说明，投标人可以对招标文件中不明确的条文或有错误的内容进行质疑。有时也可以在标前会议期间组织投标人到现场踏勘。标前会议的记录和各种问题的统一解释或答复，常被视为招标文件的组成部分，均应整理成书面文件分发给参加标前会议或缺席的投标人，但不应指明问题的来源。标前会议记录和答复若是与原招标文件的内容有矛盾，招标人应确认以书面的会议记录和答复为准。

3.3.4.5　邀请招标的相关问题

邀请招标是招标人以投标邀请书邀请特定法人或者其他组织参加投标的一种招标方式。这种招标方式不必发布招标公告。按照国内外的通常做法，采用邀请招标方式的前提条件，是对市场供给情况比较了解，对承包者情况比较了解。在此基础上，还要考虑招标项目的具体情况：一是招标项目的技术新，而且复杂或专业性很强，只能从有限范围的承包者中选择；二是招标项目本身的价值低，招标人只能通过限制投标人数来达到节约和提高效率的目的。因此，邀请招标在实际中有其较大的适用性。

除了发布招标信息的方式有所差别以外，邀请招标的工作程序和内容与公开招标方式基本相同，往往参照公开招标方式进行。

投标邀请书与招标公告的作用一样，是向作为承包者发出的关于招标事宜的基本文件。为了提高效率和透明度，投标邀请书必须载明必要的招标信息，使承包者能够确定所招标的条件是否为他们所接受，并了解如何参与投标的程序。因此，投标邀请书所载内容与招标公告基本相同，只是邀请对象是确定的。

为了防止在邀请招标中招标人故意邀请一些不符合条件的法人或其他组织作为其内定中标人的陪衬，搞假招标，《招标投标法》第十七条规定，招标人采用邀请招标方式的，应当向3个以上具备承担招标项目的能力、资信良好的特定的法人或者其他组织发出投标邀请书。

3.4　资格审查及招标文件范本

利用招标文件范本可以加快招标准备工作的速度。为了让读者对资格预审文件和招标文件的详细内容有比较全面的了解，以下介绍并摘录了《中华人民共和国标准施工招标资格预审文件》（2007年版）（以下简称《标准资格预审文件》）和《中华人民共和国标准施工招标文件》（2007年版）（以下简称《标准施工招标文件》）的部分内容，供参考。

3.4.1　资格审查文件范本

3.4.1.1　《标准资格预审文件》基本内容

《标准资格预审文件》共包括封面格式和五章的内容，第一章资格预审公告、第二章申请人须知、第三章资格审查办法、第四章资格预审申请文件格式、第五章项目建设概况。其中，《标准资格预审文件》并列给出了两个第三章，分别是第三章资格审查办法（合格制）

和第三章资格审查办法（有限数量制），由招标人根据项目特点和实际需要分别选择使用。标准资格预审文件相同序号标示的章、节、条、款、项、目，由招标人依据需要选择其一，形成一份完整的资格预审文件。

3.4.1.2 使用说明

《标准资格预审文件》用相同序号标示的章、节、条、款、项、目，供招标人和投标人选择使用。其中，以空格标示的由招标人填写的内容，招标人应根据招标项目具体特点和实际需要具体化，确实没有需要填写的，在空格中用"／"标示。

招标人按照《标准资格预审文件》第一章"资格预审公告"的格式发布资格预审公告后，将实际发布的资格预审公告编入出售的资格预审文件中，作为资格预审邀请。资格预审公告应同时注明发布所在的所有媒介名称。

《标准资格预审文件》第三章"资格审查办法"分别规定合格制和有限数量制两种资格审查方法，供招标人根据招标项目具体特点和实际需要选择适用。如无特殊情况，建议招标人采用合格制。

第三章"资格审查办法"前附表应按《标准资格预审文件》和《标准施工招标文件》试行规定要求，列明全部审查因素和审查标准，并在该章（前附表及正文）标明申请人不满足其要求即不能通过资格预审的全部条款。

3.4.1.3 资格预审公告

第一章　资格预审公告①

（项目名称）　　标段施工招标

资格预审公告（代招标公告）

1. 招标条件

本招标项目(项目名称) 已由(项目审批、核准或备案机关名称) 以(批文名称及编号) 批准建设，项目业主为____，建设资金来自(资金来源)，项目出资比例为____，招标人为____。项目已具备招标条件，现进行公开招标，特邀请有兴趣的潜在投标人（以下简称申请人）提出资格预审申请。

2. 项目概况与招标范围

(说明本次招标项目的建设地点、规模、计划工期、招标范围、标段划分等)。

3. 申请人资格要求

3.1 本次资格预审要求申请人具备____资质，____业绩，并在人员、设备、资金等方面具备相应的施工能力。

3.2 本次资格预审(接受或不接受) 联合体资格预审申请。联合体申请资格预审的，应满足下列要求：____。

3.3 各申请人可就上述标段中的(具体数量) 个标段提出资格预审申请。

4. 资格预审方法

本次资格预审采用(合格制/有限数量制)。

---

① 全文摘自《标准资格预审文件》。为了保持文件的完整性，保留了《标准资格预审文件》原有的章节编号和序号，下同。

5. 资格预审文件的获取

5.1 请申请人于__年__月__日至__年__月__日（法定公休日、法定节假日除外），每日上午__时至__时，下午__时至__时（北京时间，下同），在(详细地址) 持单位介绍信购买资格预审文件。

5.2 资格预审文件每套售价__元，售后不退。

5.3 邮购资格预审文件的，需另加手续费（含邮费）元。招标人在收到单位介绍信和邮购款（含手续费）后__日内寄送。

6. 资格预审申请文件的递交

6.1 递交资格预审申请文件截止时间（申请截止时间，下同）为__年__月__日__时__分，地点为____。

6.2 逾期送达或者未送达指定地点的资格预审申请文件，招标人不予受理。

7. 发布公告的媒介

本次资格预审公告同时在(发布公告的媒介名称) 上发布。

8. 联系方式

招标人：____招标代理机构：____

地址：_____地址：_____

邮编：_____邮编：_____

联系人：____联系人：_____

电话：_____电话：_____

传真：_____传真：_____

电子邮件：__电子邮件：_____

网址：_____网址：_____

开户银行：__开户银行：_____

账号：_____账号：_____

年__月__日

3.4.1.4 申请人须知

第二章 申请人须知

申请人须知前附表

条款号	条款名称	编列内容
1.1.2	招标人	名称： 地址： 联系人： 电话：
1.1.3	招标代理机构	名称： 地址： 联系人： 电话：

条款号	条款名称	编列内容
1.1.4	项目名称	
1.1.5	建设地点	
1.2.1	资金来源	
1.2.2	出资比例	
1.2.3	资金落实情况	
1.3.1	招标范围	
1.3.2	计划工期	计划工期：_____日历天 计划开工日期：__年__月__日 计划竣工日期：__年__月__日
1.3.3	质量要求	
1.4.1	申请人资质条件、能力和信誉	资质条件： 财务要求： 业绩要求： 信誉要求： 项目经理（建造师，下同）资格： 其他要求：
1.4.2	是否接受联合体资格预审申请	□不接受 □接受，应满足下列要求：
2.2.1	申请人要求澄清资格预审文件的截止时间	
2.2.2	招标人澄清资格预审文件的截止时间	
2.2.3	申请人确认收到资格预审文件澄清的时间	
2.3.1	招标人修改资格预审文件的截止时间	
2.3.2	申请人确认收到资格预审文件修改的时间	
3.1.1	申请人需补充的其他材料	
3.2.4	近年财务状况的年份要求	__年
3.2.5	近年完成的类似项目的年份要求	__年
3.2.7	近年发生的诉讼及仲裁情况的年份要求	__年
3.3.1	签字或盖章要求	
3.3.2	资格预审申请文件副本份数	__份
3.3.3	资格预审申请文件的装订要求	
4.1.2	封套上写明	招标人的地址： 招标人全称： （项目名称）___标段施工招标资格预审申请文件在__年__月__日__时__分前不得开启
4.2.1	申请截止时间	__年__月__日__时__分
4.2.2	递交资格预审申请文件的地点	
4.2.3	是否退还资格预审申请文件	

条款号	条款名称	编列内容
5.1.2	审查委员会人数	
5.2	资格审查方法	
6.1	资格预审结果的通知时间	
6.3	资格预审结果的确认时间	
……	……	
9	需要补充的其他内容	
……	……	

1. 总则

1.1 项目概况

1.1.1 根据《中华人民共和国招标投标法》等有关法律、法规和规章的规定，本招标项目已具备招标条件，现进行公开招标，特邀请有兴趣承担本标段的申请人提出资格预审申请。

1.1.2 本招标项目招标人：见申请人须知前附表。

1.1.3 本标段招标代理机构：见申请人须知前附表。

1.1.4 本招标项目名称：见申请人须知前附表。

1.1.5 本标段建设地点：见申请人须知前附表。

1.2 资金来源和落实情况

1.2.1 本招标项目的资金来源：见申请人须知前附表。

1.2.2 本招标项目的出资比例：见申请人须知前附表。

1.2.3 本招标项目的资金落实情况：见申请人须知前附表。

1.3 招标范围、计划工期和质量要求

1.3.1 本次招标范围：见申请人须知前附表。

1.3.2 本标段的计划工期：见申请人须知前附表。

1.3.3 本标段的质量要求：见申请人须知前附表。

1.4 申请人资格要求

1.4.1 申请人应具备承担本标段施工的资质条件、能力和信誉。

（1）资质条件：见申请人须知前附表；

（2）财务要求：见申请人须知前附表；

（3）业绩要求：见申请人须知前附表；

（4）信誉要求：见申请人须知前附表；

（5）项目经理资格：见申请人须知前附表；

（6）其他要求：见申请人须知前附表。

1.4.2 申请人须知前附表规定接受联合体申请资格预审的，联合体申请人除应符合本章第1.4.1项和申请人须知前附表的要求外，还应遵守以下规定：

（1）联合体各方必须按资格预审文件提供的格式签订联合体协议书，明确联合体牵头人和各方的权利义务；

（2）由同一专业的单位组成的联合体，按照资质等级较低的单位确定资质等级；

（3）通过资格预审的联合体，其各方组成结构或职责，以及财务能力、信誉情况等资格条件不得改变。

（4）联合体各方不得再以自己名义单独或加入其他联合体在同一标段中参加资格预审。

1.4.3 申请人不得存在下列情形之一：

（1）为招标人不具有独立法人资格的附属机构（单位）；

（2）为本标段前期准备提供设计或咨询服务的，但设计施工总承包的除外；

（3）为本标段的监理人；

（4）为本标段的代建人；

（5）为本标段提供招标代理服务的；

（6）与本标段的监理人或代建人或招标代理机构同为一个法定代表人的；

（7）与本标段的监理人或代建人或招标代理机构相互控股或参股的；

（8）与本标段的监理人或代建人或招标代理机构相互任职或工作的；

（9）被责令停业的；

（10）被暂停或取消投标资格的；

（11）财产被接管或冻结的；

（12）在最近三年内有骗取中标或严重违约或重大工程质量问题的。

1.5 语言文字

除专用术语外，来往文件均使用中文。必要时专用术语应附有中文注释。

1.6 费用承担

申请人准备和参加资格预审发生的费用自理。

2. 资格预审文件

2.1 资格预审文件的组成

2.1.1 本次资格预审文件包括资格预审公告、申请人须知、资格审查办法、资格预审申请文件格式、项目建设概况，以及根据本章第2.2款对资格预审文件的澄清和第2.3款对资格预审文件的修改。

2.1.2 当资格预审文件、资格预审文件的澄清或修改等在同一内容的表述上不一致时，以最后发出的书面文件为准。

2.2 资格预审文件的澄清

2.2.1 申请人应仔细阅读和检查资格预审文件的全部内容。如有疑问，应在申请人须知前附表规定的时间前以书面形式（包括信函、电报、传真等可以有形表现所载内容的形式，下同），要求招标人对资格预审文件进行澄清。

2.2.2 招标人应在申请人须知前附表规定的时间前，以书面形式将澄清内容发给所有购买资格预审文件的申请人，但不指明澄清问题的来源。

2.2.3 申请人收到澄清后，应在申请人须知前附表规定的时间内以书面形式通知招标人，确认已收到该澄清。

2.3 资格预审文件的修改

2.3.1 在申请人须知前附表规定的时间前，招标人可以书面形式通知申请人修改资格预审文件。在申请人须知前附表规定的时间后修改资格预审文件的，招标人应相应顺延申请截止时间。

2.3.2 申请人收到修改的内容后，应在申请人须知前附表规定的时间内以书面形式通知招标人，确认已收到该修改。

3. 资格预审申请文件的编制

3.1 资格预审申请文件的组成

3.1.1 资格预审申请文件应包括下列内容：

（1）资格预审申请函；

（2）法定代表人身份证明或附有法定代表人身份证明的授权委托书；

（3）联合体协议书；

（4）申请人基本情况表；

（5）近年财务状况表；

（6）近年完成的类似项目情况表；

（7）正在施工和新承接的项目情况表；

（8）近年发生的诉讼及仲裁情况；

（9）其他材料：见申请人须知前附表。

3.1.2 申请人须知前附表规定不接受联合体资格预审申请的或申请人没有组成联合体的，资格预审申请文件不包括本章第 3.1.1（3）目所指的联合体协议书。

3.2 资格预审申请文件的编制要求

3.2.1 资格预审申请文件应按第四章"资格预审申请文件格式"进行编写，如有必要，可以增加附页，并作为资格预审申请文件的组成部分。申请人须知前附表规定接受联合体资格预审申请的，本章第 3.2.3 项至第 3.2.7 项规定的表格和资料应包括联合体各方相关情况。

3.2.2 法定代表人授权委托书必须由法定代表人签署。

3.2.3 "申请人基本情况表"应附申请人营业执照副本及其年检合格的证明材料、资质证书副本和安全生产许可证等材料的复印件。

3.2.4 "近年财务状况表"应附经会计师事务所或审计机构审计的财务会计报表，包括资产负债表、现金流量表、利润表和财务情况说明书的复印件，具体年份要求见申请人须知前附表。

3.2.5 "近年完成的类似项目情况表"应附中标通知书和（或）合同协议书、工程接收证书（工程竣工验收证书）的复印件，具体年份要求见申请人须知前附表。每张表格只填写一个项目，并标明序号。

3.2.6 "正在施工和新承接的项目情况表"应附中标通知书和（或）合同协议书复印件。每张表格只填写一个项目，并标明序号。

3.2.7 "近年发生的诉讼及仲裁情况"应说明相关情况，并附法院或仲裁机构做出的判决、裁决等有关法律文书复印件，具体年份要求见申请人须知前附表。

3.3 资格预审申请文件的装订、签字

3.3.1 申请人应按本章第 3.1 款和第 3.2 款的要求，编制完整的资格预审申请文件，用不褪色的材料书写或打印，并由申请人的法定代表人或其委托代理人签字或盖单位章。资格预审申请文件中的任何改动之处应加盖单位章或由申请人的法定代表人或其委托代理人签字确认。签字或盖章的具体要求见申请人须知前附表。

3.3.2 资格预审申请文件正本一份，副本份数见申请人须知前附表。正本和副本的封面上应清楚地标记"正本"或"副本"字样。当正本和副本不一致时，以正本为准。

3.3.3 资格预审申请文件正本与副本应分别装订成册，并编制目录，具体装订要求见申请人须知前附表。

4. 资格预审申请文件的递交

4.1 资格预审申请文件的密封和标识

4.1.1 资格预审申请文件的正本与副本应分开包装，加贴封条，并在封套的封口处加盖申请人单位章。

4.1.2 在资格预审申请文件的封套上应清楚地标记"正本"或"副本"字样，封套还应写明的其他内容见申请人须知前附表。

4.1.3 未按本章第4.1.1项或第4.1.2项要求密封和加写标记的资格预审申请文件，招标人不予受理。

4.2 资格预审申请文件的递交

4.2.1 申请截止时间：见申请人须知前附表。

4.2.2 申请人递交资格预审申请文件的地点：见申请人须知前附表。

4.2.3 除申请人须知前附表另有规定的外，申请人所递交的资格预审申请文件不予退还。

4.2.4 逾期送达或者未送达指定地点的资格预审申请文件，招标人不予受理。

5. 资格预审申请文件的审查

5.1 审查委员会

5.1.1 资格预审申请文件由招标人组建的审查委员会负责审查。审查委员会参照《中华人民共和国招标投标法》第三十七条规定组建。

5.1.2 审查委员会人数：见申请人须知前附表。

5.2 资格审查

审查委员会根据申请人须知前附表规定的方法和第三章"资格审查办法"中规定的审查标准，对所有已受理的资格预审申请文件进行审查。没有规定的方法和标准不得作为审查依据。

6. 通知和确认

6.1 通知

招标人在申请人须知前附表规定的时间内以书面形式将资格预审结果通知申请人，并向通过资格预审的申请人发出投标邀请书。

6.2 解释

应申请人书面要求，招标人应对资格预审结果做出解释，但不保证申请人对解释内容满意。

6.3 确认

通过资格预审的申请人收到投标邀请书后，应在申请人须知前附表规定的时间内以书面形式明确表示是否参加投标。在申请人须知前附表规定时间内未表示是否参加投标或明确表示不参加投标的，不得再参加投标。因此造成潜在投标人数量不足3个的，招标人重新组织资格预审或不再组织资格预审而直接招标。

7. 申请人的资格改变

通过资格预审的申请人组织机构、财务能力、信誉情况等资格条件发生变化，使其不再实质上满足第三章"资格审查办法"规定标准的，其投标不被接受。

8. 纪律与监督

8.1 严禁贿赂

严禁申请人向招标人、审查委员会成员和与审查活动有关的其他工作人员行贿。在资格预审期间，不得邀请招标人、审查委员会成员以及与审查活动有关的其他工作人员到申请人单位参观考察，或出席申请人主办、赞助的任何活动。

8.2 不得干扰资格审查工作

申请人不得以任何方式干扰、影响资格预审的审查工作，否则将导致其不能通过资格预审。

8.3 保密

招标人、审查委员会成员，以及与审查活动有关的其他工作人员应对资格预审申请文件的审查、比较进行保密，不得在资格预审结果公布前透露资格预审结果，不得向他人透露可能影响公平竞争的有关情况。

8.4 投诉

申请人和其他利害关系人认为本次资格预审活动违反法律、法规和规章规定的，有权向有关行政监督部门投诉。

9. 需要补充的其他内容

需要补充的其他内容：见申请人须知前附表。

3.4.1.5 资格审查办法（合格制）

第三章 资格审查办法（合格制）

资格审查办法前附表

条款号	审查因素		审查标准
2.1	初步审查标准	申请人名称	与营业执照、资质证书、安全生产许可证一致
		申请函签字盖章	有法定代表人或其委托代理人签字或加盖单位章
		申请文件格式	符合第四章"资格预审申请文件格式"的要求
		联合体申请人	提交联合体协议书，并明确联合体牵头人/如有
		……	……
2.2	详细审查标准	营业执照	具备有效的营业执照
		安全生产许可证	具备有效的安全生产许可证
		资质等级	符合第二章"申请人须知"第1.4.1项规定
		类似项目业绩	符合第二章"申请人须知"第1.4.1项规定
		信誉	符合第二章"申请人须知"第1.4.1项规定
		项目经理资格	符合第二章"申请人须知"第1.4.1项规定
		其他要求	符合第二章"申请人须知"第1.4.1项规定
		联合体申请人	符合第二章"申请人须知"第1.4.2项规定
		……	

1. 审查方法

本次资格预审采用合格制。凡符合本章第2.1款和第2.2款规定审查标准的申请人均通过资格预审。

2. 审查标准

2.1 初步审查标准

初步审查标准：见资格审查办法前附表。

2.2 详细审查标准

详细审查标准：见资格审查办法前附表。

3. 审查程序

3.1 初步审查

3.1.1 审查委员会依据本章第2.1款规定的标准，对资格预审申请文件进行初步审查。有一项因素不符合审查标准的，不能通过资格预审。

3.1.2 审查委员会可以要求申请人提交第二章"申请人须知"第3.2.3项至第3.2.7项规定的有关证明和证件的原件，以便核验。

3.2 详细审查

3.2.1 审查委员会依据本章第2.2款规定的标准，对通过初步审查的资格预审申请文件进行详细审查。有一项因素不符合审查标准的，不能通过资格预审。

3.2.2 通过资格预审的申请人除应满足本章第2.1款、第2.2款规定的审查标准外，还不得存在下列任何一种情形：

（1）不按审查委员会要求澄清或说明的；

（2）有第二章"申请人须知"第1.4.3项规定的任何一种情形的；

（3）在资格预审过程中弄虚作假、行贿或有其他违法违规行为的。

3.3 资格预审申请文件的澄清

在审查过程中，审查委员会可以书面形式，要求申请人对所提交的资格预审申请文件中不明确的内容进行必要的澄清或说明。申请人的澄清或说明应采用书面形式，并不得改变资格预审申请文件的实质性内容。申请人的澄清和说明内容属于资格预审申请文件的组成部分。招标人和审查委员会不接受申请人主动提出的澄清或说明。

4. 审查结果

4.1 提交审查报告

审查委员会按照本章第3条规定的程序对资格预审申请文件完成审查后，确定通过资格预审的申请人名单，并向招标人提交书面审查报告。

4.2 重新进行资格预审或招标

通过资格预审申请人的数量不足3个的，招标人重新组织资格预审或不再组织资格预审而直接招标。

3.4.1.6 资格审查办法（有限数量制）

第三章 资格审查办法（有限数量制）

资格审查办法前附表

条款号		条款名称	编列内容
1		通过资格预审的人数	
2		审查因素	审查标准
2.1	初步审查标准	申请人名称	与营业执照、资质证书、安全生产许可证一致
		申请函签字盖章	有法定代表人或其委托代理人签字或加盖单位章
		申请文件格式	符合第四章"资格预审申请文件格式"的要求
		联合体申请人	提交联合体协议书，并明确联合体牵头人/如有
		……	……
2.2	详细审查标准	营业执照	具备有效的营业执照
		安全生产许可证	具备有效的安全生产许可证
		资质等级	符合第二章"申请人须知"第1.4.1项规定
		类似项目业绩	符合第二章"申请人须知"第1.4.1项规定
		信誉	符合第二章"申请人须知"第1.4.1项规定
		项目经理资格	符合第二章"申请人须知"第1.4.1项规定
		其他要求	符合第二章"申请人须知"第1.4.1项规定
		联合体申请人	符合第二章"申请人须知"第1.4.2项规定
		……	……
2.3	评分标准	评分因素	评分标准
		财务状况	……
		类似项目业绩	……
		信誉	……
		认证体系	……
		……	……

1. 审查方法

本次资格预审采用有限数量制。审查委员会依据本章规定的审查标准和程序，对通过初步审查和详细审查的资格预审申请文件进行量化打分，按得分由高到低的顺序确定通过资格预审的申请人。通过资格预审的申请人不超过资格审查办法前附表规定的数量。

2. 审查标准（与合格制相同，略）

3. 审查程序（3.1~3.3与合格制相同，略）

3.4 评分

3.4.1 通过详细审查的申请人不少于3个且没有超过本章第1条规定数量的，均通过资格预审，不再进行评分。

3.4.2 通过详细审查的申请人数量超过本章第1条规定数量的，审查委员会依据本章第2.3款评分标准进行评分，按得分由高到低的顺序进行排序。

4. 审查结果

4.1 提交审查报告

审查委员会按照本章第 3 条规定的程序对资格预审申请文件完成审查后，确定通过资格预审的申请人名单，并向招标人提交书面审查报告。

4.2 重新进行资格预审或招标

通过详细审查申请人的数量不足 3 个的，招标人重新组织资格预审或不再组织资格预审而直接招标。

3.4.1.7 其他内容

第四章"资格预审文件格式"，见本书 4.2.4。

第五章"项目建设概况"。包括：项目说明、建设条件、建设要求、其他需要说明的情况。

3.4.2 招标文件范本

3.4.2.1 《标准施工招标文件》的基本内容

《标准施工招标文件》共包括封面格式和四卷八章的内容，第一卷包括第一章至第五章，涉及招标公告（投标邀请书）、投标人须知、评标办法、合同条款及格式、工程量清单等内容；第二卷由第六章图纸组成；第三卷由第七章技术标准和要求组成；第四卷由投标文件格式组成。第一卷并列给出了三个第一章，两个第三章，由招标人根据项目特点和实际需要分别选择使用。标准施工招标文件相同序号标示的节、条、款、项、目，由招标人依据需要选择其一形成一份完整的招标文件。

三个第一章分别是招标公告（未进行资格预审）、投标邀请书（适用于邀请招标）、投标邀请书（代资格预审通过通知书）。两个第三章分别是评标办法（经评审的最低投标价法）、评标办法（综合评估法）。

3.4.2.2 使用说明

《标准施工招标文件》适用于一定规模以上，且设计和施工不是由同一承包商承担的工程施工招标。

《标准施工招标文件》用相同序号标示的章、节、条、款、项、目，供招标人和投标人选择使用；以空格标示的由招标人填写的内容，招标人应根据招标项目具体特点和实际需要具体化，确实没有需要填写的，在空格中用"/"标示。

招标人按照《标准施工招标文件》第一章的格式发布招标公告或发出投标邀请书后，将实际发布的招标公告或实际发出的投标邀请书编入出售的招标文件中，作为投标邀请。其中，招标公告应同时注明发布所在的所有媒介名称。

《标准施工招标文件》第三章"评标办法"分别规定经评审的最低投标价法和综合评估法两种评标方法，供招标人根据招标项目具体特点和实际需要选择适用。招标人选择适用综合评估法的，各评审因素的评审标准、分值和权重等由招标人自主确定。国务院有关部门对各评审因素的评审标准、分值和权重等有规定的，从其规定。

第三章"评标办法"前附表应按《标准资格预审文件》和《标准施工招标文件》试行规定要求列明全部评审因素和评审标准，并在该章（前附表及正文）标明投标人不满足其要求即导致废标的全部条款。

《标准施工招标文件》第五章"工程量清单"由招标人根据工程量清单的国家标准、行业标准，以及行业标准施工招标文件（如有）、招标项目具体特点和实际需要编制，并与"投标人须知"、"通用合同条款"、"专用合同条款"、"技术标准和要求"、"图纸"相衔接。该章所附表格可根据有关规定作相应的调整和补充。

《标准施工招标文件》第六章"图纸"由招标人根据行业标准施工招标文件（如有）、招标项目具体特点和实际需要编制，并与"投标人须知"、"通用合同条款"、"专用合同条款"、"技术标准和要求"相衔接。

《标准施工招标文件》第七章"技术标准和要求"由招标人根据行业标准施工招标文件（如有）、招标项目具体特点和实际需要编制。"技术标准和要求"中的各项技术标准应符合国家强制性标准，不得要求或标明某一特定的专利、商标、名称、设计、原产地或生产供应者，不得含有倾向或者排斥潜在投标人的其他内容。如果必须引用某一生产供应者的技术标准才能准确或清楚地说明拟招标项目的技术标准时，则应当在参照后面加上"或相当于"字样。

3.4.2.3 投标邀请书

第一章 投标邀请书①（代资格预审通过通知书）

（项目名称） 标段施工投标邀请书

（被邀请单位名称）：你单位已通过资格预审，现邀请你单位按招标文件规定的内容，参加（项目名称） 标段施工投标。

请你单位于__年__月__日至__年__月__日（法定公休日、法定节假日除外），每日上午__时至__时，下午__时至__时（北京时间，下同），在（详细地址）持本投标邀请书购买招标文件。

招标文件每套售价为____元，售后不退。图纸押金____元，在退还图纸时退还（不计利息）。邮购招标文件的，需另加手续费（含邮费）__元。招标人在收到邮购款（含手续费）后__日内寄送。

递交投标文件的截止时间（投标截止时间，下同）为__年__月__日__时__分，地点为____。

逾期送达的或者未送达指定地点的投标文件，招标人不予受理。

你单位收到本投标邀请书后，请于（具体时间）前以传真或快递方式予以确认。

招标人：____ 招标代理机构：____

地址：____ 地址：____

邮编：____ 邮编：____

联系人：____ 联系人：____

电话：____ 电话：____

传真：____ 传真：____

电子邮件：__ 电子邮件：____

---

① 全文摘自《标准施工招标文件》。为了保持文件的完整性，保留了《标准施工招标文件》原有的章节编号和序号，下同。

网址：_____网址：_____
开户银行：__开户银行：_____
账号：_____账号：_____
年__月__日

3.4.2.4 投标人须知

第二章 投标人须知

投标人须知前附表

条款号	条款名称	编列内容
1.1.2	招标人	名称： 地址： 联系人： 电话：
1.1.3	招标代理机构	名称： 地址： 联系人： 电话：
1.1.4	项目名称	
1.1.5	建设地点	
1.2.1	资金来源	
1.2.2	出资比例	
1.2.3	资金落实情况	
1.3.1	招标范围	
1.3.2	计划工期	计划工期：____日历天 计划开工日期：__年__月__日 计划竣工日期：__年__月__日
1.3.3	质量要求	
1.4.1	投标人资质条件、能力和信誉	资质条件： 财务要求： 业绩要求： 信誉要求： 项目经理（建造师，下同）资格： 其他要求：
1.4.2	是否接受联合体投标	□不接受□接受，应满足下列要求：
1.9.1	踏勘现场	□不组织□组织，踏勘时间：　　　踏勘集中地点：
1.10.1	投标预备会	□不召开□召开，召开时间：　　　召开地点：
1.10.2	投标人提出问题的截止时间	
1.10.3	招标人书面澄清的时间	
1.11	分包	□不允许□允许，分包内容要求：　　　分包金额要求： 接受分包的第三人资质要求：

条款号	条款名称	编列内容
1.12	偏离	□不允许□允许
2.1	构成招标文件的其他材料	
2.2.1	投标人要求澄清招标文件的截止时间	
2.2.2	投标截止时间	__年__月__日__时__分
2.2.3	投标人确认收到招标文件澄清的时间	
2.3.2	投标人确认收到招标文件修改的时间	
3.1.1	构成投标文件的其他材料	
3.3.1	投标有效期	
3.4.1	投标保证金	投标保证金的形式： 投标保证金的金额：
3.5.2	近年财务状况的年份要求	__年
3.5.3	近年完成的类似项目的年份要求	__年
3.5.5	近年发生的诉讼及仲裁情况的年份要求	__年
3.6	是否允许递交备选投标方案	□不允许□允许
3.7.3	签字或盖章要求	
3.7.4	投标文件副本份数	__份
3.7.5	装订要求	
4.1.2	封套上写明	招标人的地址： 招标人名称： （项目名称） 标段投标文件在__年__月__日__时__分前不得开启
4.2.2	递交投标文件地点	
4.2.3	是否退还投标文件	□否 □是
5.1	开标时间和地点	开标时间：同投标截止时间 开标地点：
5.2	开标程序	（4）密封情况检查： （5）开标顺序：
6.1.1	评标委员会的组建	评标委员会构成：__人，其中招标人代表__人，专家__人；评标专家确定方式：
7.1	是否授权评标委员会确定中标人	□是 □否，推荐的中标候选人数：

条款号	条款名称	编列内容
7.3.1	履约担保	履约担保的形式： 履约担保的金额：
……		
10	需要补充的其他内容	
……	……	

1. 总则

1.1 项目概况

1.1.1 根据《中华人民共和国招标投标法》等有关法律、法规和规章的规定，本招标项目已具备招标条件，现对本标段施工进行招标。

1.1.2 本招标项目招标人：见投标人须知前附表。

1.1.3 本标段招标代理机构：见投标人须知前附表。

1.1.4 本招标项目名称：见投标人须知前附表。

1.1.5 本标段建设地点：见投标人须知前附表。

1.2 资金来源和落实情况

1.2.1 本招标项目的资金来源：见投标人须知前附表。

1.2.2 本招标项目的出资比例：见投标人须知前附表。

1.2.3 本招标项目的资金落实情况：见投标人须知前附表。

1.3 招标范围、计划工期和质量要求

1.3.1 本次招标范围：见投标人须知前附表。

1.3.2 本标段的计划工期：见投标人须知前附表。

1.3.3 本标段的质量要求：见投标人须知前附表。

1.4 投标人资格要求（适用于已进行资格预审的）

投标人应是收到招标人发出投标邀请书的单位。

1.4 投标人资格要求（适用于未进行资格预审的）（略）

1.5 费用承担

投标人准备和参加投标活动发生的费用自理。

1.6 保密

参与招标投标活动的各方应对招标文件和投标文件中的商业和技术等秘密保密，违者应对由此造成的后果承担法律责任。

1.7 语言文字

除专用术语外，与招标投标有关的语言均使用中文。必要时专用术语应附有中文注释。

1.8 计量单位

所有计量均采用中华人民共和国法定计量单位。

1.9 踏勘现场

1.9.1 投标人须知前附表规定组织踏勘现场的，招标人按投标人须知前附表规定的时间、地点组织投标人踏勘项目现场。

1.9.2 投标人踏勘现场发生的费用自理。

1.9.3 除招标人的原因外，投标人自行负责在踏勘现场中所发生的人员伤亡和财产损失。

1.9.4 招标人在踏勘现场中介绍的工程场地和相关的周边环境情况，供投标人在编制投标文件时参考，招标人不对投标人据此做出的判断和决策负责。

1.10 投标预备会

1.10.1 投标人须知前附表规定召开投标预备会的，招标人按投标人须知前附表规定的时间和地点召开投标预备会，澄清投标人提出的问题。

1.10.2 投标人应在投标人须知前附表规定的时间前，以书面形式将提出的问题送达招标人，以便招标人在会议期间澄清。

1.10.3 投标预备会后，招标人在投标人须知前附表规定的时间内，将对投标人所提问题的澄清，以书面方式通知所有购买招标文件的投标人。该澄清内容为招标文件的组成部分。

1.11 分包

投标人拟在中标后将中标项目的部分非主体、非关键性工作进行分包的，应符合投标人须知前附表规定的分包内容、分包金额和接受分包的第三人资质要求等限制性条件。

1.12 偏离

投标人须知前附表允许投标文件偏离招标文件某些要求的，偏离应当符合招标文件规定的偏离范围和幅度。

2. 招标文件

2.1 招标文件的组成

本招标文件包括：

（1）招标公告（或投标邀请书）；

（2）投标人须知；

（3）评标办法；

（4）合同条款及格式；

（5）工程量清单；

（6）图纸；

（7）技术标准和要求；

（8）投标文件格式；

（9）投标人须知前附表规定的其他材料。

根据本章第1.10款、第2.2款和第2.3款对招标文件所作的澄清、修改，构成招标文件的组成部分。

2.2 招标文件的澄清

2.2.1 投标人应仔细阅读和检查招标文件的全部内容。如发现缺页或附件不全，应及时向招标人提出，以便补齐。如有疑问，应在投标人须知前附表规定的时间前以书面形式（包括信函、电报、传真等可以有形地表现所载内容的形式，下同），要求招标人对招标文件予以澄清。

2.2.2 招标文件的澄清将在投标人须知前附表规定的投标截止时间15天前以书面形式

发给所有购买招标文件的投标人，但不指明澄清问题的来源。如果澄清发出的时间距投标截止时间不足 15 天，相应延长投标截止时间。

2.2.3 投标人在收到澄清后，应在投标人须知前附表规定的时间内以书面形式通知招标人，确认已收到该澄清。

2.3 招标文件的修改

2.3.1 在投标截止时间 15 天前，招标人可以书面形式修改招标文件，并通知所有已购买招标文件的投标人。如果修改招标文件的时间距投标截止时间不足 15 天，相应延长投标截止时间。

2.3.2 投标人收到修改内容后，应在投标人须知前附表规定的时间内以书面形式通知招标人，确认已收到该修改。

3. 投标文件

3.1 投标文件的组成

3.1.1 投标文件应包括下列内容：

（1）投标函及投标函附录；

（2）法定代表人身份证明或附有法定代表人身份证明的授权委托书；

（3）联合体协议书；

（4）投标保证金；

（5）已标价工程量清单；

（6）施工组织设计；

（7）项目管理机构；

（8）拟分包项目情况表；

（9）资格审查资料；

（10）投标人须知前附表规定的其他材料。

3.1.2 投标人须知前附表规定不接受联合体投标的，或投标人没有组成联合体的，投标文件不包括本章第 3.1.1（3）目所指的联合体协议书。

3.2 投标报价

3.2.1 投标人应按第五章"工程量清单"的要求填写相应表格。

3.2.2 投标人在投标截止时间前修改投标函中的投标总报价，应同时修改第五章"工程量清单"中的相应报价。此修改须符合本章第 4.3 款的有关要求。

3.3 投标有效期

3.3.1 在投标人须知前附表规定的投标有效期内，投标人不得要求撤销或修改其投标文件。

3.3.2 出现特殊情况需要延长投标有效期的，招标人以书面形式通知所有投标人延长投标有效期。投标人同意延长的，应相应延长其投标保证金的有效期，但不得要求或被允许修改或撤销其投标文件；投标人拒绝延长的，其投标失效，但投标人有权收回其投标保证金。

3.4 投标保证金

3.4.1 投标人在递交投标文件的同时，应按投标人须知前附表规定的金额、担保形式和第八章"投标文件格式"规定的投标保证金格式递交投标保证金，并作为其投标文件的组成部分。联合体投标的，其投标保证金由牵头人递交，并应符合投标人须知前附表的规定。

3.4.2 投标人不按本章第3.4.1项要求提交投标保证金的，其投标文件作废标处理。

3.4.3 招标人与中标人签订合同后5个工作日内，向未中标的投标人和中标人退还投标保证金。

3.4.4 有下列情形之一的，投标保证金将不予退还：

（1）投标人在规定的投标有效期内撤销或修改其投标文件；

（2）中标人在收到中标通知书后，无正当理由拒签合同协议书或未按招标文件规定提交履约担保。

3.5 资格审查资料（适用于已进行资格预审的）

投标人在编制投标文件时，应按新情况更新或补充其在申请资格预审时提供的资料，以证实其各项资格条件仍能继续满足资格预审文件的要求，具备承担本标段施工的资质条件、能力和信誉。

3.5 资格审查资料（适用于未进行资格预审的）（略）

3.6 备选投标方案

除投标人须知前附表另有规定外，投标人不得递交备选投标方案。允许投标人递交备选投标方案的，只有中标人所递交的备选投标方案方可予以考虑。评标委员会认为中标人的备选投标方案优于其按照招标文件要求编制的投标方案的，招标人可以接受该备选投标方案。

3.7 投标文件的编制

3.7.1 投标文件应按第八章"投标文件格式"进行编写，如有必要，可以增加附页，作为投标文件的组成部分。其中，投标函附录在满足招标文件实质性要求的基础上，可以提出比招标文件要求更有利于招标人的承诺。

3.7.2 投标文件应当对招标文件有关工期、投标有效期、质量要求、技术标准和要求、招标范围等实质性内容做出响应。

3.7.3 投标文件应用不褪色的材料书写或打印，并由投标人的法定代表人或其委托代理人签字或盖单位章。委托代理人签字的，投标文件应附法定代表人签署的授权委托书。投标文件应尽量避免涂改、行间插字或删除。如果出现上述情况，改动之处应加盖单位章或由投标人的法定代表人或其授权的代理人签字确认。签字或盖章的具体要求见投标人须知前附表。

3.7.4 投标文件正本一份，副本份数见投标人须知前附表。正本和副本的封面上应清楚地标记"正本"或"副本"的字样。当副本和正本不一致时，以正本为准。

3.7.5 投标文件的正本与副本应分别装订成册，并编制目录，具体装订要求见投标人须知前附表规定。

4. 投标

4.1 投标文件的密封和标记

4.1.1 投标文件的正本与副本应分开包装，加贴封条，并在封套的封口处加盖投标人单位章。

4.1.2 投标文件的封套上应清楚地标记"正本"或"副本"字样，封套上应写明的其他内容见投标人须知前附表。

4.1.3 未按本章第 4.1.1 项或第 4.1.2 项要求密封和加写标记的投标文件，招标人不予受理。

4.2 投标文件的递交

4.2.1 投标人应在本章第 2.2.2 项规定的投标截止时间前递交投标文件。

4.2.2 投标人递交投标文件的地点：见投标人须知前附表。

4.2.3 除投标人须知前附表另有规定外，投标人所递交的投标文件不予退还。

4.2.4 招标人收到投标文件后，向投标人出具签收凭证。

4.2.5 逾期送达的或者未送达指定地点的投标文件，招标人不予受理。

4.3 投标文件的修改与撤回

4.3.1 在本章第 2.2.2 项规定的投标截止时间前，投标人可以修改或撤回已递交的投标文件，但应以书面形式通知招标人。

4.3.2 投标人修改或撤回已递交投标文件的书面通知应按照本章第 3.7.3 项的要求签字或盖章。招标人收到书面通知后，向投标人出具签收凭证。

4.3.3 修改的内容为投标文件的组成部分。修改的投标文件应按照本章第 3 条、第 4 条规定进行编制、密封、标记和递交，并标明"修改"字样。

5. 开标

5.1 开标时间和地点

招标人在本章第 2.2.2 项规定的投标截止时间（开标时间）和投标人须知前附表规定的地点公开开标，并邀请所有投标人的法定代表人或其委托代理人准时参加。

5.2 开标程序

主持人按下列程序进行开标：

（1）宣布开标纪律；

（2）公布在投标截止时间前递交投标文件的投标人名称，并点名确认投标人是否派人到场；

（3）宣布开标人、唱标人、记录人、监标人等有关人员姓名；

（4）按照投标人须知前附表规定检查投标文件的密封情况；

（5）按照投标人须知前附表的规定确定并宣布投标文件开标顺序；

（6）设有标底的，公布标底；

（7）按照宣布的开标顺序当众开标，公布投标人名称、标段名称、投标保证金的递交情况、投标报价、质量目标、工期及其他内容，并记录在案；

（8）投标人代表、招标人代表、监标人、记录人等有关人员在开标记录上签字确认；

（9）开标结束。

6. 评标

6.1 评标委员会

6.1.1 评标由招标人依法组建的评标委员会负责。评标委员会由招标人或其委托的招标代理机构熟悉相关业务的代表，以及有关技术、经济等方面的专家组成。评标委员会成员人数以及技术、经济等方面专家的确定方式见投标人须知前附表。

6.1.2 评标委员会成员有下列情形之一的，应当回避：

（1）招标人或投标人的主要负责人的近亲属；

（2）项目主管部门或者行政监督部门的人员；

（3）与投标人有经济利益关系，可能影响对投标公正评审的；

（4）曾因在招标、评标以及其他与招标投标有关活动中从事违法行为而受过行政处罚或刑事处罚的。

6.2　评标原则

评标活动遵循公平、公正、科学和择优的原则。

6.3　评标

评标委员会按照第三章"评标办法"规定的方法、评审因素、标准和程序对投标文件进行评审。第三章"评标办法"没有规定的方法、评审因素和标准，不作为评标依据。

7. 合同授予

7.1　定标方式

除投标人须知前附表规定评标委员会直接确定中标人外，招标人依据评标委员会推荐的中标候选人确定中标人，评标委员会推荐中标候选人的人数见投标人须知前附表。

7.2　中标通知

在本章第3.3款规定的投标有效期内，招标人以书面形式向中标人发出中标通知书，同时将中标结果通知未中标的投标人。

7.3　履约担保

7.3.1　在签订合同前，中标人应按投标人须知前附表规定的金额、担保形式和招标文件第四章"合同条款及格式"规定的履约担保格式向招标人提交履约担保。联合体中标的，其履约担保由牵头人递交，并应符合投标人须知前附表规定的金额、担保形式和招标文件第四章"合同条款及格式"规定的履约担保格式要求。

7.3.2　中标人不能按本章第7.3.1项要求提交履约担保的，视为放弃中标，其投标保证金不予退还，给招标人造成的损失超过投标保证金数额的，中标人还应当对超过部分予以赔偿。

7.4　签订合同

7.4.1　招标人和中标人应当自中标通知书发出之日起30天内，根据招标文件和中标人的投标文件订立书面合同。中标人无正当理由拒签合同的，招标人取消其中标资格，其投标保证金不予退还；给招标人造成的损失超过投标保证金数额的，中标人还应当对超过部分予以赔偿。

7.4.2　发出中标通知书后，招标人无正当理由拒签合同的，招标人向中标人退还投标保证金；给中标人造成损失的，还应当赔偿损失。

8. 重新招标和不再招标

8.1　重新招标

有下列情形之一的，招标人将重新招标：

（1）投标截止时间止，投标人少于3个的；

（2）经评标委员会评审后否决所有投标的。

8.2　不再招标

重新招标后投标人仍少于3个或者所有投标被否决的，属于必须审批或核准的工程建设项目，经原审批或核准部门批准后不再进行招标。

9. 纪律和监督

9.1 对招标人的纪律要求

招标人不得泄露招标投标活动中应当保密的情况和资料，不得与投标人串通损害国家利益、社会公共利益或者他人合法权益。

9.2 对投标人的纪律要求

投标人不得相互串通投标或者与招标人串通投标，不得向招标人或者评标委员会成员行贿谋取中标，不得以他人名义投标或者以其他方式弄虚作假骗取中标；投标人不得以任何方式干扰、影响评标工作。

9.3 对评标委员会成员的纪律要求

评标委员会成员不得收受他人的财物或者其他好处，不得向他人透露对投标文件的评审和比较、中标候选人的推荐情况以及评标有关的其他情况。在评标活动中，评标委员会成员不得擅离职守，影响评标程序正常进行，不得使用第三章"评标办法"没有规定的评审因素和标准进行评标。

9.4 对与评标活动有关的工作人员的纪律要求

与评标活动有关的工作人员不得收受他人的财物或者其他好处，不得向他人透露对投标文件的评审和比较、中标候选人的推荐情况以及评标有关的其他情况。在评标活动中，与评标活动有关的工作人员不得擅离职守，影响评标程序正常进行。

9.5 投诉

投标人和其他利害关系人认为本次招标活动违反法律、法规和规章规定的，有权向有关行政监督部门投诉。

10. 需要补充的其他内容

需要补充的其他内容：见投标人须知前附表。

3.4.2.5 其他内容

第三章"评标办法"，见本书3.5.4。

第四章"合同条件及格式"，见本书5.7。

第八章"投标文件格式"，见本书4.4.2。

3.5 开标、评标和定标

3.5.1 开标

开标，就是投标人提交投标文件截止后，招标人在预先规定的时间将各投标人的投标文件正式启封揭晓，这是定标成交阶段的第一个环节。开标、评标是选择中标人、保证招标成功的重要环节，有许多必须遵守的规则。

根据投标人是否参加，开标方式可以分成秘密开标和公开开标。公开开标是目前招标投标中的主要开标方式。

3.5.1.1 开标时间与组织

关于招标投标活动的开标过程应该公开，这是共识，也是惯例。

我国《招标投标法》规定，开标应当在招标文件确定的提交投标文件截止时间的同一时间公开进行，并邀请所有投标人参加，开标地点应当为招标文件中确定的地点。

如遇有特殊情况，例如购买招标文件的单位数目太少，招标人可以推迟开标，但必须事先（在招标文件要求提交投标文件截止时间至少15日前）书面通知各投标人。

开标由招标人主持。在招标人委托招标代理机构代理招标时，开标也可由该代理机构主持。主持人按照规定的程序负责开标的全过程。可以邀请上级主管部门和有关单位及监督部门或公证机关派员参加。

开标人员至少由主持人、监标人、开标人、唱标人、记录人组成，上述人员对开标负责。

【例1】 工程施工开标记录表

____（项目名称）____标段施工开标记录表

开标时间：　年　月　日　时　分

序号	投标人	密封情况	投标保证金	投标报价（元）	质量目标	工期	备注	签名

招标人编制的标底

招标人代表：_____　　　记录人：_____　　　监标人：_____

__年__月__日

3.5.1.2 开标程序与内容

1. 一般程序

按照惯例，公开开标一般按以下程序进行：

（1）主持人在招标文件确定的时间停止接收投标文件，开始开标；

（2）确认投标人法定代表人或授权代表人是否在场；

（3）宣布开标人员名单；

（4）宣布投标文件开启顺序；

（5）依开标顺序，先检查投标文件密封是否完好，再启封投标文件；

（6）宣布投标要素，并作记录，同时由投标人代表签字确认；

（7）对上述工作进行记录，相关人员签字确认，存档备查。

2. 当众检查投标文件的密封情况

开标时，由投标人或者其推选的代表检查投标文件的密封情况，也可以由招标人委托的公证机关检查并公证。

3. 唱标

经检查密封情况完好的投标文件，由工作人员当众逐一启封，当场高声宣读各投标人的投标要素（如名称、投标价格和投标文件的其他主要内容），是为唱标。这主要是为了保证投标人及其他参加人了解所有投标人的投标情况，增加开标程序的透明度。

开标会议上一般不允许提问或作任何解释，但允许记录或录音。投标人或其代表应在会议签到簿上签名以证明其在场。

108

在招标文件要求提交投标文件的截止时间前收到的所有投标文件（已经有效撤回的除外），其密封情况被确定无误后，均应向在场者公开宣布。开标后，不得要求也不允许对投标进行实质性修改。

4. 会议过程记录

唱标完毕，开标会议即结束。

招标人对开标的整个过程需要做好记录，形成开标记录或纪要，并存档备查。开标记录一般应记载以下事项，并由主持人和其他工作人员签字确认：开标日期、时间、地点；开标会议主持者；出席开标会议的全体工作人员名单；招标项目的名称、招标号、标号或标段号；到场的投标人代表和各有关部门代表名单；截标前收到的标书，收到日期和时间及其报价一览表；对截标后收到的投标文件（如果有的话）的处理；其他必要的事项等。

5. 无效的投标

一般情况下，在开标时，招标人对有下列情况之一的投标文件，可以拒绝或按无效标处理：

（1）投标文件密封不符合招标文件要求的；

（2）逾期送达的；

（3）投标人法定代表人或授权代表人未参加开标会议的[①]；

（4）未按招标文件规定加盖单位公章和法定代表人（或其授权人）的签字（或印鉴）的；

（5）招标文件规定不得标明投标人名称，但投标文件上标明投标人名称或有任何可能透露投标人名称的标记的。

被认定为无效的投标，应不予宣读。被拒绝或按规定提交合格撤回通知的投标文件不予开封，并原封退回。

有些情况可能还会导致招标人在开标时宣布此次投标无效，这种情况称之为"流标"。如，为了保证招标投标活动的竞争性，我国招标投标法规定一个标段少于3个投标人，该次招标无效，应重新组织招标。《世界银行贷款项目国内竞争性招标采购指南》指出：由于缺乏有效的竞争或其他正当理由，项目执行机构可以重新招标；当所有投标的主要项目均未达到招标文件要求时，允许拒绝所有投标，然后再重新招标。在国际工程招标中，众多投标人花费了不少时间和金钱投标后被宣布全部投标均作废的事例，并不鲜见。

3.5.2　评标

投标文件一经开拆，即转送评标委员会进行评价以选择最有利的投标，这一步骤就是评标。评标工作由开标前确定的评标委员会负责，视评标内容的繁简，可在开标后立即进行，也可在随后进行。公开招标的评标原则是公开和公平合理，但在评审投标文件及决定授标时是保密进行的。

3.5.2.1　组建评标委员会

评标由招标人依法组建的评标委员会负责。评标委员会成员名单一般在开标前确定。评

［①］有些情况下，不将此项作为无效标处理，例如投标人因故不能派代表出席开标活动，事先以书面形式通知了招标人，并声明默认开标结果的。

标委员会成员的名单，在中标结果确定前属于保密的内容，不得泄露。

《招标投标法》规定，依法必须进行招标的项目，其评标委员会由招标人的代表和有关技术、经济等方面的专家组成，成员人数为 5 人以上单数，其中技术、经济等方面的专家不得少于成员总数的 2/3。

评标委员会由招标人负责组织。为了防止招标人在选定评标专家时的主观随意性，我国法规规定招标人应从省级以上人民政府有关部门提供的专家名册或者招标代理机构的专家库中，确定评标委员会的专家成员（不含招标人代表）。专家可以采取随机抽取或者直接确定的方式确定。对于一般项目，可以采取随机抽取的方式，而技术特别复杂、专业性要求特别高，或者国家有特殊要求的招标项目，采取随机抽取方式确定的专家难以胜任的，可以由招标人直接确定。

评标工作的重要性，决定了必须对参加评标委员会的专家的资格进行一定的限制，并非所有的专业技术人员都可进入评标委员会。法律规定的专家资格条件是：从事相关领域工作满 8 年，并具有高级职称或者具有同等专业水平。法律同时规定，评标委员会的成员与投标人有利害关系①的人应当回避，不得进入评标委员会；已经进入的，应予以更换。

评标委员会设负责人（如主任委员）的，评标委员会负责人由评标委员会成员推举产生或者由招标人确定。评标委员会负责人与评标委员会的其他成员有同等的表决权。

3.5.2.2 评标程序

评标工作一般按以下程序进行：

（1）招标人宣布评标委员会成员名单并确定主任委员；

（2）招标人宣布有关评标纪律；

（3）在主任委员主持下，根据需要，讨论通过成立有关专业组和工作组；

（4）听取招标人介绍招标文件；

（5）组织评标人员学习评标标准和方法；

（6）提出需澄清的问题。经评标委员会讨论，并经 1/2 以上委员同意，提出需投标人澄清的问题，以书面形式送达投标人；

（7）澄清问题。对需要文字澄清的问题，投标人应当以书面形式送达评标委员会；

（8）评审、确定中标候选人。评标委员会按招标文件确定的评标标准和方法，对投标文件进行评审，确定中标候选人推荐顺序；

（9）提出评标工作报告。在评标委员会 2/3 以上委员同意并签字的情况下，通过评标委员会工作报告，并报招标人。

3.5.2.3 评标准备

1. 准备评标场所

《招标投标法》第三十八条规定，招标人应当采取必要的措施，保证评标在严格保密的情况下进行。任何单位和个人不得非法干预、影响评标的过程和结果。因此，落实一个适合秘密评标的场所，十分必要。

---

① 所谓利害关系，一般指：投标人或者投标人主要负责人的近亲属；项目主管部门或者行政监督部门的人员；与投标人有经济利益关系等情况。

2. 让评标委员会成员知悉招标情况

招标人或者其委托的招标代理机构应当向评标委员会提供评标所需的重要信息和数据。

评标委员会成员至少应了解和熟悉以下内容：①招标的目标；②招标项目的范围和性质；③招标文件中规定的主要技术要求、标准和商务条款；④招标文件规定的评标标准、评标方法和在评标过程中考虑的相关因素。

3. 制定评标细则

大型复杂项目的评标，通常分两步进行：先进行初步评审（简称初审），也称符合性审查，然后进行详细评审（简称详评或终评），也称商务和技术评审。中小型项目的评标也可合并为一次进行，但评标的标准和内容基本相同。

在开标前，招标人一般要按照招标文件规定，并结合项目特点，制定评标细则，并经评标委员会审定。在评标细则中，对影响质量、工期和投资的主要因素，评标委员会成员一般还要制定具体的评定标准和评分办法以及编制供评标使用的相应表格。

评标委员会应当根据招标文件规定的评标标准和方法，对投标文件进行系统地评审和比较。

招标人设有标底的，在评标时作为参考。

3.5.2.4　初步评审

在正式评标前，招标人要对所有投标文件进行初步审查，也就是初步筛选。有些项目会在开标时对投标文件进行一般性符合检查，在评标阶段对投标文件的实质性内容进行符合性审查，判定是否满足招标文件要求。

初审的目的在于确定每一份投标文件是否完整、有效，在主要方面是否符合要求，以从所有投标文件中筛选出符合最低标准要求的投标人，淘汰那些基本不合格的投标文件，以免在详评时浪费时间和精力。

评标委员会通常按照投标报价的高低或者招标文件规定的其他方法对投标文件排序。国内项目招标，以多种货币报价的，还应当按照中国银行在开标日公布的汇率中间价换算成人民币报价。然后依次进行初审。

1. 投标人是否符合投标条件

未经资格预审的项目，在评标前须进行资格审查。如果投标人已通过资格预审，那么正式投标时投标的单位或组成联合体的各合伙人必须被列入预审合格的名单，且投标申请人未发生实质性改变，联合体成员未发生变化。

2. 投标文件是否完整

审查投标文件的完整性，应从以下几个方面进行：

（1）投标文件是否按照规定格式和方式递送、字迹是否清晰；

（2）投标文件中所有指定签字处是否均已由投标人的法定代表人或法定代表授权代理人签字。有时招标人在其招标文件中规定，如投标人授权他的代表代理签字，则应附交代理委托书，这时就需检查投标文件中是否附有代理委托书；

（3）如果招标条件规定只向承包者或其正式授权的代理人招标，则应审查递送投标文件的人是否有承包者或其授权的代理人的身份证明；

（4）是否已按规定提交了一定金额和规定期限的有效保证；

（5）招标文件中规定应由投标人填写或提供的价格、数据、日期、图纸、资料等是否已经填写或提供，以及是否符合规定。

在对投标文件作完整性检查时，通常要先拟出一份"完整性检查清单"。在对以上项目进行检查后，将检查结果以"是"或"否"填入该清单。

对于缺乏完整性的投标文件，不能一概予以拒绝，而应根据具体情况，分别酌情处理。这有两类情况，一类是实质性的内容不完整，例如未按规定提供投标保证金，则该投标文件应被认为不合格而予以拒绝；另一类是非实质性的内容不完整，例如投标人没有按要求提交足够的投标文件份数，则不应认为该投标文件是不合格的，这时招标人可要求投标人加以澄清。

3. 主要方面是否符合要求

所有招标文件都规定了投标人的条件和对投标人的要求。这些要求有的是十分重要的，投标人若违反这些要求，一般会被认为是未能对招标文件作出实质性响应，属于"重大偏差"（也称"重大偏离"），该投标文件就应被拒绝（一般作废标处理）；有些要求则是次要的，投标人若违反这些要求则属于"细微偏差"（也称"较小的偏离"），该投标文件就不应被拒绝，而是要求投标人对有关的问题加以澄清。判断一份标书对招标文件的要求是重大的偏离还是较小的偏离，最基本的原则是要考虑对其他投标人是否公平。如果某种偏离已经或将损害所有参加竞争的投标人的均等机会和权利，则这种偏离就应被视为重大的偏离而构成拒绝这份投标文件的理由。

评标委员会一般要对照招标文件的要求，审查并逐项列出投标文件的全部投标偏差。

按惯例，下列情况的每种情形均属于重大偏差：

（1）没有按照招标文件要求提供投标担保或者所提供的投标担保有瑕疵；

（2）投标文件没有投标人授权代表签字和加盖公章，没有按照招标文件的规定提供授权代理人授权书；

（3）投标文件载明的招标项目完成期限超过招标文件规定的期限；

（4）明显不符合技术规格、技术标准的要求；

（5）投标文件载明的货物包装方式、检验标准和方法等不符合招标文件的要求；

（6）投标文件附有招标人不能接受的条件；

（7）以联合体形式投标时，没有提交联合体协议；

（8）未按招标文件要求编写或字迹模糊导致无法确认关键技术方案、关键工期、关键工程质量保证措施和投标价格；

（9）不符合招标文件中规定的其他实质性要求。

细微偏差是指投标文件在实质上响应招标文件要求，但在个别地方存在漏项或者提供了不完整的技术信息和数据等情况，并且补正这些遗漏或者不完整不会对其他投标人造成不公平的结果。细微偏差不影响投标文件的有效性。评标委员会通常会书面要求存在细微偏差的投标人在评标结束前予以补正。拒不补正的，在详评时一般按招标文件中的规定对细微偏差作不利于该投标人的量化。

4. 计算方面是否有差错

投标报价计算的依据是各类货物、服务和工程的单价。招标文件通常规定，如果单价与单项合计价不符，应以单价为准。所以，若在乘积或计算总数时有算术性错误，应以单价为准更正总数；如果单价显然存在着印刷或小数点的差错，则应纠正单价。如果表明金额的文字（大写金额）与数字（小写金额）不符，按惯例应以文字为准①。

按招标文件规定的修正原则，对投标人报价的计算差错进行算术性修正。招标人要将相应修正通知投标人，并取得投标人对这项修改同意的确认；对于较大的错误，评标委员会视其性质，通知投标人亲自修改。如果投标人不同意更正，那么招标人就会拒绝其投标，并可没收其所提供的投标保证金。

3.5.2.5 详细评审

经初步评审合格的投标文件，评标委员会应当根据招标文件确定的评标标准和方法，对其技术部分和商务部分作进一步评审、比较。

1. 商务评审内容

商务评审的目的在于从成本、财务和经济分析等方面评定投标报价的合理性和可靠性，并估量授标给各投标人后的不同经济效果。商务评审的主要内容有：

（1）将投标报价与标底价进行对比分析，评价该报价是否可靠、合理；

（2）投标报价构成和水平是否合理，有无严重不平衡报价；

（3）审查所有保函是否被接受；

（4）进一步评审投标人的财务实力和资信程度；

（5）投标人对支付条件有何要求或给予招标人以何种优惠条件。对于划分有多个单项合同的招标项目，招标文件允许投标人为获得整个项目合同而提出优惠的，评标委员会可以对投标人提出的优惠进行审查，以决定是否将招标项目作为一个整体合同授予中标人。将招标项目作为一个整体合同授予的，整体合同中标人的投标应当最有利于招标人；

（6）分析投标人提出的财务和付款方面的建议的合理性；

（7）是否提出与招标文件中的合同条款相悖的要求，如：重新划分风险，增加招标人责任范围，减少投标人义务，提出不同的验收、计量办法和纠纷、事故处理办法，或对合同条款有重要保留等。

2. 技术评审内容

技术评审的目的在于确认备选的中标人完成本招标项目的技术能力以及其所提方案的可靠性。与资格评审不同的是，这种评审的重点在于评审投标人将怎样实施本招标项目。技术评审的主要内容有：

（1）投标文件是否包括了招标文件所要求提交的各项技术文件，它们同招标文件中的技术说明或图纸是否一致；

（2）实施进度计划是否符合招标人的时间要求，这一计划是否科学和严谨；

（3）投标人准备用哪些措施来保证实施进度；

（4）如何控制和保证质量，这些措施是否可行；

（5）组织机构、专业技术力量和设备配置能否满足项目需要；

（6）如果投标人在正式投标时已列出拟与之合作或分包的单位名称，则这些合作伙伴或分包单位是否具有足够的能力和经验保证项目的实施和顺利完成；

---

① 正本与副本不一致时，以正本为准；在国内招标，对不同文字文本投标文件的解释发生异议时，一般以中文文本为准。

（7）投标人对招标项目在技术上有何保留或建议，这些保留条件是否影响技术性能和质量，其建议的可行性和技术经济价值如何。根据招标文件的规定，允许投标人投备选标的，评标委员会可以对中标人所投的备选标进行评审，以决定是否采纳备选标。不符合中标条件的投标人的备选标不予考虑。

3. 评标标准与方法

评标工作是整个招标过程中最敏感、最关键的环节，而评标结果是否公正、合理，又取决于评标标准和评标方法的科学性与合理性。按照招标投标活动的客观规律，工程建设招标过程中，各类招标的标的不同，因此评审的内容和方法有很大差异。

货物采购招标，通常是在同等技术标准和质量状况下，最低价中标。工程招标首先是对标价的分析，包括标价的合理性，其次才是对投标人提出的工程期限、进度计划、技术措施等的评价，一般是采用经评审的最低投标价法。服务招标，特别是勘察、设计、监理招标，主要评价投标单位的业绩和信誉、参加该项服务人员的资历和经验以及技术方案的优劣等方面的因素，投标报价是次要因素，通过综合评价，得分高者中标。

常见项目招标所包含的内容如表 3-1 所示。具体的评标方法见本书 3.5.4 的相关内容。

表 3-1　常见项目评标标准与评标方法简表

招标范围	评标标准	常用评标方法
勘察设计招标	1. 投标人的业绩和资信； 2. 勘察、设计项目负责人的经历、资格和能力； 3. 人力资源配备； 4. 技术方案①（建议）和技术创新； 5. 质量标准及质量管理措施； 6. 技术支持与保障； 7. 后续服务； 8. 投标价格和评标价格； 9. 财务状况； 10. 勘察设计周期、组织实施方案及进度安排	综合评估法； 两阶段评标法； 综合评议法
监理招标	1. 投标人的业绩和资信； 2. 项目总监理工程师经历及主要监理人员情况； 3. 监理规划（大纲）； 4. 投标价格和评标价格； 5. 财务状况	综合评估法； 两阶段评标法
施工招标	1. 施工规划（或施工组织设计）与工期； 2. 投标价格和评标价格； 3. 施工项目经理及技术负责人的经历； 4. 组织机构及主要管理人员； 5. 主要施工设备； 6. 质量标准、质量和安全管理措施； 7. 业绩、类似工程经历和资信； 8. 财务状况	经评审的最低投标价法； 综合评估法； 最低投标价法； 接近标底法

招标范围	评标标准	常用评标方法
设备、材料招标	1. 投标价格和评标价格； 2. 质量标准及质量管理措施； 3. 组织供应计划； 4. 售后服务； 5. 业绩和资信； 6. 财务状况	最低投标价法； 经评审的最低投标价法
说明	评标的标准，一般包括价格标准和价格标准以外的其他有关标准（又称"非价格标准"），以及如何运用这些标准来确定中选的投标。非价格标准应尽可能客观和定量化，并按货币额表示，或规定相对的权重（即"系数"或"得分"）。通常来说，在服务评标时，非价格标准主要有投标人及参与提供服务的人员的资格、经验、信誉、可靠性、专业和管理能力等。在工程评标时，非价格标准主要有工期、质量、施工人员和管理人员的素质、以往的经验等。在货物评标时，非价格标准主要有运费和保险费、付款计划、交货期、运营成本、货物的有效性、配套、零配件和服务的供给能力、相关的培训、安全性和环境效益等	评标的方法，是运用评标标准评审、比较投标的具体方法。 《招标投标法》第四十条规定，评标委员会应当按照招标文件确定的评标标准和方法，对投标文件进行评审和比较。国务院对特定招标项目的评标有特别规定的，从其规定

①设计方案应当在符合城市规划、消防、节能、环保的前提下，进行投标方案的经济、技术、功能和造型等方面的比选、评价。

3.5.2.6 澄清投标文件中的问题

经过初审后，评标委员会将针对初审阶段被选出的几份投标文件中存在的问题（或含义不明确的内容），拟出问题清单，要求投标人对清单中的问题以书面方式予以澄清、说明或者补正。澄清问题，可以将问题清单分别寄送给各投标人，由他们作出书面答复，这是最简单的解决问题的方法；也可以向投标人作口头询问——采用举行澄清会的办法，由投标人派出代表参加澄清会，当面澄清问题。

由于进入最终评审阶段后，哪一家可能中标是个非常敏感的问题，各投标人代表都将利用澄清会的机会，试图摸清评标人对选标的倾向性意见，评审人员应注意不得向任何人透露任何评审情况。在澄清会上，评审人员的活动只限于提问和听取回答，不宜对任何投标人代表的回答作任何评论或表态。

在开澄清会时，评审人员应向投标人代表提供经主谈人签字的完整的问题清单。在口头澄清后，投标人代表也应正式提出书面答复，并由授权代表正式签字。在澄清会期间，还可根据需要提出补充问题清单，再由投标人予以书面澄清。这些问题清单与书面答复均将作为正式文件，并具有与投标文件同等的效力。

按照国际惯例，投标人不得通过澄清问题对投标文件作实质性的修改，也不应要求改变投标价。

3.5.2.7 相关问题的处理

评标委员会在评标过程中发现的问题，应当及时作出处理或者向招标人提出处理建议，并作书面记录。评标工程中除了投标文件本身原因可能造成废标条件外，其他一些情况也可能使投标文件作废或被否决，以至于造成整个招标活动失败。

1. 废标认定

在评标过程中，评标委员会发现投标人以他人的名义投标、串通投标、以行贿手段谋取中标或者以其他弄虚作假方式投标的，该投标人的投标应作废标处理。

在评标过程中，评标委员会发现投标人的报价明显低于其他投标报价或者在设有标底时明显低于标底，使得其投标报价可能低于其个别成本的，应当要求该投标人作出书面说明并提供相关证明材料。投标人不能合理说明或者不能提供相关证明材料的，由评标委员会认定该投标人以低于成本报价竞标，其投标应作废标处理。

2. 否决投标

投标人资格条件不符合国家有关规定和招标文件要求的，或者拒不按照要求对投标文件进行澄清、说明或者补正的，评标委员会可以否决其投标。

按规定否决不合格投标或者界定为废标后，因有效投标不足三个使得投标明显缺乏竞争的，评标委员会可以否决全部投标。即招标人拒绝全部投标文件，一个完整的招标投标活动没有产生中标人。

评标委员会经过评审，认为所有投标文件都不符合招标文件要求时，或最低评标价大大超过标底或合同估价、招标人无力接受的，可以否决所有投标。根据《建设工程勘察设计管理条例》的规定，招标人认为评标委员会推荐的候选建设工程勘察、设计方案不能最大限度满足招标文件规定的要求，也有权否决所有投标方案。

3. 评标延期

我国法律规定，评标和定标应当在投标有效期结束日30个工作日前完成。不能在投标有效期结束日30个工作日前完成评标和定标的，招标人应当通知所有投标人延长投标有效期。拒绝延长投标有效期的投标人有权收回投标保证金。同意延长投标有效期的投标人应当相应延长其投标担保的有效期，但不得修改投标文件的实质性内容。因延长投标有效期造成投标人损失的，招标人应当给予补偿，但因不可抗力需延长投标有效期的除外。

4. 重新招标

投标人少于3个或者所有投标被否决的，招标人应当依法重新招标。如重新招标，招标人应研究招标无效的原因，考虑对招标文件及技术要求进行修改，以期出现有效的竞争局面。修改后的招标文件，需重新备案。对已参加本次投标的单位，重新参加投标一般不再收取招标文件费。

由于招标人自身原因致使招标工作失败（包括未能如期签订合同），招标人应当按投标保证金双倍的金额赔偿投标人，同时退还投标保证金。

5. 在确定中标人之前，招标人与投标人的谈判

严格地说，在确定中标人之前，招标人与投标人是可以进行谈判的，只是这种谈判要符合一定的规则。包括：

（1）确定中标人之前，招标人与投标人的谈判要通过评标委员会进行；

（2）确定中标人之前，招标人与投标人的谈判必须是评标委员会的组织行为；

（3）谈判内容不得涉及实质性内容；

（4）谈判过程中不得透露对投标文件的评审情况；

（5）确定中标人之前，招标人与投标人的谈判只能由招标人一方自主提出，投标人不能要求进行谈判。

3.5.2.8　评标报告

评标委员会在对所有投标文件进行各方面评审之后，须编写一份评审结论报告——评标报告，提交给招标人，并抄送有关行政监督部门。该报告作为评审结论，应提出推荐意见和建议，并说明其授予合同的具体理由，供招标人作授标决定时参考。

评标委员会从合格的投标人中排序推荐的中标候选人必须符合下列条件之一：①能够最大限度满足招标文件中规定的各项综合评价标准；②能够满足招标文件的实质性要求，并且经评审的投标价格最低，但是投标价格低于成本的除外。

评标报告应当如实记载以下内容：

（1）基本情况和数据表；

（2）评标委员会成员名单；

（3）开标记录；

（4）符合要求的投标一览表；

（5）废标情况说明；

（6）评标标准、评标方法或者评标因素一览表；

（7）经评审的价格或者评分比较一览表；

（8）经评审的投标人排序；

（9）推荐的中标候选人名单与签订合同前要处理的事宜；

（10）澄清、说明、补正事项纪要。

评标报告由评标委员会全体成员签字。对评标结论持有异议的评标委员会成员可以书面方式阐述其不同意见和理由。评标委员会成员拒绝在评标报告上签字且不陈述其不同意见和理由的，视为同意评标结论。评标委员会应当对此作出书面说明并记录在案。

向招标人提交书面评标报告后，评标委员会即告解散。评标过程中使用的文件、表格以及其他资料应当及时归还招标人。

在世界银行贷款项目招标中，借款人还有可能被要求将评标报告送交该行审核。

3.5.3　定标与签订合同

评标委员在对所有投标文件进行审查和评比后，就由招标人裁决中标人，这就是定标。定标后，招标人应及时将定标的结果通知所有投标人，即告知其中标或未中标。随后与中标人签订合同。

3.5.3.1　确定中标人

作为一种惯例，中标人必须由招标人来确定。招标人也可授权评标委员会直接确定中标人。评标委员会推荐的中标候选人一般为 1~3 人，并标明排列顺序。招标人通常根据评标委员会提出的书面评标报告和推荐的中标候选人顺序确定中标人。当招标人确定的中标人与评标委员会推荐的中标候选人顺序不一致时，应当有充足的理由。

如果是国际金融组织贷款项目，由借款国有关机构作出定标决定，但要征询提供贷款的该国际金融组织的意见；提供贷款的国际金融组织如果认为借款国有关机构所作的授标决定是不合理或不公正的，可能要求其重新审议。如果借款国与国际金融组织之间有严重分歧而不能协调，则可能导致重新招标，或取消该项贷款。

招标人在确定中标人后，应当在 15 日之内向行政主管部门提交招标投标情况的书面报告。

3.5.3.2　通知投标人

定标后，招标人应当向中标人发出中标通知书，同时通知未中标人。中标通知书发出时，即发生承诺生效、合同成立的法律效力。中标通知书发出后，招标人改变中标结果或者中标人放弃中标的，应当承担法律责任。

中标通知书就是向中标的投标人发出的告知其中标的书面通知文件，它实际上是最终签订合同的序曲，在中标人对通知书作出响应后，中标人的授权代表与购货人或业主的代表就可在规定时间进行合同谈判。

向未中标人发出通知书的时间应恰当安排。通常的做法是对某些明显不合理或毫无中标希望的标书，可以在授标决定作出后立即将结果通知这些投标人，而对于仍有可能中选的投标人，则可以稍晚些发出通知，因为如果招标人同原中标人不能签订合同，仍有可能找第二、第三名备选者。

3.5.3.3　订立合同

自中标通知书发出之日起 30 日内，招标人和中标人应当按照招标文件和中标人的投标文件订立书面合同，中标人提交履约担保（招标人同时向中标人提供工程款支付担保）。招标人和中标人不得另行订立背离招标文件实质性内容的其他协议。

招标人与中标人签订合同后 5 个工作日内，应当向中标人和未中标的投标人退还投标保证金。

中标人应当按照合同约定履行义务，完成中标项目。中标人不得向他人转让中标项目，也不得将中标项目肢解后分别向他人转让。中标人按照合同约定或者经招标人同意，可以将中标项目的部分非主体、非关键性工作分包给他人完成。接受分包的人应当具备相应的资格条件，并不得再次分包。

【例 2】　施工中标通知书格式

中标通知书

_____（中标人名称）：

你方于____（投标日期）所递交的_____（项目名称）____标段施工投标文件已被我方接受，被确定为中标人。

中标价：_____元。

工期：_____日历天。

工程质量：符合_____标准。

项目经理：_____（姓名）。

请你方在接到本通知书后的__日内到_____（指定地点）与我方签订施工承包合同，

118

在此之前按招标文件第二章"投标人须知"第7.3款规定向我方提交履约担保。特此通知。

招标人：_____（盖单位章）

法定代表人：_____（签字）

__年__月__日

3.5.4 评标方法

在招标投标实践中，有多种评标方法，它们适用于不同性质和特点的招标项目的评标。《评标委员会和评标方法暂行规定》指出：对于依法必须招标项目的评标活动，评标方法包括经评审的最低投标价法、综合评估法或者法律、行政法规允许的其他评标方法；不宜采用经评审的最低投标价法的招标项目，一般应当采取综合评估法进行评审。

3.5.4.1 评标方法的分类

根据评价指标是否能够量化，评标方法可分为定性方法和定量方法两类。定性方法是指仅规定评比原则、评审要素不量化的方法。定量方法是指评审要素全部数量化的方法。尽管各类招标的标的不同，评审的内容也有很大差异，但采用量化评审要素是较为科学的评标办法。

根据评价指标是否量化为货币形式，评标方法可以分为价格法（或称货币法）和打分法（或称积分法）。价格法是指将各评审要素折算为货币进行比较的方法，采用价格法进行评标，一般是价格低者中标。打分法是指将各评审要素按重要程度分配权重和分值，用得分多少进行比较的方法，采用打分法进行评标，一般是得分高者中标。

根据评价指标所考虑因素的多寡，评标方法可以分为单一指标法和综合指标法。

评标方法有繁有简，究竟采用何种方法还要根据工程的复杂程度、投标竞争的激烈程度等因素来决定。

常见的评标方法主要有：专家评议法、最低投标价法、经评审的最低投标价法、综合评估法、设备寿命期费用评标法等。

3.5.4.2 评标方法的基本要求

评标是整个招标投标活动的重点，只有科学、合理的评标方法，才能最大限度地达到招标投标的目的。为此评价方法应当符合以下3个要求：

（1）公正性。公正性指为参加投标的单位创造公平竞争的条件；

（2）适应性。适应性指要针对具体项目合理确定评标标准（评价指标及指标权数）。例如对于建筑工程设计招标，评标中应当强调设计方案的创意和构思，重在选方案，其次才是选人、选单位；

（3）科学性。科学性指评标所采用的评标标准和评价方法必须清楚、明确、具体、详细。评价指标过少、过粗，难以全面反映投标人的全貌，但对于综合性质的方法又不可过分约束，要留有一定的灵活性，以确保达到综合评价的主要目标。

3.5.4.3 专家评议法

专家评议法也称定性评议法或综合评议法，评标委员会根据预先确定的评审内容，如报价、工期、技术方案和质量等，对各投标文件共同分项进行定性的分析、比较，进行评议后，选择投标文件在各指标都较优良者为候选中标人，也可以用表决的方式确定候选中标人。

专家评议法一般适用于小型项目，或在无法量化投标条件的情况下使用。

3.5.4.4 最低投标价法

最低投标价法，是价格法的一种，也称合理最低投标价法，即能够满足招标文件的各项要求，且投标价格最低的投标可作为中选投标。当然不包括报价低于成本价的投标。同时，评审所用报价是开标时宣读的投标价，且对计算上的错误应按招标文件的规定进行调整和纠正。但评标时一般不考虑适用于合同执行期的价格调整规定。

最低投标价法一般适用于简单商品、半成品、原材料，以及其他性能、质量相同或容易进行比较的货物招标。这些货物技术规格简单，技术性能和质量标准及等级通常可采用国际（国家）标准规范，此时仅以投标价格的合理性作为唯一尺度定标。

3.5.4.5 经评审的最低投标价法

这是一种以价格加其他因素评标的方法。以这种方法评标，一般做法是将报价以外的商务部分数量化，并以货币折算成价格，与报价一起计算，形成评标价[①]，然后以此价格按高低排出次序，能够满足招标文件的实质性要求、"评标价"最低的投标应当作为中选投标。

采用经评审的最低投标价法，中标人的投标应当符合招标文件规定的技术要求和标准，但评标委员会无需对投标文件的技术部分进行价格折算。

除报价外，评标时应考虑的因素一般有以下几种：①内陆运输费用及保险费；②交货或竣工期；③支付条件；④零部件以及售后服务；⑤价格调整因素；⑥设备和工厂（生产线）运转和维护费用。

经评审的最低投标价法一般适用于具有通用技术、性能标准或者招标人对其技术、性能没有特殊要求的招标项目。

3.5.4.6 综合评估法

在采购机械、成套设备、车辆以及其他重要固定资产如工程等时，如果仅仅比较各投标人的报价或报价加商务部分，则对竞争性投标之间的差别不能作出恰如其分的评价。因此，在这些情况下，必须以价格加其他全部因素综合评标，即应用综合评估法评标。

以综合评估法评标，一般做法是将各个评审因素在同一基础或者同一标准上进行量化，量化指标可以采取折算为货币的方法、打分的方法或者其他方法，使各投标文件具有可比性。对技术部分和商务部分的量化结果进行加权，计算出每一投标的综合评估价或者综合评估分，以此确定候选中标人。最大限度地满足招标文件中规定的各项综合评价标准的投标，应当推荐为中标候选人。

综合评估法最常用的是最低评标价法和综合评分法。

1. 最低评标价法

最低评标价法，也称综合评标价法，是把除报价外其他各种因素予以数量化，用货币计算其价格，与报价一起计算，然后按评标价高低排列次序。这是另一种以价格加其他因素评

---

① 评标价是按照招标文件的规定，对投标价进行修正、调整后计算出的标价。在评标过程中，用评标价进行标价比较。应当注意，评标价仅是为投标文件评审时比较投标优劣的折算值，与中标人签订合同时，仍以投标价格为准。

标的方法，也可以认为是扩大的经评审的最低投标价法。以这种方法评标，一般做法是以投标报价为基数，将报价以外的其他因素（既包括商务因素也包括技术因素，表3-2 中归纳了报价以外的其他主要折算因素的内容）数量化，并以货币折算成价格，将其加（减）到投标价上去，形成评标价，以评标价最低的投标作为中选投标。

表3-2   主要非价格因素表

主要因素	折算报价内容
运输费用	货物如果有一个以上的进入港，或者有国内投标人参加投标时，应在每一标价上加上将货物从抵达港或生产地运到现场的运费和保险费； 其他由招标单位可能支付的额外费用，如运输超大件设备需要对道路加宽、桥梁加固所需支出的费用等
价格调整	如果按可以调整的价格招标，则投标的评定和比较必须考虑价格调整因素。按招标文件规定的价格调整方式，调整各投标人的报价
交货或竣工期限①	对交货或完工期在所允许的幅度范围内的各投标文件，按一定标准（如投标价的某一百分比），将不同交货或完工期的差别及其对招标人利益的不同影响，作为评价因素之一，计入评标价中
付款条件	如果投标人所提的支付条件与招标文件规定的支付条件偏离不大，则可以根据偏离条件使招标人增加的费用（利息等），按一定贴现率算出其净现值，加在报价上
零部件以及售后服务	如果要求投标人在投标价之外单报这些费用，则应将其加到报价上； 如果招标文件中没有作出"包括"或"不包括"规定，评标时应计算可能的总价格，将其加到投标价上去
设备的技术性能和质量	可将标书中提供的技术参数与招标文件中规定的基准参数的差距，折算为价格，计算在评标价中
技术建议	可能带来的实际经济效益，按预定的比例折算后，在投标价内减去该值
优惠条件	可能给招标人带来的好处，以开标日为准，按一定的换算办法贴现折算后，作为评审价格因素
其他可折算为价格的要素	按对招标人有利或不利的原则，增加或减少到投标价上去。如：对实施过程中必然发生，而投标文件又属明显漏项部分，给予相应的补项，增加到报价上去

① 货物的交货期早于规定时间，一般不给予评标优惠，因为施工还不需要时提前到货，不仅不会使招标人获得提前收益，反而要增加仓储管理费和设备保养费。但工程工期的提前一般会给项目带来超前收益。

2. 综合评分法

综合评分法，也称打分法，是指评标委员会按预先确定的评分标准，对各投标文件需评审的要素（报价和其他非价格因素）进行量化、评审记分，以投标文件综合分的高低确定中标单位的评标方法。由于项目招标需要评定比较的要素较多，且各项内容的计量单位又不一致，如工期是天、报价是元等，因此综合评分法可以较全面地反映出投标人的素质。

使用综合评分法，评审要素确定后，首先将需要评审的内容划分为几大类，并根据招标项目的性质、特点，以及各要素对招标人总投资的影响程度来具体分配分值权重（即"得分"）。然后再将各类要素细化成评定小项，并确定评分的标准。这种方法往往将各评审因素的指标分解成100分，因此也称百分法（表3-3给出了不同招标范围常考虑的各种因素及权重分配值，可供参考）。

表3-3　综合评分法考虑的主要因素及权重分配参考表

招标范围	主要因素及分配权重	备注
咨询招标	咨询人的专门经验5~10分； 工作方法20~50分； 关键人员30~60分； 知识转让0~10分； 本国人员的参与0~10分； （质量部分小计100分）； 咨询收费100分； 质量费用综合评分； 费用占总分权重不超过30%，一般为10%~20%	《世界银行借款人选择和聘用咨询人指南》[①]（1997）提供的权重
勘察、设计招标	单位的资质、经验、业绩和信誉10~30分； 项目人员的经历、经验、能力等20~50分； 技术方案30~80分； 勘察、设计收费0~10分； 总计100分	《〈建设工程勘察设计管理条例〉释义》提供的一般权重
材料、设备招标	投标价60~70分； 备件价格0~20分； 技术性能、维修、运行费0~20分； 服务和备件的提供等0~20分； 设计标准化等0~20分； 总计100分	世界银行贷款项目采购通常采用的权重
监理招标	监理大纲25分； 现场监理机构人员资质30分； 监理取费10分； 检测设备10分； 企业信誉10分； 监理业绩15分； 总分值为100分	《北京市建设工程监理招标综合评分实施细则》（1999）提供的权重
建设工程施工招标	技术30~60分； 商务40~70分； 其他0~10分； 总计100分； （单项总分按100分计，低于60分为无效标；未采用资格预审的其他项不计）	《深圳市建设工程施工招标评标委员会和评标方法规定》（2002）提供的权重

招标范围	主要因素及分配权重	备注
建设工程施工招标	投标报价 58（55）* 分； 投标工期 3 分； 工程质量目标 2 分； 投标水平评定 2 分； 企业业绩信誉 15 分； 项目管理班子配备 5 分； 施工组织设计 15（18）分； 总分值为 100 分	《厦门市建设工程施工招标评标定标实施细则（暂行）》（2000）提供的权重 * 括号中值仅用于复杂工程
公路工程施工招标	标价 50 ~ 70 分，均值 60 分； 施工能力 10 ~ 18 分，均值 14 分； 施工组织管理 8 ~ 12 分，均值 10 分； 质量保证 6 ~ 10 分，均值 8 分； 业绩和信誉 6 ~ 10 分，均值 8 分； 总分值为 100 分	《公路工程施工招标评标办法》（1997）提供的权重

①该《指南》指出：一般应将这些标准再细分为子标准。但子标准的数目应以"必不可少"为限度。世界银行不赞成使用过分详细的子标准清单，以避免使评审工作机械进行，而不是对建议书进行专业评估。对于咨询人的经验权重应加以控制，因为这个标准在准备咨询人名单时已经得到考虑，越是复杂的任务，越应给予工作方法更多权重。

打分法的好处是简便易行、评标考虑因素更为全面，可以将难以用金额表示的各项要素量化后进行比较，从中选出最好的投标。缺点是要确定每个评标因素的权重，即它所应占的百分比，以及评标时不同投标文件的某些因素该评多少分都易带主观性。另外，加工订购招标时，投标人提供的设备型号各异，难以合理确定不同技术性能的有关分值和每一性能应得的分数，有时甚至会忽视某一投标人设备的一些重要指标。

打分法一般适用于采购价格不太大的采购，或无法将重要的评标标准数量化的设备。采购成套工厂设备不宜采用打分法。

3.5.4.7 设备寿命期费用评标法

这种方法是在综合评标价法的基础上，再加上一定运行年限内的费用作为评标价格。

有时候，采购整座工厂成套生产线或设备、车辆等，采购后若干年运转期内的各项后续费用（零件、油料及燃料，维修等）很大，有时甚至超过采购价；不同投标文件提供的同一种设备，相互间运转期后续费用的差别，可能会比采购价格间的差别更为重要。在这种情况下，就应采取寿命期全部费用评标法。以汽车为例，一般采购价总是小于包括后续期维修费和燃料费用在内的后续费用，相互间的比例甚至可达到 1:3。

采用设备寿命期费用评标法，应首先确定一个统一的设备评审寿命期，然后将投标报价和因为其他因素而需要调整（增或减）的价格，加上今后一定的运转期内所发生的各项运行和维护费用（如零部件、燃料、油料、电力等），再减去寿命期末设备的残值。计算运转期内各项费用，包括所需零部件、油料、燃料、维修费以及到期后残值等，都应按招标文件规定的贴现率折算成净现值，再计入评标价中。

3.5.4.8　接近标底法

接近标底法是以标底价作为衡量标准，选报价最接近评标标底者为候选中标人的评审方法。有些情况下，招标人编制的标底不能充分反映出较为先进的技术水平和管理水平或不够科学，若以此标底价作为衡量标准就显得有失公允。因此，为了弥补这一缺陷，常采用以标底价的修正值作为衡量标准的评标标底（一般称为复合标底）。这种方法比较简单，但要以标底详尽、正确为前提。这是传统工程施工招标中曾长期采用的方法。

评标标底可采用：

（1）招标人组织编制的标底 A；

（2）以全部或部分投标人报价的平均值作为标底 B；

（3）以标底 A 和标底 B 的加权平均值作为标底；

（4）以标底 A 值作为确定有效标的标准，以进入有效标内投标人的报价平均值作为标底；

（5）施工招标未设标底的，按不低于成本价的有效标进行评审。

3.5.4.9　二阶段评标法

二阶段评标法，适用于两阶段招标的项目，一般先要求投标人投"技术标"，进行技术方案评标。评标后淘汰其中技术不合格者，技术标评标通过者才允许投商务标。有时也可以采取在投标时，承包者将技术标与商务标分两袋密封包装，评标时先评技术标，技术标通过者，则打开其商务标进行综合评定；技术标未通过者，商务标原封不动地退还给投标人。

虽然评标分为两个阶段进行，但二者又是不可分割的整体。如何在技术水平与价格之间权衡，通过评标选择出满意的承包者，主要体现在依据工程项目特点合理地划分各评价要素的权重。一般情况下，对于设计、监理一类的招标，其评标标准主要侧重于能力和技术内容，报价只是次要因素，因此，技术评审的权重所占比例大（如 $70\% \sim 90\%$），财务评审的权重所占比例小（如 $10\% \sim 30\%$）。

为了保证对技术部分的评审能够客观、公正、全面，评标委员会一般采用打分法评标，用量化指标考察每个投标人的各项素质，以累计得分评价其综合能力。

对于报价只是次要因素且无标底的项目招标，财务部分的评审一般不打分，只考察是否合理。当认为财务部分基本合格后，以其报价金额参与计分。通常的做法是以技术部分评审合格标书中的最低报价为基数，将各合格投标的实际报价与其相对值换算成报价折算分，即：

$$报价折算分 = \frac{合格投标文件的最低报价}{各家自身报价} \times 100\%$$

3.5.5　评标办法范例

为了让读者对评标办法的详细内容有所了解，以下摘录了《中华人民共和国标准施工招标文件》（2007 年版）的第三章评标办法的内容，供参考。

3.5.5.1 评标办法（经评审的最低投标价法）

第三章 评标办法（经评审的最低投标价法）

评标办法前附表

条款号		评审因素	评审标准
2.1.1	形式评审标准	投标人名称	与营业执照、资质证书、安全生产许可证一致
		投标函签字盖章	有法定代表人或其委托代理人签字或加盖单位章
		投标文件格式	符合第八章"投标文件格式"的要求
		联合体投标人	提交联合体协议书，并明确联合体牵头人/如有
		报价唯一	只能有一个有效报价
		……	……
2.1.2	资格评审标准	营业执照	具备有效的营业执照
		安全生产许可证	具备有效的安全生产许可证
		资质等级	符合第二章"投标人须知"第1.4.1项规定
		财务状况	符合第二章"投标人须知"第1.4.1项规定
		类似项目业绩	符合第二章"投标人须知"第1.4.1项规定
		信誉	符合第二章"投标人须知"第1.4.1项规定
		项目经理	符合第二章"投标人须知"第1.4.1项规定
		其他要求	符合第二章"投标人须知"第1.4.1项规定
		联合体投标人	符合第二章"投标人须知"第1.4.2项规定/如有
		……	……
2.1.3	响应性评审标准	投标内容	符合第二章"投标人须知"第1.3.1项规定
		工期	符合第二章"投标人须知"第1.3.2项规定
		工程质量	符合第二章"投标人须知"第1.3.3项规定
		投标有效期	符合第二章"投标人须知"第3.3.1项规定
		投标保证金	符合第二章"投标人须知"第3.4.1项规定
		权利义务	符合第四章"合同条款及格式"规定
		已标价工程量清单	符合第五章"工程量清单"给出的范围及数量
		技术标准和要求	符合第七章"技术标准和要求"规定
		……	……
2.1.4	施工组织设计和项目管理机构评审标准	施工方案与技术措施	……
		质量管理体系与措施	……
		安全管理体系与措施	……
		环境保护管理体系与措施	……
		工程进度计划与措施	……
		资源配备计划	……
		技术负责人	……
		其他主要人员	……
		施工设备	……
		试验、检测仪器设备	……
		……	……

条款号		量化因素	量化标准
2.2	详细评审标准	单价遗漏	……
		付款条件	……
		……	……

1. 评标方法

本次评标采用经评审的最低投标价法。评标委员会对满足招标文件实质要求的投标文件，根据本章第2.2款规定的量化因素及量化标准进行价格折算，按照经评审的投标价由低

125

到高的顺序推荐中标候选人，或根据招标人授权直接确定中标人，但投标报价低于其成本的除外。经评审的投标价相等时，投标报价低的优先；投标报价也相等的，由招标人自行确定。

2. 评审标准

2.1 初步评审标准

2.1.1 形式评审标准：见评标办法前附表。

2.1.2 资格评审标准：见评标办法前附表（适用于未进行资格预审的）。

2.1.2 资格评审标准：见资格预审文件第三章"资格审查办法"详细审查标准（适用于已进行资格预审的）。

2.1.3 响应性评审标准：见评标办法前附表。

2.1.4 施工组织设计和项目管理机构评审标准：见评标办法前附表。

2.2 详细评审标准

详细评审标准：见评标办法前附表。

3. 评标程序

3.1 初步评审

3.1.1 评标委员会可以要求投标人提交第二章"投标人须知"第3.5.1项至第3.5.5项规定的有关证明和证件的原件，以便核验。评标委员会依据本章第2.1款规定的标准对投标文件进行初步评审。有一项不符合评审标准的，作废标处理。（适用于未进行资格预审的）

3.1.1 评标委员会依据本章第2.1.1项、第2.1.3项、第2.1.4项规定的标准对投标文件进行初步评审。有一项不符合评审标准的，作废标处理。当投标人资格预审申请文件的内容发生重大变化时，评标委员会依据本章第2.1.2项规定的标准对其更新资料进行评审。（适用于已进行资格预审的）

3.1.2 投标人有以下情形之一的，其投标作废标处理：

（1）第二章"投标人须知"第1.4.3项规定的任何一种情形的；

（2）串通投标或弄虚作假或有其他违法行为的；

（3）不按评标委员会要求澄清、说明或补正的。

3.1.3 投标报价有算术错误的，评标委员会按以下原则对投标报价进行修正，修正的价格经投标人书面确认后具有约束力。投标人不接受修正价格的，其投标作废标处理。

（1）投标文件中的大写金额与小写金额不一致的，以大写金额为准；

（2）总价金额与依据单价计算出的结果不一致的，以单价金额为准修正总价，但单价金额小数点有明显错误的除外。

3.2 详细评审

3.2.1 评标委员会按本章第2.2款规定的量化因素和标准进行价格折算，计算出评标价，并编制价格比较一览表。

3.2.2 评标委员会发现投标人的报价明显低于其他投标报价，或者在设有标底时明显低于标底，使得其投标报价可能低于其成本的，应当要求该投标人作出书面说明并提供相应的证明材料。投标人不能合理说明或者不能提供相应证明材料的，由评标委员会认定该投标人以低于成本报价竞标，其投标作废标处理。

3.3 投标文件的澄清和补正

3.3.1 在评标过程中，评标委员会可以书面形式要求投标人对所提交的投标文件中不明确的内容进行书面澄清或说明，或者对细微偏差进行补正。评标委员会不接受投标人主动提出的澄清、说明或补正。

3.3.2 澄清、说明和补正不得改变投标文件的实质性内容（算术性错误修正的除外）。投标人的书面澄清、说明和补正属于投标文件的组成部分。

3.3.3 评标委员会对投标人提交的澄清、说明或补正有疑问的，可以要求投标人进一步澄清、说明或补正，直至满足评标委员会的要求。

3.4 评标结果

3.4.1 除第二章"投标人须知"前附表授权直接确定中标人外，评标委员会按照经评审的价格由低到高的顺序推荐中标候选人。

3.4.2 评标委员会完成评标后，应当向招标人提交书面评标报告。

3.5.5.2 评标办法（综合评估法）

第三章 评标办法（综合评估法）

评标办法前附表

条款号	评审因素		评审标准
2.1.1	形式评审标准	投标人名称	与营业执照、资质证书、安全生产许可证一致
		投标函签字盖章	有法定代表人或其委托代理人签字或加盖单位章
		投标文件格式	符合第八章"投标文件格式"的要求
		联合体投标人	提交联合体协议书，并明确联合体牵头人
		报价唯一	只能有一个有效报价
		……	……
2.1.2	资格评审标准	营业执照	具备有效的营业执照
		安全生产许可证	具备有效的安全生产许可证
		资质等级	符合第二章"投标人须知"第1.4.1项规定
		财务状况	符合第二章"投标人须知"第1.4.1项规定
		类似项目业绩	符合第二章"投标人须知"第1.4.1项规定
		信誉	符合第二章"投标人须知"第1.4.1项规定
		项目经理	符合第二章"投标人须知"第1.4.1项规定
		其他要求	符合第二章"投标人须知"第1.4.1项规定
		联合体投标人	符合第二章"投标人须知"第1.4.2项规定
		……	……
2.1.3	响应性评审标准	投标内容	符合第二章"投标人须知"第1.3.1项规定
		工期	符合第二章"投标人须知"第1.3.2项规定
		工程质量	符合第二章"投标人须知"第1.3.3项规定
		投标有效期	符合第二章"投标人须知"第3.3.1项规定
		投标保证金	符合第二章"投标人须知"第3.4.1项规定
		权利义务	符合第四章"合同条款及格式"规定
		已标价工程量清单	符合第五章"工程量清单"给出的范围及数量；
		技术标准和要求	符合第七章"技术标准和要求"规定
		……	……

条款号	条款内容	编列内容
2.2.1	分值构成（总分100分）	施工组织设计：分 项目管理机构：分 投标报价：分 其他评分因素：分
2.2.2	评标基准价计算方法	
2.2.3	投标报价的偏差率计算公式	偏差率＝100％×（投标人报价－评标基准价）/评标基准价

条款号		评分因素	评分标准
2.2.4（1）	施工组织设计评分标准	内容完整性和编制水平	……
		施工方案与技术措施	……
		质量管理体系与措施	……
		安全管理体系与措施	……
		环境保护管理体系与措施	……
		工程进度计划与措施	……
		资源配备计划	……
		……	……
2.2.4（2）	项目管理机构评分标准	项目经理任职资格与业绩	……
		技术负责人任职资格与业绩	……
		其他主要人员	……
		……	……
2.2.4（3）	投标报价评分标准	偏差率	……
		……	……
2.2.4（4）	其他因素评分标准	……	……

1. 评标方法

本次评标采用综合评估法。评标委员会对满足招标文件实质性要求的投标文件，按照本章第2.2款规定的评分标准进行打分，并按得分由高到低顺序推荐中标候选人，或根据招标人授权直接确定中标人，但投标报价低于其成本的除外。综合评分相等时，以投标报价低的优先；投标报价也相等的，由招标人自行确定。

2. 评审标准

2.1 初步评审标准

2.1.1 形式评审标准：见评标办法前附表。

2.1.2 资格评审标准：见评标办法前附表（适用于未进行资格预审的）。

2.1.2 资格评审标准：见资格预审文件第三章"资格审查办法"详细审查标准（适用于已进行资格预审的）。

2.1.3 响应性评审标准：见评标办法前附表。

2.2 分值构成与评分标准

2.2.1 分值构成

（1）施工组织设计：见评标办法前附表；

（2）项目管理机构：见评标办法前附表；

（3）投标报价：见评标办法前附表；

（4）其他评分因素：见评标办法前附表。

2.2.2 评标基准价计算

评标基准价计算方法：见评标办法前附表。

2.2.3 投标报价的偏差率计算

投标报价的偏差率计算公式：见评标办法前附表。

2.2.4 评分标准

（1）施工组织设计评分标准：见评标办法前附表；

（2）项目管理机构评分标准：见评标办法前附表；

（3）投标报价评分标准：见评标办法前附表；

（4）其他因素评分标准：见评标办法前附表。

3. 评标程序

3.1 初步评审

3.1.1 （同经评审的最低投标价法，略）

3.1.1 评标委员会依据本章第2.1.1项、第2.1.3项规定的评审标准对投标文件进行初步评审。有一项不符合评审标准的，作废标处理。当投标人资格预审申请文件的内容发生重大变化时，评标委员会依据本章第2.1.2项规定的标准对其更新资料进行评审。（适用于已进行资格预审的）

3.1.2 （同经评审的最低投标价法，略）

3.1.3 （同经评审的最低投标价法，略）

3.2 详细评审

3.2.1 评标委员会按本章第2.2款规定的量化因素和分值进行打分，并计算出综合评估得分。

（1）按本章第2.2.4（1）目规定的评审因素和分值对施工组织设计计算出得分 A；

（2）按本章第2.2.4（2）目规定的评审因素和分值对项目管理机构计算出得分 B；

（3）按本章第2.2.4（3）目规定的评审因素和分值对投标报价计算出得分 C；

（4）按本章第2.2.4（4）目规定的评审因素和分值对其他部分计算出得分 D。

3.2.2 评分分值计算保留小数点后两位，小数点后第三位"四舍五入"。

3.2.3 投标人得分 $= A + B + C + D$。

3.2.4 评标委员会发现投标人的报价明显低于其他投标报价，或者在设有标底时明显低于标底，使得其投标报价可能低于其个别成本的，应当要求该投标人做出书面说明并提供相应的证明材料。投标人不能合理说明或者不能提供相应证明材料的，由评标委员会认定该投标人以低于成本报价竞标，其投标作废标处理。

3.3 投标文件的澄清和补正（同经评审的最低投标价法，略）

3.4 评标结果

3.4.1 除第二章"投标人须知"前附表授权直接确定中标人外，评标委员会按照得分由高到低的顺序推荐中标候选人。

3.4.2 评标委员会完成评标后，应当向招标人提交书面评标报告。

第4章 投标业务与方法

投标实施过程是从填写资格预审表开始，到将正式投标文件送交招标人为止所进行的全部工作，与招标实施过程实质上是一个过程的两个方面，它们的具体程序和步骤通常是互相衔接和对应的。参与投标活动要花费投标单位大量的精力和时间，投标人作为采购交易的卖方，必须了解和熟悉有关投标活动的业务和方法，认真研究作为投标人参与投标的机会与风险，以决定是否去参与投标；如果决定参加投标，则要做好充分准备，知己知彼，以利夺标。

4.1 投标人的条件

参加投标活动必须具备一定的条件，不是所有感兴趣的法人或经济组织都可以参加投标。

4.1.1 投标人

4.1.1.1 投标人

广义上，投标人包括潜在投标人和实际投标人（狭义投标人）。潜在投标人是指对招标信息感兴趣并可能参加投标的人，那些响应招标并购买招标文件参加投标的潜在投标人才称为投标人（即实际投标人）。在不需要严格区分二者含义的情况下，一般均称为投标人。

因此，狭义上的投标人是响应招标、参加投标竞争的法人，其他组织，以及符合规定的个人。

所谓响应招标，是指潜在投标人获得了招标信息以后，接受资格审查，购买招标文件，并编制投标文件，按照招标人的要求参加投标的活动。参加投标竞争是指，按照招标文件的要求并在规定的时间内提交投标文件的活动。

由于招标标的一般具有数量大、价值高、技术要求复杂等特点，招标投标的投标人一般也是法人或其他组织，但法律规定有例外情况，自然人可以成为投标人。《招标投标法》规定，科研项目允许个人参加投标；《政府采购法》规定，自然人可以成为政府招标采购货物或服务的投标人。

4.1.1.2 投标

投标是投标人响应招标，向招标人提交投标文件，希望中标的意思表示。

投标文件是表明投标人接受招标文件的要求和标准，载明自身（含参与项目实施的负责人员）资信资料、实施招标项目的技术方案、投标价格以及相关承诺内容的书面文书。

招标人在评标的基础上，从众多投标人中选择出的特定投标人即为中标人。

4.1.2 投标人的条件

4.1.2.1 一般条件

投标人应当具备承担招标项目的能力，并且符合招标文件规定的资格条件。

投标人通常应当具备下列条件：①与招标文件要求相适应的人力、物力和财力；②招标文件要求的资质证书和相应的工作经验与业绩证明；③法律、法规规定的其他条件。

两个以上的法人或者其他组织可以组成一个联合体，以一个投标人的身份共同投标。

4.1.2.2　建筑工程方案设计投标人的特殊要求

参加建筑工程项目方案设计的投标人应具备下列主体资格：

（1）在中华人民共和国境内注册的企业，应当具有建设主管部门颁发的建筑工程设计资质证书或建筑专业事务所资质证书，并按规定的等级和范围参加建筑工程项目方案设计投标活动；

（2）注册在中华人民共和国境外的企业，应当是其所在国或者所在地区的建筑设计行业协会或组织推荐的会员。其行业协会或组织的推荐名单应由建设单位确认；

（3）各种形式的投标联合体各方应符合上述要求。招标人不得强制投标人组成联合体共同投标，不得限制投标人组成联合体参与投标；

（4）招标人可以根据工程项目实际情况，在招标公告或投标邀请函中明确投标人的其他资格条件。

4.1.2.3　勘察设计投标人的特殊要求

在其本国注册登记，从事建筑、工程服务的国外设计企业参加投标的，必须符合中华人民共和国缔结或者参加的国际条约、协定中所作的市场准入承诺以及有关勘察设计市场准入的管理规定。投标人应当符合国家规定的资质条件。

4.1.2.4　工程施工投标人的特殊要求

招标人的任何不具独立法人资格的附属机构（单位），或者为招标项目的前期准备或者监理工作提供设计、咨询服务的任何法人及其任何附属机构（单位），都无资格参加该招标项目的投标。

4.1.2.5　工程货物投标人的特殊要求

法定代表人为同一个人的两个及两个以上法人，母公司、全资子公司及其控股公司，都不得在同一货物招标中同时投标。

一个制造商对同一品牌同一型号的货物，仅能委托一个代理商参加投标，否则应作废标处理。

4.1.2.6　工程监理投标人的特殊要求

招标人及招标代理机构不得参加招标项目的投标。

招标代理机构代理项目监理招标时，该代理机构不得参加或代理该项目监理的投标。

4.2　投标准备与资格预审申请

参与投标竞争是一件十分复杂并且充满风险的工作，因而承包者正式参加投标之前，需要进行一系列的准备工作，只有准备工作做得充分和完备，投标的失误才会降到最低限度。投标准备主要包括以下内容：有关投标信息调研、投标资料的准备、办理投标担保等。对于国际工程投标还需要物色、雇用当地的代理人以及寻求合作对象。

4.2.1 投标信息调研

投标信息的调研就是承包者对市场进行详细的调查研究，广泛收集项目信息并进行认真分析，从而选择合适本单位投标的项目。

4.2.1.1 投标的组织

在招标投标活动中，投标人参加投标就面临一场竞争，不仅比报价的高低、技术方案的优劣，而且比人员、管理、经验、实力和信誉。实践证明，建立一个强有力的、内行的投标班子是投标获得成功的根本保证。

作为投标人的承包者应设置专门的工作机构和人员对投标的全部活动过程加以组织和管理，平时掌握市场动态信息，积累有关资料；遇有招标项目，则办理参加投标手续，研究投标策略，编制投标文件，争取中标。投标人的投标班子应该由经营管理类人才、技术专业类人才、商务金融类人才和合同管理类人才等组成。如果是国际项目（包含境内涉外项目）投标，还应配备懂得专业和合同管理的外语翻译人员。

为了保守单位对外投标的秘密，投标工作机构人员不宜过多，尤其是最后决策的核心人员人数，更应严格限制。

4.2.1.2 项目跟踪

承包者要想参与国际、国内的投标者竞争，必须注意有关招标信息的搜集和分析。

项目是投标的基础和前提条件，尽早掌握项目招标信息，使承包者有充分的准备时间，可以为投标工作赢得主动创造有利条件。一个成功的承包者应该拥有广泛的项目信息来源。能否获得足够的项目信息，能否选择出风险可控、能力可及、效益可靠的项目，使本单位的业务得到发展和成功，一个重要的先决条件就是看是否真正重视信息搜集和分析工作。

任何一项招标总会通过一定渠道发布其招标信息。有关招标信息的来源与渠道一般为：国际上每天公之于众的招标采购公告，都发表在影响较大的报刊上，可及时收集；国际和国内较大的工程咨询与信息部门，专门提供有关工程招标信息；国内外招标投标网站和各地的有形建筑市场都辟有专门的招标信息服务窗口。另外，还可以发挥公共关系的作用或实地考察，通过与不同类型的各种人物的交往，拓展和巩固项目信息渠道。

4.2.1.3 信息调研的主要内容

信息调研主要是就项目及项目所在地的政治、经济、法制、社会和自然条件等各种客观因素对投标和中标后履行合同的影响进行调查研究和筛选。其目的是初步确定可能投标的项目，并对这些项目进行紧密跟踪，开展一些有利于投标的调查研究。

调研的重点内容包括：

（1）经济环境；

（2）社会情况；

（3）自然环境；

（4）市场情况；

（5）业主情况；

（6）项目的初步情况。

承包者通过以上准备工作，根据掌握的项目招标信息，并结合自己的实际情况和需要，从众多的项目信息中选择出投标环境良好、项目可靠、基本符合本单位的经营策略、经营能力及经营特长项目信息，便可确定是否参与资格预审。如果决定参与资格预审，则准备资格预审材料，开始进入下一步工作。

4.2.2 投标资料准备

4.2.2.1 常用投标资料

国际上的大型工程承包公司，经常在几天之内便可报出高质量的资格预审资料，他们利用先进的电子计算机进行管理，平时就积累和存储了公司的资料及业绩证件等，一旦投标资格预审需要，只需稍加整理、打印，按招标人要求填报表格或作为附录提供，即可交出所需资料。

参与投标经常用到的资料包括：

（1）营业执照；

（2）资质证书；

（3）单位主要成员名单及简历；

（4）法定代表人身份证明；

（5）委托代理人授权书；

（6）项目负责人的委任证书；

（7）主要技术人员的资格证书及简历；

（8）主要设备、仪器明细情况；

（9）质量保证体系情况；

（10）合作伙伴的资料；

（11）单位简历、经验与业绩及正在实施项目的名录、证明资料；

（12）经审计的财务报表。

4.2.2.2 办理投标担保

招标投标中使用的担保形式主要有投标保函和投标保证金两种。

投标保函包括银行保函、担保书。投标保证金可以提交银行汇票、支票或现金，国际招标中有时也允许提交银行本票或信用证。

在递交投标文件前，投标人应完成投标保函的申请和开具工作。投标保函由投标人向具有法人资格的银行申请开具，担保书向具有担保资格和能力的担保机构申请出具。

有关投标担保（工程担保）的详细内容见第8章。

银行保函（担保书）是银行（担保机构）受申请人（即投标人）的请求，向受益人（即招标人）开具的用来担保申请人正常履行合同义务的独立的书面保证文件。它是一种备用性的银行（担保机构）信用。如果保函申请人正常履行其义务，银行（担保机构）就不需向受益方履行经济赔偿责任；如果保函申请人未能履行某项义务，银行（担保机构）则承担向受益人进行经济赔偿的责任。由此可见，银行保函（担保书）实际上就是一种保证金，是一种以银行（担保机构）的承诺文件形式出现的抵押金。保函申请人向受益人递交银行保函（担保书），实质上就是交给受益人一笔在特定条件下可向银行（担保机构）索换为货币的备用抵押金。这种担保形式可以对受益人起到可靠的保障作用。

4.2.2.3 办理注册（备案）手续

根据我国现行的规定，建筑业企业、勘察设计企业、监理单位等可以按核定的资质等级承接规定范围内的业务。许多行业和地区已经建立了建筑市场准入制度，规定工程建设从业单位进入该行业市场或在异地承接建设业务时，须到项目行业或项目所在地的建设行政主管部门登记注册或备案。

对于国际工程，外国承包者进入招标项目所在国开展业务活动，必须按规定办理注册手续，取得合法地位。

4.2.3 投标资格预审申请

4.2.3.1 资格预审申请资料的准备

资格预审资料的准备和提交要与业主资格预审文件及审查的内容和要求相一致。对投标项目感兴趣的投标人只要按照资格预审文件的要求填写好各种调查表格，并提交全部所需的资料，均可被接受参加投标前期的资格预审。否则，将会失去资格预审资格。

项目性质不同、招标范围不同，资格预审表的样式和内容也有所区别。但一般都包括：

（1）投标人身份证明、组织机构和业务范围表；

（2）投标人在以往若干年内从事过的类似项目经历（经验）表；

（3）投标人的财务能力说明表；

（4）投标人各类人员表以及拟派往项目的主要技术、管理人员表；

（5）投标人所拥有的设备以及为拟投标项目所投入的设备表；

（6）项目分包及分包人表；

（7）与本项目资格预审有关的其他资料。

在不损害商业秘密的前提下，投标人应向招标人提交能证明上述有关资质和业绩情况的法定证明文件或其他资料。

资格预审能否通过是承包者投标过程中的第一关。投标人申报资格预审时应重点注意如下各点：

（1）应注意平时对一般资格预审的有关资料的积累工作。针对某个项目填写资格预审调查表时，再将有关资料调出来，并加以补充完善；

（2）加强填表时的分析，既要针对项目特点，下工夫填好重点部位，又要反映出本单位的经验、水平和组织管理能力。这往往是业主考虑的重点。如对类似项目的定义和具体要求，应该按招标人载明的内容准备；

（3）收集信息阶段，如果发现有合适的项目，要及早动手作资格预审的申请准备。若自身某个方面存在缺陷（如资金、技术水平、经验年限等）不是本单位可以解决的，则应考虑寻找适宜的伙伴，组成联营体来参加资格预审；

（4）申请书必须在招标人规定的截止时间以前递交到招标人指定的地点，超过截止时间递交的申请书将不被接受；

（5）所有表格均由申请人签字，或由申请人授权的代表人签字同时附正式的书面授权证书。注意对资格预审申请文件签字或盖章的具体要求，如单位章的具体类型、能否用签字章代替手写签字等。

4.2.3.2 联合体投标问题

联合体系指由两个以上单位组成的投标人（最常见的为设计承包商、设备供应商、工程施工承包商联合投标，共同承接工程）。投标人通过联合，承接工程量大、技术复杂、风险大、难以独家承揽的项目，使经营范围扩大。

联合体申请资格预审必须符合以下要求：

（1）参加联合体的所有成员都应分别填写完整的资格预审表格，且不允许任何单位提交或参加一个以上的投标；

（2）资格预审申请书中必须指明为首的主办人。招标人与联合体之间的任何联系将通过为首的主办人进行；

（3）申请书必须确认。如果资格预审合格后，联合体参加投标，投标文件及今后可能被授予的合同都将由所有合伙人签署，以便使法律对全体合伙人共同并分别具有约束力；

（4）申请书必须说明拟议中每个合伙人的参与情况及其责任。

除以上特殊条件外，其他方面与前述单独申请资格预审的要求基本一致。

4.2.4 资格预审申请资料范例

为了让读者对资格预审申请文件的详细内容有比较全面的了解，以下介绍并摘录了《中华人民共和国标准施工招标资格预审文件》（2007年版）第四章资格预审申请文件格式的部分内容，供参考。

4.2.4.1 资格预审申请文件基本内容

资格预审申请文件主要包括：

（1）资格预审申请函；

（2）法定代表人身份证明；

（3）授权委托书；

（4）联合体协议书；

（5）申请人基本情况表；

（6）近年财务状况表；

（7）近年完成的类似项目情况表；

（8）正在施工的和新承接的项目情况表；

（9）近年发生的诉讼及仲裁情况；

（10）其他材料。

4.2.4.2 资格预审申请文书

一、资格预审申请函①

_____（招标人名称）：

1. 按照资格预审文件的要求，我方（申请人）递交的资格预审申请文件及有关资料，用于你方（招标人）审查我方参加_____（项目名称）____标段施工招标的投标资格。

2. 我方的资格预审申请文件包含第二章"申请人须知"第3.1.1项规定的全部内容。

---

① 摘自《中华人民共和国标准施工招标资格预审文件》（2007年版）。此处保留了文件的原有序号。下同。

3. 我方接受你方的授权代表进行调查，以审核我方提交的文件和资料，并通过我方的客户，澄清资格预审申请文件中有关财务和技术方面的情况。

4. 你方授权代表可通过＿＿＿＿＿＿（联系人及联系方式）得到进一步的资料。

5. 我方在此声明，所递交的资格预审申请文件及有关资料内容完整、真实和准确，且不存在第二章"申请人须知"第1.4.3项规定的任何一种情形。

申请人：＿＿＿＿＿＿（盖单位章）

法定代表人或其委托代理人：＿＿＿＿＿＿（签字）

电　话：＿＿＿＿＿＿传　真：＿＿＿＿＿＿

申请人地址：＿＿＿＿＿＿邮政编码：＿＿＿＿＿＿

＿＿＿＿年＿＿＿月＿＿＿日

二、法定代表人身份证明

申请人名称：＿＿＿＿＿＿

单位性质：＿＿＿＿＿＿

成立时间：＿＿＿＿＿＿年＿＿＿＿＿月＿＿＿＿＿日

经营期限：＿＿＿＿＿＿

姓名：＿＿＿＿＿＿性别：＿＿＿＿＿＿年龄：＿＿＿＿＿＿职务：＿＿＿＿＿＿

系＿＿＿＿＿＿（申请人名称）的法定代表人。

特此证明。

申请人：＿＿＿＿＿＿（盖单位章）

＿＿＿＿年＿＿＿月＿＿＿日

授权委托书

本人＿＿＿＿＿＿（姓名）系＿＿＿＿＿＿（申请人名称）的法定代表人，现委托＿＿＿＿＿＿（姓名）为我方代理人。代理人根据授权，以我方名义签署、澄清、递交、撤回、修改＿＿＿＿＿＿（项目名称）＿＿＿＿＿＿标段施工招标资格预审申请文件，其法律后果由我方承担。

委托期限：＿＿＿＿＿＿。

代理人无转委托权。

附：法定代表人身份证明

申请人：＿＿＿＿＿＿（盖单位章）

法定代表人：＿＿＿＿＿＿（签字）

身份证号码：＿＿＿＿＿＿

委托代理人：＿＿＿＿＿＿（签字）

身份证号码：＿＿＿＿＿＿

＿＿＿＿年＿＿＿月＿＿＿日

三、联合体协议书

＿＿＿＿＿＿（所有成员单位名称）自愿组成＿＿＿＿＿＿（联合体名称）联合体，共同参加＿＿＿＿＿＿（项目名称）标段施工招标资格预审和投标。现就联合体投标事宜订立如下协议。

1. ＿＿＿＿＿＿（某成员单位名称）为（联合体名称）牵头人。

2. 联合体牵头人合法代表联合体各成员负责本标段施工招标项目资格预审申请文件、投标文件编制和合同谈判活动，代表联合体提交和接收相关的资料、信息及指示，处理与之有关的一切事务，并负责合同实施阶段的主办、组织和协调工作。

3. 联合体将严格按照资格预审文件和招标文件的各项要求，递交资格预审申请文件和投标文件，履行合同，并对外承担连带责任。

4. 联合体各成员单位内部的职责分工如下：_____。

5. 本协议书自签署之日起生效，合同履行完毕后自动失效。

6. 本协议书一式_____份，联合体成员和招标人各执一份。

注：本协议书由委托代理人签字的，应附法定代表人签字的授权委托书。

牵头人名称：_____（盖单位章）　法定代表人或其委托代理人：_____（签字）

成员一名称：_____（盖单位章）　法定代表人或其委托代理人：_____（签字）

成员二名称：_____（盖单位章）　法定代表人或其委托代理人：_____（签字）

……

_____年____月____日

4.2.4.3 资格申请和项目情况表格

申请人基本情况表

申请人名称						
注册地址				邮政编码		
联系方式	联系人			电话		
	传真			网址		
组织结构						
法定代表人	姓名		技术职称		电话	
技术负责人	姓名		技术职称		电话	
成立时间		员工总人数：				
企业资质等级		其中	项目经理			
营业执照号			高级职称人员			
注册资金			中级职称人员			
开户银行			初级职称人员			
账号			技工			
经营范围						
备注						

附：项目经理简历表

项目经理应附项目经理证、身份证、职称证、学历证、养老保险复印件，管理过的项目业绩须附合同协议书复印件。

姓名		年龄		学历	
职称		职务		拟在本合同任职	
毕业学校		年毕业于　学校　专业			
主要工作经历					
时间	参加过的类似项目		担任职务	发包人及联系电话	

近年完成的类似项目情况表

项目名称	
项目所在地	
发包人名称	
发包人地址	
发包人电话	
合同价格	
开工日期	
竣工日期	
承担的工作	
工程质量	
项目经理	
技术负责人	
总监理工程师及电话	
项目描述	
备注	

正在施工的和新承接的项目情况表

项目名称	
项目所在地	
发包人名称	
发包人地址	
发包人电话	
签约合同价格	
开工日期	
计划竣工日期	
承担的工作	
工程质量	
项目经理	
技术负责人	
总监理工程师及电话	
项目描述	
备注	

4.3 投 标 决 策

4.3.1 投标决策的含义与影响因素

4.3.1.1 投标决策的含义

投标人通过投标取得项目，是市场经济条件下的必然。但是，作为投标人来，并不是每

138

标必投，这就需要研究投标决策的问题。投标决策就是解决投不投标和如何中标的问题。投标决策，包括三方面内容：

（1）针对项目招标是投标，或是不投标；

（2）倘若去投标，是投什么性质的标；

（3）投标中如何采用以长制短，以优胜劣的策略和技巧。

投标决策的正确与否，关系到能否中标和中标后的效益，关系到承包者的发展前景和单位的经济利益。

4.3.1.2 投标决策阶段的划分

根据工作特点，投标决策可以分为决策前期和决策后期两个阶段。

1. 决策前期阶段

投标决策的前期阶段，在购买资格预审资料前（后）完成。

这个阶段决策的主要依据是招标公告（资格预审公告），以及单位对招标项目、业主情况的调研和了解的程度。

前期阶段决定是否参与投标。

通常情况下，下列招标项目应放弃投标：

（1）本单位营业范围之外的项目；

（2）工程规模、技术要求超过本单位技术等级的项目；

（3）本单位生产任务饱满，则招标项目的盈利水平较低或风险较大的项目；

（4）本单位技术水平、业绩、信誉明显不如竞争对手的项目。

2. 决策后期阶段

如果决定投标，即进入投标决策的后期，它是指从申报资格预审至封送投标文件前完成的决策研究阶段。这个阶段主要决定投什么性质的标，以及在投标中采取的策略问题。当然，也存在经过资格预审合格、购买招标文件后放弃投标的情况。

承包者的投标按其性质可分为风险标和保险标两类。

风险标是指明知承包难度大、风险大，且技术、设备、资金上都有未解决的问题，但由于队伍窝工，或因为项目盈利丰厚，或为了开拓新技术领域而决定参加投标，同时设法解决存在的问题的投标。投标后，如问题解决得好，可取得较好的经济效益，可锻炼出一支好的队伍，使单位更上一层楼；解决得不好，单位的信誉就会受到损害，严重者可能导致亏损以至破产。因此，投风险标必须审慎从事。

保险标是指对可以预见的情况从技术、设备、资金等重大问题都有了解决的对策之后，而投出的标。单位经济实力较弱，经不起失误的打击，则往往投保险标。

承包者的投标按其效益对单位的影响情况可分为盈利标、保本标和亏损标三种。

4.3.1.3 投标方向的选择

投标方向的确定要能最大限度地发挥自己的优势，符合承包者的经营总战略，如正准备发展，力图打开局面，则应积极投标。承包者不要企图承包超过自己技术水平、管理水平和财务能力的项目，以及自己没有竞争力的项目。

承包者通过市场调查获得许多项目招标信息，必须就投标方向作出战略决策，他的战略依据是：

（1）承包市场情况、竞争的形势。如市场处于发展阶段，还是处于不景气阶段；

（2）承包者自身的情况。该项目竞争者的数量以及竞争对手状况，确定自己投标的竞争力和中标的可能性；

（3）项目情况。如技术难度、时间紧迫程度、是否为重大的有影响的项目、承包方式、合同种类、招标方式、合同的主要条款；

（4）业主状况。业主的资信，业主过去有没有不守信用、不付款的历史，业主的建设资金准备情况和企业运行状况。

4.3.1.4 影响投标决策的主要因素

影响投标决策的因素很多，需要投标人广泛、深入地调查研究，系统地积累资料，并作出全面的分析，才能对投标作出正确决策。决定投标与否，更重要的是它的效益性。投标人应对承包项目的成本、利润进行预测和分析，以供投标决策之用。

"知彼知己，百战不殆。"项目投标决策研究就是知彼知己的研究。这个"己"就是影响投标决策的主观因素，"彼"就是影响投标决策的客观因素。

1. 影响投标决策的主观因素

投标或是弃标，首先取决于投标单位的实力，实力表现在如下几方面：

（1）技术方面的实力。

（2）经济方面的实力。

（3）管理方面的实力。

（4）信誉方面的实力。

2. 影响投标决策的客观因素

（1）项目的难易程度。如质量要求、技术要求、结构形式、工期要求等。

（2）业主和其合作伙伴的情况。业主的合法地位、支付能力、履约能力；合作伙伴，如监理工程师处理问题的公正性、合理性等，也是投标决策的影响因素。

（3）竞争对手的实力、优势及投标环境的优劣情况。另外，竞争对手的在运作项目情况也十分重要，如果对手在进行中的项目即将完工，可能急于获得新项目心切。

（4）法律、法规的情况。主要是法律适用问题。

（5）风险问题。自己熟悉的区域的承包项目，其风险相对要小一些，不熟悉区域的项目风险要大得多。

4.3.2 投标机会分析

4.3.2.1 决定是否投标的条件

决定是否参加某项目的投标，首先要考虑本单位当前的经营状况和参加投标的目的。如果本单位在该地已打开局面，信誉颇佳，则投标目标主要是扩大影响，可适当扩大利润。如近期不景气、揽到的项目较少、在激烈竞争中面临危机，或试图打入新的领域、开拓新局面，则应选择把握大、易建立（或恢复）信誉的项目，而且报价要低，力争得标。其次，选择投标项目时，要衡量自身是否具备条件参加某项目投标。

对于工程投标，一般可根据下列 10 项指标来判断是否可以参加投标：

（1）管理的条件。指能否抽出足够、水平相应的管理和工程人员参加该工程；

（2）工人的条件。指工人的技术水平和工人的工种、人数能否满足该工程；

（3）设计人员条件。要视该工程对设计及出图的要求而定；

（4）机械设备条件。指该工程需要的施工机械设备的品种、数量能否满足要求；

（5）工程项目条件。指对该工程有关情况的熟悉程度，包含对项目本身、业主和监理情况、当地市场情况、工期要求、交工条件等的了解；

（6）以往实施同类工程的经验；

（7）业主的资金是否落实；

（8）合同条件是否苛刻；

（9）竞争对手的情况；

（10）对单位今后在该地区带来的影响和机会。

对于其他内容的工程建设投标，以上指标也可以参考。

4.3.2.2　判断是否投标的方法与步骤

决策理论有许多分析方法，专家评分法在进行投标决策时仍然适用。

利用专家评分法进行投标决策的步骤如下：

（1）按照所确定的指标对本单位完成该项目的相对重要程度，分别确定权数；

（2）用各项指标对投标项目进行衡量，可将标准划分为好、较好、一般、较差、差 5 个等级，各等级赋予定量数值，如按 1.0、0.8、0.6、0.4、0.2 打分；

（3）将每项指标权数与等级分相乘，求出该指标得分。全部指标得分之和即为此项目投标机会总分；

（4）将总得分与过去其他投标情况进行比较或和预先确定的准备接受的最低分数相比较，来决定是否参加投标。

这种方法可以用于以下两种情况：一是，对某一个项目投标机会作出评价。总得分和权数较大的几个指标的得分，在可接受范围，即可认为适宜投标；二是，可以从若干个同时可以考虑的项目中，选择优先投标的项目，以总得分的高低决定优先顺序。

4.3.3　报价决策

4.3.3.1　标价计算

投标人应当根据招标文件的要求和招标项目的具体特点，结合市场情况和自身竞争实力自主报价，但不得以低于成本的报价竞标。

投标报价计算是投标人对承揽招标项目所要发生的各种费用的计算。包括单价分析、计算成本、确定利润方针，最后确定标价。在进行标价计算时，必须首先根据招标文件复核或计算工作量，同时要结合现场踏勘情况考虑相应的费用。标价计算必须与采用的合同形式相协调。报价是投标的重要工作，特别是工程投标，报价是否合理往往关系到投标的成败。

按照现行规定，我国工程建设的咨询、监理、勘察设计以及工程施工分别采取不同的方法确定价格。

1. 工程咨询费

原国家计委发布的《建设项目前期工作咨询收费暂行规定》中规定，工程咨询收费实行政府指导价，根据不同工程咨询项目的性质、内容，主要采取两种方法计取费用：按建设项目估算投资额，分档计算工程咨询费用；按工程咨询工作所耗工日计算工程咨询费用。

2. 工程建设监理费

国家发改委、原建设部联合发布的《建设工程监理与相关服务收费管理规定》中规定，建设工程监理与相关服务收费包括建设工程施工阶段的工程监理服务收费和勘察、设计、保修等阶段的相关服务收费。建设工程监理与相关服务收费根据建设项目性质不同情况，分别实行政府指导价或市场调节价。依法必须实行监理的建设工程施工阶段的监理收费实行政府指导价；其他建设工程施工阶段的监理收费和其他阶段的监理与相关服务收费实行市场调节价。铁路、水运、公路、水电、水库工程的施工监理服务收费按建筑安装工程费分档定额计费方式计算收费。其他工程的施工监理服务收费按照建设项目工程概算投资额分档定额计费方式计算收费。其他阶段的相关服务收费一般按相关服务工作所需工日和《建设工程监理与相关服务人员人工日费用标准》收费。

3. 工程勘察设计费

原国家计委、原建设部联合发布的《工程勘察设计收费管理规定》中规定，工程勘察和工程设计收费根据建设项目投资额的不同情况，分别实行政府指导价和市场调节价。建设项目总投资估算额 500 万元及以上的工程勘察和工程设计收费实行政府指导价；建设项目总投资估算额 500 万元以下的工程勘察和工程设计收费实行市场调节价。实行政府指导价的工程勘察和工程设计收费，其基准价根据《工程勘察收费标准》或者《工程设计收费标准》计算。实行市场调节价的工程勘察和工程设计收费，由发包人和勘察人、设计人协商确定收费额。

4. 建筑工程施工发包与承包价

原建设部发布的《建筑工程施工发包与承包计价管理办法》中规定，建筑工程施工发包与承包价在政府宏观调控下，由市场竞争形成。投标报价由成本（直接费、间接费）、利润和税金构成。其编制可以采用以下计价方法：

（1）工料单价法。分部分项工程量的单价为直接费。直接费以人工、材料、机械的消耗量及其相应价格确定。间接费、利润、税金按照有关规定另行计算；

（2）综合单价法。分部分项工程量的单价为全费用单价。全费用单价综合计算完成分部分项工程所发生的直接费、间接费、利润、税金。

施工承包合同价可以采用以下方式：①固定价。合同总价或者单价在合同约定的风险范围内不可调整；②可调价。合同总价或者单价在合同实施期内，根据合同约定的办法调整；③成本加酬金。

4.3.3.2 标价的组成

投标价格应该是项目投标范围内，支付投标人为完成承包工作应付的总金额。

如工程招标文件一般都规定，关于投标价格，除非合同中另有规定，具有标价的工程量清单中所报的单价和合价，以及报价汇总表中的价格应包括施工设备、劳务、管理、材料、安装、维护、保险、利润、税金、政策性文件规定及合同包含的所有风险、责任等各项应有费用。投标人应按招标人提供的工程量计算工程的单价和合价。工程量清单中的每一单项均需计算填写单价和合价，投标单位没有填写出单价和合价的项目将不予支付，并认为此项费用已包括在工程量清单的其他单价和合价中。

142

4.3.3.3 投标报价决策

投标报价决策是指投标人的决策人召集算标人和咨询顾问人员共同研究，就标价计算结果进行讨论，作出调整计算标价的最后决定，形成最终报价的过程。

报价决策之前应先计算基础标价，即根据招标文件的工作内容、工作量以及报价项目单价表，进行初步测算，形成基础标价。其次作风险预测和盈亏分析，即充分估计实施过程中的各种有关因素和可能出现的风险，预测对报价的影响程度。然后测算可能的最高标价和最低标价，也就是测定基础标价可以上下浮动的界限，使决策人心中有数，避免凭主观愿望盲目压价或加大保险系数。完成这些工作后，决策人就可以靠自己的经验和智慧，作出报价决策。

工程报价决策过程中，通常会运用适当的定量决策分析方法，帮助提高决策水平。

为了在竞争中取胜，决策者应当对报价计算的准确度、期望利润是否合适、报价风险及本单位的承受能力、当地的报价水平，以及竞争对手优势、劣势的分析等进行综合考虑，才能决定最后的报价金额。

4.3.3.4 投标报价策略

1. 报价的基本策略

报价策略是指承包商在投标竞争中的指导思想与系统工作部署及其参与投标竞争的方式和手段。承包者要想在投标中获胜，既中标得到承包项目，又要从项目中盈利，就需要研究投标策略，以指导其投标全过程。在投标和报价中，选择有效的报价技巧和策略，往往能取得较好的效果。

在激烈的投标竞争中，如何来战胜对手，这是所有投标人在研究或想知道的问题。遗憾的是，至今还没有一个完整或可操作的答案。事实上，也不可能有答案。因为建筑市场的投标竞争千姿百态，也无统一的模式可循，投标人及其对手们往往不可能用同一手段或策略来参加竞争。

由于招标内容不同、投标人性质不同，所采取的策略也不相同。工程投标策略的内容主要有：

（1）以信取胜。这是依靠单位长期形成的良好社会信誉、技术和管理上的优势、优良的工程质量和服务措施、合理的价格和工期等因素争取中标；

（2）以快取胜。通过采取有效措施缩短施工工期，并能保证进度计划的合理性和可行性，从而使招标工程早投产、早收益，以吸引业主；

（3）以廉取胜。其前提是保证施工质量，这对业主一般都具有较强的吸引力。从投标人的角度出发，采取这一策略也可能有长远的考虑，即通过降价扩大任务来源，从而降低固定成本在各个工程上的摊销比例，既降低工程成本，又为降低新投标工程的承包价格创造了条件；

（4）靠改进设计取胜。通过仔细研究原设计图纸，若发现明显不合理之处，可提出改进设计的建议和能切实降低造价的措施。在这种情况下，一般仍然要按原设计报价，再按建议的方案报价；

（5）采用以退为进的策略。当发现招标文件中有不明确之处并有可能据此索赔时，可报低价先争取中标，再寻找索赔机会。采用这种策略一般要在索赔事务方面具有相当成熟的经验；

（6）采用长远发展的策略。其目的不在于当前的招标工程上获利，而着眼于发展，争取将来的优势，如为了开辟新市场、掌握某种有发展前途的工程施工技术等，宁可在当前招标工程上以微利甚至无利的价格参与竞争。

以上这些策略不是互相排斥的，根据具体情况，可以综合灵活运用。

2. 报价技巧

投标报价技巧是指在投标报价中采用一定的手法或技巧使业主可以接受，而中标后又能获得更多的利润的手段。

具体估价时，虽然要贯彻总的报价策略意图，如整个投标工程采用"低利政策"，则利润率要定得较低或很低，甚至管理费率也要定得较低，但是报价还有它自己的技巧，两者必须相辅相成，互相补充。

常用的工程投标报价技巧主要有：

(1) 灵活报价法

灵活报价法是指按照招标工程的不同特点、类别、施工条件等灵活报价。

遇到如下情况，报价可高一些：施工条件差的工程；专业要求高的技术密集型工程，而本单位在这方面又有专长，声望也较高；总价低的小工程，以及自己不愿做、又不方便不投标的工程；特殊的工程；工期要求急的工程；投标对手少的工程；支付条件不理想的工程。

遇到如下情况，报价可低一些：施工条件好的工程，工作简单、工程量大而一般单位都可以做的工程；本单位目前急于打入某一市场、某一地区，或在该地区面临工程结束，机械设备等无工地转移时；本单位在附近有工程，而本项目又可利用该工程的设备、劳务，或有条件短期内突击完成的工程；投标对手多，竞争激烈的工程；非急需工程；支付条件好的工程。

遇到如下情况，报价可采用无利润估价：有可能在得标后，将大部分工程分包给索价较低的一些分包商；对于分期建设的项目，先以低价获得首期工程，而后赢得机会创造第二期工程中的竞争优势，并在以后的实施中赚得利润；较长时期内，承包商没有在建的工程项目，如果再不得标，就难以维持生存。因此，虽然本工程无利可图，只要能有一定的管理费维持公司的日常运转，就可设法渡过暂时的困难，以图将来东山再起。

(2) 不平衡报价法

不平衡报价或称前重后轻的报价，这是指与正常的估算相比较，有些分项的投标报价明显过高，而有些则过低的投标文件。投标人采用不平衡报价的目的一般是通过调整内部各个项目的报价，以期既不提高总报价、不影响中标，又能在结算时得到更理想的经济效益。一般可以考虑在以下几方面采用不平衡报价：

1) 能够早日结账收款的项目可适当提高。

2) 预计今后工程量会增加的项目，单价适当提高，这样在最终结算时可多赚钱，将工程量可能减少的项目单价降低，工程结算时损失不大。

3) 设计图纸不明确，估计修改后工程量要增加的，可以提高单价；工程内容解说不清楚的，则可适当降低一些单价，待澄清后可再要求提价。

4) 暂定项目，又叫任意项目或选择项目，对这类项目要具体分析。因为这类项目要在开工后，再由业主研究决定是否实施，以及由哪家承包商实施。如果工程不分标，则其中肯定要做的单价可高些，不一定做的则应低些。如果工程分标，该暂定项目也可能由其他承包商施工时，则不宜报高价，以免抬高总报价。

(3) 突然降价法

报价是一件保密的工作，但是对手往往通过各种渠道、手段来刺探情况，因之在报价时可以采取迷惑对手的方法，即先按一般情况报价或表现出自己对该工程兴趣不大，到投标快截止时，再突然降价。突然降价法是针对竞争对手的，其运用的关键在于突然性，且需保证降价幅度在自己的承受范围之内。

降价文件投出的方法有两种：一是在投标截止前一刻，用降价的投标文件换掉正常的投标文件，封存后交招标人；二是先投出正常的投标文件，在投标截止前一刻再递交一份投标文件的修改文件。后一种方法更具有迷惑性。无论如何，采用突然降价法，一定是在准备投标报价的过程中考虑好降价的幅度，根据信息与分析判断，再做最后决策。同时，确保在投标截止时间最后一刻，报出符合招标文件要求的投标文件。

（4）增加建议法

在一般的招标中，一个投标人只能投一份投标文件，即"一标一投"，这是招标投标活动的惯例。但在一些招标中，招标文件规定投标人"除按原方案报价外，允许投标人提出新的建议方案和报价"，即投标人在一个项目中，可以提供两份投标文件。但必须注意的是，两份投标文件一份是对招标文件所提供方案的投标，另一份是对投标人自己所提方案的投标，而不能对招标文件所提供方案投两个标。

（5）分包商报价的采用

总承包商通常应在投标前先取得分包商的报价，并增加总承包商摊入的一定的管理费，而后作为自己投标总价的一个组成部分一并列入报价单中。办法是，总承包商在投标前找2～3家分包商分别报价，而后选择其中一家信誉较好、实力较强、报价合理的分包商签订协议，同意该分包商作为本分包工程的唯一合作者，并将分包商的姓名列到投标文件中，但要求该分包商相应地提交投标保函。

【例3】　日本大成公司的报价

鲁布革水电站引水系统工程招标时，日本大成公司知道他的主要竞争对手是前田公司，因而在临近开标前把总报价突然降低8.04%，取得最低标，为最后中标打下基础。

4.3.3.5　投标决策理论模型

关于竞争性投标，较系统的研究最早可追溯到 Emblen 的博士论文，而最早在刊物上公开发表竞标研究成果的是 Friedman。自1956年以来，许多学者在 Friedman 的工作基础上研究了竞标的理论和应用，发表的研究论文已达数百篇。

在投标决策理论模型中有3个重要问题：一是如何确定投标获胜概率；二是如何处理估计成本；三是如何确定通常情况下未知的竞争者的个数。而决策者面临的两种决策首先是，是否对项目进行估价和报价，其次是如何确定加价或报价。

被经常提及的投标决策理论模型主要有：Friedman 模型、Gates 模型、Hanssman-Rivett 模型、Casey-Shaffer 模型、Willenbrock 模型、Morin-Clough 模型等。以上这些模型都是单准则决策模型，它们共同的缺点是只能反映决策者对某个单一准则如期望利润最大的简单追求，而不能反映决策者对影响最优报价的多个准则的追求。Ahmad 基于实际背景获得的相互独立属性和多准则决策技术提供了一个结构化方法，用于投标与不投标决策问题的建模。该模型需决策者输入许多参数，因而应用起来仍有一定困难。

虽然 Friedman 模型和其他决策理论模型中有一些明显的缺陷，但一直被一些学者采纳和研究。同时，由于投标决策影响因素的广泛性、投标信息的复杂性与机密性以及竞争对手的不确定性，投标人进行投标决策理论分析时并不具有完备的信息资料，也使得上述决策方法缺乏有效的处理手段，这些理论模型在具体项目决策的应用中还很难发挥实际的作用。

4.4 投标文件的编制与报送

4.4.1 投标文件的编制

4.4.1.1 现场踏勘

投标申请人接到招标人资格预审合格通知后，即成为该项目的正式投标人，应按招标人规定的时间购买招标文件。

招标人通常要组织所有投标人进行现场踏勘。投标前的调查与现场考察，是投标前极其重要的一步准备工作。如果在前述的投标决策的前期阶段对拟去的地区和项目进行了较为深入的调查研究，则拿到招标文件后就只需进行有针对性的补充调查了。否则，应进行全面的调查研究。如果是去国外投标，拿到招标文件后再进行调研，则时间是很紧迫的。

现场考察是投标人必须经过的投标程序。按照惯例，现场考察费用全部由投标人负担。投标人应对现场条件考察结果负责。特别是对工程承包的投标人，组织现场考察过后，不论承包商是否参加考察，业主都将认为投标人已掌握了现场情况，明确了进入现场的条件及应采取的措施，掌握了对投标报价有关的风险条件。一旦报价单提出之后，投标人就无权因为现场考察不周、情况了解不细或因素考虑不全面而提出修改投标、调整报价或提出补偿等要求。

投标人在现场考察之前，应先仔细地研究招标文件，特别是文件中的工作范围、专用条款，以及相关说明，然后拟定出调研提纲，确定重点要解决的问题，做到事先有准备，因有时业主只组织投标人进行一次现场考察。

投标人为了考察而要求进入现场，将会得到业主的同意，但业主不对上述人员的伤亡、财产丢失或损坏以及其他损失（不论什么原因）负责。参加现场考察的投标人通常在业主的陪同下，按预先确定的日程和路线考察现场。在考察过程中，投标人代表可以口头向业主提出各种与投标有关的问题，业主可以相应作出口头解答。但一般这种口头解答并不具有法律约束力。因此，投标人代表在现场考察后还需以书面形式提出各种问题，业主则作出书面答复。这种书面答复是具有法律约束力的。

4.4.1.2 分析招标文件，编制技术文件

1. 分析招标文件

招标文件是投标的主要依据，因此应该仔细地分析研究。研究招标文件，重点应放在投标人须知、合同条件、项目范围、技术文件以及工作量上，最好有专人或小组研究技术规范和技术文件，弄清其特殊要求。

2. 校核工程量

对于工程招标文件中的工程量清单，投标人一定要进行校核，因为它直接影响投标报价及中标机会，例如当投标人大体上确定了工程总报价之后，对某些工程量可能增加的，可以提高单价；而对某些项目工程量估计会减少的，可以降低单价。

146

如发现工程量有重大出入的，特别是漏项的，必要时可找招标人核对，要求招标人认可，并给予书面证明，这对于总价固定合同，尤为重要。

3. 编制技术文件

投标中的技术文件，因招标内容不同而有所不同。比如，设计投标一般要编制设计说明及图纸、监理投标要编制监理大纲，而工程施工招标要编制施工规划（主要内容要求见表4-1）。技术文件的优劣直接影响到项目的造价，特别是施工规划的编制工作还会对投标人的投标报价产生很大影响。

表4-1　技术文件内容简表

招标内容	技术文件名称	主要内容
设计方案招标	设计工作大纲及设计方案	综合说明书、达到有关深度规定的方案设计图纸和说明（包括对招标项目特点、难点、重点等的技术分析和处理措施）；主要的施工技术要求；相应的投资估算、经济分析以及设计周期、进度和质量保证措施、后续服务措施等
监理招标	监理大纲	监理项目目标，监理措施、程序、制度、报告等方案，监理机构和拟委派的主要监理人员
工程施工招标	施工规划	施工方案和施工方法，施工进度计划，施工机械、材料、设备和劳动力计划以及临时生产、生活设施

技术文件的编制内容、深度和格式应满足招标文件要求。

4.4.1.3　编制投标文件

编制投标文件也称填写投标书。

投标人在作出投标报价决策之后，就应按照招标文件的要求正确编制投标文件，即投标人须知规定的投标人必须提交的全部文件。投标文件要对招标文件提出的实质性要求和条件作出响应，一般不能带任何附加条件，否则将导致投标作废。

1. 投标文件的主要内容

（1）投标函。投标致函（又称投标书），实际上就是投标人的正式报价信。

（2）投标人资格、资信证明文件。

（3）投标项目方案及说明。

（4）投标价格。

（5）招标文件要求具备的其他内容。

2. 编制投标文件应注意的几个问题

（1）投标文件中的每一空白都须填写，如有空缺，则被视为放弃意见；重要数据未填写，可能被作为废标处理。

（2）递交的全部文件若填写中有错误而不得不修改，则应在修改处签字。

（3）最好用打字方式填写标书。

（4）不得改变投标文件的格式，如原有格式不能表达投标意图（如有一种以上标价及其条件、工期可比原规定缩短或增加附加条件等），可另附补充说明。

（5）投标文件应字迹清楚、整洁、纸张统一、装帧美观大方。

（6）计算数字要准确无误。无论单价、合计、分部合计、总标价及其大写数字均应仔细核对。

（7）除了上述规定的投标书外，投标人还可以写一封更为详细的致函，对自己的投标报价做必要的说明，吸引招标人和评标委员的注意，使其对自己感兴趣、有信心。

4.4.1.4　准备备忘录提要

招标文件中一般都有明确规定，不允许投标人对招标文件的各项要求进行随意取舍、修改或提出保留。但是在投标过程中，投标人对招标文件反复深入地研究后，往往会发现很多问题，这些问题大体可分为三类：

（1）对投标人有利的，可以在投标时加以利用或在以后提出索赔要求的，这类问题投标人一般在投标时是不提的；

（2）发现的错误明显对投标人不利的，如总价固定合同工程漏项或是工程量偏少的，这类问题投标人应及时向业主提出质疑，要求业主更正；

（3）投标人企图通过修改某些招标文件和条款或是希望补充某些规定，以使自己在合同实施时能处于主动地位的问题。

上述问题在准备投标文件时应单独写成一份备忘录提要。但这份备忘录提要不能附在投标文件中提交，只能自己保存。第三类问题留待合同谈判时使用，也就是说，当该投标使招标人感兴趣，邀请投标人谈判时，再把这些问题根据当时情况，一个一个地拿出来谈判，并将谈判结果写入合同协议书的备忘录中。

4.4.2　投标文件格式范例

为了让读者对投标文件的详细内容有比较全面的了解，以下介绍并摘录了《中华人民共和国标准施工招标文件》（2007 年版）的第八章投标文件格式的内容，供参考。

4.4.2.1　投标文件格式的基本内容

投标文件格式主要包括：

（1）投标函及投标函附录；

（2）法定代表人身份证明；

（3）授权委托书；

（4）联合体协议书；

（5）投标保证金；

（6）已标价工程量清单；

（7）施工组织设计；

（8）项目管理机构；

（9）拟分包项目情况表；

（10）资格审查资料；

（11）其他材料。

4.4.2.2　投标函及投标函附录

（一）投标函[①]

（招标人名称）：

---

①　摘自《中华人民共和国标准施工招标文件》（2007 年版）。此处保留了文件的原有格式和序号。下同。

1. 我方已仔细研究了(项目名称)____标段施工招标文件的全部内容，愿意以人民币（大写）____元（¥____）的投标总报价，工期____日历天，按合同约定实施和完成承包工程，修补工程中的任何缺陷，工程质量达到____。

2. 我方承诺在投标有效期内不修改、撤销投标文件。

3. 随同本投标函提交投标保证金一份，金额为人民币（大写）____元（¥____）。

4. 如我方中标：

（1）我方承诺在收到中标通知书后，在中标通知书规定的期限内与你方签订合同。

（2）随同本投标函递交的投标函附录属于合同文件的组成部分。

（3）我方承诺按照招标文件规定向你方递交履约担保。

（4）我方承诺在合同约定的期限内完成并移交全部合同工程。

5. 我方在此声明，所递交的投标文件及有关资料内容完整、真实和准确，且不存在第二章"投标人须知"第1.4.3项规定的任何一种情形。

6. 其他补充说明。

投标人：（盖单位章）

法定代表人或其委托代理人：（签字）

地址：____网址：____电话：____传真：____邮政编码：____

____年____月____日

（二）投标函附录

序号	条款名称	合同条款号	约定内容	备注
1	项目经理	1.1.2.4	姓名：	
2	工期	1.1.4.3	天数： 日历天	
3	缺陷责任期	1.1.4.5		
4	分包	4.3.4		
5	价格调整的差额计算	16.1.1	见价格指数权重表	
……	……	……	……	

价格指数权重表

名称		基本价格指数		权重			价格指数来源
		代号	指数值	代号	允许范围	投标人建议值	
定值部分				A			
变值部分	人工费	F_{01}		B_1			
	钢材	F_{02}		B_2			
	水泥	F_{03}		B_3			
	……						
合计						1.00	

4.4.2.3 证明文书

法定代表人身份证明，参见4.2.4.2。

授权委托书，参见4.2.4.2。

联合体协议书，参见4.2.4.2。

4.4.2.4 投标保证金

四、投标保证金

(招标人名称)：

鉴于(投标人名称)（以下称"投标人"）于____年____月____日参加(项目名称)标段施工的投标，(担保人名称，以下简称"我方")无条件地、不可撤销地保证：投标人在规定的投标文件有效期内撤销或修改其投标文件的，或者投标人在收到中标通知书后无正当理由拒签合同或拒交规定履约担保的，我方承担保证责任。收到你方书面通知后，在7日内无条件向你方支付人民币（大写）_____元。

本保函在投标有效期内保持有效。要求我方承担保证责任的通知应在投标有效期内送达我方。

担保人名称：____

法定代表人或其委托代理人：（盖单位章）（签字）

地址：_____邮政编码：_____

电话：_____传真：_____

____年____月____日

4.4.2.5 施工组织设计

1. 投标人编制施工组织设计的要求：编制时应采用文字并结合图表形式说明施工方法；拟投入本标段的主要施工设备情况、拟配备本标段的试验和检测仪器设备情况、劳动力计划等；结合工程特点提出切实可行的工程质量、安全生产、文明施工、工程进度、技术组织措施，同时应对关键工序、复杂环节重点提出相应技术措施，如冬雨季施工技术、减少噪声、降低环境污染、地下管线及其他地上地下设施的保护加固措施等。

2. 施工组织设计除采用文字表述外可附下列图表，图表及格式要求附后。附表一拟投入本标段的主要施工设备表。附表二拟配备本标段的试验和检测仪器设备表。附表三劳动力计划表。附表四计划开、竣工日期和施工进度网络图。附表五施工总平面图。附表六临时用地表。

附表一：拟投入本标段的主要施工设备表

序号	设备名称	型号规格	数量	国别产地	制造年份	额定功率（kW）	生产能力	用于施工部位	备注

附表二：拟配备本标段的试验和检测仪器设备表

序号	仪器设备名称	型号规格	数量	国别产地	制造年份	已使用台时数	用途	备注

附表三：劳动力计划表

工种	按工程施工阶段投入劳动力情况（单位：人）				

附表四：计划开、竣工日期和施工进度网络图

1. 投标人应递交施工进度网络图或施工进度表，说明按招标文件要求的计划工期进行施工的各个关键日期。

2. 施工进度表可采用网络图（或横道图）表示。

附表五：施工总平面图

投标人应递交一份施工总平面图，绘出现场临时设施布置图表并附文字说明，说明临时设施、加工车间、现场办公、设备及仓储、供电、供水、卫生、生活、道路、消防等设施的情况和布置。

附表六：临时用地表

用途	面积（平方米）	位置	需用时间

4.4.2.6 项目管理机构

（一）项目管理机构组成表

职务	姓名	职称	执业或职业资格证明					备注
			证书名称	级别	证号	专业	养老保险	

（二）主要人员简历表

"主要人员简历表"中的项目经理应附项目经理证、身份证、职称证、学历证、养老保险复印件，管理过的项目业绩须附合同协议书复印件；技术负责人应附身份证、职称证、学历证、养老保险复印件，管理过的项目业绩须附证明其所任技术职务的企业文件或用户证

明；其他主要人员应附职称证（执业证或上岗证书）、养老保险复印件。

主要人员简历表的表样参见4.2.4.3中项目经理简历表。

4.4.2.7　拟分包项目情况及资格审查资料

拟分包项目情况表

分包人名称		地址	
法定代表人		电话	
营业执照号码		资质等级	
拟分包的工程项目	主要内容	预计造价（万元）	已经做过的类似工程

其他资格审查资料参见本书4.2.4.3相关内容。

4.4.3　投标文件的报送

投标人应按投标人须知的规定，向招标人递交投标文件。递送投标文件也称递标。是指投标人在规定的截止日期之前，将准备好的所有投标文件密封递送到招标人指定地点的行为。全部投标文件编制好以后，应按招标文件要求加盖投标人印章并经法定代表人或其委托人签字，再行密封后送达投标地点，投标人可派专人或通过邮寄将所有投标文件投送给招标人。

4.4.3.1　按要求签署

投标文件正本应用不褪色的墨水书写或打印，由投标人的法定代表人或其授权的代理人签署，并将（投标）授权书附在其内。

投标文件正本中的任何一页，都要有授权的投标文件签字人小签或盖章。

投标文件的任何一页都不应涂改、行间插字或删除。如果出现上述情况，不论何种原因造成，均应由投标文件签字人在改动处小签或盖章。

4.4.3.2　按要求密封

未密封的投标文件招标人将不予签收。

封送投标文件的一般惯例是，投标人应将所有投标文件按招标文件的要求，准备正本和副本。投标文件的正本及每一份副本应分别包装，而且都必须用内外两层封套分别包装与密封，密封后打上"正本"或"副本"的印记。两层封套上均应按投标邀请的规定写明收件人（招标人）的全称和详细地址，并注明：此件系对某合同的投标文件，投标文件的编号，项目名称，在某日某时（即开标时间）之前不要启封等。内层封套是用于原封退还投标文件的，因此应写明投标人的地址和名称。外层封套上一般不应有任何投标人的识别标志。若是外层信封未按上述规定密封及标记，则招标人对于把投标文件放错地方或过早启封概不负责。由于上述原因被过早启封的标书，招标人将予拒绝并退还投标人。

4.4.3.3　按要求递交

投标人应当在招标文件要求提交投标文件的截止时间前，将投标文件交招标人。

招标人在收到投标人的投标文件后，应签收或通知投标人已收到其投标文件，并记录收到日期和时间；同时，在收到投标文件到开标之前，所有投标文件均不得启封，并应采取措施确保投标文件的安全。

招标人在送交投标文件截止期以后收到的投标文件，将原封退回投标人。

招标文件要求交纳投标保证金的，投标人应当在提交投标文件的同时交纳。

4.4.3.4　投标文件的更改与撤回

在送交投标文件截止期以前，投标人可以更改或撤回投标文件，但必须以书面形式提出，并经授权的投标文件签字人签署。

在时间紧迫的情况下，投标文件撤回的要求可先以传真通知招标人，但应随即补发一份正式的书面函件予以确认。更改、撤回的确认书必须在送交投标文件截止期以前送达招标人签收。

更改的投标文件应同样按照投标文件送交规定的要求进行编制、密封、标记和发送。

4.5　投标中的不正当竞争

工程建设的招标投标目的在于通过公平竞争，择优确定承包者。然而，有公平竞争，必然伴随着不公平竞争，法律上称之为不正当竞争。《反不正当竞争法》定义："不正当竞争，是指经营者违反本法规定，损害其他经营者的合法权益，扰乱社会经济秩序的行为。"

4.5.1　投标中的不正当竞争行为

4.5.1.1　串通投标

串通投标是招标投标中常见的顽疾，是指投标人为谋取中标而同招标人（招标代理人）、评标人或其他投标人暗中合谋，具有很强的欺骗性和隐蔽性。

投标人串通投标的目的是采用不正当手段谋求中标，因此，投标人串通投标的行为至少具有如下特征：秘密进行、相互通气、达成某种默契、彼此配合。

关于串通投标，业界有多种不同的称谓，如"围标"、"串标"、"陪标"。这些名称尚缺乏权威的解释。

由于招标方式自身的局限性，要彻底杜绝串通投标几乎不可能。

4.5.1.2　以低于成本的价格报价或弄虚作假骗取中标

这里所讲的低于成本，是指低于投标人的为完成投标项目所需支出的个别成本。由于每个投标人的管理水平、技术能力与条件不同，即使完成同样的招标项目，其个别成本也不可能完全相同，管理水平高、技术先进的投标人，生产、经营成本低，有条件以较低的报价参加投标竞争，这是其竞争实力强的表现。

招标人通过招标投标的方式确定中标人，事实上也就是通过对投标人的资格条件和投标报价的综合考查评审，确立对被选定的中标人的人身信任并与之签订合同。招标投标活动中，评标的主要依据是投标人提交的投标文件的书面材料，因此，一些投标人利用评标的这一特点，为达到中标目的而不择手段，故意以其他法人或组织的名义投标，利用他人的资质等级、商业信誉为自己谋取私利，或者在投标文件中提供虚假信息，伪造资质等级证明或盲目夸大自己的经营规模、水平与能力等，欺骗招标人以达中标之目的。

4.5.2 不正当竞争行为的表现形式

4.5.2.1 招标人与投标人串通的不正当竞争

招标人与投标人之间的串通招投标行为一般包括以下几种类型：

（1）招标人在开标前开启投标文件，并将投标情况告知其他投标人，或者协助投标人撤换投标文件，更改报价。

（2）招标人向投标人泄露招标底价等不公开的信息。

（3）通过贿赂等不正当手段，在审查、评选投标文件时，对投标文件实行差别待遇；或者在确定中标人时，以预先内定的中标者为据决定取舍。

（4）招标人在要求投标人就其投标文件澄清事项时，故意作引导性提问，以促成该中标人中标。

（5）招标人预先内定中标人；项目业主在招标前与投标人私下谈妥条件，基本内定后，才开始招投标，并拉来其他企业"陪标"；或利用资格预审设置门槛，提高投标入围标准，排斥潜在投标人；或在招标文件上暗做手脚，"量身定做"，制定倾向性条款，为"意向"中的投标单位开绿灯。

（6）招标人与投标人商定，投标时压低或抬高标价，中标后再给投标人或招标人额外补偿。

（7）招标人（招标代理）组织投标人串通投标，或招标人（招标代理）为投标人制作投标资料。

（8）业主诱导评委，干预评标，左右评标结果。项目业主在资格预审、评标过程中发表倾向性意见，诱导评委，对投标人执行的标准不一，使评委不能客观公正地履行职责，甚至刻意迎合招标人的意愿，以倾向性打分影响评标结果。

（9）其他串通投标行为。

4.5.2.2 投标人串通投标的不正当竞争

投标人串通投标的手段五花八门，可分为以下几种类型：

（1）投标人之间相互约定抬高或压低投标报价；

（2）投标人之间相互约定，在招标项目中分别以高、中、低价位报价；

（3）投标人之间先进行内部竞价，内定中标人，然后再参加投标；

（4）投标人之间其他串通投标报价的行为；

（5）投标人之间就标价之外其他事项进行串通，以排挤其他竞争对手；

（6）投标人之间的其他损害招标人利益或社会公共利益的手段。

4.5.2.3 弄虚作假

弄虚作假的主要类型有：

（1）以他人名义投标。指投标人挂靠其他施工单位，或从其他单位通过转让或租借的方式获取资格或资质证书，或者由其他单位及其法定代表人在自己编制的投标文件上加盖印章和签字等行为；

（2）利用伪造或者无效的资质证书参加投标；

（3）虚造业绩、资信、项目经理、机械设备、施工合同或者已建工程评价材料；

（4）超越资质证书核定范围承接业务。

第 5 章　合同的商签与履行

招标人向中标人授予合同，就是通常所说的签订合同，它是整个招标投标活动的最后一个程序。只有签订了合同，业主和承包者之间的合同关系才算正式确定，才为法律所承认。签订合同是履行合同的基础。合同的形成通常从起草招标文件到合同签订为止；而合同的执行则是从合同签订开始直到承包者按合同规定完成并交付相应成果，且到保修期结束为止。

5.1　合 同 理 论

5.1.1　工程建设合同与项目组织目标

5.1.1.1　工程建设合同的含义

工程建设合同是对工程建设中涉及到的合同的总称，这不是一个严格的法律概念，它比我国《合同法》中建设工程合同的概念要广泛得多。

工程建设是一个极为复杂的社会生产过程，它分别经历立项、可行性研究、勘察设计、工程施工和运行等阶段；有建筑、结构、水电、机械设备、通讯等专业设计和施工活动；需要各种材料、设备、资金和劳动力的供应。由于现代的社会化大生产和专业化分工，一个稍大一点的工程，其参加单位就有十几个、几十个，甚至上百个，它们之间形成各式各样的经济关系。由于工程中维系这种关系的纽带是合同，所以就有各式各样的合同。项目的建设过程实质上是一系列合同的签订和履行过程。

5.1.1.2　现代工程建设合同的基本要求

（1）合同内容齐全，条款完整，不能漏项。

（2）定义清楚、准确，双方责任的界限明确，不能含混不清。

（3）注重保护双方利益。

（4）符合工程管理的需要。合同作为现代项目管理的一种手段和措施，人们希望通过合同促进良好的管理。

（5）合同的标准化，即在工程中，尽可能采用标准的合同文本。

5.1.1.3　项目组织目标与合同

传统的业主和承包者的关系是"冲突型"的，项目组织被当成一种市场，市场中业主寻求最大限度地提高承包商绩效和以最低的价格获得最佳的产品；承包商则寻求在获得最大利润和交付业主希望的产品的同时使风险最小。

现代的观点认为，工程项目组织是一种临时性的组织，在这个临时性组织中，项目业主通过分配资源来实现他们的发展目标。对于其他参与项目的组织来说，他们是业主找来的"雇员"，所以都应积极地为实现业主的目标而努力，这就是项目业主的利益所在。通过项目合同，业主聘用外部资源来为自己的项目服务，并且试图把这些外部资源的目标与他们自己的目标挂上钩。像在任何一个组织中一样，为业主工作的各方"雇员"，需要奖励，才能达到业主的项目目标。

项目组织的根本目标应该是创造一种合作的系统，在这个系统中的个体以一种理性的方式一起工作，来达到一个共同的（业主的）目标。因此，项目业主需要通过项目合同去尽力激励承包者以便达到双赢的目标。

工程项目的渐进明晰性和执行过程所包含的不确定性，决定了合同内容的风险性和或然性（不确定性）。因此，为了提供适度的奖励，项目合同不仅需要识别项目风险，而且需要包括合适的保障措施来保护承包者。在可以预见的风险范围内，项目合同的设计应该鼓励业主和承包者开展理性的合作，共同达到他们的目标和双方受益的最大化。

合同战略不仅需要提供奖励和保障措施来处理提前预想到的风险，还必须有足够的灵活性来处理没有预测到的情况。也就是合同需要提供一种灵活的、有远见的非事后治理结构。

5.1.2　合同的激励机制设计

5.1.2.1　合同的激励机制

合同激励机制就是充分利用承包商追求最大利润的心理特点，鼓励承包商在最大限度上接受业主的项目目标，从而营造相互合作的文化氛围，促使双方共同努力为项目创造价值。激励机制的设计需要从内容、过程及激励强度角度分析。

内容性激励，就是研究究竟何种需要激励着人们从事自己的工作，其中具有代表性的是马斯洛的需要层次理论及奥尔德弗提出的 ERG（存在、关系和成长）需要理论。承包商同样存在各种需求，如企业生存、发展、信誉等，因此内容性激励就是业主通过满足承包商的某些需求来激励承包商的积极行为。

过程性激励侧重于研究激励理论的整个认识过程以及这种认知过程如何与积极的行为相关联。其中弗鲁姆的希望理论最著名。弗鲁姆认为，一种激励因素的作用大小取决于两个方面：一是人对激励因素所能实现的可能性大小的期望；二是激励因素对其本人效价的大小。激励力量等与期望值和效价的乘积，即：激励力量 = 期望值×效价。因此，业主应设计适宜的激励目标，并明确激励目标与激励的关系，从而最大限度地调动承包商的积极性。

在工程实践中，各种激励机制的设计、应用，需要满足承包商的两个约束：参与约束与激励相容约束。参与约束意味着承包商从接受激励措施中得到的期望收益，不能小于没有激励措施时所能得到的最大期望收益，包括有形收益和无形收益；激励相容约束就意味着承包商从努力工作中所获得的收益必须最大化，这样承包商就不会存在选择机会主义行为的内在动机了。

合同激励机制的种类包括：成本激励（目标成本、目标酬金、分享节余）、工期激励（提前奖励、误期处罚）、绩效激励（质量、安全或其他）以及综合激励。

5.1.2.2　非赌注性质的奖励

威廉姆森（Oliver Willianmson）提出，为了提供非赌注性质的奖励，项目合同需要处理好三个关系：

（1）奖励。激励承包商分担业主的目标和任务的奖励；

（2）承担相应的风险；

156

（3）安全保障。由项目业主通过合同提供一些旨在保障承包商免受风险损失的措施。

如果不存在风险就没有必要采取任何的安全保障，同时奖励也会比较低。如果存在风险，可能有或可能没有安全保障，如果没有安全保障，而承包商却承担了业主的所有风险，那么就需要给予很高的奖励；如果有安全保障，业主已经承保了承包商的风险，那么奖励就会低一些。有的时候，业主只提供一些针对极端项目风险的安全保障。那些不确定性较低的项目风险，可由承包商来承担，但是对于那些极端的风险事件，业主必须承诺支付给承包商风险保障。在这些情况下，项目的奖励一定会少于没有任何安全保障的情况。

奖励和安全保障只能针对可以预见的风险。如果能够被正确地应用，项目的参与者应该为了一个共同的（业主的）目标而理性地去行动。

5.1.2.3 灵活的、有远见的非事后治理结构

合同治理结构可以认为是用来协调合同中不同利益相关者之间的利害和行为的关系的制度安排。合同治理结构决定合同为谁服务（目标是什么），由谁控制，风险和利益如何在各个利益集团中分配等一系列根本性问题。

合同必须有足够的灵活性来处理没有预测到的情况，正确的处理方法是通过相互的协商和合作来实现。这就是所谓的灵活的、有远见的非事后治理结构：①通过相互协商而允许修改合同；②提供沟通的结构来识别项目如何进展以及识别一些可能产生的问题，这就可以用一种相互合作的方式来解决项目出现的问题；③通过持续奖励承包者去达到项目业主的目标；④确保使每一方都感到没有必要付诸于法律（因为这是一个必然双输的结果，只不过赢家比输家损失得少一些而已）。

威廉姆森提出用四个要素数来描述一个项目合同形式所提供的灵活、有远见和非事后治理的能力：奖励幅度；双方适应的容易程度；对控制的依赖程度（交易成本）；对司法的依赖程度。

5.1.3 合同的类型

项目的条件和承包内容不同，往往要求不同类型的合同，工程建设合同可以按多种方式进行分类。比如，按签约各方的关系，工程建设合同可以分为总包合同、分包合同、联合承包合同等；按合同标的性质划分，可分成可行性研究合同、勘察合同、设计合同、施工合同、监理合同、材料设备供应合同、劳务合同、安装合同、装修合同等；按照支付方式进行合同分类，一般分为总价合同、单价合同和成本补偿合同。

5.1.3.1 总价合同

总价合同有时称为约定总价合同，或称包干合同。这种合同一般要求投标人按照招标文件要求报一个总价，在这个价格下完成合同规定的全部工作内容。总价合同一般有五种方式。

1. 固定总价合同

承包商的报价以业主方的详细设计图纸及计算为基础，并考虑到一些费用的上升因素，如图纸及工程要求不变动则总价固定，但当施工图纸或工程质量要求变更，或工期要求提前，则总价也改变。这种合同适用于工期不长（一般不超过一年），对工程项目要求十分明确的项目，如工期不长则可一次性付款。承包商将承担全部风险，将为许多不可预见因素付出代价，因此一般报价较高。

2. 调价总价合同

在报价及签订合同时，以招标文件的要求及当时的物价计算总价的合同。但在合同条款中双方商定：如果在执行合同中由于通货膨胀引起工料成本增加达到某一限度时，合同总价应相应调整。这种合同，业主承担通货膨胀这一不可预见的费用因素的风险，承包商承担其他风险。采用这种合同形式的项目，一般工期较长（一年以上）。

3. 固定工程量总价合同

即业主要求投标人在投标时按单价合同办法分别填报业主编制的工程量表中各个分项工程的单价，从而计算出工程总价，据之签订合同。原定工程项目全部完成后，根据合同总价付款给承包商。工期较长的大中型工程也可分阶段付款，但要在签订合同时说明。如果改变设计或增加新项目，则用合同中已经确定的单价来计算新的工程量和调整总价，这种方式适用于工程量变化不大的项目。这种方式对业主比较有利。

4. 附费率表的总价合同

与上一种相似，只是业主没有力量或来不及编制工程量表时，可规定由投标人编制工程量表并填入费率，以之计算总价及签订合同。这种合同适用于较大的、可能有变更及分阶段付款的合同。

5. 管理费总价合同

业主雇用某一公司的管理专家对发包合同的工程项目进行管理和协调，由业主给付一笔总的管理费用。

采用这种合同时要明确具体工作范围。

5.1.3.2 单价合同

当准备发包的工程项目的内容和设计指标一时不能十分确定，或是工程量不能准确确定时，则以采用单价合同形式为宜。单价合同一般分为三种形式。

1. 估计工程量单价合同

业主在准备此类合同的招标文件时，按照分部分项工程列出工程量表（清单）并填入估算的工程量，承包商投标时在工程量表中填入各项单价，据之计算出总价作为投标报价之用。但是在每月结账时，以实际完成的工程量结算。工程全部完成时，以竣工图和某些只能现场测量的工程量为依据，最终结算工程的总价格。

有的合同规定，当某一分项工程的实际工程量与招标文件上的工程量相差一定百分比（一般为±15%～±30%）时，双方可以讨论改变单价，但单价调整方法和比例最好在签订合同时即写明，以免日后发生纠纷。

2. 纯单价合同

在设计单位还来不及提供施工详图，或虽有施工图但由于某些原因不能较为准确地估算工程量时，采用纯单价合同。招标文件只向投标人给出各分项工程内的工作项目一览表、工程范围及必要的说明，而不提供工程量，承包商只要给出表中各项目的单价即可，将来施工时按实际工程量计算。

3. 单价与子项包干混合式合同

以估计工程量单价合同为基础，但对其中某些不易计算工程量的分项工程（如小型设备购置与安装调试）则采用包干办法，而对能用某种单位计算工程量的，均要求报单价，按实际完成工程量及工程量表中单价结算。这种方式在很多大中型土木工程中普遍采用。

5.1.3.3 成本补偿合同

成本补偿合同也称成本加酬金合同（简称 CPF 合同），即业主向承包商支付实际工程成本中直接费（一般包括人工、材料和机械使用费），并按事先协议好的某一种方式支付管理费及利润的一种合同方式。成本补偿合同有多种形式。

5.2　合同法律制度

5.2.1　与合同文本有关的概念

工程建设合同一般要求以书面形式出现。制订合同文本是一项重要的工作。在此，有四个互有区别的概念，需要搞清楚。

5.2.1.1 合同文件

合同文件指招标项目从发布招标公告起，至项目完工移交后，保修期结束为止的全过程，业主和承包者之间涉及项目的全部有文字记录的往来文件，大至成套的招标文件、设计图纸，小至材料验收凭证、往来函电，都包括在内，实际就是记录项目实施过程的全部档案。一旦发生合同纠纷，可从中查找处理所需要的凭证。

5.2.1.2 合同条件

合同条件是合同的具体条款。建设工程合同条件通常由一般条件和专用条件（亦称特殊条件）两部分组成。前者为对每一项目都适用的通用条款；后者为针对某一具体项目具体问题的专用条款。业主提出的主要合同条件是招标文件的重要组成部分。

合同条件主要规定了在合同执行过程中当事人双方的职责范围、权利和义务；受业主方委托参与项目管理一方的职责和授权范围；遇到各类问题（如工程进度、质量、检验、支付、变更、不可抗力、保险、索赔、争议和仲裁等）时，各方应遵守的原则、程序和采取的措施等。

5.2.1.3 合同协议

合同协议是中标的承包者与业主签订的明确合同标的及双方权利、义务的简明文件，它起着承包合同纲领的作用。业主在中标通知书中要求承包者签订合同，就是要签署这一合同协议，并确认作为协议组成部分的中标通知书、投标文件、合同条件、技术说明书等一系列文件。只有签订了合同协议，业主和承包商之间的合同关系才算正式确定，也就是为法律所承认。

5.2.1.4 合同文本

合同文本是以载明合同协议、合同条件及协议所列其他文件的全套文书，也就是合同内容的载体。一个完整的合同文本，一般由三部分组成：合同序文（或称合同首部）、合同内容（即合同条款）和合同结尾（或称合同尾部）。

由于工程建设及其履行过程十分复杂，所以工程建设合同的形式和内容都十分复杂，建设实践中，合同文本主要分成非标准合同文本和标准合同文本两种主要形式。

非标准合同文本的所有合同条款都是由合同双方（或一方）自己起草的。其形式和内容随意性较大，常常不反映惯例，内容又不完备，执行起来风险很大，通常对双方都不利。非标准文本的合同在国内外工程建设中用的依然很普遍。

标准文本是经过多方论证将某一类合同的实质内容统一而形成的标准化、规范化文本。一般是在原有非标准合同文本的基础上完善而成的。为了适应不同的需要，既体现惯例和统一的内容，又满足每一个项目的特殊性和合同的特殊要求，一般是把原有非标准合同文本的内容分解成三部分：

（1）通用条款。将一些普遍适应的、带统一性的、反映惯例的内容提取出来，并标准化，作为标准的合同条件或合同通用条款，形成一个独立的文本。它是标准合同文本最重要的内容；

（2）合同协议书。将合同的首部（包括合同双方介绍、项目名称、合同文件组成等）以及尾部（双方签字和日期）取出，作为合同协议书；

（3）专用条款。将反映合同特殊性以及合同双方对项目、对合同的一些专门的要求，作为特殊条款或专用条款，以用于对合同通用条款进行重新定义、补充、删除，或做特殊说明。

合同文本有正本、副本之分。正本由合同当事双方各持一份；副本份数及持有者由合同条件规定。

5.2.2 合同制度及合同的基本作用

5.2.2.1 我国合同制度的建立和发展

合同是商品经济的产物，随着商品经济的产生而产生，随着商品经济的发展而发展。合同法则与合同的产生、发展相伴随，是商品交换关系的法律表现。

1981年12月，五届全国人大第四次会议通过了《中华人民共和国经济合同法》，初步确定了我国经济合同制度。1985年3月，六届全国人大常务委员会第十次会议通过了《中华人民共和国涉外经济合同法》，进一步完善了我国经济合同制度。1987年6月，六届全国人大常务委员会第二十一次会议审议通过了《中华人民共和国技术合同法》，从而形成了我国特定历史时期的三部合同法并存的立法模式。值得特别指出的是，1986年4月，第六届全国人大第四次会议审议通过的《中华人民共和国民法通则》明确规定了民事权利制度和民事责任制度，对完善我国合同法体系起了十分重要的作用。同时形成了以《民法通则》为龙头，以《经济合同法》、《涉外经济合同法》、《技术合同法》为骨干，以一系列专门法律中合同规范和一批规范合同的行政法规、规章为基础的合同法律体系。

1993年9月，八届全国人大常务委员会第三次会议对《经济合同法》作了修改。

1999年3月15日，九届全国人大第二次会议审议通过了《中华人民共和国合同法》，1999年10月1日起正式实施，同时，对《经济合同法》、《涉外经济合同法》和《技术合同法》予以废止。《合同法》的颁布和实施，标志着我国合同制度的统一和完善。

5.2.2.2 《合同法》的主要内容

《合同法》共23章428条，分为总则、分则和附则三个部分。其中，总则部分共8章，将各类合同所涉及的共性问题进行了统一规定，包括一般规定、合同的订立、合同的效力、合同的履行、合同的变更和转让、合同的权利义务终止、违约责任和其他规定等内容。分则部分共15章，分则对买卖合同，供用电、水、气、热力合同，赠与合同，借款合同，租赁合同，融资租赁合同，承揽合同，建设工程合同，运输合同，技术合同，保管合同，仓储合同，委托合同，行纪合同和居间合同进行了具体规定。附则部分仅 1 条，规定了《合同法》的施行日期。

5.2.2.3　合同的基本作用

合同是一个契约，是法人和法人之间，或法人和公民之间，或公民和公民之间为实现某种目的而确定相互间权利和义务的协议。合同一经成立，即受法律保护。合同在工程建设中的特殊地位和作用主要表现在如下几个方面：

（1）合同确定了项目实施和管理的主要目标；

（2）合同规定了双方的经济关系；

（3）合同是双方的最高行为准则。项目管理以合同为核心；

（4）合同和它的法律约束力是项目实施和管理的保证；

（5）合同是双方解决争执的依据。

5.2.3　典型的合同标准文本

5.2.3.1　合同条件和合同范本的制定

国际上较著名的一些标准合同条件一般是由代表各方利益的权威专业人士组织制定，由政府或有关国际机构认可，项目参与各方参照执行，经过长期的实践，再进行修改完善，如FIDIC 合同条件等。

为了完善合同制度，规范合同各方当事人的行为，维护正常的经济秩序，我国从 1990年开始在全国逐步推广合同示范文本制度。

5.2.3.2　标准施工合同条件

2007 年，国家发展和改革委员会、财政部、原建设部、铁道部、交通部、信息产业部、水利部、民用航空总局、广播电影电视总局联合编制并发布的《标准施工招标文件》中，包括了一套施工合同条件，这是多部委第一次联合发布标准合同条件。

该合同条件由通用合同条款、专用合同条款、合同附件格式三部分组成。通用合同条款全文共 24 条 130 款。

5.2.3.3　财政部合同条件

世界银行贷款的项目合同，按规定必须使用世界银行的《标准招标采购文件（SBD）》。考虑到我国的具体情况和采购管理经验，经与世界银行充分协商，世界银行同意我国使用财政部编的《世界银行贷款项目招标文件范本》，该文件范本包括了一套结合中国国情的合同条件，并从 1996 年 7 月起，在世行贷款项目的货物和土建工程的竞争性招标中使用。

5.2.3.4　原建设部和国家工商行政管理局合同范本

原建设部和国家工商行政管理局推出了工程建设系列合同范本，包括勘察、设计、施工、监理合同范本。

5.2.3.5　中央部门的其他工程合同范本

交通部的公路工程合同文件范本，包括国际招标和国内招标两个文本。《公路工程国际招标文件范本》，其中包括了 FIDIC 的通用合同条件和结合国情的专用合同条件。《公路工程国内招标文件范本》，其中包括了合同通用条件和专用条件。

水利部、国家电力公司和国家工商行政管理局合同范本包括：《水利水电工程施工合同示范文本》（GF—2000—0208）；《水利工程建设监理合同示范文本》（GF—2000—0211）。水利水电工程施工合同示范文本包括通用合同条款和专用合同条款，通用合同条款共22部分，60条。

5.3 工程建设合同体系

5.3.1 主要合同关系

在一个项目中，相关的合同可能有几份、几十份、甚至上百份，形成一个复杂的合同网络。在这个网络中，业主和承包商是两个最主要的节点。

5.3.1.1 业主的主要合同关系

业主作为工程、货物或服务的买方，根据对项目的需求，确定项目的整体目标。这个目标是所有相关合同的核心。

要实现项目目标，业主需要将项目的咨询、勘察设计、施工、设备和材料供应等工作委托出去，需要与有关单位签订如下各种合同：

（1）咨询（监理）合同；

（2）勘察设计合同；

（3）（设备、材料）供应合同；

（4）工程施工合同；

（5）贷款合同。

按照项目承包方式和范围的不同，业主可能订立几十份合同。

5.3.1.2 承包商的主要合同关系

承包商是工程施工的具体实施者。承包商通过投标接受业主的委托，签订工程承包合同。工程承包合同和承包商是任何建筑工程项目中都不可缺少的。承包商要完成承包合同的任务，包括由工程量表所确定的工程范围的施工、竣工和保修，为完成这些工程提供劳动力、施工设备、材料，有时也包括设计。任何承包商都不可能，也不必具备所有的专业工程的施工能力、材料和设备的生产和供应能力，他同样必须将许多专业工作委托出去。所以承包商常常又有自己复杂的合同关系：

（1）分包合同；

（2）（设备、材料）供应合同；

（3）运输合同；

（4）加工合同；

（5）租赁合同；

（6）保险合同。

承包商的这些合同都与工程承包合同相关，都是为了完成承包合同责任而签订的。

5.3.1.3 合同体系

业主为了实现项目总目标，必须签订许多主合同，按照项目任务的结构分解，就得到不

162

同层次、不同种类的合同，它们共同构成该项目的合同体系（图5-1）。承包商为了完成他的承包合同责任也必须订立许多分合同。这些合同从宏观上构成项目的合同体系，从微观上每个合同都定义并安排了一些项目活动，共同构成项目的实施过程。在该合同体系中，这些合同都是为了完成业主的项目目标，都必须围绕这个目标签订和实施。

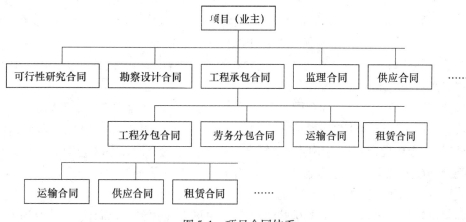

图5-1　项目合同体系

在国外，人们又把这个合同体系称为"合同网络"。在项目中这个合同网络的建立和协调是十分重要的。在这个合同网络中，工程承包合同是最有代表性、最普遍，也是最复杂的合同类型。它在合同体系中处于主导地位，是整个项目合同管理的重点。无论是业主、监理工程师或承包商都将它作为合同管理的主要对象。深刻了解工程承包合同将有助于对整个合同体系以及对其他合同的理解。

项目的合同体系在项目管理中也是一个非常重要的概念。它从一个重要角度反映了项目的形象，对整个项目管理的运作有很大的影响：①它反映了项目任务的范围和划分方式；②它反映了项目所采用的管理模式；③它在很大程度上决定了项目的组织形式。

5.3.1.4　合同的生命期

不同种类的合同有不同的委托方式和履行方式，它们经过不同的过程，就有不同的从合同成立、生效到合同终止的生命期。以工程施工合同为例，其生命期可用图5-2来表示。

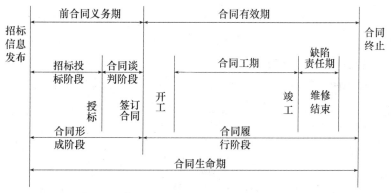

图5-2　工程施工合同生命期示意图

5.3.2 建设工程合同的特征

5.3.2.1 建设工程合同的概念

建设工程合同是《合同法》中确定的一种合同类型，指承包人进行工程建设，发包人①支付价款的合同。"承包人"是指在建设工程合同中负责勘察、设计、施工任务的一方当事人；"发包人"是指在建设工程合同中委托承包人进行勘察、设计、施工任务的建设单位（业主）。在建设工程合同中，承包人的最主要义务是进行勘察、设计、施工等工作；发包人的最主要义务是向承包人支付相应的价款。

从合同理论上说，建设工程合同是广义承揽合同的一种。西方大陆法系国家（或地区）的民法典，建设工程合同并非一类独立于"承揽合同"的合同类型。我国原《经济合同法》第18条已将工程建设合同作为不同于承揽合同的一类新的合同，在《合同法》中，也把它作为一类合同单独规定。但考虑到建设工程合同毕竟是从承揽合同中分离出来的，《合同法》规定：建设工程合同中没有规定的，适用承揽合同的有关规定。

近几年出台的《中华人民共和国建筑法》、《中华人民共和国合同法》、《中华人民共和国招标投标法》健全了建设工程合同制度，确立了承包主体必须是具有相应资质等级的单位的制度、招标投标制度、建设工程合同应当采用书面形式的制度、禁止违法分包和转包制度、竣工验收制度、承包人优先受偿权制度等，明确了合同各方当事人的法律地位和权利、义务、责任，对提高建设工程质量起到了极大的推动作用。

5.3.2.2 建设工程合同的特征

建设工程合同具有承揽合同的一般特征，如：建设工程合同是一种诺成合同，合同订立生效后双方应当严格履行；建设工程合同也是一种双务、有偿合同，当事人双方在合同中都有各自的权利和义务，在享有权利的同时必须履行义务。但是，《合同法》既然将其与承揽合同区分开来，必有其特殊性。

建设工程合同的主要特征是：

（1）建设工程合同的主体只能是法人，而且必须是具有某种资格的法人。

（2）建设工程合同标的仅限于建设工程，即指比较复杂的土木建筑工程，其工作要求比较高，而价值较大。

（3）国家管理的特殊性。国家对建设工程不仅进行建设规划，而且从建设工程合同的订立到合同的履行，从资金的投放到最终的成果验收，都受到国家严格的管理和监督。

（4）建设工程合同具有次序性。如，国有投资项目未经立项、没有可行性研究，就不能签订勘察、设计合同；没有完成勘察设计工作，就不能签订施工合同等。

（5）建设工程合同为要式合同。建设工程合同应当采用书面形式，不采用书面形式的建设工程合同一般不能有效成立②。

---

① 我国建设领域习惯将发包人称为发包方，承包人称为承包方。

② 这里所说不能有效成立，是指建设工程合同未采用书面形式不生效，当事人无义务履行。但是，现实中存在虽未采用书面形式订立建设工程合同，但当事人已经开始履行的情况。《合同法》第三十六条规定："法律、行政法规规定或者当事人约定采用书面形式订立合同，当事人未采用书面形式但一方已经履行主要义务，对方接受的，该合同成立。"

5.3.2.3 建设工程合同的分类

建设工程的进行，具有一定的顺序性，前一个过程是后一个过程的基础和前提，后一个过程是前一个过程的目的和结果，各个阶段不可或缺。据此，建设工程合同可分为：

（1）勘察合同；

（2）设计合同；

（3）施工合同；

（4）总承包合同。

以上四种建设工程合同，在习惯上，勘察、设计往往结合在一起，称为工程勘察设计合同。

5.4 合同的订立与效力

合同的订立是指缔约双方为达成合同所相互交涉的过程，以及由此而达成协议的状态。合同成立通常是订立合同的结果，而合同订立不仅包括合同成立，还包括缔约方相互磋商的动态过程，包括要约邀请、要约、反要约、订约等。

5.4.1 合同订立方式与程序

5.4.1.1 订立方式

由于建设工程标的的特殊性，国家对建设工程合同进行特殊管理，而这种管理更多地体现在建设工程合同的订立上。无论从订立合同的形式、方式、订立程序方面，还是从建设工程合同的内容方面，国家都做了比较严格的规定。

建设工程合同当事人可以通过不同的方式订立建设工程合同。

合同法第二百七十二条规定："发包人可以与总承包人订立建设工程合同，也可以分别与勘察人、设计人、施工人订立勘察、设计、施工承包合同。"因此，建设工程合同可以是总承包合同，也可以是勘察、设计、施工的单独承包合同，或者是联合承包合同。

5.4.1.2 订立程序

建设工程合同的订立首先须遵守国家规定的建设程序。

建设工程合同作为合同的一种，其订立也要经过要约、承诺的过程。

建设工程发包包括招标发包和直接发包两种形式。

通过招标投标订立建设工程合同，是订立建设工程合同的主要形式，也是对建设工程较为有益的形式。中标通知书发出后，建设工程合同实质上已经成立，但由于建设工程合同的重要性，根据我国《合同法》和《招标投标法》的规定，招标人和中标人双方还应当订立书面的建设工程合同。

5.4.2 合同订立的基本原则

按照合同法和合同实践，不论是订立合同、确定合同的效力，还是履行合同、变更和终止合同，或是追究当事人的违约责任，都需要遵循一些基本原则。这些原则，也就是《合同法》的基本原则。这些基本原则主要包括平等原则、合同自由与国家适当干预相结合原则、公平原则、诚实信用原则和合同第一性原则等。

5.4.2.1 当事人地位平等原则

《合同法》第三条规定，合同当事人的法律地位平等，一方不得将自己的意志强加给另一方。平等原则体现在合同订立时，也体现在合同的履行、承担违约责任以及处理合同纠纷等各方面。

5.4.2.2 合同自由与国家适当干预相结合原则

合同自由是市场经济运行的基本原则之一，也是一般国家的法律准则。《合同法》第四条规定，当事人依法享有自愿订立合同的权利，任何单位和个人不得非法干预。合同自由原则，又称当事人意思自治原则，是指当事人根据自己的利益需要自主地决定是否签订合同，自主地选择缔约伙伴，自主协商合同的主要条款和解决合同争议的方式。任何一方不得将自己的意志强加给对方，任何单位和个人不得非法干预。

《合同法》第七条规定，当事人订立、履行合同，应当遵守法律、行政法规，尊重社会公德，不得扰乱社会经济秩序，损害社会公共利益。另外，《合同法》也规定了合同监督管理的内容。这些都是对国家适当干预原则的规定。

5.4.2.3 公平原则

《合同法》第五条规定，当事人应当遵循公平原则确定各方的权利和义务。所谓公平原则，顾名思义，是指如何使合同确定的权利义务关系体现公正、平等或者对等的要求，不偏袒任何一方当事人。

双方当事人权利和义务的公平原则，贯穿于整个合同行为过程中。

维护合同公平与维护合同自由是密切联系在一起的，两者相辅相成，缺一不可。合同自由赋予交易当事人享有广泛的行为自由，而维护合同公平则意味着赋予法院或者仲裁机构以一定的自由裁量权，使他们能够根据合同关系的具体情况，平衡当事人之间的利益，保护经济上的弱者，维护当事人的平等地位和合同内容的公平。

5.4.2.4 诚实信用原则

合同的签订和顺利实施是基于参与合同各方紧密协作、互相配合、互相信任的基础之上。《合同法》第六条规定，当事人行使权利、履行义务应当遵循诚实信用原则。在法律上，诚实信用原则属于强制性规范，当事人不得以其协议加以排除和规避。

5.4.2.5 合同第一性原则

在市场经济中，合同作为当事人双方经过协商达成一致的协议，签订合同是双方的民事行为。在合同所定义的经济活动中，合同是第一位的，作为双方的最高行为准则，任何工程问题和争执首先都要按合同解决，只有当法律判定合同无效，或争执超过合同范围时才按法律解决。所以在工程建设中，合同具有法律上的最高优先地位。《合同法》第八条规定，当事人应当按照约定履行自己的义务，不得擅自变更或者解除合同。依法成立的合同，受法律保护。

5.4.3 合同的谈判

合同的谈判是一个项目执行成败的关键。谈判成功，可以得到合同，可以为合同的实施创造有利的条件，给项目带来可观的经济效益；谈判失误或失败，可能失去合同，或给合同的实施带来无穷的隐患，甚至灾难，导致项目的严重亏损或失败。

合同双方都希望签订一个有利的、风险较少的合同，但在项目中许多风险是客观存在的，问题是由谁来承担。减少或避免风险，是合同谈判的重点。合同双方都希望推卸和转嫁风险，所以在合同谈判中常常几经磋商，有许多讨价还价。这是在实际工作中使用最广泛，也是最有效的防范风险的对策。

5.4.3.1　谈判的阶段及主要内容

1. 谈判阶段的划分

谈判是签订合同的前奏，招标发包的项目合同谈判一般分两个阶段。

第一阶段是决标前的谈判。这一阶段的谈判在业主方是通过评标委员会来完成的。这一阶段谈判要达到的目的，在业主方面，一是进一步了解和审查候选中标单位的技术方案和措施是否合理、先进、可靠，以及准备投入的力量是否足够雄厚，能否保证质量和进度；二是进一步审核报价，并在付款条件、付款期限及其他优惠条件等方面取得候选中标单位的承诺。在候选中标单位方面，则是力求使自己成为中标者，并以尽可能有利的条件签订合同。

第二阶段是决标后的谈判。这一阶段谈判的目的是将双方在此以前达成的协议具体化和条理化，对全部合同条款予以法律认证，为签署合同协议完成最后的准备工作。

当然，在合同履行过程中，出现分歧或争议也可能形成双方谈判的局面，但一般来说，这时合同已经形成，要解决的问题往往是局部的或非根本性的，可以通过对合同的解释或借助第三方力量来解决。

2. 合同谈判的主要内容

合同谈判的内容因项目和合同性质、招标文件规定、业主的要求等的不同，而有所不同。

决标前的谈判主要进行两方面的谈判：技术性谈判（也叫技术答辩）和经济性谈判（主要是价格问题）。在国际招标活动中，有时在决标前的谈判中允许招标人提出压价的要求；在利用世界银行贷款项目和我国国内项目的招标活动中，开标后不许压低标价，但在付款条件、付款期限、贷款和利率，以及外汇比率等方面是可以谈判的。候选中标单位还可以探询招标人的意图，投其所好，以许诺使用当地劳务或分包、免费培训施工和生产技术工人以及竣工后无偿赠送施工机械设备等优惠条件，增强自己的竞争力，争取最后中标。

决标后的谈判一般来讲会涉及合同的商务和技术的所有条款，以下是可能涉及的主要内容：

（1）承包内容和范围的确认；

（2）技术要求、技术规范和技术方案；

（3）价格调整条款；

（4）合同款支付方式；

（5）工期和维修期；

（6）争端的解决；

（7）其他有关改善合同条款的问题。

5.4.3.2　合同谈判的准备与注意事项

1. 合同谈判的准备

合同谈判的准备工作一般包括：

（1）组织精干的谈判班子；

（2）做好思想准备和谈判方案准备；

（3）准备资料；

（4）安排谈判的议程。谈判议程一般是由业主一方提出，征求投标人的意见后确定的。

2. 注意事项

（1）机动、灵活地掌握谈判进程。

（2）要善于抓住谈判的实质性问题。

（3）熟悉相关惯例。惯例多种多样，合同双方都可以用不同的惯例来说服对方，制约对方，维护自己一方的利益。

（4）言而有信，留有余地。言而有信是谈判者取得对方信任的必要条件。谈判余地的含义很广，它可以是价格调整余地，也可以是在价格之外，另外给对方一定的好处或优惠，或者是某种额外的许诺。总之要使对方看到希望。商业谈判不能背水一战。余地是供谈判者在不得已时后退之用。

（5）做好记录。谈判时一般不作录音。因此，谈判时一定坚持双方均作记录，一般在每次谈判结束前，双方对达成一致意见的条款或结论进行重复确认。谈判结束后，双方确认的所有内容均应以文字方式，一般是以"会议纪要"、"合同补遗"等形式作为合同附件，写进合同，并以文字说明该"会议纪要"或"合同补遗"构成合同的一部分。

（6）坚持"统一表态"和"内外有别"原则。

5.4.4 合同的主要条款

5.4.4.1 建设工程合同特有的内容

《合同法》根据建设工程合同的特点专门列举了建设工程合同特有的条款，这些条款在建设工程合同中较为重要，一般认为是应当具备的条款。

勘察、设计合同的内容应包括提交有关基础资料和文件（包括概预算）的期限、质量要求、费用以及其他协作条件等条款。

施工合同的内容应包括工程范围、建设工期、中间交工工程的开工和竣工时间、工程质量、工程造价、技术资料交付时间、材料和设备供应责任、拨款和结算、竣工验收、质量保修范围和质量保证期、双方相互协作等条款。

5.4.4.2 一般合同应具备的内容

《合同法》对一般合同内容列举的条款中还包括：当事人的名称和住所，履行的地点，违约责任，解决争议的方法等几项。这些条款也是合同应当具备的条款，否则不利于合同的履行。

5.4.4.3 实践中常见的当事人约定条款

实践中由于各个合同内容不同，当事人为顺利履行合同、明确双方的权利义务，往往自行约定一些条款。在建设工程合同中，常见的有以下几项：

1. 预付款

预付款是建设工程合同订立后，承包人向发包人交付工作成果前，发包人向承包人预先支付的一定数额的货币。当事人在合同中约定预付款的，应当说明预付款的数额、交付的时间、方式等。当事人可以约定发包人交付预付款后合同才开始履行。预付款具有预先给付的作用，是发包人为承包人提供融通资金的方式。预付款往往具有发包人向承包人表示其有履行合同诚意的意思，但预付款并非合同履行的担保。当承包人违约时，只需如数返还，而不像定金那样双倍返还。发包人违约时，承包人仍须返还预付款，不过，预付款可以用来折抵发包人的违约金或赔偿金。

在一般情况下，预付款是报酬的一部分。在双方当事人均履行了合同，发包人对承包人交付的工作成果验收完毕并予以接受后，只需支付合同规定的价款与预付款差额的那一部分。

2. 保密条款

由于建设工程合同一般需要发包人向承包人提供一定的技术资料和图纸，这使承包人有机会接触到发包人的某些不愿为人知的商业秘密和技术秘密。《合同法》规定，当事人在订立合同过程中知悉的商业秘密，无论合同是否成立，不得泄露或不正当地使用；泄露或不正当地使用该商业秘密给对方造成损失的，应当承担损害赔偿责任。可见，无论当事人在合同中是否约定保密条款，当事人都有保密的义务。但是，对于当事人来说，这种义务仅限于较低标准，对当事人利益的保护不够全面。因此，当事人在合同中最好对保密的范围、程度、期限、违反的责任进行约定，才能更好地维护自己的利益。

5.4.5 合同的效力

建设工程合同成立后，是否有效，直接涉及到建设工程合同能否履行、是否可以履行以及履行的后果。这也是合同风险因素之一。

建设工程合同作为合同的一种，《民法通则》、《合同法》以及有关法律法规、司法解释中关于合同无效的一般规定均适用于它。

5.4.5.1 合同的效力概念

合同的效力是指因合同而生的一系列权利、义务关系及相应的法律责任。从严格意义上讲，我们通常所称合同的效力仅仅是指依法成立的合同的效力；否则，我们称为没有效力的合同，即"无效合同"。因此，合同效力可以理解为法律赋予依法成立的合同所产生的约束力。根据合同的效力状态，在《合同法》中，合同被划分为四类：有效合同、效力待定的合同、可撤销的合同和无效合同。

合同的效力体现为合同的履行力，它涉及合同的有效和生效，其实质是合同是否受法律保护。合同的法律约束力包括三个方面：一是履行合同约定的义务（又称"实际履行义务"）；二是不得擅自变更或解除合同；三是履行合同隐含义务（又称"随附义务"）。

5.4.5.2 合同的生效要件

《合同法》规定，依法成立的合同，自成立时生效。但合同成立并非等于合同生效，因为只有依法成立的合同才能生效。一般而言，合同的生效要件包括：

（1）合同当事人订立合同时具有相应的缔约行为能力；

（2）合同当事人意思表示真实；

（3）合同不违反法律或社会公共利益，即符合公序良俗的要求；

（4）合同的内容必须确定或可能。

另外，根据《合同法》第44条第2款的规定，法律、行政法规规定应当办理批准、登记等手续的合同，必须依照规定办理批准登记等手续才能生效；否则，即使具备了上述一般合同的生效要件，合同也不生效。

5.4.5.3 合同无效的原因

导致建设工程合同无效的原因很多，法定无效的合同、被撤销的合同和未被追认的合同均为无效合同。建设工程合同可能部分有效和部分无效。如果有效部分与无效部分可以独立存在，则无效部分不影响有效部分的效力。如果无效部分与有效部分有牵连关系，确认部分内容无效将影响有效部分的效力，或者从行为的目的、交易的习惯以及根据诚实信用和公平原则，决定剩余的有效部分对于当事人无意义或已不公平合理，则合同应全部确认无效。

1. 法定无效建设工程合同

法定无效建设工程合同是指建设工程合同虽然已经成立，但因其违反法律、行政法规或公共利益，因此被确认无效。《合同法》规定下列情况下建设工程合同无效：①一方以欺诈、胁迫的手段订立的合同，损害国家利益的；②恶意串通，损害国家、集体或者第三人利益的；③以合法形式掩盖非法目的的；④损害社会公共利益的；⑤违反法律、行政法规的强制性规定的。下列免责条款无效：①造成对方人身伤害的；②因故意或者重大过失造成对方财产损失的。

2. 被撤销的建设工程合同

被撤销的建设工程合同是指建设工程合同因当事人的意思表示不真实，通过撤销权人行使撤销权，使已经生效的合同归于无效。被撤销建设工程合同撤销的事由主要有：①因重大误解订立的建设工程合同；②在订立建设工程合同时显失公平的；③一方以欺诈、胁迫的手段或者乘人之危使对方在违背真实意思的情况下订立的建设工程合同。

3. 未被追认的建设工程合同

未被追认的建设工程合同是指建设工程合同虽然已经成立，但因其不完全符合有关合同生效要件的规定，其效力未经有权人表示承认。包括：限制民事行为能力人订立的建设工程合同和无处分权人订立的建设工程合同两种。

5.4.5.4 建设工程合同无效的类型

1. 主体资格不合格

（1）发包人主体资格不合格导致的合同无效

房地产开发项目中，未依法取得从事房地产开发经营营业执照的发包人与承包人签订的建设工程合同，一般应认定为无效合同。需要注意，在司法实践中，并未对超越经营范围的民事行为作出必然无效的认定。最高人民法院《关于适用〈中华人民共和国合同法〉若干问题的解释》规定："当事人超越经营范围，人民法院不因此认定合同无效，但违反国家限制经营、特许经营以及法律、行政法规禁止经营的除外。"

发包人在缔约前未取得政府有关部门批准的许可证，如，没有获得项目立项批准以及依法取得土地使用权证、建设用地规划许可证、建设工程规划许可证，将导致建设工程合同的无效。同时注意，依最高人民法院《关于审理房地产管理法施行前房地产开发经营案件若干问题的解答》，如果在一审诉讼期间补办了法律规定的审批手续，合同应认定为有效，如未能在一审诉讼期间补办审批手续的，则合同无效。

（2）承包人的主体资格不合格导致的合同无效

承包人不具备法人资格，必然导致建设工程合同的无效。

建设工程合同的承包人须在其核准登记的资质范围内从事建设活动，无工程勘察、设计及施工资质等级或超越资质等级从事建筑活动，其所缔结的建设工程合同为无效合同。超越资质等级所订立的建设工程合同将被认定为无效合同。同时，《最高人民法院关于审理建设工程施工合同纠纷案件适用法律问题的解释》又明确指出，承包人超越资质等级许可的业务范围签订建设工程施工合同，在建设工程竣工前取得相应资质等级，当事人请求按照无效合同处理的，不予支持。

我国法律禁止任何形式的借用其他企业的资质证书，借用其他企业的资质证书的，所缔结的建设工程合同应定为合同无效。借用的形式多种多样，包括假冒、挂靠、名义上的联营、无资质的承包人变相作为具有资质企业的内部承包单位等。

2. 订立合同的内容不合法

订立合同的内容不合法指违反《建筑法》、《招标投标法》等相关法律法规强制性规定。

（1）违反招标投标强制规定订立的建设工程合同，必须进行招标而未招标或者中标无效，导致的合同无效

我国《招标投标法》第三条详细规定了3种必须使用招投标方式的工程项目，并且在第五十条、第五十二条、第五十三条、第五十四条、第五十五条和第五十七条规定了6类中标无效的情况，《建筑法》也在工程发包承包的相关章节作了原则性的规定。但在实际中需注意的是对不是必须实行公开招标的建设工程，发包人直接发包后，具备相应资质的承包人已开始履行合同的，不宜以建设工程未实行公开招标为由，认定所签订的建设工程施工合同无效。

（2）承包人非法转包建设工程造成的合同无效

转包，是指承包单位承包建设工程后，不履行合同约定的责任和义务，将其承包的全部建设工程转给他人或者将其承包的全部建设工程肢解以后以分包的名义分别转给其他单位承包的行为。

（3）承包人违法分包建设工程导致的合同无效

违法分包是指：①总承包单位将建设工程分包给不具备相应资质条件的单位的；②建设工程总承包合同中未有约定，又未经建设单位认可，承包单位将其承包的部分建设工程交由其他单位完成的；③施工总承包单位将建设工程主体结构的施工分包给其他单位的；④分包单位将其承包的建设工程再分包的。

（4）没有订立书面形式的建设工程合同，导致的合同无效

建设工程合同应当采用书面形式。当事人订立建设工程合同，没有采用书面形式的，合同无效。但是，根据《合同法》第三十六条规定，建设工程合同虽未采用书面形式，但在下列条件下，建设工程合同仍然成立：①一方已履行主要义务；②另一方予以接受。不具备上述条件的，建设工程合同仍然无效。

5.4.5.5 无效建设工程合同的处理

《合同法》第五十八条规定："合同无效或者被撤销后，因该合同取得的财产，应当予以返还；不能返还或者没有必要返还的，应当折价补偿。有过错的一方应当赔偿对方因此所受到的损失，双方都有过错的，应当各自承担相应的责任"。《合同法》第五十九条规定，

"当事人恶意串通，损害国家、集体或者第三人利益的，因此取得的财产收归国家所有或者返还集体、第三人。"建设工程合同作为合同的一种，其无效的处理除应遵循《合同法》的一般原则规定外，又有其自身突出特点，应根据具体情况作具体分析。

1. 勘察设计合同无效的处理

勘察设计合同被确认无效后，合同没有履行的，不得履行。已经履行或者履行完毕但发包人尚未支付报酬的，就勘察人、设计人在勘察、设计中支付的费用，按下列原则处理：①合同无效系勘察人、设计人的过错，由勘察人、设计人自行承担；②发包人有过错的，由发包人承担；③双方都有过错的，按过错程度分担。发包人已经支付报酬的，勘察人、设计人应当返还给发包人，就勘察人、设计人因履行无效合同而花费的支出，仍按上述原则处理。

2. 施工合同订立后尚未履行前被确认无效的处理

施工合同订立后、实际履行前被确认无效的，双方当事人均不能继续履行。因无效施工合同致使当事人遭受损失的，由有过错一方负责赔偿。都有过错的，依过错大小承担责任。

3. 施工合同已经履行或履行完毕被确认无效的处理

施工合同已经履行或履行完毕而被确认无效的，处理起来比较复杂。一般而言，在合同被确认无效后，应当立即停止履行，然后按下列规则处理：

（1）恢复原状。即承包人将完成的工程或部分工程拆除。发包人支付价款的，承包人应当返还，承包人、发包人依所有权取回属于自己所有的财产。这种处理方法一般适用于下列情况：一是工程质量低劣，已无法补救，并对社会公众形成危险的；二是工程严重违反国家有关计划或者规划的。

（2）折价补偿。折价补偿是将完成的建设工程归发包人所有，对承包人所付出的劳动由发包人按估算方式折价补偿给承包人。一般以承包人的实际支出为限进行折算，但不包括承包人的利润。

（3）赔偿损失。主要包括订立施工合同的费用（如招标投标费用），以及为履行合同做准备的损失，如原材料购买、设备购买、设备租用、准备期间的工资等。赔偿损失多与返还财产或折价补偿并用。

（4）收缴财产。对于当事人通过订立无效施工合同，损害国家、集体或者第三人利益的，对当事人因此而取得的利益应当收归国家所有，或者返还集体、第三人。

4. 承担行政责任

建设工程合同无效的，除承担上述责任外，还应当承担行政责任。无效建设工程合同当事人承担行政责任的方式主要有：①责令改正；②责令停业整顿；③降低资质等级；④吊销资质证书；⑤罚款。

5.4.5.6 招标投标方式发包中的缔约过失责任

缔约过失责任是指当事人在订立合同过程中，因过错违反诚实信用原则负有的先合同义务，导致合同不能成立，或者合同虽然成立但不符合法定生效条件而被确认无效、被变更或被撤销，给对方造成损失时所应承担的损害赔偿责任。

缔约过失责任发生于合同不成立或者合同无效的缔约过程。其构成条件为：一是当事人有过错。若无过错，则不承担责任；二是有损害后果的发生。若无损失，亦不承担责任；三是当事人的过错行为与造成的损失有因果关系。

《合同法》的第四十二条、第四十三条、第五十八条等规定是当事人主张缔约过失责任的法律依据：

（1）当事人在订立合同过程中有下列情形之一，给对方造成损失的，应当承担损害赔偿责任：①假借订立合同，恶意进行磋商；②故意隐瞒与订立合同有关的重要事实或者提供虚假情况；③有其他违背诚实信用原则的行为。

（2）当事人在订立合同过程中知悉的商业秘密，无论合同是否成立，不得泄露或者不正当地使用。泄露或者不正当地使用该商业秘密给对方造成损失的，应当承担损害赔偿责任。

（3）合同无效或者被撤销后，因该合同取得的财产，应当予以返还；不能返还或者没有必要返还的，应当折价补偿。有过错的一方应当赔偿对方因此所受到的损失，双方都有过错的，应当各自承担相应的责任。

在招标投标活动中，也可能发生缔约过失责任。招标投标活动中可能发生缔约过失责任的情形主要有：

（1）中标结果无效，给相对人造成损失。造成中标结果无效，可能是招标人的责任、投标人的责任，也可能是招标代理机构的责任。《招标投标法》第五十条、第五十二条、第五十三条、第五十四条、第五十五条、第五十七条等规定，涉及相关内容。

（2）其他违反法律强制性规定或违背诚实信用原则的行为，造成招标投标活动未产生中标人或使项目承接人与招标人（发包人）的合同归于无效。其中包括：①招标人规避招标，使项目承接人与招标人（发包人）的合同归于无效。②因招标人原因，招标中止或招标失败。一般而言，属于正当拒绝所有投标的行为，招标人不必承担赔偿责任；而非正当拒绝所有投标的行为，给投标人造成损失的，应当负赔偿责任。③因招标条件不具备或未履行审批手续，致使招标无效。④因歧视投标人，致使招标无效。⑤评标不公，致使招标失败。

5.5　常见合同的主要内容

5.5.1　勘察设计合同

5.5.1.1　勘察设计合同的基本条款

建设工程勘察合同的基本内容包括：

（1）工程概况；

（2）发包人向承包人提供的有关资料文件；

（3）承包人应向发包人交付的报告、成果、文件；

（4）工期；

（5）收费标准及支付方式；

（6）变更及工程费的调整；

（7）发包人、承包人责任；

（8）违约责任；

（9）材料设备供应；

（10）报告、成果、文件检查验收；

（11）合同未尽事宜；

（12）其他约定事项；

（13）争议解决办法；

（14）合同生效与终止。

设计合同的基本条款包括：

（1）合同签订依据；

（2）合同设计项目的内容；

（3）发包人向设计人提交的有关资料、文件及时间；

（4）设计人向发包人交付的设计文件、份数、地点及时间；

（5）费用及支付方式；

（6）双方责任；

（7）违约责任；

（8）保密；

（9）合同生效及其他。

5.5.1.2 发包人的主要义务

（1）按照合同约定提供开展勘察、设计工作所需的原始资料、技术要求，并对提供的时间、进度和资料的可靠性负责。

（2）按照合同约定提供必要的协作条件。发包人不履行协作义务的，应承担违约责任。

（3）按照约定向勘察、设计人支付勘察、设计费。包括合同约定的报酬以及因工作量增加而产生的费用。

（4）保护承包人的知识产权。发包人对于勘察设计人交付的勘察成果、设计成果，不得擅自修改，也不得擅自转让给第三人重复使用。由于发包人擅自修改设计勘察成果而引起的工程质量责任，应由发包人自己承担；擅自转让成果给第三人使用后，发包人应向勘察设计人负赔偿责任。

5.5.1.3 勘察设计人的主要义务

（1）按照合同约定按期完成勘察、设计工作，并向发包人提交质量合格的勘察、设计成果。

（2）对勘察、设计成果负瑕疵担保责任。即使在勘察合同履行后，于工程建设中发现勘察质量问题的，勘察人仍应负责重新勘察。如果造成发包人损失的，应赔偿发包人的损失。设计合同履行后，因设计质量不合要求而引起返工时，设计人亦应继续完善设计。如果造成发包人损失的，应赔偿发包人的损失。

（3）按合同约定完成协作的事项。勘察、设计人交付勘察、设计资料及文件后，应按规定参加有关的审查，并根据审查结论负责对不超出原定范围的内容作必要调整补充，按合同对其承担勘察设计任务的工程建设配合施工，负责向发包人及施工单位进行技术交底、处理有关勘察设计问题和参加竣工验收等。

（4）维护发包人的技术和商业秘密。

（5）对建设工程承担侵权赔偿责任。因承包人的原因致使建设工程在合理使用期限内造成人身和财产损害的，承包人应当承担损害赔偿责任。

5.5.2 施工合同

5.5.2.1 施工合同的基本内容

国内工程施工合同的标准文件或示范文本，基本上是学习借鉴 FIDIC 合同文件的精华而编制的适合我国国情的合同条款。一般由《协议书》、《通用条款》和《专用条款》组成。

合同通用条款从结构上可以分为：合同主要用语定义和一般性约定；合同各方的权利和义务；施工资源投入；工程进度、质量和造价控制；验收和保修；保障措施、违约责任和合同解除；索赔和争端的解决等几大部分。每一部分又可分为许多项，每一项又可分为许多子项。

5.5.2.2 发包人的主要义务

（1）做好施工前的准备工作，并按照约定提供原材料、设备、技术资料等

发包人应当按照合同的约定做好施工前准备工作，主要包括：

1）办理土地征用、拆迁补偿、平整施工场地等工作，使施工场地具备施工条件，在开工后继续负责解决以上事项遗留问题；

2）将施工所需水、电、电讯线路从施工场地外部接至约定地点，保证施工期间的需要；

3）开通施工场地与城乡公共道路的通道，以及施工场地内的主要道路，满足施工运输的需要，保证施工期间的畅通；

4）向承包人提供施工场地的工程地质和地下管线资料，对资料的真实准确性负责；

5）办理施工许可证及其他施工所需证件、批件和临时用地、停水、停电、中断道路交通、爆破作业等的申请批准手续（证明承包人自身资质的证件除外）；

6）确定水准点与坐标控制点，以书面形式交给承包人，进行现场交验；

7）组织承包人和设计单位进行图纸会审和设计交底；

8）协调处理施工场地周围地下管线和邻近建筑物、构筑物（包括文物保护建筑）、古树名木的保护工作。

（2）发包人的协助义务

任何合同的履行，都离不开对方的协助，在施工合同中尤为明显。如在施工过程中，发包人应当派工地代表，对工程进度、工程质量进行必要的监督，检查隐蔽工程，办理中间交工工程的验收手续，负责鉴证、解决应由发包人解决的问题及其他事宜。同时，发包人不得妨碍承包人的正常作业或者提出超出合同约定内容的要求。

（3）按照约定验收工程

验收①承包人完成的工程，是发包人的主要义务之一。施工合同中的验收，一般分为两部分：一是工程隐蔽部分或中间部位验收，二是工程竣工后对工程的验收。

---

① 《建筑工程施工质量验收统一标准》（GB 50300—2001）中定义，验收是指建筑工程在施工单位自行质量检查评定的基础上，参与建设活动的有关单位共同对检验批、分项、分部、单位工程的质量进行抽样复验，根据相关标准以书面形式对工程质量达到合格与否作出确认。

隐蔽工程是指在施工过程中，被建筑其他部分遮掩的部分。中间验收是在隐蔽工程之外进行的分项、分部、单位工程、单项工程或为了一定目的，合同双方约定的中间部位的质量抽样复验。

工程竣工后的验收是指承包人按照施工合同的约定，完成设计文件和施工图纸规定的工程内容后，发包人组织承包人以及有关单位一起，按照国家有关规定和合同的约定对建设工程进行的交工验收，验收合格后的工程由发包人予以接收。

（4）接收建设工程并按约定支付工程价款

发包人在工程建设完成，对竣工的工程验收合格后应予以接收。如果发包人无正当理由拒绝接收的，承包人可以在一定期限内要求发包人接收。在该期限届满后，发包人仍不接收的，视为承包人已经交付。

支付工程价款是发包人最基本的义务。发包人未按合同约定的期限支付价款的，应当负担拖欠工程价款的利息，并承担违约责任。《合同法》第二百八十六条规定："发包人未按照约定支付价款的，承包人可以催告发包人在合理期限内支付价款。发包人逾期不支付的，除按照建设工程的性质不宜折价、拍卖的以外，承包人可以与发包人协议将该工程折价，也可以申请人民法院将该工程依法拍卖。建设工程的价款就该工程折价或者拍卖的价款优先受偿。"

所谓优先受偿，是指建设工程中的发包人同时存在若干个债权人时，对于建设工程折价或拍卖所得的价款，承包人有优于其他债权人进行受偿的权利，即承包人从该价款取得其应得价款后，有余额时才向其他债权人分配。

根据 2002 年 6 月 27 日起施行的《最高人民法院关于建设工程价款优先受偿权问题的批复》精神，当工程发包人不能清偿到期债务时，优先受偿的顺序是：消费者、建筑企业、设定了抵押的银行、一般债权人。建设工程承包人行使优先权的期限为 6 个月，自建设工程竣工之日或者建设工程合同约定的竣工之日起计算。

5.5.2.3 承包人的主要义务

（1）做好施工前的准备工作，按期开工，确保工程质量

开工前，承包人应当按照合同的约定做好开工前的准备工作，具体包括：

1）施工场地的清理，施工界区内的用水、用电、用路以及临时设施的修建；按约定向发包人提供施工场地办公和生活的房屋及设施。

2）编制施工组织设计（或施工方案）。

3）按约定做好材料和设备的采购、供应和管理，向发包人提出由发包人供应的材料、设备的计划。

4）根据发包人委托，在其设计资质等级和业务允许的范围内，完成施工图设计或与工程配套的设计，经发包人确认后使用。

5）按约定做好施工场地地下管线和邻近建筑物、构筑物（包括文物保护建筑）、古树名木的保护工作及施工场地的安全保卫。

承包人应按照合同约定的开工日期按时开工。在施工中承包人须严格按照施工图及说明书进行施工。承包人对于发包人提供的施工图和其他技术资料，不得擅自修改。承包人不按照施工图和说明书施工而造成工程质量不符合合同约定条件的，应当负责无偿修理或者

返工。

（2）接受发包人的必要监督

承包人有义务接受发包人对工程进度和工程质量的必要监督，对于发包人不影响其工作的必要监督、检查应予以支持和协助，不得拒绝。

（3）按期、按质、按量完工并交付建设工程

由于承包人的原因显然不能按期完工而严重影响发包人使用的，发包人有权解除合同。但发包人解除合同时应当接受承包人已完成的那部分建设工程并支付相应部分的价款。

《合同法》第二百八十一条规定："因施工人的原因致使建设工程质量不符合约定的，发包人有权要求施工人在合理期限内无偿修理或者返工、改建。经过修理或者返工、改建后，造成逾期交付的，施工人应当承担违约责任。"

（4）对建设的工程负瑕疵担保责任

承包人对承建的工程质量负有瑕疵担保责任，即必须进行工程质量保修。工程质量保修是指对工程竣工验收后在保修期限内出现的质量缺陷[①]，予以修复。

《建设工程质量管理条例》规定，在正常使用条件下，建设工程的最低保修期限为：

1）基础设施工程、房屋建筑的地基基础工程和主体结构工程，为设计文件规定的该工程的合理使用年限；

2）屋面防水工程、有防水要求的卫生间、房间和外墙面的防渗漏，为 5 年；

3）供热与供冷系统，为 2 个采暖期、供冷期；

4）电气管线、给排水管道、设备安装和装修工程为 2 年；

5）其他项目的保修期限由发包方与承包方约定。

建设工程在保质期内，工程所有人将该工程转让给第三人的，承包人仍向受让第三人承担工程的瑕疵担保责任，不能因建设工程合同主体变更而免除。

（5）对建设工程承担侵权赔偿责任

建设工程的侵权赔偿责任是指承包人因其完成的建设工程存在质量上的瑕疵，在合理期限内，对因该质量瑕疵造成发包人或第三人人身或财产的损害，承担赔偿损失的责任。这种责任对受害人来说，属于侵权责任，对发包人来说，既是违约责任，又是侵权责任。

《合同法》第二百八十二条规定："因承包人的原因致使建设工程在合理使用期限内造成人身和财产损害的，承包人应当承担损害赔偿责任。"

现实中，常常出现这种情况，即承包人造成第三人损害的过错与发包人的指示存在关系。这种情况下对第三人的损害，根据《合同法》第二百八十二条，《建筑法》第五十九条、第七十四条的规定，施工人应当按照工程设计要求、施工技术标准和合同约定，对建筑材料、建筑构配件和设备进行检验，不合格的不得使用。因此，虽然发包人存在指示上的过失，承包人也不能免除损害赔偿责任。不过，在承担责任时承包人与发包人应共同承担，其责任大小的划分，应根据具体情况、双方过错的大小来确定。此时，承包人与发包人是真正的连带责任关系。

---

① 原建设部《房屋建筑工程质量保修办法》（建设部第 80 号令）定义，质量缺陷是指房屋建筑工程的质量不符合工程建设强制性标准以及合同的约定。

5.5.3 工程建设中的委托合同

5.5.3.1 委托合同的概念与特征

委托合同是委托人和受托人约定，由受托人处理委托人事务的合同。在委托合同关系中，委托他方处理一定事务的一方为委托人，接受该委托的一方为受托人。

委托合同的标的是劳务或服务，是受托人处理委托事务的行为。

委托合同是诺成、双务合同。工程建设中的委托合同一般是要式合同。工程建设中的委托合同是有偿合同。

委托合同的订立和履行是以委托人和受托人双方之间的相互信任为基础，具有严格的人身属性。法律要求受托人必须亲自处理委托事务，非经委托人事先授权或在紧急情况下为了保护委托人的利益不受损害的需要，受托人不得将委托事务擅自转委托他人办理。

5.5.3.2 工程建设中委托合同的种类

工程建设中的委托合同多是新型的技术性委托合同，其类型尚处于不断发展过程之中。工程咨询合同、工程监理合同、工程造价咨询合同、招标代理合同、政府工程的代建合同、工程管理合同等均属于委托合同的范畴。

5.5.3.3 工程建设中委托合同的基本内容

国内工程咨询合同示范文本，典型的有中国工程咨询协会于 2000 年制订的《工程咨询服务协议书试行本》、原建设部和国家工商总局发布的监理、招标代理、造价咨询合同示范文本，这些文本基本上都是参照国际菲迪克的《客户/工程咨询公司标准服务协议书》编写的，一般由《协议书》、《通用条款》和《专用条款》组成。其基本内容包括：

（1）词语定义、适用范围和法律、法规；

（2）双方一般权利和义务；

（3）合同生效、变更与终止；

（4）报酬；

（5）争议的解决；

（6）其他。

5.5.3.4 建设监理合同当事人的权利义务

工程建设监理合同当事人双方是委托人—业主和被委托人—监理单位。通过监理合同，业主委托监理单位对工程建设合同进行管理，对与业主签订工程建设合同的当事人履行合同进行监督、协调和评价，并应用科学的技能为项目的发包、合同的签订与实施等，提供规定的技术服务。

1. 委托人的主要权利

（1）监理人权限的授予权。委托监理合同是要求监理人对业主与第三方签订的各种承包合同的履行实施监理，监理人在委托人授权范围内对其他合同进行监督管理。

（2）对总承包人的发包权。委托人有选定工程总承包单位，以及与其订立合同的签定权。在实行建设工程监理前，发包人应当将委托的工程监理人的情况、监理的内容及监理权限，以书面形式通知被监理的承包人。

（3）对重大事项的认定权。委托人有对工程规模、设计标准、规划设计、生产工艺设计和设计使用功能要求的认定权，以及对工程设计变更的审批权。

（4）对监理人的监督权。委托人有权要求监理人更换不称职的监理人员；有权要求监理机构提交监理工作月度报告及监理业务范围内的专项报告；同时，监理人调换总监理工程师须经委托人同意。

（5）过错损失追偿权。按照《合同法》规定，有偿的委托合同，因受托人的过错给委托人造成损失的，委托人可以要求赔偿损失。受托人超越权限给委托人造成损失的，应当赔偿损失。委托人或者受托人可以随时解除委托合同。因解除合同给对方造成损失的，除不可归责于该当事人的事由以外，应当赔偿损失。

《建筑法》规定，工程监理单位不按照委托监理合同的约定履行监理义务，对应当监督检查的项目不检查或者不按照规定检查，给建设单位造成损失的，应当承担相应的赔偿责任。工程监理单位与承包单位串通，为承包单位谋取非法利益，给建设单位造成损失的，应当与承包单位承担连带赔偿责任。

2. 在委托的工程范围内，监理人享有的主要权利

（1）对重大事项的建议权。包括：①工程建设有关事项包括工程规模、设计标准、规划设计、生产工艺设计和使用功能要求向业主的建议权；②选择工程总承包人的建议权。

（2）对日常事务的管理权。包括：①在委托的工程范围内，委托人或承包人对对方的任何意见和要求（包括索赔要求），均必须首先向监理机构提出，由监理机构研究处置意见，再同双方协商确定。②主持工程建设有关协作单位的组织协调。征得委托人同意，监理人有权发布开工令、停工令、复工令。③对设计中的技术问题，按照安全和优化的原则，向设计人提出建议，对于严重质量问题需向委托人提出书面报告，并要求设计人更正；审批施工组织设计和技术方案，按照保质量、保工期和降低成本的原则，向承包人提出建议，并向委托人提出书面报告。④监理人在委托人授权下，可对任何承包合同规定的义务提出变更。在监理过程中如发现工程承包人人员工作不力，监理人可要求承包人调换有关人员。监理人具有对承包人选择的工程分包人的认可权。

（3）对质量、进度的监督权。

（4）对工程款支付的审签权。

（5）损失追偿权。

《合同法》规定，受托人处理委托事务时，因不可归责于自己的事由受到损失的，可以向委托人要求赔偿损失。委托人经受托人同意，可以在受托人之外委托第三人处理委托事务。因此给受托人造成损失的，受托人可以向委托人要求赔偿损失。

3. 监理人的主要义务

（1）派出人员，完成委托范围内的监理工作。

（2）及时报告相关事项。包括：①监理人拟提出的建议可能会提高工程造价或延长工期，应当事先征得委托人的同意；②对任何承包合同规定的义务提出的变更，严重影响了工程费用或质量或进度，须经委托人事先批准；③发现工程设计不符合国家颁布的建设工程质量标准或设计合同约定的质量标准时，监理人应当书面报告委托人；④重要协调事项，发布开工令、停工令、复工令，应当事先向委托人报告。有关报告事项，在紧急情况下未能事先向委托人报告或经批准时，则监理人应尽快书面通知委托人。

（3）移交所用委托人的财产。

（4）保守委托人和第三人的商业秘密。

4. 委托人的主要义务

（1）支付监理工作报酬。

（2）提供必须的工程资料和供应商、协作单位名录等资料。

（3）提供相应的协助和便利。如，做好外部关系的协调，在与第三人签订的合同中明确监理职责，免费向监理人提供现场工作用房等。

（4）按时决定相关事宜。

5.5.3.5 造价咨询合同当事人的权利义务

1. 咨询人的义务

（1）向委托人提供与工程造价咨询业务有关的资料，包括工程造价咨询的资质证书及承担本合同业务的专业人员名单、咨询工作计划等，并按合同专用条件中约定的范围实施咨询业务。

（2）向委托人提供服务（包括正常服务、附加服务和额外服务）。

（3）保密义务。在履行合同期间或合同规定期限内，不得泄露与本合同规定业务活动有关的保密资料。

2. 委托人的义务

（1）负责与本建设工程造价咨询业务有关的第三人的协调，为咨询人工作提供外部条件。

（2）在约定的时间内，免费向咨询人提供与本项目咨询业务有关的资料。

（3）在约定的时间内就咨询人书面提交并要求作出答复的事宜作出书面答复。咨询人要求第三人提供有关资料时，委托人应负责转达及资料转送。

（4）授权胜任本咨询业务的代表，负责与咨询人联系。

3. 咨询人的权利

（1）咨询人在咨询过程中，如委托人提供的资料不明确时可向委托人提出书面报告。

（2）咨询人在咨询过程中，有权对第三人提出与本咨询业务有关的问题进行核对或查问。

（3）咨询人在咨询过程中，有到工程现场勘察的权利。

4. 委托人的权利

（1）委托人有权向咨询人询问工作进展情况及相关的内容。

（2）委托人有权阐述对具体问题的意见和建议。

（3）当委托人认定咨询专业人员不按咨询合同履行其职责，或与第三人串通给委托人造成经济损失的，委托人有权要求更换咨询专业人员，直至终止合同并要求咨询人承担相应的赔偿责任。

5. 咨询人的责任

（1）咨询人的责任期即建设工程造价咨询合同有效期。如因非咨询人的责任造成进度的推迟或延误而超过约定的日期，双方应进一步约定相应延长合同有效期。

（2）咨询人责任期内，应当履行建设工程造价咨询合同中约定的义务，因咨询人的单方过失造成的经济损失，应当向委托人进行赔偿。累计赔偿总额不应超过建设工程造价咨询酬金总额（除去税金）。

（3）咨询人对委托人或第三人所提出的问题不能及时核对或答复，导致合同不能全部或部分履行，咨询人应承担责任。

（4）咨询人向委托人提出赔偿要求不能成立时，则应补偿由于该赔偿或其他要求所导致委托人的各种费用的支出。

6. 委托人的责任

（1）委托人应当履行建设工程造价咨询合同约定的义务，如有违反则应当承担违约责任，赔偿给咨询人造成的损失。

（2）委托人如果向咨询人提出赔偿或其他要求不能成立时，则应补偿由于该赔偿或其他要求所导致咨询人的各种费用的支出。

5.5.3.6 招标代理合同当事人的权利义务

1. 委托人的义务

（1）委托人将委托招标代理工作的具体范围和内容在合同中应加以约定。

（2）委托人按合同约定的内容和时间完成下列工作：①向受托人提供本工程招标代理业务应具备的相关工程前期资料（如立项批准手续、规划许可、报建证等）及资金落实情况资料；②向受托人提供完成本工程招标代理业务所需的全部技术资料和图纸，需要交底的须向受托人详细交底，并对提供资料的真实性、完整性、准确性负责；③向受托人提供保证招标工作顺利完成的条件。提供的条件在合同专用条款内约定；④指定专人与受托人联系，指定人员的姓名、职务、职称在合同专用条款内约定；⑤根据需要，做好与第三方的协调工作；⑥按合同专用条款的约定支付代理报酬；⑦依法应尽的其他义务，双方在合同专用条款内约定。

（3）受托人在履行招标代理业务过程中，提出的超出招标代理范围的合理化建议，经委托人同意并取得经济效益，委托人应向受托人支付一定的经济奖励。

（4）委托人负有对受托人为本合同提供的技术服务进行知识产权保护的责任。

（5）委托人未能履行以上各项义务，给受托人造成损失的，应当赔偿受托人的有关损失。

2. 受托人的义务

（1）受托人应根据合同中约定的委托招标代理业务的工作范围和内容，选择有足够经验的专职技术经济人员担任招标代理项目负责人。

（2）受托人按合同约定的内容和时间完成下列工作：①依法按照公开、公平、公正和诚实信用原则，组织招标工作，维护各方的合法权益；②应用专业技术与技能为委托人提供完成招标工作相关的咨询服务；③向委托人宣传有关工程招标的法律、行政法规和规章，解释合理的招标程序，以便得到委托人的支持和配合；④依法应尽的其他义务，双方在合同专用条款内约定。

（3）受托人应对招标工作中受托人所出具有关数据的计算、技术经济资料等的科学性和准确性负责。

（4）受托人不得接受与本合同工程建设项目中委托招标范围之内的相关的投标咨询

业务。

（5）受托人为提供技术服务的知识产权应属受托人专有。任何第三方如果提出侵权指控，受托人须与第三方交涉并承担由此而引起的一切法律责任和费用。

（6）未经委托人同意，受托人不得分包或转让合同的任何权利和义务。

（7）受托人不得接受任何投标人的礼品、宴请和任何其他好处，不得泄露招标、评标、定标过程中依法需要保密的内容。合同终止后，未经委托人同意，受托人不得泄露与本合同工程相关的任何招标资料和情况。

（8）受托人未能履行以上各项义务，给委托人造成损失的，应当赔偿委托人的有关损失。

3. 委托人的权利

（1）按合同约定，接收招标代理成果。

（2）向受托人询问本合同工程招标工作进展情况和相关内容，或提出不违反法律、行政法规的建议。

（3）审查受托人为本合同工程编制的各种文件，并提出修正意见。

（4）要求受托人提交招标代理业务工作报告。

（5）与受托人协商，建议更换其不称职的招标代理从业人员。

（6）依法选择中标人。

（7）合同履行期间，由于受托人不履行合同约定的内容，给委托人造成损失或影响招标工作正常进行的，委托人有权终止合同，并依法向受托人追索经济赔偿，直至追究法律责任。

（8）依法享有的其他权利，双方在合同专用条款内约定。

4. 受托人的权利

（1）按合同约定收取委托代理报酬。

（2）对招标过程中应由委托人作出的决定，受托人有权提出建议。

（3）当委托人提供的资料不足或不明确时，有权要求委托人补足材料或作出明确的答复。

（4）拒绝委托人提出的违反法律、行政法规的要求，并向委托人作出解释。

（5）有权参加委托人组织的涉及招标工作的所有会议和活动。

（6）对于为本合同工程编制的所有文件拥有知识产权，委托人仅有使用或复制的权利。

（7）依法享有的其他权利，双方在合同内约定。

5.5.4 建筑材料和设备采购合同

在建设工程中，建设材料、设备的采购是买卖合同，施工过程中的一些工具、生活用品的采购也是买卖合同。在建设工程合同的履行过程中，发包人和承包人都需要订立买卖合同。当然，建设工程合同当事人在买卖合同中总是处于买受人的位置。

5.5.4.1 买卖合同的概念

买卖合同是经济活动中最常见的一种合同。

买卖合同是出卖人转移标的物的所有权于买受人，买受人支付价款的合同。买卖合同以转移财产所有权为目的，合同履行后，标的物的所有权转移归买受人。

买卖合同的出卖人除了应当向买受人交付标的物并转移标的物的所有权外，还应对标的物的瑕疵承担担保义务。即出卖人应保证他所交付的标的物不存在可能使其价值或使用价值降低的缺陷或其他不符合合同约定的品质问题，也应保证他所出卖的标的物不侵犯任何第三方的合法权益。买受人除了应按合同约定支付价款外，还应承担按约定接受标的物的义务。

买卖合同是双务、有偿合同，是诺成合同，买卖合同是非要式合同。

5.5.4.2 买卖合同的主要内容

1. 标的物的交付

标的物的交付是买卖合同履行中最重要的环节，标的物的所有权自标的物交付时转移。标的物的交付包括交付期限和交付地点两方面的内容。

出卖人应当按照约定的期限、地点交付标的物。

2. 标的物的风险承担

所谓风险，是指标的物因不可归责于任何一方当事人的事由而遭受的意外损失。一般情况下，标的物毁损、灭失的风险，在标的物交付之前由出卖人承担，交付之后由买受人承担。

因买受人的原因致使标的物不能按照约定的期限交付的，买受人应当自违反约定之日起承担标的物毁损、灭失的风险。

出卖人出卖交由承运人运输的在途标的物，除当事人另有约定的以外，毁损、灭失的风险自合同成立时起由买受人承担。

出卖人按照约定未交付有关标的物的单证和资料的，不影响标的物毁损、灭失风险的转移。

3. 买受人对标的物的检验

检验即检查与验收，对买受人来说既是一项权利也是一项义务。买受人收到标的物时应当在约定的检验期间内检验。没有约定检验期间的，应当及时检验。

当事人约定检验期间的，买受人应当在检验期间内将标的物的数量或者质量不符合约定的情形通知出卖人。买受人怠于通知的，视为标的物的数量或者质量符合约定。

4. 买受人支付价款

买受人应当按照约定的时间、地点、数额支付价款。

5.6 合同的履行

5.6.1 合同履行的含义与原则

5.6.1.1 合同履行的含义

合同的履行是指合同依法成立后，当事人双方依据合同条款的规定，实现各自享有的权利，并承担各自负有的义务使各方的目的得以全面实现的行为。

合同的履行是合同的核心内容，是当事人实现合同目的的必然要求。建设工程合同的履行是当事人全面、适当地完成合同义务，使当事人实现其合同权利的给付行为和给付结果的统一。

合同履行是一个过程。

合同的履行是合同关系消灭的原因，并且是正常的、基本的消灭原因。

5.6.1.2 合同履行的原则

合同履行原则，是指合同依法成立后，当事人双方在履行过程中必须遵循的一般准则，是指导当事人正确履行合同义务的基本准则。同时，它又是在合同没有约定、法律没有规定的情况下，当事人解决履行争议的依据。在这些基本准则中，有的是合同法的基本原则，有的是专属于合同履行的原则。根据有关法律的精神，公认的专属于合同履行应遵循的原则主要包括实际履行原则、全面履行原则、协作履行原则和监督履行原则。

5.6.2 合同履行的一般问题

5.6.2.1 合同履行的程度

在实践中，当事人并非都能全面、适当地履行合同。区别合同的履行程度，有助于正确处理各种违约行为，以维护合同的法律效力。合同的履行程度有以下几种情况：

1. 全面适当履行

全面适当履行是指承包人、发包人按照合同约定，全面适当地完成各自的义务，使履约行为、结果与合同条款要求全部相符，双方无任何争议。合同全面适当履行，导致合同关系消灭。

2. 不适当履行

不适当履行是指当事人由于主客观原因，不能按合同约定完成合同的一部分或全部，不能满足对方当事人的要求。

在不适当履行中，当事人虽然履行了合同，但由于履行不合约定，因此是违约行为。除依照法律规定可免责外，应根据各自的过错承担违约责任。不适当履行主要包括履行的标的物数量不适当，履行标的物的质量不适当，履行的地点不适当，履行的方式不适当等。

还有一类履行期限晚于合同约定的期限的履行，一般称为迟延履行。

迟延履行是指当事人本应在合同约定的履行期限内履行合同义务，但是由于其自身的过错在履行期限届满时未能履行，造成履行在时间上的迟延。迟延履行使得对方当事人的债权不能实现，给对方当事人造成消极损害，故而也是一种应当承担违约责任的不当行为。

迟延履行的一方当事人可能仍有继续履行的意愿和能力，并且在合理期限内继续履行其合同义务，此时，迟延履行就成为逾期履行；但也有可能在迟延之后，明确表示不再继续履行其合同义务或者在对方催告后在合理期限内仍不履行其合同义务，此时，迟延履行就转化为不履行或拒绝履行。

3. 不履行

不履行是指合同成立后，有履行义务的当事人根本没有履行合同规定的义务。也有将不履行称为拒绝履行的。当事人不履行合同的，除有法定免责事由外，应承担违约责任。

4. 履行不能

履行不能也称不可能履行，是指合同的当事人由于客观上出现了不能履行合同约定义务的特殊情况，而不能依约定履行合同。也就是说，当事人不履行合同是由于出现了非依当事人意志为转移的客观情况，如不可抗力事件，或是当事人一方关闭、停产或转产等，当事人事实上不能履行合同。当事人遇有履行不能的情况，不构成违约，允许其依法变更或解除合同。

5.6.2.2　合同有关内容没有约定或者约定不明确问题的处理

合同生效后，当事人就质量、价款或者报酬、履行地点等内容没有约定或者约定不明确的，可以协议补充；不能达成补充协议的，按照合同有关条款或者交易习惯确定。依照上述规定仍不能确定的，适用下列规定：

（1）质量要求不明确的，按照国家标准、行业标准履行；没有国家标准、行业标准的，按照通常标准或者符合合同目的的特定标准履行。

（2）价款或者报酬不明确的，按照订立合同时履行地的市场价格履行；依法应当执行政府定价或者政府指导价的，按照规定履行。《合同法》规定，执行政府定价或政府指导价的，在合同约定的交付期限内政府价格调整时，按照交付时的价格计价。逾期交付标的物的，遇价格上涨时，按照原价格执行；价格下降时，按照新价格执行。逾期提取标的物或者逾期付款的，遇价格上涨时，按照新价格执行；价格下降时，按照原价格执行。

（3）履行地点不明确，给付货币的，在接受货币一方所在地履行；交付不动产的，在不动产所在地履行；其他标的，在履行义务一方所在地履行。

（4）履行期限不明确的，债务人可以随时履行，债权人也可以随时要求履行，但应当给对方必要的准备时间。

（5）履行方式不明确的，按照有利于实现合同目的的方式履行。

（6）履行费用的负担不明确的，由履行义务一方负担。

5.6.2.3　合同履行中的第三人

在通常情况下，合同必须由当事人亲自履行。但根据法律的规定及合同的约定，或者在与合同性质不相抵触的情况下，合同可以向第三人履行，也可以由第三人代为履行。如《合同法》规定，当建设工程项目采用总承包时，"发包人可以与总承包人订立建设工程合同，……总承包人或者勘察、设计、施工承包人经发包人同意，可以将自己承包的部分工作交由第三人完成。第三人就其完成的工作成果与总承包人或者勘察、设计、施工承包人向发包人承担连带责任。承包人不得将其承包的全部建设工程转包给第三人或者将其承包的全部建设工程肢解以后以分包的名义分别转包给第三人"。

与合同转让不同，向第三人履行或由第三人代为履行，并未变更合同的权利义务主体，只是改变了履行主体。《合同法》规定：

（1）当事人约定由债务人向第三人履行债务的，债务人未向第三人履行债务或者履行债务不符合约定，应当向债权人承担违约责任；

（2）当事人约定由第三人向债权人履行债务，第三人不履行债务或者履行债务不符合约定，债务人应当向债权人承担违约责任。

5.6.3　合同履行中的几项特殊权利

5.6.3.1　合同履行中的抗辩权

抗辩权是指在双务合同中，当事人一方有依法对抗对方要求或否认对方权利主张的权利。

1. 同时履行抗辩权

同时履行抗辩权又称不履行抗辩权，是指在没有规定履行顺序的双务合同中，当事人一方在对方当事人未予给付之前，有权拒绝先为给付。当事人互负债务，没有先后履行顺序的，应当同时履行。一方在对方履行之前有权拒绝其履行要求。一方在对方履行债务不符合约定时，有权拒绝其相应的履行要求。

2. 后履行抗辩权

后履行抗辩权也称异时履行抗辩权，是指在双务合同中，有先后履行顺序时，后履行一方有权要求应该先履行的一方先行履行自己的义务，如果应该先履行的一方未履行义务或者履行义务不符合约定，后履行的一方有权拒绝其相应的履行要求。

3. 不安抗辩权

不安抗辩权是指合同成立后，如果后履行债务的一方当事人财产状况恶化，先履行债务的一方当事人确有其财产状况恶化的证据时，在后履行债务的一方未履行或未提供担保之前有权拒绝先为履行。

《合同法》规定，应当先履行债务的当事人，有确切证据证明对方有下列情形之一的，可以中止履行：①经营状况严重恶化；②转移财产、抽逃资金，以逃避债务；③丧失商业信誉；④有丧失或者可能丧失履行债务能力的其他情形。但当事人没有确切证据中止履行的，应当承担违约责任。当事人依照上述规定中止履行的，应当及时通知对方。当对方提供适当担保时，应当恢复履行。中止履行后，对方在合理期限内未恢复履行能力并且未提供适当担保的，中止履行的一方可以解除合同。

5.6.3.2　合同履行中债权人的代位权和撤销权

合同当事人的财产是当事人履行合同最根本的担保。当事人的财产增减可能会影响对方当事人债权的实现。如果当事人财产增减不当并且实际构成对对方债权实现的威胁时，债权人可以依法行使代位权与撤销权，以维护债务人的财务状况并确保债务得到清偿。

1. 债权人代位权

债权人代位权是指债权人为了保障其债权不受损害，而以自己的名义代替债务人行使债权的权利。

《合同法》规定，因债务人怠于行使其到期债权，对债权人造成了损害，债权人可以向人民法院请求以自己的名义代位行使债务人的债权。代位权的行使范围以债权人的债权为限。债权人行使代位权的必要费用，由债务人负担。

2. 债权人撤销权

债权人撤销权是指债权人对债务人所作的危害其债权的民事行为，有请求法院予以撤销的权利。

《合同法》规定，因债务人放弃其到期债权或者无偿转让财产，对债权人造成了损害，债权人可以请求人民法院撤销债务人的行为。债务人以明显不合理的低价转让财产，对债权人造成损害，并且受让人知道该情形，债权人也可以请求人民法院撤销债务人的行为。

撤销权的行使范围以债权人的债权为限。债权人行使撤销权的必要费用，由债务人负担。撤销权自债权人知道或者应当知道撤销事由之日起一年内行使，但自撤销事由发生之日起五年内没有行使撤销权的，该撤销权消灭。

5.6.4　合同实施中的沟通

沟通，是合同实施过程中达到互相了解和理解的一个重要手段。实践证明，双方理解越正确、越全面、越深刻，合同执行中对抗越少，合作越顺利，项目越容易成功。在现代工程项目管理中，人们将项目参加者各方面的满意作为项目的一个目标。

沟通是管理中主要的组织协调手段，也是避免和化解风险的一个重要途径。有效的沟通有利于合同各方的协调，同时可以创造良好的工作氛围。沟通对于项目参与各方都是十分重要的。

下面从承包商角度，简要介绍合同实施中的沟通问题。

5.6.4.1　与业主的沟通

业主作为工程和服务的买方，是上帝，而承包商是服务者，应该使业主满意。按照合同管理的目标，只有业主对承包商满意的工程才是成功的。

（1）在招标投标过程中及中标后，承包商应向业主显示他的资信和实施工程的能力，解答业主的各种疑问，使业主放心。如果业主不放心，就会提出比较苛刻的合同条件，在合同执行中就会有比较严格的控制和比较多的干预。

（2）承包商要研究、了解业主的意图和目标，在工程中多为业主着想，了解业主的商业习惯、文化特点、爱好、禁忌、审美观念，甚至法律和宗教习惯。

（3）面对不懂合同，甚至不懂工程管理的业主，承包商要主动沟通。首先应明确，不让业主干预承包商的工程施工是不可能的，因为业主是工程所有者，在工程中具有最高的权威。其次，应多与业主接触，使其了解工程管理，了解承包商工作的难度，使其相信合同双方的根本利益是一致的；使业主能够理解自己的决策、对工程的干预可能产生的后果，特别是对工程总目标的影响。如果与业主发生矛盾，承包商应充分利用监理工程师在业主与承包商之间的缓冲作用。

（4）与业主的关系常常还具体体现在与业主代表以及业主上层机构的沟通上。

5.6.4.2　与监理工程师的沟通

监理工程师是工程的直接管理者，他有很大的权力，他的行为和态度对承包商合同实施的影响最大。在工程中由于对承包商不了解、不熟悉，或由于文化习惯、种族偏见，或从心理上为取得业主的好感，监理工程师有时会苛求承包商。

（1）在工程开始，与处理同业主的关系一样，要使监理工程师对承包商的能力充满信心，营造一个信任的气氛，使其相信，承包商会积极主动地抓好质量和进度。如果工程刚一开始就出现检查不合格、进度拖延、现场混乱等情况，就会加深监理工程师的不信任感。监理工程师会加强对承包商工程和工作的监督、控制和干预，进行更为严格和频繁的检查。所以，承包商应争取一个良好的开端。

（2）承包商及其代表应搞好与监理工程师的关系，避免矛盾的激化。

（3）尊重监理工程师，维护其权威，听从其指令。

（4）积极配合监理工程师的工作，慎重而有策略地对待监理工程师工作中的失误。

5.7　施工合同示范文本

为了让读者对合同文件的详细内容有比较全面的了解，以下介绍并摘录了《中华人民共和国标准施工招标文件》（2007 年版）中第 4 章合同条款及格式的部分内容，供参考。

5.7.1 标准施工合同的基本内容与适用范围

5.7.1.1 基本内容

《中华人民共和国标准施工招标文件》（2007年版）中的第4章合同条款及格式，包括通用合同条款、专用合同条款和合同附件格式三节，通用合同条款的内容按我国各建设行业工程合同管理中的共性规则制定；专用合同条款则根据各行业的管理要求和具体工程的特点，由国务院有关行业主管部门和招标人根据需要，在其施工招标文件范本中自行制定；合同附件格式包括合同协议书、履约担保、预付款担保等三个格式文件。

通用合同条款全文共24条130款。其基本内容可以归纳为八大部分：

（1）合同主要用语定义和一般性约定；

（2）合同双方的责任、权利和义务；

（3）合同双方的施工资源投入；

（4）工程进度控制；

（5）质量控制；

（6）工程造价控制；

（7）验收和保修；

（8）工程风险、违约和索赔。

5.7.1.2 通用合同条款的特点及使用说明

通用合同条款根据国家有关法律、法规和部门规章，以及按合同管理的操作要求进行约定和设置。

合同条款是以发包人委托监理人管理工程合同的模式设定当事人的权利、义务和责任，区别于由发包人和承包人双方直接进行约定和操作的合同管理模式。监理人作为发包人授权合同管理者对合同实施管理，发出的任何指示均被视为已取得发包人的同意，但监理人无权免除或变更合同约定的发包人和承包人的权利、义务和责任。监理人的具体权限范围，由发包人根据合同管理需要确定。

鉴于工程建设项目施工较为复杂、合同履行周期较长等特点，为使当事人能够在合同订立时客观评估合同风险，按照国内工程建设有关法律、法规、规程确立的工程建设项目施工管理模式，参考FIDIC有关内容，合同条款对发包人、承包人的责任进行恰当的划分，在材料和设备、工程质量、计量、变更、违约责任等方面，对双方当事人权利、义务、责任作了相对具体、集中和具有操作性的规定，为明确责任、减少合同纠纷提供了条件。

为了保证合同的完整性和严密性，便于合同管理并兼顾到各行业的不同特点，合同条款留有空间，供行业主管部门和招标人根据项目具体情况编制专用合同条款予以补充，使整个合同文件趋于完整和严密。对合同条款中规定的一些授权条款，由行业主管部门作出规定或由当事人另行约定，但行业主管部门的规定不得与合同条款强制性内容相抵触，另行约定的内容不得违反法律、行政法规的强制性规定。

合同条款同时适用于单价合同和总价合同。合同条款中涉及单价合同和总价合同的，主要有第15.1款"变更的范围和内容"、第15.4款"变更估价原则"、第16.1款"物价波动引起的价格调整"、第17.1款"计量"和第17.3款"工程进度付款"。招标人在编制招标文件时，应根据各行业和具体工程的特点和要求，进行修改和补充。

从合同的公平原则出发，合同条款引入了争议评审机制，供当事人选择使用，以更好地引导双方解决争议，提高合同管理效率。

为增强合同管理可操作性，合同条款设置了几个主要的合同管理程序，包括合同进度控制程序、暂停施工程序、隐蔽部位覆盖检查程序、变更程序、工程进度付款及修正程序、竣工结算程序、竣工验收程序、最终清算程序、争议解决程序。

5.7.2 通用合同条款

5.7.2.1 合同主要用语定义和一般性约定

1. 一般约定①

1.1 词语定义

通用合同条款、专用合同条款中的下列词语应具有本款所赋予的含义。

1.1.1 合同

1.1.1.1 合同文件（或称合同）：指合同协议书、中标通知书、投标函及投标函附录、专用合同条款、通用合同条款、技术标准和要求、图纸、已标价工程量清单，以及其他合同文件。

1.1.1.2 合同协议书：指第1.5款所指的合同协议书。

1.1.1.3 中标通知书：指发包人通知承包人中标的函件。

1.1.1.4 投标函：指构成合同文件组成部分的由承包人填写并签署的投标函。

1.1.1.5 投标函附录：指附在投标函后构成合同文件的投标函附录。

1.1.1.6 技术标准和要求：指构成合同文件组成部分的名为技术标准和要求的文件，包括合同双方当事人约定对其所作的修改或补充。

1.1.1.7 图纸：指包含在合同中的工程图纸，以及由发包人按合同约定提供的任何补充和修改的图纸，包括配套的说明。

1.1.1.8 已标价工程量清单：指构成合同文件组成部分的由承包人按照规定的格式和要求填写并标明价格的工程量清单。

1.1.1.9 其他合同文件：指经合同双方当事人确认构成合同文件的其他文件。

1.1.2 合同当事人和人员

1.1.2.1 合同当事人：指发包人和（或）承包人。

1.1.2.2 发包人：指专用合同条款中指明并与承包人在合同协议书中签字的当事人。

1.1.2.3 承包人：指与发包人签订合同协议书的当事人。

1.1.2.4 承包人项目经理：指承包人派驻施工场地的全权负责人。

1.1.2.5 分包人：指从承包人处分包合同中某一部分工程，并与其签订分包合同的分包人。

1.1.2.6 监理人：指在专用合同条款中指明的，受发包人委托对合同履行实施管理的法人或其他组织。

---

① 摘自《中华人民共和国标准施工招标文件》（2007年版）。为了保持文件的完整性，保留了文件原有的章节编号和序号，下同。

1.1.2.7 总监理工程师（总监）：指由监理人委派常驻施工场地对合同履行实施管理的全权负责人。

1.1.3 工程和设备

1.1.3.1 工程：指永久工程和（或）临时工程。

1.1.3.2 永久工程：指按合同约定建造并移交给发包人的工程，包括工程设备。

1.1.3.3 临时工程：指为完成合同约定的永久工程所修建的各类临时性工程，不包括施工设备。

1.1.3.4 单位工程：指专用合同条款中指明特定范围的永久工程。

1.1.3.5 工程设备：指构成或计划构成永久工程一部分的机电设备、金属结构设备、仪器装置及其他类似的设备和装置。

1.1.3.6 施工设备：指为完成合同约定的各项工作所需的设备、器具和其他物品，不包括临时工程和材料。

1.1.3.7 临时设施：指为完成合同约定的各项工作所服务的临时性生产和生活设施。

1.1.3.8 承包人设备：指承包人自带的施工设备。

1.1.3.9 施工场地（或称工地、现场）：指用于合同工程施工的场所，以及在合同中指定作为施工场地组成部分的其他场所，包括永久占地和临时占地。

1.1.3.10 永久占地：指专用合同条款中指明为实施合同工程需永久占用的土地。

1.1.3.11 临时占地：指专用合同条款中指明为实施合同工程需临时占用的土地。

1.1.4 日期

1.1.4.1 开工通知：指监理人按第11.1款通知承包人开工的函件。

1.1.4.2 开工日期：指监理人按第11.1款发出的开工通知中写明的开工日期。

1.1.4.3 工期：指承包人在投标函中承诺的完成合同工程所需的期限，包括按第11.3款、第11.4款和第11.6款约定所作的变更。

1.1.4.4 竣工日期：指第1.1.4.3目约定工期届满时的日期。实际竣工日期以工程接收证书中写明的日期为准。

1.1.4.5 缺陷责任期：指履行第19.2款约定的缺陷责任的期限，具体期限由专用合同条款约定，包括根据第19.3款约定所作的延长。

1.1.4.6 基准日期：指投标截止时间前28天的日期。

1.1.4.7 天：除特别指明外，指日历天。合同中按天计算时间的，开始当天不计入，从次日开始计算。期限最后一天的截止时间为当天24：00。

1.1.5 合同价格和费用

1.1.5.1 签约合同价：指签订合同时合同协议书中写明的，包括了暂列金额、暂估价的合同总金额。

1.1.5.2 合同价格：指承包人按合同约定完成了包括缺陷责任期内的全部承包工作后，发包人应付给承包人的金额，包括在履行合同过程中按合同约定进行的变更和调整。

1.1.5.3 费用：指为履行合同所发生的或将要发生的所有合理开支，包括管理费和应分摊的其他费用，但不包括利润。

1.1.5.4 暂列金额：指已标价工程量清单中所列的暂列金额，用于在签订协议书时尚未确定或不可预见变更的施工及其所需材料、工程设备、服务等的金额，包括以计日工方式支付的金额。

1.1.5.5 暂估价：指发包人在工程量清单中给定的用于支付必然发生但暂时不能确定价格的材料、设备以及专业工程的金额。

1.1.5.6 计日工：指对零星工作采取的一种计价方式，按合同中的计日工子目及其单价计价付款。

1.1.5.7 质量保证金（或称保留金）：指按第 17.4.1 项约定用于保证在缺陷责任期内履行缺陷修复义务的金额。

1.1.6 其他

1.1.6.1 书面形式：指合同文件、信函、电报、传真等可以有形地表现所载内容的形式。

1.2 语言文字

除专用术语外，合同使用的语言文字为中文。必要时专用术语应附有中文注释。

1.3 法律

适用于合同的法律包括中华人民共和国法律、行政法规、部门规章，以及工程所在地的地方法规、自治条例、单行条例和地方政府规章。

1.4 合同文件的优先顺序

组成合同的各项文件应互相解释，互为说明。除专用合同条款另有约定外，解释合同文件的优先顺序如下：

（1）合同协议书；

（2）中标通知书；

（3）投标函及投标函附录；

（4）专用合同条款；

（5）通用合同条款；

（6）技术标准和要求；

（7）图纸；

（8）已标价工程量清单；

（9）其他合同文件。

1.5 合同协议书

承包人按中标通知书规定的时间与发包人签订合同协议书。除法律另有规定或合同另有约定外，发包人和承包人的法定代表人或其委托代理人在合同协议书上签字并盖单位章后，合同生效。

1.6 图纸和承包人文件

1.6.1 图纸的提供

除专用合同条款另有约定外，图纸应在合理的期限内按照合同约定的数量提供给承包人。由于发包人未按时提供图纸造成工期延误的，按第 11.3 款的约定办理。

1.6.2 承包人提供的文件

按专用合同条款约定由承包人提供的文件，包括部分工程的大样图、加工图等，承包人应按约定的数量和期限报送监理人。监理人应在专用合同条款约定的期限内批复。

1.6.3 图纸的修改

图纸需要修改和补充的，应由监理人取得发包人同意后，在该工程或工程相应部位施工前的合理期限内签发图纸修改图给承包人，具体签发期限在专用合同条款中约定。承包人应按修改后的图纸施工。

1.6.4 图纸的错误

承包人发现发包人提供的图纸存在明显错误或疏忽，应及时通知监理人。

1.6.5 图纸和承包人文件的保管

监理人和承包人均应在施工场地各保存一套完整的包含第1.6.1项、第1.6.2项、第1.6.3项约定内容的图纸和承包人文件。

1.7 联络

1.7.1 与合同有关的通知、批准、证明、证书、指示、要求、请求、同意、意见、确定和决定等，均应采用书面形式。

1.7.2 第1.7.1项中的通知、批准、证明、证书、指示、要求、请求、同意、意见、确定和决定等来往函件，均应在合同约定的期限内送达指定地点和接收人，并办理签收手续。

1.8 转让

除合同另有约定外，未经对方当事人同意，一方当事人不得将合同权利全部或部分转让给第三人，也不得全部或部分转移合同义务。

1.9 严禁贿赂

合同双方当事人不得以贿赂或变相贿赂的方式，谋取不当利益或损害对方权益。因贿赂造成对方损失的，行为人应赔偿损失，并承担相应的法律责任。

1.10 化石、文物

1.10.1 在施工场地发掘的所有文物、古迹以及具有地质研究或考古价值的其他遗迹、化石、钱币或物品属于国家所有。一旦发现上述文物，承包人应采取有效合理的保护措施，防止任何人员移动或损坏上述物品，并立即报告当地文物行政部门，同时通知监理人。发包人、监理人和承包人应按文物行政部门要求采取妥善保护措施，由此导致费用增加和（或）工期延误由发包人承担。

1.10.2 承包人发现文物后不及时报告或隐瞒不报，致使文物丢失或损坏的，应赔偿损失，并承担相应的法律责任。

1.11 专利技术

1.11.1 承包人在使用任何材料、承包人设备、工程设备或采用施工工艺时，因侵犯专利权或其他知识产权所引起的责任，由承包人承担，但由于遵照发包人提供的设计或技术标准和要求引起的除外。

1.11.2 承包人在投标文件中采用专利技术的，专利技术的使用费包含在投标报价内。

1.11.3 承包人的技术秘密和声明需要保密的资料和信息，发包人和监理人不得为合同以外的目的泄露给他人。

1.12 图纸和文件的保密

1.12.1 发包人提供的图纸和文件，未经发包人同意，承包人不得为合同以外的目的泄露给他人或公开发表与引用。

1.12.2 承包人提供的文件，未经承包人同意，发包人和监理人不得为合同以外的目的泄露给他人或公开发表与引用。

5.7.2.2　合同当事人的责任、权利和义务

2.　发包人义务

2.1　遵守法律

发包人在履行合同过程中应遵守法律，并保证承包人免于承担因发包人违反法律而引起的任何责任。

2.2　发出开工通知

发包人应委托监理人按第11.1款的约定向承包人发出开工通知。

2.3　提供施工场地

发包人应按专用合同条款约定向承包人提供施工场地，以及施工场地内地下管线和地下设施等有关资料，并保证资料的真实、准确、完整。

2.4　协助承包人办理证件和批件

发包人应协助承包人办理法律规定的有关施工证件和批件。

2.5　组织设计交底

发包人应根据合同进度计划，组织设计单位向承包人进行设计交底。

2.6　支付合同价款

发包人应按合同约定向承包人及时支付合同价款。

2.7　组织竣工验收

发包人应按合同约定及时组织竣工验收。

2.8　其他义务

发包人应履行合同约定的其他义务。

3.　监理人

3.1　监理人的职责和权力

3.1.1　监理人受发包人委托，享有合同约定的权力。监理人在行使某项权力前需要经发包人事先批准而通用合同条款没有指明的，应在专用合同条款中指明。

3.1.2　监理人发出的任何指示应视为已得到发包人的批准，但监理人无权免除或变更合同约定的发包人和承包人的权利、义务和责任。

3.1.3　合同约定应由承包人承担的义务和责任，不因监理人对承包人提交文件的审查或批准，对工程、材料和设备的检查和检验，以及为实施监理做出的指示等职务行为而减轻或解除。

3.2　总监理工程师

发包人应在发出开工通知前将总监理工程师的任命通知承包人。总监理工程师更换时，应在调离14天前通知承包人。总监理工程师短期离开施工场地的，应委派代表代行其职责，并通知承包人。

3.3　监理人员

3.3.1　总监理工程师可以授权其他监理人员负责执行其指派的一项或多项监理工作。总监理工程师应将被授权监理人员的姓名及其授权范围通知承包人。被授权的监理人员在授权范围内发出的指示视为已得到总监理工程师的同意，与总监理工程师发出的指示具有同等效力。总监理工程师撤销某项授权时，应将撤销授权的决定及时通知承包人。

3.3.2 监理人员对承包人的任何工作、工程或其采用的材料和工程设备未在约定的或合理的期限内提出否定意见的，视为已获批准，但不影响监理人在以后拒绝该项工作、工程、材料或工程设备的权利。

3.3.3 承包人对总监理工程师授权的监理人员发出的指示有疑问的，可向总监理工程师提出书面异议，总监理工程师应在48小时内对该指示予以确认、更改或撤销。

3.3.4 除专用合同条款另有约定外，总监理工程师不应将第3.5款约定应由总监理工程师做出确定的权利授权或委托给其他监理人员。

3.4 监理人的指示

3.4.1 监理人应按第3.1款的约定向承包人发出指示，监理人的指示应盖有监理人授权的施工场地机构章，并由总监理工程师或总监理工程师按第3.3.1项约定授权的监理人员签字。

3.4.2 承包人收到监理人按第3.4.1项做出的指示后应遵照执行。指示构成变更的，应按第15条处理。

3.4.3 在紧急情况下，总监理工程师或被授权的监理人员可以当场签发临时书面指示，承包人应遵照执行。承包人应在收到上述临时书面指示后24小时内，向监理人发出书面确认函。监理人在收到书面确认函后24小时内未予答复的，该书面确认函应被视为监理人的正式指示。

3.4.4 除合同另有约定外，承包人只从总监理工程师或按第3.3.1项被授权的监理人员处取得指示。

3.4.5 由于监理人未能按合同约定发出指示、指示延误或指示错误而导致承包人费用增加和（或）工期延误的，由发包人承担赔偿责任。

3.5 商定或确定

3.5.1 合同约定总监理工程师应按照本款对任何事项进行商定或确定时，总监理工程师应与合同当事人协商，尽量达成一致。不能达成一致的，总监理工程师应认真研究后审慎确定。

3.5.2 总监理工程师应将商定或确定的事项通知合同当事人，并附详细依据。对总监理工程师的确定有异议的，构成争议，按照第24条的约定处理。在争议解决前，双方应暂按总监理工程师的确定执行，按照第24条的约定对总监理工程师的确定作出修改的，按修改后的结果执行。

4. 承包人

4.1 承包人的一般义务

4.1.1 遵守法律

承包人在履行合同过程中应遵守法律，并保证发包人免于承担因承包人违反法律而引起的任何责任。

4.1.2 依法纳税

承包人应按有关法律规定纳税，应缴纳的税金包括在合同价格内。

4.1.3 完成各项承包工作

承包人应按合同约定以及监理人根据第3.4款作出的指示，实施、完成全部工程，并修补工程中的任何缺陷。除专用合同条款另有约定外，承包人应提供为完成合同工作所需的劳务、材料、施工设备、工程设备和其他物品，并按合同约定负责临时设施的设计、建造、运行、维护、管理和拆除。

4.1.4 对施工作业和施工方法的完备性负责

承包人应按合同约定的工作内容和施工进度要求，编制施工组织设计和施工措施计划，并对所有施工作业和施工方法的完备性和安全可靠性负责。

4.1.5 保证工程施工和人员的安全

承包人应按第9.2款约定采取施工安全措施，确保工程及其人员、材料、设备和设施的安全，防止因工程施工造成的人身伤害和财产损失。

4.1.6 负责施工场地及其周边环境与生态的保护工作

承包人应按照第9.4款约定负责施工场地及其周边环境与生态的保护工作。

4.1.7 避免施工对公众与他人的利益造成损害

承包人在进行合同约定的各项工作时，不得侵害发包人与他人使用公用道路、水源、市政管网等公共设施的权利，避免对邻近的公共设施产生干扰。承包人占用或使用他人的施工场地，影响他人作业或生活的，应承担相应责任。

4.1.8 为他人提供方便

承包人应按监理人的指示为他人在施工场地或附近实施与工程有关的其他各项工作提供可能的条件。除合同另有约定外，提供有关条件的内容和可能发生的费用，由监理人按第3.5款商定或确定。

4.1.9 工程的维护和照管

工程接收证书颁发前，承包人应负责照管和维护工程。工程接收证书颁发时尚有部分未竣工工程的，承包人还应负责该未竣工工程的照管和维护工作，直至竣工后移交给发包人为止。

4.1.10 其他义务

承包人应履行合同约定的其他义务。

4.2 履约担保

承包人应保证其履约担保在发包人颁发工程接收证书前一直有效。发包人应在工程接收证书颁发后28天内把履约担保退还给承包人。

4.3 分包

4.3.1 承包人不得将其承包的全部工程转包给第三人，或将其承包的全部工程肢解后以分包的名义转包给第三人。

4.3.2 承包人不得将工程主体、关键性工作分包给第三人。除专用合同条款另有约定外，未经发包人同意，承包人不得将工程的其他部分或工作分包给第三人。

4.3.3 分包人的资格能力应与其分包工程的标准和规模相适应。

4.3.4 按投标函附录约定分包工程的，承包人应向发包人和监理人提交分包合同副本。

4.3.5 承包人应与分包人就分包工程向发包人承担连带责任。

4.4 联合体

4.4.1 联合体各方应共同与发包人签订合同协议书。联合体各方应为履行合同承担连带责任。

4.4.2 联合体协议经发包人确认后作为合同附件。在履行合同过程中，未经发包人同意，不得修改联合体协议。

4.4.3 联合体牵头人负责与发包人和监理人联系，并接受指示，负责组织联合体各成员全面履行合同。

4.5 承包人项目经理

4.5.1 承包人应按合同约定指派项目经理，并在约定的期限内到职。承包人更换项目经理应事先征得发包人同意，并应在更换14天前通知发包人和监理人。承包人项目经理短期离开施工场地，应事先征得监理人同意，并委派代表代行其职责。

4.5.2 承包人项目经理应按合同约定以及监理人按第3.4款作出的指示，负责组织合同工程的实施。在情况紧急且无法与监理人取得联系时，可采取保证工程和人员生命财产安全的紧急措施，并在采取措施后24小时内向监理人提交书面报告。

4.5.3 承包人为履行合同发出的一切函件均应盖有承包人授权的施工场地管理机构章，并由承包人项目经理或其授权代表签字。

4.5.4 承包人项目经理可以授权其下属人员履行其某项职责，但事先应将这些人员的姓名和授权范围通知监理人。

4.6 承包人人员的管理

4.6.1 承包人应在接到开工通知后28天内，向监理人提交承包人在施工场地的管理机构以及人员安排的报告，其内容应包括管理机构的设置、各主要岗位的技术和管理人员名单及其资格，以及各工种技术工人的安排状况。承包人应向监理人提交施工场地人员变动情况的报告。

4.6.2 为完成合同约定的各项工作，承包人应向施工场地派遣或雇用足够数量的下列人员：

（1）具有相应资格的专业技工和合格的普工；

（2）具有相应施工经验的技术人员；

（3）具有相应岗位资格的各级管理人员。

4.6.3 承包人安排在施工场地的主要管理人员和技术骨干应相对稳定。承包人更换主要管理人员和技术骨干时，应取得监理人的同意。

4.6.4 特殊岗位的工作人员均应持有相应的资格证明，监理人有权随时检查。监理人认为有必要时，可进行现场考核。

4.7 撤换承包人项目经理和其他人员

承包人应对其项目经理和其他人员进行有效管理。监理人要求撤换不能胜任本职工作、行为不端或玩忽职守的承包人项目经理和其他人员的，承包人应予以撤换。

4.8 保障承包人人员的合法权益

4.8.1 承包人应与其雇用的人员签订劳动合同，并按时发放工资。

4.8.2 承包人应按劳动法的规定安排工作时间，保证其雇用人员享有休息和休假的权利。因工程施工的特殊需要占用休假日或延长工作时间的，应不超过法律规定的限度，并按法律规定给予补休或付酬。

4.8.3 承包人应为其雇用人员提供必要的食宿条件，以及符合环境保护和卫生要求的生活环境，在远离城镇的施工场地，还应配备必要的伤病防治和急救的医务人员与医疗设施。

4.8.4 承包人应按国家有关劳动保护的规定，采取有效的防止粉尘、降低噪声、控制有害气体和保障高温、高寒、高空作业安全等劳动保护措施。其雇用人员在施工中受到伤害的，承包人应立即采取有效措施进行抢救和治疗。

4.8.5 承包人应按有关法律规定和合同约定，为其雇用人员办理保险。

4.8.6 承包人应负责处理其雇用人员因工伤亡事故的善后事宜。

4.9 工程价款应专款专用

发包人按合同约定支付给承包人的各项价款应专用于合同工程。

4.10 承包人现场查勘

4.10.1 发包人应将其持有的现场地质勘探资料、水文气象资料提供给承包人，并对其准确性负责。但承包人应对其阅读上述有关资料后所作出的解释和推断负责。

4.10.2 承包人应对施工场地和周围环境进行查勘，并收集有关地质、水文、气象条件、交通条件、风俗习惯以及其他为完成合同工作有关的当地资料。在全部合同工作中，应视为承包人已充分估计了应承担的责任和风险。

4.11 不利物质条件

4.11.1 不利物质条件，除专用合同条款另有约定外，是指承包人在施工场地遇到的不可预见的自然物质条件、非自然的物质障碍和污染物，包括地下和水文条件，但不包括气候条件。

4.11.2 承包人遇到不利物质条件时，应采取适应不利物质条件的合理措施继续施工，并及时通知监理人。监理人应当及时发出指示，指示构成变更的，按第15条约定办理。监理人没有发出指示的，承包人因采取合理措施而增加的费用和（或）工期延误，由发包人承担。

5.7.2.3 合同双方的施工资源投入

5. 材料和工程设备

5.1 承包人提供的材料和工程设备

5.1.1 除专用合同条款另有约定外，承包人提供的材料和工程设备均由承包人负责采购、运输和保管。承包人应对其采购的材料和工程设备负责。

5.1.2 承包人应按专用合同条款的约定，将各项材料和工程设备的供货人及品种、规格、数量和供货时间等报送监理人审批。承包人应向监理人提交其负责提供的材料和工程设备的质量证明文件，并满足合同约定的质量标准。

5.1.3 对承包人提供的材料和工程设备，承包人应会同监理人进行检验和交货验收，查验材料合格证明和产品合格证书，并按合同约定和监理人指示，进行材料的抽样检验和工程设备的检验测试，检验和测试结果应提交监理人，所需费用由承包人承担。

5.2 发包人提供的材料和工程设备

5.2.1 发包人提供的材料和工程设备，应在专用合同条款中写明材料和工程设备的名称、规格、数量、价格、交货方式、交货地点和计划交货日期等。

5.2.2 承包人应根据合同进度计划的安排，向监理人报送要求发包人交货的日期计划。发包人应按照监理人与合同双方当事人商定的交货日期，向承包人提交材料和工程设备。

5.2.3 发包人应在材料和工程设备到货7天前通知承包人，承包人应会同监理人在约定的时间内，赴交货地点共同进行验收。除专用合同条款另有约定外，发包人提供的材料和工程设备验收后，由承包人负责接收、运输和保管。

5.2.4 发包人要求向承包人提前交货的，承包人不得拒绝，但发包人应承担承包人由此增加的费用。

5.2.5 承包人要求更改交货日期或地点的，应事先报请监理人批准。由于承包人要求更改交货时间或地点所增加的费用和（或）工期延误由承包人承担。

5.2.6 发包人提供的材料和工程设备的规格、数量或质量不符合合同要求，或由于发包人原因发生交货日期延误及交货地点变更等情况的，发包人应承担由此增加的费用和（或）工期延误，并向承包人支付合理利润。

5.3 材料和工程设备专用于合同工程

5.3.1 运入施工场地的材料、工程设备，包括备品备件、安装专用工器具与随机资料，必须专用于合同工程，未经监理人同意，承包人不得运出施工场地或挪作他用。

5.3.2 随同工程设备运入施工场地的备品备件、专用工器具与随机资料，应由承包人会同监理人按供货人的装箱单清点后共同封存，未经监理人同意不得启用。承包人因合同工作需要使用上述物品时，应向监理人提出申请。

5.4 禁止使用不合格的材料和工程设备

5.4.1 监理人有权拒绝承包人提供的不合格材料或工程设备，并要求承包人立即进行更换。监理人应在更换后再次进行检查和检验，由此增加的费用和（或）工期延误由承包人承担。

5.4.2 监理人发现承包人使用了不合格的材料和工程设备，应即时发出指示要求承包人立即改正，并禁止在工程中继续使用不合格的材料和工程设备。

5.4.3 发包人提供的材料或工程设备不符合合同要求的，承包人有权拒绝，并可要求发包人更换，由此增加的费用和（或）工期延误由发包人承担。

6. 施工设备和临时设施

6.1 承包人提供的施工设备和临时设施

6.1.1 承包人应按合同进度计划的要求，及时配置施工设备和修建临时设施。进入施工场地的承包人设备需经监理人核查后才能投入使用。承包人更换合同约定的承包人设备的，应报监理人批准。

6.1.2 除专用合同条款另有约定外，承包人应自行承担修建临时设施的费用，需要临时占地的，应由发包人办理申请手续并承担相应费用。

6.2 发包人提供的施工设备和临时设施

发包人提供的施工设备或临时设施在专用合同条款中约定。

6.3 要求承包人增加或更换施工设备

承包人使用的施工设备不能满足合同进度计划和（或）质量要求时，监理人有权要求承包人增加或更换施工设备，承包人应及时增加或更换，由此增加的费用和（或）工期延误由承包人承担。

6.4 施工设备和临时设施专用于合同工程

6.4.1 除合同另有约定外，运入施工场地的所有施工设备以及在施工场地建设的临时设施应专用于合同工程。未经监理人同意，不得将上述施工设备和临时设施中的任何部分运出施工场地或挪作他用。

6.4.2 经监理人同意，承包人可根据合同进度计划撤走闲置的施工设备。

7. 交通运输

7.1 道路通行权和场外设施

除专用合同条款另有约定外，发包人应根据合同工程的施工需要，负责办理取得出入施工场地的专用和临时道路的通行权，以及取得为工程建设所需修建场外设施的权利，并承担有关费用。承包人应协助发包人办理上述手续。

7.2 场内施工道路

7.2.1 除专用合同条款另有约定外，承包人应负责修建、维修、养护和管理施工所需的临时道路和交通设施，包括维修、养护和管理发包人提供的道路和交通设施，并承担相应费用。

7.2.2 除专用合同条款另有约定外，承包人修建的临时道路和交通设施应免费提供发包人和监理人使用。

7.3 场外交通

7.3.1 承包人车辆外出行驶所需的场外公共道路的通行费、养路费和税款等由承包人承担。

7.3.2 承包人应遵守有关交通法规，严格按照道路和桥梁的限制荷重安全行驶，并服从交通管理部门的检查和监督。

7.4 超大件和超重件的运输

由承包人负责运输的超大件或超重件，应由承包人负责向交通管理部门办理申请手续，发包人给予协助。运输超大件或超重件所需的道路和桥梁临时加固改造费用和其他有关费用，由承包人承担，但专用合同条款另有约定除外。

7.5 道路和桥梁的损坏责任

因承包人运输造成施工场地内外公共道路和桥梁损坏的，由承包人承担修复损坏的全部费用和可能引起的赔偿。

7.6 水路和航空运输

本条上述各款的内容适用于水路运输和航空运输，其中"道路"一词的含义包括河道、航线、船闸、机场、码头、堤防以及水路或航空运输中其他相似结构物；"车辆"一词的含义包括船舶和飞机等。

8. 测量放线

8.1 施工控制网

8.1.1 发包人应在专用合同条款约定的期限内，通过监理人向承包人提供测量基准点、基准线和水准点及其书面资料。除专用合同条款另有约定外，承包人应根据国家测绘基准、测绘系统和工程测量技术规范，按上述基准点（线）以及合同工程精度要求，测设施工控制网，并在专用合同条款约定的期限内，将施工控制网资料报送监理人审批。

8.1.2 承包人应负责管理施工控制网点。施工控制网点丢失或损坏的，承包人应及时修复。承包人应承担施工控制网点的管理与修复费用，并在工程竣工后将施工控制网点移交发包人。

8.2 施工测量

8.2.1 承包人应负责施工过程中的全部施工测量放线工作，并配置合格的人员、仪器、设备和其他物品。

8.2.2 监理人可以指示承包人进行抽样复测，当复测中发现错误或出现超过合同约定的误差时，承包人应按监理人指示进行修正或补测，并承担相应的复测费用。

8.3 基准资料错误的责任

发包人应对其提供的测量基准点、基准线和水准点及其书面资料的真实性、准确性和完整性负责。发包人提供上述基准资料错误导致承包人测量放线工作的返工或造成工程损失的，发包人应当承担由此增加的费用和（或）工期延误，并向承包人支付合理利润。承包人发现发包人提供的上述基准资料存在明显错误或疏忽的，应及时通知监理人。

8.4 监理人使用施工控制网

监理人需要使用施工控制网的，承包人应提供必要的协助，发包人不再为此支付费用。

9. 施工安全、治安保卫和环境保护

9.1 发包人的施工安全责任

9.1.1 发包人应按合同约定履行安全职责，授权监理人按合同约定的安全工作内容监督、检查承包人安全工作的实施，组织承包人和有关单位进行安全检查。

9.1.2 发包人应对其现场机构雇用的全部人员的工伤事故承担责任，但由于承包人原因造成发包人人员工伤的，应由承包人承担责任。

9.1.3 发包人应负责赔偿以下各种情况造成的第三者人身伤亡和财产损失：

（1）工程或工程的任何部分对土地的占用所造成的第三者财产损失；

（2）由于发包人原因在施工场地及其毗邻地带造成的第三者人身伤亡和财产损失。

9.2 承包人的施工安全责任

9.2.1 承包人应按合同约定履行安全职责，执行监理人有关安全工作的指示，并在专用合同条款约定的期限内，按合同约定的安全工作内容，编制施工安全措施计划报送监理人审批。

9.2.2 承包人应加强施工作业安全管理，特别应加强易燃、易爆材料、火工器材、有毒与腐蚀性材料和其他危险品的管理，以及对爆破作业和地下工程施工等危险作业的管理。

9.2.3 承包人应严格按照国家安全标准制定施工安全操作规程，配备必要的安全生产和劳动保护设施，加强对承包人人员的安全教育，并发放安全工作手册和劳动保护用具。

9.2.4 承包人应按监理人的指示制定应对灾害的紧急预案，报送监理人审批。承包人还应按预案做好安全检查，配置必要的救助物资和器材，切实保护好有关人员的人身和财产安全。

9.2.5 合同约定的安全作业环境及安全施工措施所需费用应遵守有关规定，并包括在相关工作的合同价格中。因采取合同未约定的安全作业环境及安全施工措施增加的费用，由监理人按第3.5款商定或确定。

9.2.6 承包人应对其履行合同所雇用的全部人员，包括分包人人员的工伤事故承担责任，但由于发包人原因造成承包人人员工伤事故的，应由发包人承担责任。

9.2.7 由于承包人原因在施工场地内及其毗邻地带造成的第三者人员伤亡和财产损失，由承包人负责赔偿。

9.3 治安保卫

9.3.1 除合同另有约定外，发包人应与当地公安部门协商，在现场建立治安管理机构或联防组织，统一管理施工场地的治安保卫事项，履行合同工程的治安保卫职责。

9.3.2 发包人和承包人除应协助现场治安管理机构或联防组织维护施工场地的社会治安外，还应做好包括生活区在内的各自管辖区的治安保卫工作。

9.3.3 除合同另有约定外，发包人和承包人应在工程开工后，共同编制施工场地治安管理计划，并制定应对突发治安事件的紧急预案。在工程施工过程中，发生暴乱、爆炸等恐怖事件，以及群殴、械斗等群体性突发治安事件的，发包人和承包人应立即向当地政府报告。发包人和承包人应积极协助当地有关部门采取措施平息事态，防止事态扩大，尽量减少财产损失和避免人员伤亡。

9.4 环境保护

9.4.1 承包人在施工过程中，应遵守有关环境保护的法律，履行合同约定的环境保护义务，并对违反法律和合同约定义务所造成的环境破坏、人身伤害和财产损失负责。

9.4.2 承包人应按合同约定的环保工作内容，编制施工环保措施计划，报送监理人审批。

9.4.3 承包人应按照批准的施工环保措施计划有序地堆放和处理施工废弃物，避免对环境造成破坏。因承包人任意堆放或弃置施工废弃物造成妨碍公共交通、影响城镇居民生活、降低河流行洪能力、危及居民安全、破坏周边环境，或者影响其他承包人施工等后果的，承包人应承担责任。

9.4.4 承包人应按合同约定采取有效措施，对施工开挖的边坡及时进行支护，维护排水设施，并进行水土保护，避免因施工造成的地质灾害。

9.4.5 承包人应按国家饮用水管理标准定期对饮用水源进行监测，防止施工活动污染饮用水源。

9.4.6 承包人应按合同约定，加强对噪声、粉尘、废气、废水和废油的控制，努力降低噪声，控制粉尘和废气浓度，做好废水和废油的治理和排放。

9.5 事故处理

工程施工过程中发生事故的，承包人应立即通知监理人，监理人应立即通知发包人。发包人和承包人应立即组织人员和设备进行紧急抢救和抢修，减少人员伤亡和财产损失，防止事故扩大，并保护事故现场。需要移动现场物品时，应作出标记和书面记录，妥善保管有关证据。发包人和承包人应按国家有关规定，及时如实地向有关部门报告事故发生的情况，以及正在采取的紧急措施等。

5.7.2.4 工程进度控制

10. 进度计划

10.1 合同进度计划

承包人应按专用合同条款约定的内容和期限，编制详细的施工进度计划和施工方案说明报送监理人。监理人应在专用合同条款约定的期限内批复或提出修改意见，否则该进度计划视为已得到批准。经监理人批准的施工进度计划称合同进度计划，是控制合同工程进度的依据。承包人还应根据合同进度计划，编制更为详细的分阶段或分项进度计划，报监理人审批。

10.2 合同进度计划的修订

不论何种原因造成工程的实际进度与第10.1款的合同进度计划不符时，承包人可以在专用合同条款约定的期限内向监理人提交修订合同进度计划的申请报告，并附有关措施和相关资料，报监理人审批；监理人也可以直接向承包人作出修订合同进度计划的指示，承包人应按该指示修订合同进度计划，报监理人审批。监理人应在专用合同条款约定的期限内批复。监理人在批复前应获得发包人同意。

11. 开工和竣工

11.1 开工

11.1.1 监理人应在开工日期7天前向承包人发出开工通知。监理人在发出开工通知前应获得发包人同意。工期自监理人发出的开工通知中载明的开工日期起计算。承包人应在开工日期后尽快施工。

11.1.2 承包人应按第10.1款约定的合同进度计划，向监理人提交工程开工报审表，经监理人审批后执行。开工报审表应详细说明按合同进度计划正常施工所需的施工道路、临时设施、材料设备、施工人员等施工组织措施的落实情况以及工程的进度安排。

11.2 竣工

承包人应在第1.1.4.3目约定的期限内完成合同工程。实际竣工日期在接收证书中写明。

11.3 发包人的工期延误

在履行合同过程中，由于发包人的下列原因造成工期延误的，承包人有权要求发包人延长工期和（或）增加费用，并支付合理利润。需要修订合同进度计划的，按照第10.2款的约定办理。

（1）增加合同工作内容；

（2）改变合同中任何一项工作的质量要求或其他特性；

（3）发包人迟延提供材料、工程设备或变更交货地点的；

（4）因发包人原因导致的暂停施工；

（5）提供图纸延误；

（6）未按合同约定及时支付预付款、进度款；

（7）发包人造成工期延误的其他原因。

11.4 异常恶劣的气候条件

由于出现专用合同条款规定的异常恶劣气候的条件导致工期延误的，承包人有权要求发包人延长工期。

11.5 承包人的工期延误

由于承包人原因，未能按合同进度计划完成工作，或监理人认为承包人施工进度不能满足合同工期要求的，承包人应采取措施加快进度，并承担加快进度所增加的费用。由于承包人原因造成工期延误，承包人应支付逾期竣工违约金。逾期竣工违约金的计算方法在专用合同条款中约定。承包人支付逾期竣工违约金，不免除承包人完成工程及修补缺陷的义务。

11.6 工期提前

发包人要求承包人提前竣工，或承包人提出提前竣工的建议能够给发包人带来效益的，应由监理人与承包人共同协商采取加快工程进度的措施和修订合同进度计划。发包人应承担承包人由此增加的费用，并向承包人支付专用合同条款约定的相应奖金。

12. 暂停施工

12.1 承包人暂停施工的责任

因下列暂停施工增加的费用和（或）工期延误由承包人承担：

（1）承包人违约引起的暂停施工；

（2）由于承包人原因为工程合理施工和安全保障所必需的暂停施工；

（3）承包人擅自暂停施工；

（4）承包人其他原因引起的暂停施工；

（5）专用合同条款约定由承包人承担的其他暂停施工。

12.2　发包人暂停施工的责任

由于发包人原因引起的暂停施工造成工期延误的，承包人有权要求发包人延长工期和（或）增加费用，并支付合理利润。

12.3　监理人暂停施工指示

12.3.1　监理人认为有必要时，可向承包人作出暂停施工的指示，承包人应按监理人指示暂停施工。不论由于何种原因引起的暂停施工，暂停施工期间承包人应负责妥善保护工程并提供安全保障。

12.3.2　由于发包人的原因发生暂停施工的紧急情况，且监理人未及时下达暂停施工指示的，承包人可先暂停施工，并及时向监理人提出暂停施工的书面请求。监理人应在接到书面请求后的 24 小时内予以答复，逾期未答复的，视为同意承包人的暂停施工请求。

12.4　暂停施工后的复工

12.4.1　暂停施工后，监理人应与发包人和承包人协商，采取有效措施积极消除暂停施工的影响。当工程具备复工条件时，监理人应立即向承包人发出复工通知。承包人收到复工通知后，应在监理人指定的期限内复工。

12.4.2　承包人无故拖延和拒绝复工的，由此增加的费用和工期延误由承包人承担；因发包人原因无法按时复工的，承包人有权要求发包人延长工期和（或）增加费用，并支付合理利润。

12.5　暂停施工持续 56 天以上

12.5.1　监理人发出暂停施工指示后 56 天内未向承包人发出复工通知，除了该项停工属于第 12.1 款的情况外，承包人可向监理人提交书面通知，要求监理人在收到书面通知后 28 天内准许已暂停施工的工程或其中一部分工程继续施工。如监理人逾期不予批准，则承包人可以通知监理人，将工程受影响的部分视为按第 15.1（1）项的可取消工作。如暂停施工影响到整个工程，可视为发包人违约，应按第 22.2 款的规定办理。

12.5.2　由于承包人责任引起的暂停施工，如承包人在收到监理人暂停施工指示后 56 天内不认真采取有效的复工措施，造成工期延误，可视为承包人违约，应按第 22.1 款的规定办理。

5.7.2.5　工程质量控制

13.　工程质量

13.1　工程质量要求

13.1.1　工程质量验收按合同约定验收标准执行。

13.1.2　因承包人原因造成工程质量达不到合同约定验收标准的，监理人有权要求承包人返工直至符合合同要求为止，由此造成的费用增加和（或）工期延误由承包人承担。

13.1.3　因发包人原因造成工程质量达不到合同约定验收标准的，发包人应承担由于承包人返工造成的费用增加和（或）工期延误，并支付承包人合理利润。

13.2 承包人的质量管理

13.2.1 承包人应在施工场地设置专门的质量检查机构，配备专职质量检查人员，建立完善的质量检查制度。承包人应在合同约定的期限内，提交工程质量保证措施文件，包括质量检查机构的组织和岗位责任、质检人员的组成、质量检查程序和实施细则等，报送监理人审批。

13.2.2 承包人应加强对施工人员的质量教育和技术培训，定期考核施工人员的劳动技能，严格执行规范和操作规程。

13.3 承包人的质量检查

承包人应按合同约定对材料、工程设备以及工程的所有部位及其施工工艺进行全过程的质量检查和检验，并作详细记录，编制工程质量报表，报送监理人审查。

13.4 监理人的质量检查

监理人有权对工程的所有部位及其施工工艺、材料和工程设备进行检查和检验。承包人应为监理人的检查和检验提供方便，包括监理人到施工场地，或制造、加工地点，或合同约定的其他地方进行察看和查阅施工原始记录。承包人还应按监理人指示，进行施工场地取样试验、工程复核测量和设备性能检测，提供试验样品、提交试验报告和测量成果以及监理人要求进行的其他工作。监理人的检查和检验，不免除承包人按合同约定应负的责任。

13.5 工程隐蔽部位覆盖前的检查

13.5.1 通知监理人检查

经承包人自检确认的工程隐蔽部位具备覆盖条件后，承包人应通知监理人在约定的期限内检查。承包人的通知应附有自检记录和必要的检查资料。监理人应按时到场检查。经监理人检查确认质量符合隐蔽要求，并在检查记录上签字后，承包人才能进行覆盖。监理人检查确认质量不合格的，承包人应在监理人指示的时间内修整返工后，由监理人重新检查。

13.5.2 监理人未到场检查

监理人未按第13.5.1项约定的时间进行检查的，除监理人另有指示外，承包人可自行完成覆盖工作，并作相应记录报送监理人，监理人应签字确认。监理人事后对检查记录有疑问的，可按第13.5.3项的约定重新检查。

13.5.3 监理人重新检查

承包人按第13.5.1项或第13.5.2项覆盖工程隐蔽部位后，监理人对质量有疑问的，可要求承包人对已覆盖的部位进行钻孔探测或揭开重新检验，承包人应遵照执行，并在检验后重新覆盖恢复原状。经检验证明工程质量符合合同要求的，由发包人承担由此增加的费用和（或）工期延误，并支付承包人合理利润；经检验证明工程质量不符合合同要求的，由此增加的费用和（或）工期延误由承包人承担。

13.5.4 承包人私自覆盖

承包人未通知监理人到场检查，私自将工程隐蔽部位覆盖的，监理人有权指示承包人钻孔探测或揭开检查，由此增加的费用和（或）工期延误由承包人承担。

13.6 清除不合格工程

13.6.1 承包人使用不合格材料、工程设备，或采用不适当的施工工艺，或施工不当，造成工程不合格的，监理人可以随时发出指示，要求承包人立即采取措施进行补救，直至达到合同要求的质量标准，由此增加的费用和（或）工期延误由承包人承担。

13.6.2 由于发包人提供的材料或工程设备不合格造成的工程不合格，需要承包人采取措施补救的，发包人应承担由此增加的费用和（或）工期延误，并支付承包人合理利润。

14. 试验和检验

14.1 材料、工程设备和工程的试验和检验

14.1.1 承包人应按合同约定进行材料、工程设备和工程的试验和检验，并为监理人对上述材料、工程设备和工程的质量检查提供必要的试验资料和原始记录。按合同约定应由监理人与承包人共同进行试验和检验的，由承包人负责提供必要的试验资料和原始记录。

14.1.2 监理人未按合同约定派员参加试验和检验的，除监理人另有指示外，承包人可自行试验和检验，并应立即将试验和检验结果报送监理人，监理人应签字确认。

14.1.3 监理人对承包人的试验和检验结果有疑问的，或为查清承包人试验和检验成果的可靠性要求承包人重新试验和检验的，可按合同约定由监理人与承包人共同进行。重新试验和检验的结果证明该项材料、工程设备或工程的质量不符合合同要求的，由此增加的费用和（或）工期延误由承包人承担；重新试验和检验结果证明该项材料、工程设备和工程符合合同要求，由发包人承担由此增加的费用和（或）工期延误，并支付承包人合理利润。

14.2 现场材料试验

14.2.1 承包人根据合同约定或监理人指示进行的现场材料试验，应由承包人提供试验场所、试验人员、试验设备器材以及其他必要的试验条件。

14.2.2 监理人在必要时可以使用承包人的试验场所、试验设备器材以及其他试验条件，进行以工程质量检查为目的的复核性材料试验，承包人应予以协助。

14.3 现场工艺试验

承包人应按合同约定或监理人指示进行现场工艺试验。对大型的现场工艺试验，监理人认为必要时，应由承包人根据监理人提出的工艺试验要求，编制工艺试验措施计划，报送监理人审批。

5.7.2.6 工程造价控制

15. 变更

15.1 变更的范围和内容

除专用合同条款另有约定外，在履行合同中发生以下情形之一，应按照本条规定进行变更。

（1）取消合同中任何一项工作，但被取消的工作不能转由发包人或其他人实施；

（2）改变合同中任何一项工作的质量或其他特性；

（3）改变合同工程的基线、标高、位置或尺寸；

（4）改变合同中任何一项工作的施工时间或改变已批准的施工工艺或顺序；

（5）为完成工程需要追加的额外工作。

15.2 变更权

在履行合同过程中，经发包人同意，监理人可按第15.3款约定的变更程序向承包人作出变更指示，承包人应遵照执行。没有监理人的变更指示，承包人不得擅自变更。

15.3 变更程序

15.3.1 变更的提出

（1）在合同履行过程中，可能发生第15.1款约定情形的，监理人可向承包人发出变更

意向书。变更意向书应说明变更的具体内容和发包人对变更的时间要求，并附必要的图纸和相关资料。变更意向书应要求承包人提交包括拟实施变更工作的计划、措施和竣工时间等内容的实施方案。发包人同意承包人根据变更意向书要求提交的变更实施方案的，由监理人按第15.3.3项约定发出变更指示。

（2）在合同履行过程中，发生第15.1款约定情形的，监理人应按照第15.3.3项约定向承包人发出变更指示。

（3）承包人收到监理人按合同约定发出的图纸和文件，经检查认为其中存在第15.1款约定情形的，可向监理人提出书面变更建议。变更建议应阐明要求变更的依据，并附必要的图纸和说明。监理人收到承包人书面建议后，应与发包人共同研究，确认存在变更的，应在收到承包人书面建议后的14天内作出变更指示。经研究后不同意作为变更的，应由监理人书面答复承包人。

（4）若承包人收到监理人的变更意向书后认为难以实施此项变更，应立即通知监理人，说明原因并附详细依据。监理人与承包人和发包人协商后确定撤销、改变或不改变原变更意向书。

15.3.2　变更估价

（1）除专用合同条款对期限另有约定外，承包人应在收到变更指示或变更意向书后的14天内，向监理人提交变更报价书，报价内容应根据第15.4款约定的估价原则，详细开列变更工作的价格组成及其依据，并附必要的施工方法说明和有关图纸。

（2）变更工作影响工期的，承包人应提出调整工期的具体细节。监理人认为有必要时，可要求承包人提交要求提前或延长工期的施工进度计划及相应施工措施等详细资料。

（3）除专用合同条款对期限另有约定外，监理人收到承包人变更报价书后的14天内，根据第15.4款约定的估价原则，按照第3.5款商定或确定变更价格。

15.3.3　变更指示

（1）变更指示只能由监理人发出。

（2）变更指示应说明变更的目的、范围、变更内容以及变更的工程量及其进度和技术要求，并附有关图纸和文件。承包人收到变更指示后，应按变更指示进行变更工作。

15.4　变更的估价原则

除专用合同条款另有约定外，因变更引起的价格调整按照本款约定处理。

15.4.1　已标价工程量清单中有适用于变更工作的子目的，采用该子目的单价。

15.4.2　已标价工程量清单中无适用于变更工作的子目，但有类似子目的，可在合理范围内参照类似子目的单价，由监理人按第3.5款商定或确定变更工作的单价。

15.4.3　已标价工程量清单中无适用或类似子目的单价，可按照成本加利润的原则，由监理人按第3.5款商定或确定变更工作的单价。

15.5　承包人的合理化建议

15.5.1　在履行合同过程中，承包人对发包人提供的图纸、技术要求以及其他方面提出的合理化建议，均应以书面形式提交监理人。合理化建议书的内容应包括建议工作的详细说明、进度计划和效益以及与其他工作的协调等，并附必要的设计文件。监理人应与发包人协商是否采纳建议。建议被采纳并构成变更的，应按第15.3.3项约定向承包人发出变更指示。

15.5.2　承包人提出的合理化建议降低了合同价格、缩短了工期或者提高了工程经济效益的，发包人可按国家有关规定在专用合同条款中约定给予奖励。

15.6　暂列金额

暂列金额只能按照监理人的指示使用，并对合同价格进行相应调整。

15.7　计日工

15.7.1　发包人认为有必要时，由监理人通知承包人以计日工方式实施变更的零星工作。其价款按列入已标价工程量清单中的计日工计价子目及其单价进行计算。

15.7.2　采用计日工计价的任何一项变更工作，应从暂列金额中支付，承包人应在该项变更的实施过程中，每天提交以下报表和有关凭证报送监理人审批：

（1）工作名称、内容和数量；

（2）投入该工作所有人员的姓名、工种、级别和耗用工时；

（3）投入该工作的材料类别和数量；

（4）投入该工作的施工设备型号、台数和耗用台时；

（5）监理人要求提交的其他资料和凭证。

15.7.3　计日工由承包人汇总后，按第17.3.2项的约定列入进度付款申请单，由监理人复核并经发包人同意后列入进度付款。

15.8　暂估价

15.8.1　发包人在工程量清单中给定暂估价的材料、工程设备和专业工程属于依法必须招标的范围并达到规定的规模标准的，由发包人和承包人以招标的方式选择供应商或分包人。发包人和承包人的权利义务关系在专用合同条款中约定。中标金额与工程量清单中所列的暂估价的金额差以及相应的税金等其他费用列入合同价格。

15.8.2　发包人在工程量清单中给定暂估价的材料和工程设备不属于依法必须招标的范围或未达到规定的规模标准的，应由承包人按第5.1款的约定提供。经监理人确认的材料、工程设备的价格与工程量清单中所列的暂估价的金额差以及相应的税金等其他费用列入合同价格。

15.8.3　发包人在工程量清单中给定暂估价的专业工程不属于依法必须招标的范围或未达到规定的规模标准的，由监理人按照第15.4款进行估价，但专用合同条款另有约定的除外。经估价的专业工程与工程量清单中所列的暂估价的金额差以及相应的税金等其他费用列入合同价格。

16.　价格调整

16.1　物价波动引起的价格调整

除专用合同条款另有约定外，因物价波动引起的价格调整按照本款约定处理。

16.1.1　采用价格指数调整价格差额

16.1.1.1　价格调整公式

因人工、材料和设备等价格波动影响合同价格时，根据投标函附录中的价格指数和权重表约定的数据，按以下公式计算差额并调整合同价格。

$$\Delta P = P_0(A + (B_1 \times F_{t1}/F_{01} + B_2 \times F_{t2}/F_{02} + B_3 \times F_{t3}/F_{03} + \cdots + B_n \times F_{tn}/F_{0n}) - 1)$$

式中，ΔP 为需调整的价格差额；P_0 为第17.3.3项、第17.5.2项和第17.6.2项约定的付款证书中承包人应得到的已完成工程量的金额。此项金额应不包括价格调整、不计质量保证金的扣留和支付、预付款的支付和回收。第15条约定的变更及其他金额已按现行价格计价的，也不计在内；A 为定值权重（即不调部分的权重）；B_1，B_2，B_3，$\cdots$，B_n 为各可调因子的变值权重（即可调部分的权重），为各可调因子在投标函投标总报价中所占的比例；F_{t1}，F_{t2}，F_{t3}，$\cdots$，F_{tn} 为各可调因子的现行价格指数，指第 17.3.3 项、第 17.5.2 项和第 17.6.2 项约定的付款证书相关周期最后一天的前 42 天的各可调因子的价格指数；F_{01}，F_{02}，F_{03}，$\cdots$，F_{0n} 为各可调因子的基本价格指数，指基准日期的各可调因子的价格指数。

以上价格调整公式中的各可调因子、定值和变值权重，以及基本价格指数及其来源在投标函附录价格指数和权重表中约定。价格指数应首先采用有关部门提供的价格指数，缺乏上述价格指数时，可采用有关部门提供的价格代替。

16.1.1.2 暂时确定调整差额

在计算调整差额时得不到现行价格指数的，可暂用上一次价格指数计算，并在以后的付款中再按实际价格指数进行调整。

16.1.1.3 权重的调整

按第 15.1 款约定的变更导致原定合同中的权重不合理时，由监理人与承包人和发包人协商后进行调整。

16.1.1.4 承包人工期延误后的价格调整

由于承包人原因未在约定的工期内竣工的，则对原约定竣工日期后继续施工的工程，在使用第 16.1.1.1 目价格调整公式时，应采用原约定竣工日期与实际竣工日期的两个价格指数中较低的一个作为现行价格指数。

16.1.2 采用造价信息调整价格差额

施工期内，因人工、材料、设备和机械台班价格波动影响合同价格时，人工、机械使用费按照国家或省、自治区、直辖市建设行政管理部门、行业建设管理部门或其授权的工程造价管理机构发布的人工成本信息、机械台班单价或机械使用费系数进行调整；需要进行价格调整的材料，其单价和采购数应由监理人复核，监理人确认需调整的材料单价及数量，作为调整工程合同价格差额的依据。

16.2 法律变化引起的价格调整

在基准日后，因法律变化导致承包人在合同履行中所需要的工程费用发生除第 16.1 款约定以外的增减时，监理人应根据法律、国家或省、自治区、直辖市有关部门的规定，按第 3.5 款商定或确定需调整的合同价款。

17. 计量与支付

17.1 计量

17.1.1 计量单位

计量采用国家法定的计量单位。

17.1.2 计量方法

工程量清单中的工程量计算规则应按有关国家标准、行业标准的规定，并在合同中约定执行。

17.1.3 计量周期

除专用合同条款另有约定外，单价子目已完成工程量按月计量，总价子目的计量周期按批准的支付分解报告确定。

17.1.4 单价子目的计量

（1）已标价工程量清单中的单价子目工程量为估算工程量。结算工程量是承包人实际完成的，并按合同约定的计量方法进行计量的工程量。

（2）承包人对已完成的工程进行计量，向监理人提交进度付款申请单、已完成工程量报表和有关计量资料。

（3）监理人对承包人提交的工程量报表进行复核，以确定实际完成的工程量。对数量有异议的，可要求承包人按第8.2款约定进行共同复核和抽样复测。承包人应协助监理人进行复核并按监理人要求提供补充计量资料。承包人未按监理人要求参加复核，监理人复核或修正的工程量视为承包人实际完成的工程量。

（4）监理人认为有必要时，可通知承包人共同进行联合测量、计量，承包人应遵照执行。

（5）承包人完成工程量清单中每个子目的工程量后，监理人应要求承包人派员共同对每个子目的历次计量报表进行汇总，以核实最终结算工程量。监理人可要求承包人提供补充计量资料，以确定最后一次进度付款的准确工程量。承包人未按监理人要求派员参加的，监理人最终核实的工程量视为承包人完成该子目的准确工程量。

（6）监理人应在收到承包人提交的工程量报表后的7天内进行复核，监理人未在约定时间内复核的，承包人提交的工程量报表中的工程量视为承包人实际完成的工程量，据此计算工程价款。

17.1.5　总价子目的计量

除专用合同条款另有约定外，总价子目的分解和计量按照下述约定进行。

（1）总价子目的计量和支付应以总价为基础，不因第16.1款中的因素而进行调整。承包人实际完成的工程量，是进行工程目标管理和控制进度支付的依据。

（2）承包人在合同约定的每个计量周期内，对已完成的工程进行计量，并向监理人提交进度付款申请单、专用合同条款约定的合同总价支付分解表所表示的阶段性或分项计量的支持性资料，以及所达到工程形象目标或分阶段需完成的工程量和有关计量资料。

（3）监理人对承包人提交的上述资料进行复核，以确定分阶段实际完成的工程量和工程形象目标。对其有异议的，可要求承包人按第8.2款约定进行共同复核和抽样复测。

（4）除按照第15条约定的变更外，总价子目的工程量是承包人用于结算的最终工程量。

17.2　预付款

17.2.1　预付款

预付款用于承包人为合同工程施工购置材料、工程设备、施工设备、修建临时设施以及组织施工队伍进场等。预付款的额度和预付办法在专用合同条款中约定。预付款必须专用于合同工程。

17.2.2　预付款保函

除专用合同条款另有约定外，承包人应在收到预付款的同时向发包人提交预付款保函，预付款保函的担保金额应与预付款金额相同。保函的担保金额可根据预付款扣回的金额相应递减。

17.2.3　预付款的扣回与还清

预付款在进度付款中扣回，扣回办法在专用合同条款中约定。在颁发工程接收证书前，由于不可抗力或其他原因解除合同时，预付款尚未扣清的，尚未扣清的预付款余额应作为承包人的到期应付款。

17.3 工程进度付款

17.3.1 付款周期

付款周期同计量周期。

17.3.2 进度付款申请单

承包人应在每个付款周期末，按监理人批准的格式和专用合同条款约定的份数，向监理人提交进度付款申请单，并附相应的支持性证明文件。除专用合同条款另有约定外，进度付款申请单应包括下列内容：

（1）截至本次付款周期末已实施工程的价款；

（2）根据第 15 条应增加和扣减的变更金额；

（3）根据第 23 条应增加和扣减的索赔金额；

（4）根据第 17.2 款约定应支付的预付款和扣减的返还预付款；

（5）根据第 17.4.1 项约定应扣减的质量保证金；

（6）根据合同应增加和扣减的其他金额。

17.3.3 进度付款证书和支付时间

（1）监理人在收到承包人进度付款申请单以及相应的支持性证明文件后的 14 天内完成核查，提出发包人到期应支付给承包人的金额以及相应的支持性材料，经发包人审查同意后，由监理人向承包人出具经发包人签认的进度付款证书。监理人有权扣发承包人未能按照合同要求履行任何工作或义务的相应金额。

（2）发包人应在监理人收到进度付款申请单后的 28 天内，将进度应付款支付给承包人。发包人不按期支付的，按专用合同条款的约定支付逾期付款违约金。

（3）监理人出具进度付款证书，不应视为监理人已同意、批准或接受了承包人完成的该部分工作。

（4）进度付款涉及政府投资资金的，按照国库集中支付等国家相关规定和专用合同条款的约定办理。

17.3.4 工程进度付款的修正

在对以往历次已签发的进度付款证书进行汇总和复核中发现错、漏或重复的，监理人有权予以修正，承包人也有权提出修正申请。经双方复核同意的修正，应在本次进度付款中支付或扣除。

17.4 质量保证金

17.4.1 监理人应从第一个付款周期开始，在发包人的进度付款中，按专用合同条款的约定扣留质量保证金，直至扣留的质量保证金总额达到专用合同条款约定的金额或比例为止。质量保证金的计算额度不包括预付款的支付、扣回以及价格调整的金额。

17.4.2 在第 1.1.4.5 目约定的缺陷责任期满时，承包人向发包人申请到期应返还承包人剩余的质量保证金金额，发包人应在 14 天内会同承包人按照合同约定的内容核实承包人是否完成缺陷责任。如无异议，发包人应当在核实后将剩余保证金返还承包人。

17.4.3 在第 1.1.4.5 目约定的缺陷责任期满时，承包人没有完成缺陷责任的，发包人有权扣留与未履行责任剩余工作所需金额相应的质量保证金余额，并有权根据第 19.3 款约定要求延长缺陷责任期，直至完成剩余工作为止。

17.5 竣工结算

17.5.1 竣工付款申请单

（1）工程接收证书颁发后，承包人应按专用合同条款约定的份数和期限向监理人提交竣工付款申请单，并提供相关证明材料。除专用合同条款另有约定外，竣工付款申请单应包括下列内容：竣工结算合同总价、发包人已支付承包人的工程价款、应扣留的质量保证金、应支付的竣工付款金额。

（2）监理人对竣工付款申请单有异议的，有权要求承包人进行修正和提供补充资料。经监理人和承包人协商后，由承包人向监理人提交修正后的竣工付款申请单。

17.5.2 竣工付款证书及支付时间

（1）监理人在收到承包人提交的竣工付款申请单后的14天内完成核查，提出发包人到期应支付给承包人的价款送发包人审核并抄送承包人。发包人应在收到后14天内审核完毕，由监理人向承包人出具经发包人签认的竣工付款证书。监理人未在约定时间内核查，又未提出具体意见的，视为承包人提交的竣工付款申请单已经监理人核查同意；发包人未在约定时间内审核又未提出具体意见的，监理人提出发包人到期应支付给承包人的价款视为已经发包人同意。

（2）发包人应在监理人出具竣工付款证书后的14天内，将应支付款支付给承包人。发包人不按期支付的，按第17.3.3（2）目的约定，将逾期付款违约金支付给承包人。

（3）承包人对发包人签认的竣工付款证书有异议的，发包人可出具竣工付款申请单中承包人已同意部分的临时付款证书。存在争议的部分，按第24条的约定办理。

（4）竣工付款涉及政府投资资金的，按第17.3.3（4）目的约定办理。

17.6 最终结清

17.6.1 最终结清申请单

（1）缺陷责任期终止证书签发后，承包人可按专用合同条款约定的份数和期限向监理人提交最终结清申请单，并提供相关证明材料。

（2）发包人对最终结清申请单内容有异议的，有权要求承包人进行修正和提供补充资料，由承包人向监理人提交修正后的最终结清申请单。

17.6.2 最终结清证书和支付时间

（1）监理人收到承包人提交的最终结清申请单后的14天内，提出发包人应支付给承包人的价款送发包人审核并抄送承包人。发包人应在收到后14天内审核完毕，由监理人向承包人出具经发包人签认的最终结清证书。监理人未在约定时间内核查，又未提出具体意见的，视为承包人提交的最终结清申请已经监理人核查同意；发包人未在约定时间内审核又未提出具体意见的，监理人提出应支付给承包人的价款视为已经发包人同意。

（2）发包人应在监理人出具最终结清证书后的14天内，将应支付款支付给承包人。发包人不按期支付的，按第17.3.3（2）目的约定，将逾期付款违约金支付给承包人。

（3）承包人对发包人签认的最终结清证书有异议的，按第24条的约定办理。

（4）最终结清付款涉及政府投资资金的，按第17.3.3（4）目的约定办理。

5.7.2.7 验收和保修

18. 竣工验收

18.1 竣工验收的含义

18.1.1 竣工验收指承包人完成了全部合同工作后，发包人按合同要求进行的验收。

18.1.2 国家验收是政府有关部门根据法律、规范、规程和政策要求，针对发包人全面组织实施的整个工程正式交付投运前的验收。

18.1.3 需要进行国家验收的，竣工验收是国家验收的一部分。竣工验收所采用的各项验收和评定标准应符合国家验收标准。发包人和承包人为竣工验收提供的各项竣工验收资料应符合国家验收的要求。

18.2 竣工验收申请报告

当工程具备以下条件时，承包人即可向监理人报送竣工验收申请报告：

（1）除监理人同意列入缺陷责任期内完成的尾工（甩项）工程和缺陷修补工作外，合同范围内的全部单位工程以及有关工作，包括合同要求的试验、试运行以及检验和验收均已完成，并符合合同要求；

（2）已按合同约定的内容和份数备齐了符合要求的竣工资料；

（3）已按监理人的要求编制了在缺陷责任期内完成的尾工（甩项）工程和缺陷修补工作清单以及相应施工计划；

（4）监理人要求在竣工验收前应完成的其他工作；

（5）监理人要求提交的竣工验收资料清单。

18.3 验收

监理人收到承包人按第18.2款约定提交的竣工验收申请报告后，应审查申请报告的各项内容，并按以下不同情况进行处理。

18.3.1 监理人审查后认为尚不具备竣工验收条件的，应在收到竣工验收申请报告后的28天内通知承包人，指出在颁发接收证书前承包人还需进行的工作内容。承包人完成监理人通知的全部工作内容后，应再次提交竣工验收申请报告，直至监理人同意为止。

18.3.2 监理人审查后认为已具备竣工验收条件的，应在收到竣工验收申请报告后的28天内提请发包人进行工程验收。

18.3.3 发包人经过验收后同意接受工程的，应在监理人收到竣工验收申请报告后的56天内，由监理人向承包人出具经发包人签认的工程接收证书。发包人验收后同意接收工程但提出整修和完善要求的，限期修好，并缓发工程接收证书。整修和完善工作完成后，监理人复查达到要求的，经发包人同意后，再向承包人出具工程接收证书。

18.3.4 发包人验收后不同意接收工程的，监理人应按照发包人的验收意见发出指示，要求承包人对不合格工程认真返工重作或进行补救处理，并承担由此产生的费用。承包人在完成不合格工程的返工重作或补救工作后，应重新提交竣工验收申请报告，按第18.3.1项、第18.3.2项和第18.3.3项的约定进行。

18.3.5 除专用合同条款另有约定外，经验收合格工程的实际竣工日期，以提交竣工验收申请报告的日期为准，并在工程接收证书中写明。

18.3.6 发包人在收到承包人竣工验收申请报告56天后未进行验收的，视为验收合格，实际竣工日期以提交竣工验收申请报告的日期为准，但发包人由于不可抗力不能进行验收的除外。

18.4 单位工程验收

212

18.4.1　发包人根据合同进度计划安排，在全部工程竣工前需要使用已经竣工的单位工程时，或承包人提出经发包人同意时，可进行单位工程验收。验收的程序可参照第18.2款与第18.3款的约定进行。验收合格后，由监理人向承包人出具经发包人签认的单位工程验收证书。已签发单位工程接收证书的单位工程由发包人负责照管。单位工程的验收成果和结论作为全部工程竣工验收申请报告的附件。

18.4.2　发包人在全部工程竣工前，使用已接收的单位工程导致承包人费用增加的，发包人应承担由此增加的费用和（或）工期延误，并支付承包人合理利润。

18.5　施工期运行

18.5.1　施工期运行是指合同工程尚未全部竣工，其中某项或某几项单位工程或工程设备安装已竣工，根据专用合同条款约定，需要投入施工期运行的，经发包人按第18.4款的约定验收合格，证明能确保安全后，才能在施工期投入运行。

18.5.2　在施工期运行中发现工程或工程设备损坏或存在缺陷的，由承包人按第19.2款约定进行修复。

18.6　试运行

18.6.1　除专用合同条款另有约定外，承包人应按专用合同条款约定进行工程及工程设备试运行，负责提供试运行所需的人员、器材和必要的条件，并承担全部试运行费用。

18.6.2　由于承包人的原因导致试运行失败的，承包人应采取措施保证试运行合格，并承担相应费用。由于发包人的原因导致试运行失败的，承包人应当采取措施保证试运行合格，发包人应承担由此产生的费用，并支付承包人合理利润。

18.7　竣工清场

18.7.1　除合同另有约定外，工程接收证书颁发后，承包人应按以下要求对施工场地进行清理，直至监理人检验合格为止。竣工清场费用由承包人承担。

（1）施工场地内残留的垃圾已全部清除出场；

（2）临时工程已拆除，场地已按合同要求进行清理、平整或复原；

（3）按合同约定应撤离的承包人设备和剩余的材料，包括废弃的施工设备和材料，已按计划撤离施工场地；

（4）工程建筑物周边及其附近道路、河道的施工堆积物，已按监理人指示全部清理；

（5）监理人指示的其他场地清理工作已全部完成。

18.7.2　承包人未按监理人的要求恢复临时占地，或者场地清理未达到合同约定的，发包人有权委托其他人恢复或清理，所发生的金额从拟支付给承包人的款项中扣除。

18.8　施工队伍的撤离

工程接收证书颁发后的56天内，除了经监理人同意需在缺陷责任期内继续工作和使用的人员、施工设备和临时工程外，其余的人员、施工设备和临时工程均应撤离施工场地或拆除。除合同另有约定外，缺陷责任期满时，承包人的人员和施工设备应全部撤离施工场地。

19．缺陷责任与保修责任

19.1　缺陷责任期的起算时间

缺陷责任期自实际竣工日期起计算。在全部工程竣工验收前，已经发包人提前验收的单位工程，其缺陷责任期的起算日期相应提前。

19.2　缺陷责任

19.2.1 承包人应在缺陷责任期内对已交付使用的工程承担缺陷责任。

19.2.2 缺陷责任期内，发包人对已接收使用的工程负责日常维护工作。发包人在使用过程中，发现已接收的工程存在新的缺陷或已修复的缺陷部位或部件又遭损坏的，承包人应负责修复，直至检验合格为止。

19.2.3 监理人和承包人应共同查清缺陷和（或）损坏的原因。经查明属承包人原因造成的，应由承包人承担修复和查验的费用。经查验属发包人原因造成的，发包人应承担修复和查验的费用，并支付承包人合理利润。

19.2.4 承包人不能在合理时间内修复缺陷的，发包人可自行修复或委托其他人修复，所需费用和利润的承担，按第19.2.3项约定办理。

19.3 缺陷责任期的延长

由于承包人原因造成某项缺陷或损坏使某项工程或工程设备不能按原定目标使用而需要再次检查、检验和修复的，发包人有权要求承包人相应延长缺陷责任期，但缺陷责任期最长不超过2年。

19.4 进一步试验和试运行

任何一项缺陷或损坏修复后，经检查证明其影响了工程或工程设备的使用性能，承包人应重新进行合同约定的试验和试运行，试验和试运行的全部费用应由责任方承担。

19.5 承包人的进入权

缺陷责任期内承包人为缺陷修复工作需要，有权进入工程现场，但应遵守发包人的保安和保密规定。

19.6 缺陷责任期终止证书

在第1.1.4.5项约定的缺陷责任期，包括根据第19.3款延长的期限终止后14天内，由监理人向承包人出具经发包人签认的缺陷责任期终止证书，并退还剩余的质量保证金。

19.7 保修责任

合同当事人根据有关法律规定，在专用合同条款中约定工程质量保修范围、期限和责任。保修期自实际竣工日期起计算。在全部工程竣工验收前，已经发包人提前验收的单位工程，其保修期的起算日期相应提前。

5.7.2.8 工程风险、违约和索赔

20. 保险

20.1 工程保险

除专用合同条款另有约定外，承包人应以发包人和承包人的共同名义向双方同意的保险人投保建筑工程一切险、安装工程一切险。其具体的投保内容、保险金额、保险费率、保险期限等有关内容在专用合同条款中约定。

20.2 人员工伤事故的保险

20.2.1 承包人员工伤事故的保险

承包人应依照有关法律规定参加工伤保险，为其履行合同所雇用的全部人员，缴纳工伤保险费，并要求其分包人也进行此项保险。

20.2.2 发包人员工伤事故的保险

发包人应依照有关法律规定参加工伤保险，为其现场机构雇用的全部人员，缴纳工伤保

险费，并要求其监理人也进行此项保险。

20.3　人身意外伤害险

20.3.1　发包人应在整个施工期间为其现场机构雇用的全部人员，投保人身意外伤害险，缴纳保险费，并要求其监理人也进行此项保险。

20.3.2　承包人应在整个施工期间为其现场机构雇用的全部人员，投保人身意外伤害险，缴纳保险费，并要求其分包人也进行此项保险。

20.4　第三者责任险

20.4.1　第三者责任系指在保险期内，对因工程意外事故造成的、依法应由被保险人负责的工地上及毗邻地区的第三者人身伤亡、疾病或财产损失（本工程除外），以及被保险人因此而支付的诉讼费用和事先经保险人书面同意支付的其他费用等赔偿责任。

20.4.2　在缺陷责任期终止证书颁发前，承包人应以承包人和发包人的共同名义，投保第20.4.1项约定的第三者责任险，其保险费率、保险金额等有关内容在专用合同条款中约定。

20.5　其他保险

除专用合同条款另有约定外，承包人应为其施工设备、进场的材料和工程设备等办理保险。

20.6　对各项保险的一般要求

20.6.1　保险凭证

承包人应在专用合同条款约定的期限内向发包人提交各项保险生效的证据和保险单副本，保险单必须与专用合同条款约定的条件保持一致。

20.6.2　保险合同条款的变动

承包人需要变动保险合同条款时，应事先征得发包人同意，并通知监理人。保险人作出变动的，承包人应在收到保险人通知后立即通知发包人和监理人。

20.6.3　持续保险

承包人应与保险人保持联系，使保险人能够随时了解工程实施中的变动，并确保按保险合同条款要求持续保险。

20.6.4　保险金不足的补偿

保险金不足以补偿损失的，应由承包人和（或）发包人按合同约定负责补偿。

20.6.5　未按约定投保的补救

（1）由于负有投保义务的一方当事人未按合同约定办理保险，或未能使保险持续有效的，另一方当事人可代为办理，所需费用由对方当事人承担。

（2）由于负有投保义务的一方当事人未按合同约定办理某项保险，导致受益人未能得到保险人的赔偿，原应从该项保险得到的保险金应由负有投保义务的一方当事人支付。

20.6.6　报告义务

当保险事故发生时，投保人应按照保险单规定的条件和期限及时向保险人报告。

21.　不可抗力

21.1　不可抗力的确认

21.1.1　不可抗力是指承包人和发包人在订立合同时不可预见，在工程施工过程中不可避免发生并不能克服的自然灾害和社会性突发事件，如地震、海啸、瘟疫、水灾、骚乱、暴动、战争和专用合同条款约定的其他情形。

21.1.2　不可抗力发生后，发包人和承包人应及时认真统计所造成的损失，收集不可抗力造成损失的证据。合同双方对是否属于不可抗力或其损失的意见不一致的，由监理人按第3.5款商定或确定。发生争议时，按第24条的约定办理。

21.2　不可抗力的通知

21.2.1　合同一方当事人遇到不可抗力事件，使其履行合同义务受到阻碍时，应立即通知合同另一方当事人和监理人，书面说明不可抗力和受阻碍的详细情况，并提供必要的证明。

21.2.2　如不可抗力持续发生，合同一方当事人应及时向合同另一方当事人和监理人提交中间报告，说明不可抗力和履行合同受阻的情况，并于不可抗力事件结束后28天内提交最终报告及有关资料。

21.3　不可抗力后果及其处理

21.3.1　不可抗力造成损害的责任

除专用合同条款另有约定外，不可抗力导致的人员伤亡、财产损失、费用增加和（或）工期延误等后果，由合同双方按以下原则承担：

（1）永久工程，包括已运至施工场地的材料和工程设备的损害，以及因工程损害造成的第三者人员伤亡和财产损失由发包人承担；

（2）承包人设备的损坏由承包人承担；

（3）发包人和承包人各自承担其人员伤亡和其他财产损失及其相关费用；

（4）承包人的停工损失由承包人承担，但停工期间应监理人要求照管工程和清理、修复工程的金额由发包人承担；

（5）不能按期竣工的，应合理延长工期，承包人不需支付逾期竣工违约金。发包人要求赶工的，承包人应采取赶工措施，赶工费用由发包人承担。

21.3.2　延迟履行期间发生的不可抗力

合同一方当事人延迟履行，在延迟履行期间发生不可抗力的，不免除其责任。

21.3.3　避免和减少不可抗力损失

不可抗力发生后，发包人和承包人均应采取措施尽量避免和减少损失的扩大，任何一方没有采取有效措施导致损失扩大的，应对扩大的损失承担责任。

21.3.4　因不可抗力解除合同

合同一方当事人因不可抗力不能履行合同的，应当及时通知对方解除合同。合同解除后，承包人应按照第22.2.5项约定撤离施工场地。已经订货的材料、设备由订货方负责退货或解除订货合同，不能退还的货款和因退货、解除订货合同发生的费用，由发包人承担，因未及时退货造成的损失由责任方承担。合同解除后的付款，参照第22.2.4项约定，由监理人按第3.5款商定或确定。

22.　违约

22.1　承包人违约

22.1.1　承包人违约的情形

在履行合同过程中发生的下列情况属承包人违约：

（1）承包人违反第1.8款或第4.3款的约定，私自将合同的全部或部分权利转让给其他

216

人，或私自将合同的全部或部分义务转移给其他人；

（2）承包人违反第5.3款或第6.4款的约定，未经监理人批准，私自将已按合同约定进入施工场地的施工设备、临时设施或材料撤离施工场地；

（3）承包人违反第5.4款的约定使用了不合格材料或工程设备，工程质量达不到标准要求，又拒绝清除不合格工程；

（4）承包人未能按合同进度计划及时完成合同约定的工作，已造成或预期造成工期延误；

（5）承包人在缺陷责任期内，未能对工程接收证书所列的缺陷清单的内容或缺陷责任期内发生的缺陷进行修复，而又拒绝按监理人指示再进行修补；

（6）承包人无法继续履行或明确表示不履行或实质上已停止履行合同；

（7）承包人不按合同约定履行义务的其他情况。

22.1.2 对承包人违约的处理

（1）承包人发生第22.1.1（6）目约定的违约情况时，发包人可通知承包人立即解除合同，并按有关法律处理。

（2）承包人发生除第22.1.1（6）目约定以外的其他违约情况时，监理人可向承包人发出整改通知，要求其在指定的期限内改正。承包人应承担其违约所引起的费用增加和（或）工期延误。

（3）经检查证明承包人已采取了有效措施纠正违约行为，具备复工条件的，可由监理人签发复工通知复工。

22.1.3 承包人违约解除合同

监理人发出整改通知28天后，承包人仍不纠正违约行为的，发包人可向承包人发出解除合同通知。合同解除后，发包人可派员进驻施工场地，另行组织人员或委托其他承包人施工。发包人因继续完成该工程的需要，有权扣留使用承包人在现场的材料、设备和临时设施。但发包人的这一行动不免除承包人应承担的违约责任，也不影响发包人根据合同约定享有的索赔权利。

22.1.4 合同解除后的估价、付款和结清

（1）合同解除后，监理人按第3.5款商定或确定承包人实际完成工作的价值，以及承包人已提供的材料、施工设备、工程设备和临时工程等的价值。

（2）合同解除后，发包人应暂停对承包人的一切付款，查清各项付款和已扣款金额，包括承包人应支付的违约金。

（3）合同解除后，发包人应按第23.4款的约定向承包人索赔由于解除合同给发包人造成的损失。

（4）合同双方确认上述往来款项后，出具最终结清付款证书，结清全部合同款项。

（5）发包人和承包人未能就解除合同后的结清达成一致而形成争议的，按第24条的约定办理。

22.1.5 协议利益的转让

因承包人违约解除合同的，发包人有权要求承包人将其为实施合同而签订的材料和设备的订货协议或任何服务协议利益转让给发包人，并在解除合同后的14天内，依法办理转让手续。

22.1.6 紧急情况下无能力或不愿进行抢救

在工程实施期间或缺陷责任期内发生危及工程安全的事件，监理人通知承包人进行抢救，承包人声明无能力或不愿立即执行的，发包人有权雇用其他人员进行抢救。此类抢救按合同约定属于承包人义务的，由此发生的金额和（或）工期延误由承包人承担。

22.2 发包人违约

22.2.1 发包人违约的情形

在履行合同过程中发生的下列情形，属发包人违约：

（1）发包人未能按合同约定支付预付款或合同价款，或拖延、拒绝批准付款申请和支付凭证，导致付款延误的；

（2）发包人原因造成停工的；

（3）监理人无正当理由没有在约定期限内发出复工指示，导致承包人无法复工的；

（4）发包人无法继续履行或明确表示不履行或实质上已停止履行合同的；

（5）发包人不履行合同约定其他义务的。

22.2.2 承包人有权暂停施工

发包人发生除第22.2.1（4）目以外的违约情况时，承包人可向发包人发出通知，要求发包人采取有效措施纠正违约行为。发包人收到承包人通知后的28天内仍不履行合同义务，承包人有权暂停施工，并通知监理人，发包人应承担由此增加的费用和（或）工期延误，并支付承包人合理利润。

22.2.3 发包人违约解除合同

（1）发生第22.2.1（4）目的违约情况时，承包人可书面通知发包人解除合同。

（2）承包人按22.2.2项暂停施工28天后，发包人仍不纠正违约行为的，承包人可向发包人发出解除合同通知。但承包人的这一行动不免除发包人承担的违约责任，也不影响承包人根据合同约定享有的索赔权利。

22.2.4 解除合同后的付款

因发包人违约解除合同的，发包人应在解除合同后28天内向承包人支付下列金额，承包人应在此期限内及时向发包人提交要求支付下列金额的有关资料和凭证：

（1）合同解除日以前所完成工作的价款；

（2）承包人为该工程施工订购并已付款的材料、工程设备和其他物品的金额。发包人付还后，该材料、工程设备和其他物品归发包人所有；

（3）承包人为完成工程所发生的，而发包人未支付的金额；

（4）承包人撤离施工场地以及遣散承包人人员的金额；

（5）由于解除合同应赔偿的承包人损失；

（6）按合同约定在合同解除日前应支付给承包人的其他金额。

发包人应按本项约定支付上述金额并退还质量保证金和履约担保，但有权要求承包人支付应偿还给发包人的各项金额。

22.2.5 解除合同后的承包人撤离

因发包人违约而解除合同后，承包人应妥善做好已竣工工程和已购材料、设备的保护和移交工作，按发包人要求将承包人设备和人员撤出施工场地。承包人撤出施工场地应遵守第18.7.1项的约定，发包人应为承包人撤出提供必要条件。

22.3 第三人造成的违约

在履行合同过程中，一方当事人因第三人的原因造成违约的，应当向对方当事人承担违约责任。一方当事人和第三人之间的纠纷，依照法律规定或者按照约定解决。

23. 索赔

23.1 承包人索赔的提出

根据合同约定，承包人认为有权得到追加付款和（或）延长工期的，应按以下程序向发包人提出索赔：

（1）承包人应在知道或应当知道索赔事件发生后28天内，向监理人递交索赔意向通知书，并说明发生索赔事件的事由。承包人未在前述28天内发出索赔意向通知书的，丧失要求追加付款和（或）延长工期的权利；

（2）承包人应在发出索赔意向通知书后28天内，向监理人正式递交索赔通知书。索赔通知书应详细说明索赔理由以及要求追加的付款金额和（或）延长的工期，并附必要的记录和证明材料；

（3）索赔事件具有连续影响的，承包人应按合理时间间隔继续递交延续索赔通知，说明连续影响的实际情况和记录，列出累计的追加付款金额和（或）工期延长天数；

（4）在索赔事件影响结束后的28天内，承包人应向监理人递交最终索赔通知书，说明最终要求索赔的追加付款金额和延长的工期，并附必要的记录和证明材料。

23.2 承包人索赔处理程序

（1）监理人收到承包人提交的索赔通知书后，应及时审查索赔通知书的内容、查验承包人的记录和证明材料，必要时监理人可要求承包人提交全部原始记录副本。

（2）监理人应按第3.5款商定或确定追加的付款和（或）延长的工期，并在收到上述索赔通知书或有关索赔的进一步证明材料后的42天内，将索赔处理结果答复承包人。

（3）承包人接受索赔处理结果的，发包人应在作出索赔处理结果答复后28天内完成赔付。承包人不接受索赔处理结果的，按第24条的约定办理。

23.3 承包人提出索赔的期限

23.3.1 承包人按第17.5款的约定接受了竣工付款证书后，应被认为已无权再提出在合同工程接收证书颁发前所发生的任何索赔。

23.3.2 承包人按第17.6款的约定提交的最终结清申请单中，只限于提出工程接收证书颁发后发生的索赔。提出索赔的期限自接受最终结清证书时终止。

23.4 发包人的索赔

23.4.1 发生索赔事件后，监理人应及时书面通知承包人，详细说明发包人有权得到的索赔金额和（或）延长缺陷责任期的细节和依据。发包人提出索赔的期限和要求与第23.3款的约定相同，延长缺陷责任期的通知应在缺陷责任期届满前发出。

23.4.2 监理人按第3.5款商定或确定发包人从承包人处得到赔付的金额和（或）缺陷责任期的延长期。承包人应付给发包人的金额可从拟支付给承包人的合同价款中扣除，或由承包人以其他方式支付给发包人。

24. 争议的解决

24.1 争议的解决方式

发包人和承包人在履行合同中发生争议的，可以友好协商解决或者提请争议评审组评审。合同当事人友好协商解决不成、不愿提请争议评审或者不接受争议评审组意见的，可在专用合同条款中约定下列一种方式解决。

（1）向约定的仲裁委员会申请仲裁；

（2）向有管辖权的人民法院提起诉讼。

24.2 友好解决

在提请争议评审、仲裁或者诉讼前，以及在争议评审、仲裁或诉讼过程中，发包人和承包人均可共同努力友好协商解决争议。

24.3 争议评审

24.3.1 采用争议评审的，发包人和承包人应在开工日后的 28 天内或在争议发生后，协商成立争议评审组。争议评审组由有合同管理和工程实践经验的专家组成。

24.3.2 合同双方的争议，应首先由申请人向争议评审组提交一份详细的评审申请报告，并附必要的文件、图纸和证明材料，申请人还应将上述报告的副本同时提交给被申请人和监理人。

24.3.3 被申请人在收到申请人评审申请报告副本后的 28 天内，向争议评审组提交一份答辩报告，并附证明材料。被申请人应将答辩报告的副本同时提交给申请人和监理人。

24.3.4 除专用合同条款另有约定外，争议评审组在收到合同双方报告后的 14 天内，邀请双方代表和有关人员举行调查会，向双方调查争议细节；必要时争议评审组可要求双方进一步提供补充材料。

24.3.5 除专用合同条款另有约定外，在调查会结束后的 14 天内，争议评审组应在不受任何干扰的情况下进行独立、公正的评审，作出书面评审意见，并说明理由。在争议评审期间，争议双方暂按总监理工程师的确定执行。

24.3.6 发包人和承包人接受评审意见的，由监理人根据评审意见拟定执行协议，经争议双方签字后作为合同的补充文件，并遵照执行。

24.3.7 发包人或承包人不接受评审意见，并要求提交仲裁或提起诉讼的，应在收到评审意见后的 14 天内将仲裁或起诉意向书面通知另一方，并抄送监理人，但在仲裁或诉讼结束前应暂按总监理工程师的确定执行。

5.7.3 合同附件格式

5.7.3.1 附件一：合同协议书

合同协议书

_____（发包人名称，以下简称"发包人"）为实施(项目名称)，已接受____（承包人名称，以下简称"承包人"）对该项目____标段施工的投标。发包人和承包人共同达成如下协议。

1. 本协议书与下列文件一起构成合同文件：

（1）中标通知书；

（2）投标函及投标函附录；

（3）专用合同条款；

（4）通用合同条款；

（5）技术标准和要求；

（6）图纸；

（7）已标价工程量清单；

（8）其他合同文件。

2. 上述文件互相补充和解释，如有不明确或不一致之处，以合同约定次序在先者为准。

3. 签约合同价：人民币（大写）_____元（¥____）。

4. 承包人项目经理：_____。

5. 工程质量符合_____标准。

6. 承包人承诺按合同约定承担工程的实施、完成及缺陷修复。

7. 发包人承诺按合同约定的条件、时间和方式向承包人支付合同价款。

8. 承包人应按照监理人指示开工，工期为____日历天。

9. 本协议书一式____份，合同双方各执一份。

10. 合同未尽事宜，双方另行签订补充协议。补充协议是合同的组成部分。

发包人：_____（盖单位章）承包人：_____（盖单位章）

法定代表人或其委托代理人：____（签字）法定代表人或其委托代理人：____（签字）

__年__月__日　　　　　　　　　　　　　　__年__月__日

5.7.3.2　附件二：履约担保格式

履约担保

（发包人名称）：

鉴于_____（发包人名称，以下简称"发包人"）接受（承包人名称）（以下称"承包人"）于__年__月__日参加（项目名称）标段施工的投标。我方愿意无条件地、不可撤销地就承包人履行与你方订立的合同，向你方提供担保。

1. 担保金额人民币（大写）____元（¥____）。

2. 担保有效期自发包人与承包人签订的合同生效之日起至发包人签发工程接收证书之日止。

3. 在本担保有效期内，因承包人违反合同约定的义务给你方造成经济损失时，我方在收到你方以书面形式提出的在担保金额内的赔偿要求后，在7天内无条件支付。

4. 发包人和承包人按《通用合同条款》第15条变更合同时，我方承担本担保规定的义务不变。

担保人：_____（盖单位章）　　法定代表人或其委托代理人：_____（签字）

地址：_____邮政编码：_____电话：_____传真：_____

__年__月__日

5.7.3.3　附件三：预付款担保格式

预付款担保

（发包人名称）：

根据（承包人名称）（以下称"承包人"）与（发包人名称）（以下简称"发包人"）于__年__月__日签订的（项目名称）标段施工承包合同，承包人按约定的金额向发包人提交一份预付款担保，即有权得到发包人支付相等金额的预付款。我方愿意就你方提供给承包人的预付款提供担保。

1. 担保金额人民币（大写）＿＿＿元（￥＿＿）。

2. 担保有效期自预付款支付给承包人起生效，至发包人签发的进度付款证书说明已完全扣清止。

3. 在本保函有效期内，因承包人违反合同约定的义务而要求收回预付款时，我方在收到你方的书面通知后，在7天内无条件支付。但本保函的担保金额，在任何时候不应超过预付款金额减去发包人按合同约定在向承包人签发的进度付款证书中扣除的金额。

4. 发包人和承包人按《通用合同条款》第15条变更合同时，我方承担本保函规定的义务不变。

担保人：＿＿＿＿（盖单位章）　法定代表人或其委托代理人：＿＿＿＿（签字）

地址：＿＿＿＿邮政编码：＿＿＿＿电话：＿＿＿＿传真：＿＿＿＿

＿＿年＿＿月＿＿日

第6章 建设工程合同管理

在合同网络中，业主和承包商是两个最主要的节点。工程施工合同是最有代表性、最普遍，也是最复杂的合同类型。它在合同体系中处于主导地位，是整个项目合同管理的重点。因此，本章以工程施工合同管理为重点进行介绍。

现代工程项目的复杂性决定了合同管理任务的艰巨性。严格地讲，合同管理贯穿了项目合同的形成到执行的始终，与范围管理、质量管理、进度管理、成本管理、信息管理、沟通管理、风险管理等紧密相连。

6.1 合同管理的基本内容

工程项目层面的合同管理就是对合同的编制、签订、履行、变更、转让、解除、终止以及计划、评审、监督、控制、协调等一系列行为的总称。其中编制、订立、履行、变更、转让、解除、终止等是合同管理的内容；计划、评审、监督、控制、协调等是合同管理的手段。合同管理是项目管理的重要内容，也是项目管理中其他活动的基础和前提。

6.1.1 合同管理的任务与特点

6.1.1.1 合同管理的四要素

一般地说，管理是在一定的环境下，为了达到组织的目的，组织内的成员从事提高组织资源效率的行为。任何一种管理活动都是由以下四个基本要素构成，即：管理主体（回答由谁管的问题）；管理客体（回答管什么的问题）；组织目的（回答为何而管的问题）；组织环境或条件（回答在什么情况下管的问题）。

我们这里所谈论的合同管理，主要是工程建设合同当事人各方对合同实施的具体管理，是保证当事人双方的实际工作满足合同要求的过程。它是指对项目合同的签订、履行、变更和解除进行监督检查，对合同争议纠纷进行处理和解决，以保证合同依法订立和全面履行。

合同管理的目标是通过合同的签订、合同的实施控制等工作，全面完成合同责任，保证建设工程项目目标和企业目标的实现。

6.1.1.2 合同管理在项目管理中的作用

合同作为项目管理的基础和工具，在工程项目的实施过程中具有重要作用。项目管理过程在很大程度上是合同运作过程。合同不仅对承包商，而且对业主以及其他相关方面都是十分重要的。

（1）合同分配着工作任务，项目目标和计划的落实是通过合同来实现的。

（2）合同确定了项目的组织关系，它规定着项目参与各方的经济责权利关系和工作的分配情况，确定工程项目的各种管理职能和程序，所以它直接影响着项目组织和管理系统的形态和运作。

（3）合同作为工程项目任务委托和承接的法律依据，是工程实施过程中双方的最高行为准则。

（4）合同和它的法律约束力是合同施工和管理的要求和保证，同时它又是强有力的项目控制手段。

（5）合同是工程过程中双方争执解决的依据。

6.1.1.3 合同管理的任务

项目合同管理的任务是根据法律、法规和合同的要求，运用计划、评审、控制、协调等手段，促进当事人依法签订、履行、变更合同和承担违约责任，减少和避免合同纠纷的发生，制止利用合同进行违法行为，保证项目顺利进行，保护自己的正当权益。

合同管理的中心任务就是利用合同的正当手段避免风险、保护自己，并获取尽可能多的经济效益。

6.1.1.4 工程建设合同管理的特点

由工程建设和工程建设合同的特点，带来合同管理的如下特点：

（1）工程建设合同管理持续时间长。

（2）合同管理对工程经济效益影响很大。据统计，对于正常的工程，合同管理成功和失误对经济效益所产生的影响的差别能达到工程造价的20%。

（3）合同管理必须是全过程的、系统性的、动态性的。

（4）合同管理影响因素多，风险大。

6.1.1.5 合同管理的组织架构

施工合同管理的主体是业主和承包商，其法律行为由双方的法定代表人行使。项目管理机构（项目经理部）是合同实际的管理主体，双方的项目经理作为业主和承包商在施工项目上的委托代理人，按照合同组织工程实施，承担合同约定义务，行使权利。而具体合同管理的任务必须由一定的组织机构和人员来完成。对不同的企业组织和工程项目组织形式，合同管理组织的形式是不一样的。

1. 大型项目业主的合同管理方式

某大型项目业主，针对项目专门制定了自己的合同管理制度，单独设置项目管理机构作为合同实际管理主体。在项目管理机构内设置合同管理部门，配备合同管理人员，配备或聘用专职法律顾问。

项目管理机构设立合同管理领导小组，主要领导为领导小组组长，负责合同管理中的重大决策和各部门的协调工作；分管领导和各部门负责人为小组成员，协助组长做好各专业合同管理工作。

合同管理领导小组负责指导有关制度的制定和监督执行，研究、审定合同，审核合同管理奖、惩建议。

合同管理部门、承办部门和法律顾问在授权范围内履行合同管理职责。

2. 承包商的合同管理方式

承包商合同管理的方式通常有如下几种情况：

（1）工程承包企业或相关的组织应设置合同管理部门（科室），专门负责企业所有工程合同的总体的管理工作；

（2）对于大型的工程项目，设立项目的合同管理小组，专门负责与该项目有关的合同管理工作；

（3）对于一般的项目、较小的工程，可设合同管理员。他在项目经理领导下进行施工现场的合同管理工作；

（4）对于处于分包地位，且承担的工作量不大、工程不复杂的承包商，工地上可不设专门的合同管理人员，而将合同管理的任务分解下达给各职能人员，由项目经理作总体协调。

6.1.2　合同管理的工作过程与要求

6.1.2.1　合同管理工作过程

合同管理的内容与程序应体现企业管理层和项目管理层参与的项目管理活动。项目管理的每一个过程，都应该体现计划、实施、检查、处理（PDCD）的持续改进过程。

合同管理过程和主要内容如下：

（1）合同策划和合同评审。在工程项目的招标投标阶段的初期，业主的主要工作是合同策划，而承包商的主要合同管理工作是合同评审；

（2）合同订立；

（3）合同实施计划；

（4）合同实施控制。在合同实施过程中，通过合同控制确保承包商的工作满足合同要求。包括对各种合同的执行进行监督、跟踪、诊断、工程变更管理和索赔管理等；

（5）合同后评价。项目结束阶段后，对采购和合同管理工作进行总结和评价，以提高以后新项目的采购和合同管理水平。

6.1.2.2　合同管理的要求

任何工程项目都有一个完整的合同体系。以承包商为例，承包商的合同管理工作应包括对发包人签订的承包合同，以及对为完成承包合同所签订的分包合同、材料和设备采购合同、劳务供应合同、加工合同等的管理。

合同管理是建设工程项目管理的核心，是综合性的、全面的、高层次的、高度准确、严密、精细的管理工作。合同管理程序应贯穿于建设工程项目管理的全过程，与范围管理、质量管理、进度管理、成本管理、信息管理、沟通管理、风险管理等紧密相连。

在招标投标、合同谈判、合同控制和处理索赔问题时，合同管理要处理好与业主（承包商）、分包商以及其他相关各方的经济关系，应服从项目实施战略和企业的经营战略。

6.1.2.3　合同管理的主要工作

依当事人的不同，合同管理可分为业主对合同的管理和承包者对合同的管理。

根据合同管理的目标和任务，合同当事人合同管理的主要工作可归纳为如下几个方面：

（1）建立管理组织机构，落实管理责任；

（2）做好合同总体策划（合同评审），规避合同风险；

（3）建立合同实施保证体系；

（4）实施严格、有效的监督和控制；

（5）积极进行有效的索赔和反索赔；

（6）及时、合法处理合同争议和纠纷。

6.2 合同总体策划

合同形成阶段的业主的合同管理工作主要是合同总体策划。业主需要分层次、分对象对合同的一些重大问题进行研究，并作出决策和安排，提出合同措施。

6.2.1 合同策划的要求和依据

6.2.1.1 合同策划的要求

总体策划是指合同当事人根据合同目标，预先决定在合同方面做什么，何时做，如何做，谁来做，为什么做等带根本性和方向性的，对整个项目、对整个合同的签订和实施有重大影响的问题的过程。由于业主处于主导地位，他的合同策划对整个工程有导向作用。

合同策划的要求主要有：

（1）合同策划的目的是通过合同保证项目总目标的实现，因此它必须反映工程项目的实施战略和企业战略；

（2）合同策划应符合合同基本原则，不仅要保证合法性、公正性，而且要促使各方面的互利合作，确保高效率地完成项目目标；

（3）应保证项目实施过程的系统性和协调性；

（4）业主要有理性思维，要有追求工程最终总体的综合效率的内在动力。作为理性的业主，应该认识到：合同策划不是为了自己，而是为了实现项目总目标。业主应该理性决定工期、质量、价格三者关系，追求三者的平衡，应该公平地分配项目风险。业主不能指望采用"损人"的方式达到"利己"，这只能是一厢情愿，最终受损的是项目总目标；

（5）合同策划的可行性和有效性只有在工程实施中体现出来。在项目过程中，在开始准备每一个合同招标、准备确定每一份合同时，以及在工程结束阶段，都应当对合同策划再作一次评价。

6.2.1.2 合同策划的依据

合同双方有不同的立场和角度，但他们有相同或相似的合同策划的内容。合同策划的依据主要有：

（1）项目要求。包括：管理者或承包者的资信、管理水平和能力，项目的界限、目标，企业经营战略，工程的类型、规模、特点、技术复杂程度，工程质量要求和范围、计划程度，招标时间和工期的限制，项目的盈利性、风险程度等；

（2）资源情况。包括：人力资源，工程资源（如资金、材料、设备等供应及限制条件），环境资源（如法律环境，物价的稳定性，地质、气候、自然、现场条件及其确定性），获得额外资源的可能性等；

（3）市场状况。采购策划过程，业主必须考虑在多大范围进行市场采购、采购的条款和条件、市场竞争程度等市场因素。承包者同样要考虑市场情况。

以上诸方面是考虑和确定合同策划的基本点。

6.2.2 合同策划的过程

6.2.2.1 总体策划的内容

合同总体策划主要确定如下一些重大问题：

(1) 将项目合理分解成几个独立的合同，并确定每个合同的范围；

(2) 选择合适的委托方式和承包方式；

(3) 恰当地选择合同种类、形式及条件；

(4) 确定合同中一些重要的条款；

(5) 决策合同签订和实施过程中的一些重大问题；

(6) 协调相关各个合同在内容、时间、组织、技术上的关系。

6.2.2.2 合同策划的一般过程

业主是通过合同分解项目目标，落实负责人，并实施对项目的控制权力。对一个工程项目，合同总体策划的一般过程如下：

(1) 进行项目的总目标和战略分析，确定企业和项目对合同的总体要求。

(2) 依据项目分解结构，确定合同的总体原则、目标和实施战略。它决定业主面对承包商的数量和项目合同体系；业主对工程风险分配的策略；业主准备对项目实施的控制程度；业主对材料和设备所采用的供应方式等。

(3) 业主的项目管理模式选择。比如：业主自己投入管理力量，或采用业主代表与工程师共同管理；将项目管理工作分阶段委托，或采用项目管理承包。项目管理模式与工程发承包模式相互制约，对项目的组织形式、风险的分配、合同类型和合同内容有很大的影响。

(4) 项目发承包策划。即按照工程承包模式和管理模式对项目结构分解得到的项目工作进行具体分类、打包和发包，形成一个个独立的，同时又是相互影响的合同。

(5) 进行与具体合同相关的策划。包括合同种类的选择，合同风险分配，项目相关各个合同之间的协调等。

(6) 项目管理工作过程策划。包括项目工作流程定义、项目组织设置和项目管理规则制定等。将整个项目管理工作在业主、工程师（业主代表）和承包商之间进行分配，划分各自的管理工作范围，分配职责，授予权力，进行协调。

(7) 招标文件和合同文件的起草。上述工作成果都必须具体体现在招标文件和合同文件中。

6.2.3 合同总体策划的要点

6.2.3.1 与业主签约的承包者的数量

确定签约合同数量，这就是合同体系的策划工作。它是由项目的分解结构和业主所采用的发承包模式决定的。

在项目分解结构的基础上，业主在发包或招标前首先必须决定，对项目分解结构中的活动如何进行组合，以形成一个个合同包（标段或独立的部分），进而形成工程项目的合同体系。

项目分标工作应在确认工作内容的完整性的基础上完成：全部合同确定的工作范围应能

涵盖项目的所有工作，即只要完成各个合同，就可实现项目总目标。分标不应在工作内容上造成缺陷或遗漏。为了防止缺陷和遗漏，应做好如下工作：

（1）在招标前认真地进行项目的系统分析，确定项目的系统范围；

（2）系统地进行项目的结构分解，在详细的项目结构分解的基础上，列出各个独立合同的工作量表；

（3）进行项目任务（各个合同或各个承包单位，或项目单元）之间的界面分析，划定各个界面上的工作责任、成本、工期、质量的定义。实践证明，许多遗漏和缺陷常常都发生在界面上。

6.2.3.2 招标方式的确定

除了强制招标项目，业主必须选择公开招标方式外，其他项目可以选择公开招标，邀请招标，甚至不招标的直接发包（议标）。各种招标方式有其特点及适用范围。一般要根据承包形式、合同类型、业主所拥有的招标时间（工程紧迫程度）、业主的项目管理能力和期望控制工程建设的程度等决定。

（1）公开招标。采用公开招标方式，业主选择范围大，承包者之间充分地平等竞争，有利于降低报价，提高工程质量，缩短工期。但招标期较长，业主有大量的管理工作，处理不当，会造成大量时间、精力和金钱的浪费。

（2）邀请招标。采用邀请招标方式，业主的事务性管理工作较少，招标所用的时间较短，费用低，同时业主可以获得一个合理的价格。

（3）议标。此类合同谈判业主比较省事，仅一对一谈判，无需准备大量的招标文件，无需复杂的管理工作，时间又很短。但由于该类方式往往没有形成明确的需求文件，遗漏和变化较多，另外，没有形成竞争，所以通常合同价格较高。

6.2.3.3 合同种类的选择

在实际工程中，合同计价方式丰富多样，种类较多。由于不同种类的合同，有不同的应用条件、不同的权力与责任的分配，对合同双方有不同的风险，所以应按具体情况选择合同类型。有时在一个承包合同中，不同的分项采用不同的计价方式。

三种最典型的合同的特点是：

（1）固定单价合同的特点是单价优先，承包者仅按合同规定承担报价的风险，即对报价（主要为单价）的正确性和适宜性承担责任，而工程量变化（按实际量结算）的风险由业主承担。

（2）固定总价合同以一次包死的总价格委托，价格不因环境的变化和工程量增减而变化。所以在这类合同中，承包者承担了全部的工作量和价格风险，因此报价中不可预见风险费用较高。固定总价合同是总价优先，承包者报总价，最终按总价结算。通常只有设计变更，或合同中规定的调价条件，例如法律变化，才允许调整合同价格。这种合同，业主较省事，合同双方价格结算简单。由于业主没有风险，所以他干预工程的权力较小，只管总的目标和要求。

（3）成本加酬金合同是与固定总价合同截然相反的合同类型，工程最终合同价格按承包者的实际成本加一定比例的酬金计算。而在合同签订时不能确定一个具体的合同价格，只能确定酬金的比例。承包者不承担任何风险，而业主承担了全部工作量和价格风险。承包者常常期望提高成本以提高他自己的经济效益。由于业主承担全部风险，所以他应加强对工程的控制，参与工程方案的选择和决策，否则容易造成不应有的损失。在这种合同中，合同条款应十分严格。

6.2.3.4 合同条件的选择

合同协议书和合同条件是合同文件中最重要的部分。在实际工作中，业主可以按照需要自己起草合同协议书（包括各合同条款），也可以选择标准的合同条件（合同范本）。

对一个项目，有时会有几个同类型的合同条件供选择，特别在国际工程中，合同条件的选择应注意以下问题：

（1）大家从主观上都十分希望使用严密、完备、科学的合同条件，但合同条件应该与双方的管理水平相配套。如果双方的管理水平很低，使用十分完备、周密，同时规定又十分严格的合同条件，则这种合同条件没有可执行性；

（2）选用的合同条件最好双方都熟悉，这样能较好地执行。由于承包者是合同的具体实施者，要保证项目顺利实施，选用合同条件时应更多地考虑使用承包者熟悉的合同条件，而不能仅从业主自身的角度考虑这个问题；

（3）合同条件的使用应注意到其他方面的制约。

6.2.3.5 合同风险策划

合同风险策划包括如下工作：

（1）工程项目风险分析。工程中的风险是多角度的，常见的有：项目环境风险，工程技术和实施方法等方面的风险，项目组织成员资信和能力风险，项目实施和管理过程中可能出现的预测、决策、计划和实施控制中出现的问题；

（2）通过合同进行风险分配。工程风险是通过合同分配给承担者，作为承担者的合同风险。合同风险分配是合同策划的一个重要内容。合同双方在整个合同的签订和谈判过程中对这个问题会经历复杂的博弈过程。工程项目风险的分担首先取决于所签订的合同类型，合同条款明确规定了应由一方承担的风险。

6.2.3.6 重要合同条款的确定

由于业主起草招标文件，他居于合同的主导地位，所以他要确定一些重要的合同条款。例如：

（1）适用于合同关系的法律以及合同争执仲裁的地点、程序等。

（2）付款方式。如采用进度付款、分期付款、预付款或由承包商垫资承包。

（3）合同价格的调整条件、调整范围、调整方法，特别是由于物价上涨、汇率变化、法律变化、关税变化等对合同价格调整的规定。

（4）合同双方风险的分担。即将项目风险在业主和承包者之间合理分配。基本原则是，通过风险分配激励承包者努力控制三大目标、控制风险，达到最好的经济效益。

（5）对承包者的激励措施。恰当地采用奖励措施可以鼓励承包者缩短工期，提高质量，降低成本，激发承包者的工程管理积极性。工程施工合同通常的奖励措施有：

1）提前竣工的奖励。这是最常见的，通常合同明文规定工期提前一天业主给承包商奖励的金额；

2）提前竣工，将项目提前投产实现的盈利在合同双方之间按一定比例分成；

3）承包商如果能提出新的设计方案、新技术或合理化建议，使业主节约投资，则按一定比例分成；

4）奖励型成本加酬金合同。对具体的工程范围和工程要求，在成本加酬金合同中，确定一个目标成本额度，并规定，如果实际成本低于这个额度，则业主将节约的部分按一定比例给承包商以奖励。

（6）通过合同保证对项目的控制权力。业主在工程施工中对工程的控制是通过合同实现的，在合同中必须设计完备的控制措施。

6.2.3.7　资格预审的标准与评标标准

资格预审的标准与评标标准是决定选择什么样的承包者的关键内容，需要考虑市场实际情况审慎处理。包括：

（1）确定资格预审的标准和允许参加投标的单位数量。业主要保证在招标中有比较激烈的竞争，则必须保证有一定量的投标单位。但如果投标单位太多，则管理工作量大，招标期较长。在预审期，业主要对投标人有基本的了解和分析。一般从资格预审到开标，投标人会逐渐减少。必须保证最终有一定量的投标人参加竞争，否则在开标时会很被动；

（2）定标的标准。确定定标的指标对整个合同签订（承包者选择）和执行的影响很大。人们越来越趋向采用综合评标，从技术方案、报价、工期、资信、管理组织等各方面综合评价，以选择中标者。对此要确定各个要素的权重。

6.3　合同评审

对于业主的合同决策，承包者常常必须执行或服从。如招标文件、合同条件常常规定，承包者必须按照招标文件的要求准备投标文件，不允许修改合同条件，甚至不允许使用保留条件。但承包者也有自己的合同策划问题——主要是合同评审，它服从于承包者的基本目标（取得利润）和企业经营战略。合同评审是一个从与发包人开始接触后就发生的过程。

6.3.1　合同评审的内涵

6.3.1.1　合同评审的含义

合同评审在 ISO8402：1994（质量管理和质量保证-术语）中是一个专用术语，并且其中明确，合同评审是供方的职责，可以根据需要在合同的不同阶段重复进行。在 ISO9000：2000（质量管理体系-基础和术语）标准中，"评审"术语代替了原标准的"管理评审"、"合同评审"和"设计评审"术语，并且，"合同评审"改称为"顾客要求评审"。在 ISO9000：2000 标准中，"评审"的含义为："为确定主题事项达到规定目标的适宜性、充分性和有效性所进行的活动，评审也可包括确定效率。"该标准还通过示例方式说明评审的类型包括管理评审、设计和开发评审、顾客要求评审和不合格评审等。

在 ISO9002：1994（质量体系-生产、安装和服务的质量保证模式）标准中，对合同评审有专门阐述。在 ISO9001：2000（质量管理体系-要求）中，合同评审归入"与产品有关的要求的评审"。该标准中"与产品有关的要求的评审"要求，组织应评审与产品有关的要求。评审应在组织向顾客做出提供产品的承诺之前进行（如：提交标书、接受合同或订单及接受合同或订单的更改），并应确保：①产品要求得到规定；②与以前表述不一致的合同或订单的要求已予解决；③组织有能力满足规定的要求。评审结果及评审所引起的措施的记录应予保留。若顾客提供的要求没有形成文件，组织在接收顾客要求前应对顾客要求进行确认。若产品要求发生变更，组织应确保相关文件得到修改，并确保相关人员知道已变更的要求。

以上的文字虽然引自质量管理体系标准，但它反映了合同评审的惯例和基本规则。

6.3.1.2　承包商对招标文件理解的责任

承包商的合同管理工作是从获得招标文件开始的。

承包商对招标文件有如下责任：

（1）一般招标文件都规定，承包商对招标文件的理解负责，必须按照招标文件的各项要求报价、投标、施工。因此，承包商必须全面分析和正确理解招标文件，弄清业主的意图和要求。由于对招标文件理解错误而造成实施方案和报价失误由承包商自己承担；

（2）投标人在递交投标书前被视为已对规范、图纸进行了检查和审阅，并对其中可能的错误、矛盾或缺陷作了注明，应在标前会议上公开向业主提出，或以书面的形式询问。对其中明显的错误，如果承包商没有提出，则可能要承担相应责任。只有业主的书面答复，是对这些问题的唯一解释，有法律约束力。承包商切不可随意理解招标文件，导致盲目投标。

6.3.1.3　合同评审的意义

承包商进行合同评审，具有以下意义：

（1）充分了解业主的要求，为执行项目、控制目标创造条件；

（2）可以充分知道本公司在执行合同时存在的问题，提高公司的质量保证能力；

（3）培养履行合同意识，提高企业履约能力；

（4）实施有效的合同评审，可以化解、防止和减少风险。

6.3.2　合同评审的内容与步骤

6.3.2.1　合同评审的主要内容

合同评审中，承包人应研究合同文件和发包人所提供的信息，确保合同要求得以实现。发现问题应与发包人及时澄清，并以书面方式确定。承包人应有能力完成合同要求。

合同评审应该包括下列内容：

（1）招标内容和合同的合法性审查；

（2）招标文件和合同条款的合法性和完备性审查；

（3）合同双方责任、权益和项目范围认定；

（4）与产品或过程有关要求的评审；

（5）合同风险评估。

6.3.2.2　合同评审的方式

由于合同的性质千差万别，针对不同类型、规模的项目，或存在特殊技术、管理要求的项目，可以采取不同方式进行评审。例如：

（1）领导层主管者或主管部门评审。一般适用于口头订单、电话订单或有现货可供或合同（订单）金额很小、数量很少、非常简单的产品（服务），或特殊项目；

（2）主管部门提出初步评审意见，传至相关部门会签，主管部门再将意见、建议加以整理。适用于合同金额不大或标准产品，服务或工序少的简单产品（服务）；

（3）主管部门组织相关部门以会议方式评审。适用于合同金额大或结构复杂、技术含量高或协作单位多或涉外的产品（服务）；

（4）其他自定方式。

6.3.2.3　合同评审的实施步骤

合同评审可以分三阶段进行，包括招标投标阶段、签约阶段及合同变更阶段。

合同评审一般可按下列步骤进行：

（1）确定评审方式、评审时间、主持者、参与者等；

（2）准备评审所需文件资料；

（3）发出评审通知并附评审资料；

（4）召开评审会；

（5）通过评审报告；

（6）遗留问题的处理（包括与投标时不一致的问题）。

6.3.3　合同评审的方法

6.3.3.1　招标文件分析

从工程承包合同形成的过程看，合同评审的对象，包括了招标文件（包括图纸）、投标前的补充通知、补充文件、投标前的答疑、澄清问题的答复、投标后的澄清、合同谈判的备忘录、纪要及合同草案等。

投标人取得招标文件之后，需要对招标文件和合同条件进行审查、认定和评价。通常首先进行总体检查，重点是招标文件的完备性。一般对照招标文件目录检查文件是否齐全，是否有缺页；对照图纸目录检查图纸是否齐全。然后分三部分进行全面分析：

（1）投标人须知分析。通过分析不仅掌握招标条件、招标过程、评标的规则和各项要求，对投标报价工作作出具体安排，而且要了解投标风险，以确定投标策略；

（2）工程技术文件分析。即进行图纸会审、工程量复核，对图纸和规范中的问题进行分析，从中了解承包商具体的工程项目范围、技术要求、质量标准。在此基础上做施工组织和计划，确定劳动力的安排，进行材料、设备的分析，做实施方案，进行询价；

（3）合同条件分析。分析的对象是合同协议书和合同条件。从合同管理的角度看，招标文件分析最重要的工作是合同条件分析。

6.3.3.2　承包合同的合法性分析

工程合同必须在合同的法律基础范围内签订和实施，否则会导致合同全部或部分无效。这是最严重、影响最大的问题。处理不当，将导致合同中止，引发激烈的合同争执，使工程不能顺利实施，合同各方都将蒙受损失。合法的工程合同必须符合如下基本要求：

（1）工程项目已具备招标投标、签订和实施合同的一切条件。包括：有建设立项批文，具有各种工程建设许可文件，招标投标过程符合法定程序等；

（2）工程承包合同的目的、内容和所定义的活动符合《合同法》和其他各种法律的要求；

（3）各主体资格合法、有效。

6.3.3.3 承包合同的完备性审查

广义地说，工程合同的完备性包括相关合同文件的完备性和合同条款的完备性。

合同文件的完备性是指属于该合同的各种文件，特别是环境、水文地质等方面的说明文件和技术文件，如图纸、规范等齐全。承包商应对照文件目录做详细核对，如发现不足应要求业主补充提供。

合同条款的完备性是指合同条款齐全，对各种问题都有规定，不漏项。

合同完备性审查方法通常与使用的合同文本有关：

（1）如果采用标准合同文本，如使用 FIDIC 条件，则一般认为该合同条件完整性问题不太大。因为标准文本条款齐全，内容完整。如果是一般的工程项目，则可不做合同完整性分析。但对于特殊的工程，有时需要增加内容。此种情况，主要分析专用条款的完备性和适宜性。

（2）如果未使用标准文本，但该类合同有标准文件存在，则可以以标准文本为样板，将所签订的合同与标准文本的对应条款一一对照，就可以发现该合同缺少哪些必备条款。

（3）对无标准文本的合同类型，合同管理者应尽可能多地搜集实际工程中的同类合同文本，进行对比分析，以确定该类合同的范围和结构形式，再把被分析的合同按照结构拆分开，就可以分析出该合同是否缺少，或缺少哪些必需条款。

有的承包商认为合同不完备，是他的索赔机会。这种想法是很危险的。因为，即便业主对合同不完备承担责任，但承包商能否有理由提出索赔，以及能否取得索赔的成功，都是未知数。在工程中，对索赔的处理，业主处于主导地位，业主会以"合同未作明确规定"，而不给承包商补偿（赔偿）。

6.3.3.4 合同双方责任、权益的确定

由于工程合同的复杂性，合同双方的责权利关系十分复杂。在合同审查中，应列出双方各自的责任和权益，在此基础上进行责权利关系审查。

在承包合同中，合同双方的责任和权利是互相制约，互为前提条件的。

如果合同规定业主有一项权利，则要分析该项权利的行使对承包商的影响；该项权利是否需要制约，业主有无滥用这个权利的可能；业主使用该权利应当承担什么责任，这个责任常常就是承包商的权益。这样，就可以提出对这项权利进行反制约。如果没有这个制约，则业主的权利可能是不平衡的。

如果合同规定承包商有一项责任，则应分析，完成这项合同责任有什么前提条件。如果这些前提条件应由业主提供或完成，则应作为业主的一项责任，在合同中作明确规定，进行反制约。如果没有这些反制约，则合同双方责权利关系不平衡。

业主和承包商的责任和权益应尽可能具体、详细，并注意其范围的限定。

一个完备的合同应对双方的权益都能形成保护，对双方的行为都有约束。这样才能保证项目顺利进行。FIDIC 在这方面比较公平。

6.3.3.5 工程（产品）要求评审

工程（产品）要求评审是指通过技术会审和分析，评估相关的法律法规要求，确定合

同所定义的最终可交付成果的范围、功能要求、质量标准、技术要求以及其他隐含的要求等。对竣工工程系统的形象有比较精确、细致的理解。

与产品有关的要求包括：顾客规定的要求；顾客虽然没有明示，但规定的用途或已知的预期用途所必需的要求；与产品有关的法律法规要求；自身企业组织确定的任何附加要求。

工程（产品）要求评审的重点是：①研究业主对质量、进度方面的要求，承包商能否有能力满足这些要求；②业主的要求是否明确、合理。对于个别不合理的要求，承包商能否想办法予以满足；③承包商在人力资源、技术来源方面有否问题等。

施工单位通过工程（产品）要求评审应该确定：①合同主管部门通过招标或议标接受工程信息时，是否通过适当的方式明确了建设单位要求，对建设单位口头提出的承包信息是否进行了确认；②参加答疑会过程中，是否进一步明确建设单位提出的要求；③是否明确项目所应依据的法律法规、标准、规范的要求。

6.3.3.6 合同风险评价

承包商在投标报价阶段必须对风险做全面分析和预测。

承包商应对本项目的合同风险做一个总评价。对工程合同来说，如果存在以下问题，则风险很大：

（1）工程规模较大、工期较长，而业主采用固定总价合同形式；

（2）业主要求采用固定总价合同，但工程招标文件中的图纸不详细、不完备，工程量不准确、范围不清楚等；

（3）业主将编标期压缩得很短，承包商没有时间详细分析招标文件，而且招标文件为外文，采用承包商不熟悉的合同条件。在国际工程中，一些专家通过分析大量的工程案例发现，编标期与工程争执、索赔额及工期拖延成反比。编标期长，则争执少、索赔少、工期延长的现象少。有许多业主为了加快项目进度，采用缩短编标期的方法，这不仅增加了承包商的风险，而且会对整个工程总目标造成损害，常常欲速不达；

（4）工程环境不确定性大。例如物价和汇率大幅度波动、水文地质条件不清楚，而业主要求采用固定价格合同；

（5）业主有明显的非理性思维，对承包商的要求苛刻，招标程序不规范，要求最低价中标。

大量的工程实践证明，如果存在上述问题，特别是在同一个工程中同时出现上述问题，则这个工程将可能彻底失败，甚至有可能把整个承包企业拖垮。

承包商应对合同条件中的风险做分析。无论是单价合同，还是总价合同，一般都含有明确规定承包商应承担的风险条款和一些明显的或隐含着的对承包商不利的条款。常见的有：

（1）工程变更的补偿范围和补偿条件；

（2）合同价格的调整条件；

（3）工程合同条件常赋予业主和工程师对承包商和工作的认可权和检查权，但必须有一定的限制和条件，应防止各种无条件的、绝对的权利；

（4）业主为了转嫁风险，提出单方面约束性的、过于苛刻的、责权利不平衡的合同条款。明显属于这类的条款是，对业主责任开脱条款；

234

（5）其他形式的风险型条款。如要求承包商垫资承包，工期要求太紧，超过常规、过于苛刻的质量要求，合同对一些具体问题不作具体规定，仅用"另行协商解决"敷衍等。

6.3.3.7 合同审查表

合同审查后，合同审查结果应以最简洁的形式表达出来，交承包商合同谈判的主谈人。合同谈判的主谈人在谈判中可以针对审查出来的问题和风险与对方谈判，并落实审查表中的建议或对策，这样可以做到有的放矢。

合同审查表的主要作用有：

（1）将合同文本"解剖"开来，对分布在不同条款中定义或说明的同一问题作归纳整理，进行合同结构分析，使合同"透明"和易于理解，以便承包商和合同主谈人对合同有一个全面的了解；

（2）检查合同内容上的完整性，可发现它缺少哪些必需条款；

（3）分析评价每一合同条文执行的法律后果，其将给承包商带来的问题和风险，为报价策略的制定提供资料，为合同谈判和签订提供决策依据。

表6-1为某承包商合同审查表的格式。要达到合同审查目的，审查表至少应具备如下功能：

（1）完整的审查项目和审查内容。通过审查表可以直接检查合同条文的完整性；

（2）被审查合同在对应审查项目上的具体条款和内容；

（3）对合同内容的分析评价，即合同中有什么样的问题和风险；

（4）针对分析出来的问题提出建议或对策。

对于一些重大的工程或合同关系和合同文本很复杂的工程，合同审查的结果应经律师或合同法律专家核对评价，或在他们的直接指导下进行审查。这将减少合同中的风险，减少合同谈判和签订中的失误。

表6-1 合同审查表

审查项目	合同条文	内容	问题和风险分析	建议或对策
……	……	……	……	……
合同范围	合同第13条	包括在工程量清单中所列出的供应和工程，以及没有列出的但为工程经济的和安全的运行必不可少的供应和工程	工程范围不清楚，甲方可以随意扩大工程范围，增加新项目	1. 限定工程范围仅为工程量清单所列；2. 增加对新的附加工程重新商定价格的条款
……	……	……	……	……
维修期	合同第54条	自甲方初步验收之日起，维修保质期为1年。在这期间发现缺点和不足，则乙方应在收到甲方通知之日一周内进行维修，费用由乙方承担	这里未定义"缺点"和"不足"的责任，即由谁引起的	在"缺点和不足"前加上"由于乙方施工和材料质量原因引起的"
……	……	……	……	……

6.4　项目合同实施计划与控制

工程项目的实施过程实质上是项目相关的各个合同的执行过程，这是由承包商主导的过程。要保证项目正常、按计划、高效率地实施，必须正确地执行各个合同。

6.4.1　合同实施的策略

6.4.1.1　合同实施计划的主要内容

在施工合同签订以后，承包商必须就合同履行做出具体安排，制订合同实施计划。

编制合同实施计划是保证合同得以实施的重要手段。合同实施计划应由有关部门和人员编制，并经管理层批准。

合同实施计划重点突出如下内容：

（1）合同实施的总体策略；

（2）合同实施总体安排；

（3）工程分包策划；

（4）合同实施保证体系。

6.4.1.2　合同实施的总体策略

合同实施策略是承包商按企业和项目具体情况确定的执行合同的基本方针，它对合同的实施有总体指导作用。

（1）企业必须考虑该项目在企业同期许多项目中的地位、重要性，确定优先等级。

（2）做好实施策划。包括：①项目范围内的工作哪些由企业内部完成，哪些准备委托（分包）出去；②对材料和设备所采用的供应方式，由自己采购还是由分包商采购；③与分包工程相关的风险分配；④如何有效地控制分包商和供应商。

（3）承包者必须以积极合作的态度热情、圆满地履行合同。特别是在遇到重大问题时，应该积极与业主合作，以赢得业主的信赖，赢得信誉。

（4）对明显导致亏损的项目，特别是企业难以承受的亏损，或业主资信不好，难以继续合作，有时不惜以撕毁合同来解决问题。有时，承包者主动中止合同，比继续执行合同的损失要小（特别是当承包商已跌入"陷阱"中，合同对己不利，而且风险已经发生时）。

（5）在工程施工中，由于非承包商责任引起承包商费用增加和工期拖延，承包商提出合理的索赔要求，但业主不予解决，承包商在执行中可以通过控制进度、通过直接或间接地表达履约热情和积极性，向业主施加压力和影响，以求合理解决。

6.4.1.3　分包策划

承包商必须就如何完成合同范围的工程、供应以及工作的承担者做出安排。通常分为由承包商企业内的单位承担和企业外单位承担两种方式。企业外单位承担的又包括分包和联合等方式。

分包方式最为常见。分包方式的选择有时是承包商的自主行为，往往需要征得业主或监理工程师的同意；有时则是出于业主的指令要求。

分包合同策划包括如下工作内容：

（1）分包合同范围的划定；

（2）进行与具体分包合同相关的策划。包括每一份分包合同种类的选择，合同风险分配，项目相关各个合同之间的协调等；

（3）各个分包的招标文件和（或）合同文件的起草。

6.4.2 合同实施保证体系

6.4.2.1 合同实施保证体系的基本内容

由于现代工程的特点，使得施工中的合同管理极为困难和复杂，日常的事务性工作极多。为了使工作有秩序、有计划地进行，必须建立工程承包合同实施的保证体系。

合同实施保证体系是全部管理体系的一部分。合同实施保证体系应与其他管理体系协调一致，必须建立合同文件沟通方式、编码系统和文档系统。合同的实施管理还包括工作或合同界面管理，签订的分包合同以及自行完成的工程内容应能涵盖所有主合同的全部内容，既不遗漏，也不重复。承包人应对其同时承接的合同做总体协调安排。承包人所签订的各分包合同及自行完成工作责任的分配，应能涵盖主合同的总体责任，在价格、进度、组织等方面符合主合同的要求。

由于合同实施计划的复杂性，组织应根据自身条件和项目实际情况，制订必要的合同实施工作程序，并规定其内容。

合同实施保证体系构建的原则，包括：

（1）明确项目目标和项目关键；

（2）落实项目责任；

（3）项目预控；

（4）能有效避免合同纠纷。

6.4.2.2 落实合同责任，实行目标管理

首先，将各种合同事件的责任分解落实到各工程小组或分包商。

其次，应加强沟通协调。在合同实施前与其他相关的各方面，如业主、监理工程师、分包商沟通，召开协调会议，落实各种安排。

还有，合同责任的完成必须通过其他经济手段来保证。对分包商，主要通过分包合同确定双方的责权利关系，保证分包商能及时地、按质按量地完成合同责任。如果出现分包商违约行为，可对他进行合同处罚和索赔。对承包商的工程小组或相应的组织可通过内部的经济责任制来保证。在落实工期、质量、消耗等目标后，应将它们与工程小组经济利益挂钩，建立一整套经济奖罚制度，以保证目标的实现。

6.4.2.3 建立合同管理工作程序

在工程实施过程中，合同管理的日常事务性工作很多。为了协调好各方面的工作，使合同管理工作程序化、规范化，应订立如下几个方面的工作程序：

（1）定期和不定期的协商会制度；

（2）建立合同实施工作程序；

（3）建立合同文档系统。

6.4.2.4 工程过程中严格的检查验收制度

承包商有作为管理工程质量的责任。合同管理人员应主动地抓好工程和工作质量，协助做好全面质量管理工作，建立一整套质量检查和验收制度。例如：

(1) 每道工序结束应有严格的检查和验收；

(2) 工序之间、工程小组之间应有交接制度；

(3) 材料进场和使用应有一定的检验措施；

(4) 隐蔽工程的检验制度等。

6.4.2.5 建立报告和行文制度

承包商和业主、监理工程师、分包商之间的沟通都应以书面形式进行，或以书面形式作为最终依据。这是合同的要求，也是法律的要求，也是工程管理的需要。在实际工作中，这项工作特别容易被忽略。报告和行文制度包括如下几方面内容：

(1) 定期的工程实施情况报告，如日报、周报、旬报、月报等。应规定报告内容、格式、报告方式、时间以及负责人；

(2) 工程过程中发生的特殊情况及其处理的书面文件，如特殊的气候条件，工程环境的变化等，应有书面记录，并由监理工程师签署。对在工程中合同双方的任何协商、意见、请示、指示等都应落实在纸上；

(3) 工程中所有涉及双方的工程活动，如材料、设备、各种工程的检查验收，场地、图纸的交接，各种文件（如会议纪要、索赔和反索赔报告、账单）的交接，都应有相应的手续，应有签收证据。

6.4.3 项目合同实施控制的内涵

6.4.3.1 合同实施控制的概念

要实现目标就必须对其实施有效的控制。

控制为组织提供适应环境变化、限制偏差累积、处理组织内部复杂局面和降低成本提供了有效途径。这是控制的四项基本功能。

合同实施控制指承包商的合同管理组织为保证合同所约定的各项义务的全面完成及各项权利的实现，以合同实施计划为基准，对整个合同实施过程进行全面监督、检查、对比和纠正的管理活动。

在整个工程过程中，实施合同控制，能使项目管理人员一直清楚地了解合同实施情况，对合同实施现状、趋向和结果有一个清醒的认识。

6.4.3.2 控制的类型

按时间分类，控制可以分为预先控制、现场控制和事后控制。在工作开始之前就进行控制，叫做预先控制。在工作正在进行时进行控制，叫做现场控制。事后控制是在工作结束后进行的控制。

按控制的主体分类，控制可以分为直接控制和间接控制。

直接控制就是用来改进管理者未来行动的一种方法，它着眼于培养更好的主管人员，使他们能熟练应用管理的概念、技术和原理，能以系统的观点来改进和完善他们的管理工作，从而防止出现因管理不善而造成的不良后果。

间接控制是通过建立控制系统对控制对象进行控制，这种控制方法往往是预先制订计划和标准，通过对比和考核实际结果，追查组成偏差的原因和责任，并进行纠正。这时的控制主体是直接责任者的监督人。

6.4.3.3 有效控制的原则、内容与依据

为了使控制工作做得切实有效，一般需要注意以下几条原则：

（1）控制应该同计划和组织相适应；

（2）控制应该突出重点，强调例外；

（3）控制应该具有灵活性、及时性和经济性的特点；

（4）控制过程应避免出现为了遵守规定或实现目标而不顾实际控制效果的种种刻板、僵硬、扭曲的行为；

（5）控制工作应注意培养组织成员的自我控制能力。

合同的实施控制包括自合同签订后至合同终止的全部合同管理内容。重点是合同交底、合同跟踪与诊断、合同变更管理和索赔管理等工作。

合同和合同分析的结果，如各种计划、方案、洽商变更文件等，它们是比较的基础，是合同实施的目标和依据。各种实际的工程文件，如原始记录，各种工程报表、报告、验收结果、计量结果等，以及工程管理人员每天对现场情况的书面记录，都是合同控制的依据。

6.4.4 合同控制的方法

6.4.4.1 控制方法的基本分类

合同控制方法适用一般的项目控制方法。项目控制方法可分为多种类型：按项目的发展过程分类，可分为事前控制、事中控制、事后控制；按照控制信息的来源分类，可分为前馈控制、反馈控制；按是否形成闭合回路分类，可分为开环控制、闭环控制。归纳起来，可分为两大类，即主动控制和被动控制。

被动控制与主动控制对承包商进行项目管理而言缺一不可，它们都是实现项目目标所必须采用的控制方式。有效的控制是将被动控制和主动控制紧密地结合起来，力求加大主动控制在控制过程中的比例，同时进行定期、连续的被动控制。只有如此，方能完成项目目标控制的根本任务。

6.4.4.2 被动控制

被动控制是控制者从计划的实际输出中发现偏差，对偏差采取措施及时纠正的控制方式。

被动控制的措施如下：

（1）应用现代化方法、手段，跟踪、测试、检查项目实施过程的数据，发现异常情况及时采取措施；

（2）建立项目实施过程中人员控制组织，明确控制责任，检查、发现情况并及时处理；

（3）建立有效的信息反馈系统，及时将偏离计划目标值进行反馈，以使控制人员及时

采取措施。

6.4.4.3　主动控制

主动控制就是预先分析目标偏离的可能性，并拟订和采取各项预防性措施，以保证计划目标得以实现。

主动控制措施一般如下：

（1）详细调查并分析外部环境条件，以确定那些影响目标实现和计划运行的各种有利和不利因素，并将它们考虑到计划和其他管理职能当中；

（2）识别风险，努力将各种影响目标实现和计划执行的潜在因素揭示出来，为风险分析和管理提供依据，并在计划实施过程中做好风险管理工作；

（3）用科学的方法制订计划，做好计划可行性分析，消除那些造成资源不可行、技术不可行、经济不可行和财务不可行的各种错误和缺陷，保障工程的实施能够有足够的时间、空间、人力、物力和财力，并在此基础上力求计划优化；

（4）高质量地做好组织工作，使组织与目标和计划高度一致，把目标控制的任务与管理职能落实到适当的机构和人员，做到职权与职责明确，使全体成员能够通力协作，为共同实现目标而努力；

（5）制定必要的应急备用方案，以对付可能出现的影响目标或计划实现的情况。一旦发生这些情况，则有应急措施做保障，从而减少偏离量，或避免发生偏离；

（6）计划应留有余地，这样可避免那些经常发生、又不可避免的干扰对计划的不断影响，减少"例外"情况产生的数量，使管理人员处于主动地位；

（7）沟通信息流通渠道，加强信息收集、整理和研究工作，为预测工程的未来发展提供全面、及时、可靠的信息。

6.4.5　合同交底工作

6.4.5.1　合同交底的概念

合同交底就是组织大家学习合同和合同总体分析结果，将合同的内容贯彻下去，让相关的人清楚相关的合同条款，并遵照执行，防止因对合同不熟、不理解、掌握不透彻而出现违反合同的行为，为自己带来损失。

合同交底应在合同实施前进行，由合同谈判人员负责，可以以书面或口头方式进行。

合同交底通常可以分层次按一定程序进行。

合同交底是合同管理的一个重要环节，需要各级管理和技术人员在合同交底前，认真阅读合同，进行合同分析，发现合同问题，提出合理建议。避免走形式，以使合同管理有一个良好的开端。

6.4.5.2　合同交底的内容

合同交底应包括合同的主要内容、合同实施的主要风险、合同签订过程中的特殊问题、合同实施计划和合同实施责任分配等内容。

（1）合同的主要内容，着重介绍：承包商的主要合同责任、工程范围和权利义务；业主的主要权利义务；合同价格、计价方法、补偿条件；工期要求和补偿条件；工程中的一些问题的处理和过程，如工程变更、付款程序、工程的验收方法、工程的质量控制程序等；争执的解决；双方的违约责任等。

　　（2）在投标和合同签订过程中的情况及特殊问题。

　　（3）合同履行时应注意的问题、可能的风险和建议等。

　　（4）合同要求与相关方期望、法律规定、社会责任等的相关注意事项。

6.4.5.3　合同交底的方式方法

　　目前大多数合同管理人士倡导合同的两级交底制度，法人单位向具体的项目经理部领导的交底作为一级交底，将项目经理部领导向项目员工的交底作为二级交底。随着合同管理的不断完善，现在有一部分管理比较完善的企业倡导合同三级交底制度，将项目职能部门对分包商、材料商的交底（技术交底、安全交底等）也纳入到企业合同交底的范畴。

　　合同交底属企业商业秘密，应当采取严格的保密措施，任何人不得非法传播、泄露及非法利用。

　　合同交底可以从合同的文义、合同体系、目的、合法性、与以往类似合同的比较等方面进行交底。

　　在大多数企业，重要的大型工程项目的一级合同交底大部分采取会议交底的方法，为了保证交底内容的权威性，交底会议由企业一把手或主要分管领导主持，参与交底人员由企业各职能部门组成，被交底人应当为项目经理部的主要组成人员，交底应当形成会议纪要，作为企业加强项目管理的依据。二级合同交底，应考虑到项目人员组成的复杂性及专业性等特点，可以采用会议交底与分专业书面交底相结合的方式。

6.4.6　合同实施监督

　　合同责任是通过具体的合同实施工作完成的，承包商和业主（工程师）各自有不同的合同实施监督工作。一般合同中对业主（工程师）合同实施监督责任有明确的规定。这里仅讨论承包商自身的合同监督问题。

　　承包商合同监督的目的是保证按照合同完成自己的合同责任，项目经理部是合同实施监督的主体。但企业管理层也应监督项目经理部的合同执行行为，协助项目经理部做好合同实施工作，并协调各分包人的合同实施工作。承包商的合同实施监督主要有如下一些工作。

6.4.6.1　参与落实计划，协调各方关系，指导合同工作

　　合同管理人员与项目的其他职能人员一起落实合同实施计划，为各工程小组、分包商的工作提供必要的保证。如施工现场的安排，人工、材料、机械等计划的落实，工序间的搭接关系的安排和其他一些必要的准备工作。

　　在合同范围内协调业主、工程师、项目管理各职能人员、所属的各工程小组和分包商之间的工作关系，解决合同实施中出现的问题，如合同责任界面之间的争执、工程活动之间时间上和空间上的不协调。

　　对各工程小组和分包商进行工作指导，作经常性的合同解释，使各工程小组都有全局观念。对工程中发现的问题提出意见、建议或警告。

6.4.6.2　参与其他项目控制工作

　　会同项目管理的有关职能人员检查、监督各工程小组和分包商的合同实施情况，保证自

已全面履行合同责任。包括先期检查和自我检查两种情况。先期检查是在按照合同规定由工程师检查前，首先自我检查核对，对未完成的工程，或有缺陷的工程指令限期采取补救措施。自我检查是在工程施工过程中，落实承包商自我监督责任，发现问题，及时自我改正缺陷，而不一定是工程师指出的。

6.4.6.3 对业主提供的设计文件、材料、设备、指令进行监督和检查

承包商对业主提供的设计文件（图纸、规范）的准确性和充分性不承担责任。但业主提供的规范和图纸中明显的错误，或是不可用的，承包商有告知的义务，应作出事前警告。但只有这些错误是专业性的、不易发现的，或时间太紧，承包商没有机会提出警告，或者曾经提出过警告，业主没有理睬，承包商才能免责。

对业主的变更指令、作出的调整工程实施的措施可能引起工程成本、进度、质量、环境等方面的问题和缺陷，承包商同样有预警责任。

应监督业主按照合同规定的时间、数量、质量要求及时提供材料和设备。如果业主不按时提供，承包商有责任事先提出需求通知。如果业主提供的材料和设备的数量、质量存在问题，承包商应及时向业主提出申诉。

6.4.6.4 处理合同变更

合同管理工作一经进入施工现场后，合同的任何变更，都应由合同管理人员负责提出；对向分包商的任何指令，向业主的任何文字答复、请示，都须经合同管理人员审查，并记录在案。承包商与业主、与总（分）包商的任何争议的协商和解决都必须有合同管理人员的参与，并对解决结果进行合同和法律方面的审查、分析和评价。这样不仅保证工程施工一直处于严格的合同控制中，而且使承包商的各项工作更有预见性，更能及早地预计行为的法律后果。

承包商对施工现场遇到的异常情况必须作记录，并应及时以书面形式通知工程师或业主。对后期可能出现的影响施工，造成合同价格上升、工期延长的环境情况进行预警，并及时通知业主，同时应注意跟踪业主的反馈意见。

由于在工程实施中的许多文件，例如业主和工程师的指令、会谈纪要、备忘录、修正案、附加协议等也是合同的一部分，所以它们也应完备，没有缺陷、错误、矛盾和二义性。它们也应接受合同审查。在实际工程中这方面问题也特别多。

6.4.7 合同跟踪与诊断

6.4.7.1 合同跟踪的作用

在工程实施过程中，由于实际情况千变万化，导致合同实施与预定目标（计划和设计）的偏离，如果不采取措施，这种偏差常常由小到大，逐渐积累。对合同实施情况进行跟踪，可以不断地、及时地发现偏差，不断地调整合同实施，使之与总目标一致。这是合同控制的主要手段。

全面收集并分析合同实施的信息，将合同实施情况与合同实施计划进行对比分析，找出其中的偏差，以便及时采取措施，调整合同实施过程，达到合同总目标，所以合同跟踪是调整决策的前导工作。

在整个工程过程中，通过合同跟踪，能使项目管理人员清楚地了解合同实施情况，对合

同实施现状、趋向和结果有一个清醒的认识。

6.4.7.2 合同跟踪的依据

合同跟踪的依据有以下方面：

（1）合同和合同分析的结果，如各种计划、方案、合同变更文件等，它们是比较的基础，是合同实施的目标和依据；

（2）各种实际的工程文件，如原始记录，各种工程报表、报告、验收结果、工程量计量结果等；

（3）工程管理人员每天对现场情况的直观了解。

6.4.7.3 合同跟踪的对象

合同跟踪的对象，通常有如下几个层次：

（1）具体的合同事件。对照合同实施工作表的具体内容，分析该事件的实际完成情况。如：

1）工程范围是否符合要求，有无合同规定以外的工作；

2）工程质量是否符合合同要求，如工作的精度、材料质量是否符合合同要求，工作过程有无其他问题；

3）是否在预定期限内完成工作，工期有无延长，延长的原因是什么；

4）成本有无增加或减少。

经过上面的分析可以得到偏差的原因和责任，从这里可以发现索赔机会。

（2）对工程小组或分包商的工程和工作进行跟踪。在实际工程中，常常因为某一工程小组或分包商的工作质量不高或进度拖延而影响整个工程施工。在这方面合同管理人员应向他们提供帮助，例如协调他们之间的工作，对工程缺陷提出意见、建议或警告，责成他们在一定时间内提高质量、加快工程进度等。

（3）对业主和工程师的工作进行跟踪。

1）合同工程师作为漏洞工程师寻找合同中以及对方合同执行中的漏洞。

2）在工程中，承包商应积极主动地做好工作，如提前催要图纸、材料，对工作事先通知。

3）有问题及时与工程师沟通，多向他汇报情况，及时听取他的指示（书面的）。

4）及时收集各种工程资料，对各种活动、双方的交流作好记录。

5）对有恶意的业主提前防范，以及早采取措施。

（4）对工程总的实施状况进行跟踪。可以通过如下方面进行：

1）工程整体施工秩序状况不佳，如现场混乱、各责任方之间协调困难、现场出现偶发事件或发生较严重的工程事故等；

2）已完工程没能通过验收，出现大的工程质量问题，工程试生产不成功，或达不到预定的生产能力等；

3）施工进度未能达到预定计划，主要的工程活动出现拖期，在工程周报和月报上计划和实际进度出现大的偏差；

4）计划和实际的成本曲线出现大的偏离。

6.4.7.4　合同实施诊断

在合同跟踪的基础上可以进行合同诊断。合同诊断是对合同执行情况的评价、判断和趋向分析、预测。

承包商应定期诊断合同履行情况，诊断内容应包括合同执行差异的原因分析、责任分析以及实施趋向预测。应及时通报实施情况及存在问题，提出有关意见和建议，并采取相应措施。

（1）合同执行差异的原因分析。通过对不同监督和跟踪对象的计划和实际的对比分析，不仅可以得到差异，而且可以探索引起这个差异的原因。原因分析可以采用鱼刺图，因果关系分析图（表），成本量差、价差分析等方法定性地，或定量地进行。

（2）合同差异责任分析。即这些原因由谁引起，该由谁承担责任，这常常是索赔的理由。一般只要原因分析详细，有根有据，则责任分析自然清楚。责任分析必须以合同为依据，按合同规定落实双方的责任。

（3）合同实施趋向预测。分别考虑不采取调控措施和采取调控措施，以及采取不同的调控措施情况下，合同的最终执行结果。

6.4.7.5　调整措施选择

根据合同实施诊断的结果，承包商应采取相应的调整措施。

广义地说，对合同实施过程中出现的问题的处理有如下四类措施：

（1）技术措施。例如变更技术方案，采用新的更高效率的施工方案；

（2）组织和管理措施。如增加人员投入、重新进行计划或调整计划、派遣得力的管理人员、暂停施工、按照合同指令加速；

（3）经济措施。如改变投资计划，增加投入，对工作人员进行经济激励，动用暂定金额等；

（4）合同措施。例如按照合同进行惩罚，进行合同变更，签订新的附加协议，备忘录，通过索赔解决费用超支问题等。

通常采用的偏差调整措施多是通过实施过程调整（如变更实施方案，重新进行组织）或项目目标调整来进行的。从双方合同关系的角度，它们都属于合同变更或都通过合同变更完成的。

6.4.8　合同变更与转让

由于工程建设内外干扰事件多，合同变更是常有的事。合同签订以后或履行过程中，有时也会发生合同转让的情况。我们这里所说的合同的变更，不包括合同主体的变更，是狭义的合同变更。合同主体的变更，我们称之为合同的转让。

6.4.8.1　合同变更

1. 合同变更的含义

合同的变更是指合同成立以后，尚未履行或尚未完全履行以前，当事人就合同的内容达成的修改和补充协议。

合同的变更可以对已完成的部分进行变更，也可以对未完成的部分变更。《合同法》第十五章第二百五十八条规定："定作人中途变更承揽工作的要求，造成承揽人损失的，应当赔偿损失。"此条是对定作人的单方变更的规定，适用于建设工程合同的发包人。

当事人变更合同，有时是一方提出，有时是双方提出，有时是根据法律规定变更，有时是由于客观条件变化而不得不变更，无论何种原因变更，变更的内容应当是双方协商一致的结果。

2. 合同变更的效力

合同变更后，将产生以下效力：

（1）合同变更后，被变更的部分失去效力，当事人应按变更后的内容履行；

（2）合同的变更只对合同未履行的部分有效，不对已经履行的内容发生效力，也就是说合同的变更没有溯及力。合同的当事人不得以合同发生了变更，而要求已履行的部分归于无效；

（3）合同的变更不影响当事人请求损害赔偿的权利。合同变更以前，一方因可归责于自身的原因给对方造成损害的，另一方有权要求责任方承担赔偿责任，并不受合同变更的影响。当事人因合同的变更本身给另一方当事人造成损害的，当事人应承担赔偿责任，不得以合同的变更是当事人自愿而不负赔偿责任。实践中，一般在合同变更协议中就有关损害赔偿一并做出规定，只不过不承担违约责任罢了。

3. 合同变更范围

合同变更是合同实施调整措施的综合体现。合同变更的范围很广，一般在合同签订后，所有工程范围、进度、工程质量要求、合同条款内容、合同双方责权利关系的变化等都可以被看做为合同变更。最常见的变更有两种：

（1）涉及合同条款的变更。指合同条件和合同协议书所定义的双方责权利关系，或一些重大问题的变更。这是狭义的合同变更，以前人们定义合同变更即为这一类；

（2）工程变更。指在工程施工过程中，工程师或业主代表在合同约定范围内对工程范围、质量、数量、性质、施工次序和实施方案等做出变更，这是最常见和最多的合同变更。

4. 合同变更的处理要求

（1）变更应尽可能快地做出。

（2）迅速、全面、系统地落实变更指令。

（3）保存原始设计图纸，设计变更资料，业主书面指令，变更后发生的采购合同、发票以及实物或现场照片。

（4）对合同变更的影响做进一步分析。合同变更是索赔机会，应在合同规定的索赔有效期内完成对它的索赔处理。在实际工作中，合同变更必须与提出索赔同步进行，甚至对重大的变更应先进行索赔谈判，待达成一致后，再实施变更。

（5）进行合同变更评审。

6.4.8.2 合同变更程序

合同变更应有一个正规的程序，应有一整套申请、审查、批准手续。合同通常明确工程变更的程序。在合同分析中常常须做出工程变更程序图。例如图 6-1 所示，是我国 2007 年版标准施工合同文本设立的变更程序。

对重大的合同变更，由双方签署变更协议确定。在合同实施过程中，工程参加者各方可以通过定期会商（一般每周一次）、专题协商等方式，对变更所涉及到的问题，如变更措施、变更的工作安排、变更所涉及的工期和费用索赔的处理等，达成一致。然后双方签署备忘录、修正案等变更协议。双方签署的合同变更协议与合同一样有法律约束力，而且法律效力优先于合同文本。

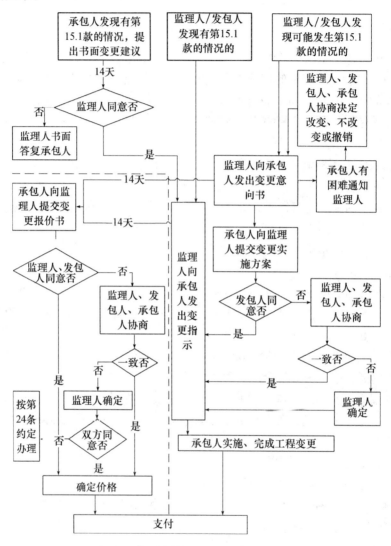

图 6-1　2007 年版标准施工合同文本设立的变更程序

业主或工程师行使合同赋予的权力，发出工程变更指令。

6.4.8.3　合同的转让

1. 合同转让的含义

合同的转让是指合同的当事人依法将合同的权利和义务全部或部分地转让给第三人。承包者对工程建设合同的转让，一般称为转包。

2. 合同的转让与分包的区别

合同的转让与合同中的分包是不同的。在合同理论上，分包一般称为次承揽。《合同法》第二百七十二条规定，总承包人或者勘察、设计、施工承包人经发包人同意，可以将自己承包的部分工作交由第三人完成，称之为分包。合同的转让与分包的区别在于：

（1）合同经合法转让后，原合同中转让人即退出原合同关系，受让人与原合同中转让人的对方当事人成为新的合同关系主体。而分包合同中，分包人与承包者之间的分包合同关系对原合同并无影响，分包人并不是原合同的主体，与原合同中的发包人并无合同关系。

（2）合同转让后，受让人成为合同的主体，对合同的权利、义务承担责任，而分包合同中，分包人取得原合同中承包人的工作义务，他的请求报酬权利只能向承包者主张而不能向原合同中的发包人主张。

（3）合同转让后，转让人对受让人的义务不向其相对人负责，而分包合同中，承包者对分包人的工作成果仍向业主承担责任。

3. 合同转让的内容

按照转让的内容不同，可分为合同权利的转让，合同义务的转让以及合同权利义务概括的转让。

合同权利的转让是指合同中权利人通过协议将其享有的权利全部或部分地转让给第三人的行为。合同中，业主和承包者都享有一定的权利，因此，业主和承包者都可以将其权利转让。

合同义务的转让又称合同债务承担，它是指债务人经债权人同意，将债务转移给第三人承担。

合同权利义务的概括转让是指合同的当事人将其在合同中的权利义务一并转让给第三人，由第三人概括地继受这些债权债务。由于权利义务的转移，包括义务的转移，因此，当事人概括转让权利义务时，应取得对方当事人的同意。

我国有关法律规定，承包人不得将其承包的全部建设工程转包给第三人或者将其承包的全部建设工程肢解以后以分包的名义分别转包给第三人。

6.5　合同索赔管理

索赔是合同实施阶段的一种避免风险的方法，同时也是避免风险的最后手段。工程建设索赔在国际建筑市场上是承包商保护自身正当权益、弥补工程损失、提高经济效益的重要和有效手段。在国内，索赔及其管理还是工程建设管理中一个相对薄弱的环节。

6.5.1　索赔的概念

6.5.1.1　索赔的含义

工程建设索赔通常是指工程合同履行过程中，对于并非自己的过错，而是应由对方承担责任的情况造成的实际损失，向对方提出经济补偿和（或）工期顺延的要求。我们常说的工程建设索赔主要是指工程施工的索赔。

索赔是一种正当的权利要求，它是业主、监理工程师和承包者之间（在业主和承包商、总包和分包、联营成员之间都可能有索赔，业主与承包商之间的索赔最具典型性）一项正常的、大量发生而且普遍存在的合同管理业务，是签订合同的双方各自应该享有的合法权利，实际上是业主与承包商之间在分担工程风险方面的责任再分配。

6.5.1.2 索赔的基本特征

（1）索赔是要求给予补偿（赔偿）的权利主张。索赔是双向的，不仅承包商可以向业主索赔，业主同样也可以向承包商索赔。

（2）索赔的前提是自己没有过错，而导致索赔事件发生的责任应当由对方承担。

（3）只有实际发生了经济损失或权利损害，一方才能向对方索赔。经济损失是指因对方因素造成合同外的额外支出；权利损害是指虽然没有经济上的损失，但造成了一方权利上的损害，如由于恶劣气候条件对工程进度的不利影响。

（4）索赔是一种未经确认的单方行为。索赔要求能否得到最终实现，必须要通过确认（如双方协商、谈判、调解或仲裁、诉讼）后才能实现。

（5）索赔的成败，取决于是否获得了对自己有利的证据。

（6）对于特定干扰事件的索赔，没有固定的模式，没有额定的统一标准。影响索赔的主要因素包括：①合同背景（即合同的具体规定）；②业主的管理水平；③承包商的管理水平。

6.5.2 索赔事件及索赔条件

6.5.2.1 索赔事件

索赔事件又称干扰事件，是指那些使实际情况与合同规定不符合，最终引起工期和费用变化的那类事件。索赔事件是在合同的实施过程中发生的。不断地追踪、监督索赔事件就是不断地发现索赔机会。

从根本上说，索赔是由于工程受干扰引起的。这些干扰事件对双方都可能造成损失，影响工程的正常施工，造成混乱和拖延。所以从合同双方整体利益的角度出发，应极力避免干扰事件，避免索赔的产生。

6.5.2.2 索赔要求

在承包工程中，索赔要求通常有两个，一个是合同工期的延长，另一个是费用补偿。

1. 合同工期的延长

承包合同中都有工期（开始期和持续时间）和工程延缓的罚款条款。如果工程拖期是由承包商管理不善造成的，则他必须承担责任，接受合同规定的处罚。而对外界干扰引起的工期拖延，承包商可以通过索赔，取得业主对合同工期延长的认可，则在这个范围内可免去他的合同处罚。

业主可以按照合同规定向承包商索赔工程缺陷通知期（保修期）。

2. 费用补偿

由于非承包商自身责任造成工程成本增加，使承包商增加额外费用，蒙受经济损失，他可以根据合同规定提出费用或利润索赔要求。如果该要求得到业主的认可，业主应向他追加支付这笔费用，以补偿损失。

【例4】 鲁布革引水系统工程的索赔

世界银行贷款项目鲁布革引水系统工程，在工程实施过程中，共发生21起单项费用索赔和1起工期索赔，如表6-2所示。

表 6-2 鲁布革引水系统工程承包商索赔分类表

序号	索赔原因分类	索赔事件		索赔金额合计（万元）按开标日汇率折算成人民币	所占百分比（%）
		名　称	次数		
1	业主违约	停水、停电、停油，未提供合格道路	7	24.55	10.7
2	指定分包商违约	混凝土骨料中断、质量不合格	6	47.00	20.5
3	不利自然条件	增加排水能力、增加混凝土浇筑，增加钢模	2	140.27	61.2
4	其他承包干扰	增加排水设备	1	5.04	2.2
5	工程师指令增加工作	隧洞增大灌浆量	2	2.60	1.1
6	合同缺陷	电传费差额	1	1.79	0.8
7	政策变化	养路费增加	1	0.64	0.3
8	其他第三方原因	水泥运输额外费用	1	7.21	3.2
9	总计		21	229.10	100

6.5.2.3 索赔事件的发生率

国内目前尚未见专门的机构对索赔事件进行系统调查统计，文献经常引用的是美国某机构曾对政府管理的各项工程进行的调查结果参见表 6-3。美国的调查结果表明：

（1）工程规模越大，施工索赔的机会和次数就越多。大于 500 万美元的工程，发生索赔次数占总次数的 48%；

（2）中标的标价低于次低标价（即第二个最低标价）的幅度越大，索赔发生率就越高。低于次低标价 10% 以上中标的工程，占索赔总次数的 87%。

表 6-3 美国某机构统计的索赔比例分布情况

索赔种类（事件）	比例分布
设计错误	是引起索赔的主要因素或种类，其出现次数占增量索赔的 46%，获得的赔偿费占赔偿总额的 40%
工程变更	是引起索赔的重要因素或类别，分随意性变更和强制性变更两种，前者是指业主因最初工作范围规定不周或要求增减工作量所作的变更；后者是指因法规或规程变化所作的工程规模的变更。两种变更的索赔次数在增量索赔中占 26%，获得的赔偿费占赔偿总额的 28%
现场条件变化	是指现场施工条件与合同规定不符，这些索赔次数占 15%，获得的赔偿费占 13%
恶劣气候和罢工	这两类索赔基本上是要求延长工期，因而因恶劣气候与罢工所获准的延期占全部延期的 60%
其他	包括终止合同和停工等一些不常发生的索赔，共占 2%，获得的赔偿费占 19%

6.5.2.4 索赔的条件

索赔的根本目的在于保护自身利益、追回损失、避免亏本，因此是不得已而用之。要取得索赔的成功，索赔要求必须符合如下基本条件：

（1）客观性。确实存在不符合合同或违反合同的干扰事件，且对工期和成本造成实际影响。同时，有确凿的证据证明。

（2）合法性。干扰事件由非自身责任引起，且不是自身应承担的风险，按照合同条款对方应给予补（赔）偿，并且在规定时间内通知和索赔。

（3）合理性。索赔要求必须合情合理，符合实际情况，真实反映由于干扰事件引起的实际损失，采用合理的计算方法和计算基础；同时索赔报告必须严密，有很强的逻辑性；索赔者必须证明干扰事件与干扰事件的责任与工程施工过程所受到的影响、与自身所受到的损失、与自身所提出的索赔要求之间存在着因果关系。

6.5.3 索赔的组织与策划

6.5.3.1 索赔小组

索赔工作实质上是承包商和业主在分担工程风险方面的重新分配过程，涉及到双方的众多经济利益，因而是一项烦琐、细致、耗费精力和时间的过程。

索赔工作涉及面广，需要项目各职能人员和总部的各职能部门的配合。

通常情况下，索赔小组由组长（一般由项目经理担任）、合同管理人员、法律专家或索赔专家、造价师、会计师、专业工程师等组成。项目的其他人员以及总部的各职能部门应提供信息资料，予以积极配合，以保证索赔成功。

6.5.3.2 索赔的依据和证据

索赔的依据主要是法律法规，尤其是双方签订的合同文件。由于不同的项目有不同的合同文本，索赔的依据也就不同，合同当事人的索赔权利也不同。

在工程索赔中，承包商究竟可以就哪些损失提出索赔，取决于合同规定和有关适用法律。无论损失的金额有多大，也无论是什么原因引起的，合同规定都是这种损失是否可以得到补偿的最重要的依据。国际咨询工程师联合会编写的《FIDIC 合同指南》中列出了《施工合同条件》（即新红皮书）涉及的承包商和业主可以引用的索赔条款，具有广泛的适应性（见表6-4、表6-5）。

表6-4　新红皮书中涉及承包商向雇主索赔的条款

条　款	事　由	延长工期	费用＋利润	费用（无利润）
1.9：迟到的图纸和指示	工程师未能在合理的时间内发布图纸和指示，造成承包商误期并招致费用	√	√	
2.1：进入现场的权利	雇主未能给予承包商进入或占有现场的权利，造成承包商误期并招致费用	√	√	
4.7：放线	雇主提供基准点错误，造成承包商误期并招致费用	√	√	
4.12：不可预见的外界条件	承包商遇到了不可预见的外界条件造成误期并招致费用	√		√
4.24：化石	承包商因在现场发现化石或其他文物造成误期并招致费用	√		√
7.4：检验	在检验过程中，承包商因执行工程师的指示或因雇主的延误而造成误期和（或）招致费用	√	√	
8.5：当局引起的延误	如因合法当局的原因给承包商造成了不可预见的误期，承包商可索赔工期延长	√		
8.9：停工的后果	非承包商责任引起的临时停工造成承包商误期并招致费用	√		√
9.2：拖期的检验	如雇主拖延竣工检验，承包商可援引第7.4款和（或）第10.3款	√	√	

条　款	事　由	延长工期	费用＋利润	费用(无利润)
10.2：接收部分工程	雇主接管和（或）使用部分工程使承包商招致费用		√	
10.3：对竣工检验的干扰	由于雇主的原因使承包商不能及时进行竣工检验，造成承包商误期并招致费用	√	√	
11.8：承包商的调查	如果缺陷由非承包商的原因造成，承包商可索赔调查产生的费用		√	
12.4：省略	如果作为变更而发生的省略使承包商遭受损失，承包商应得到补偿			√
13.2：价值工程	如果承包商提出的变更导致该部分工程的合同价值减少且雇主从中受益，则承包商可享一半的利益		√	
13.7：相应于法律变更的调整	如果立法变更导致承包商工期延误或发生额外费用，承包商可得到工期及费用补偿	√		√
15.5：雇主终止的权利	雇主为了自己方便而终止合同，承包商可按第19.6款的规定得到赔偿			√
16.1：承包商停工的权利	如工程师未能签发证书或雇主未能提供资金安排的证据或雇主未能如期支付，承包商可暂停工程并提出工期及费用索赔	√	√	
16.4：终止时的支付	如雇主严重违约或破产，承包商可终止合同并索赔由此而造成的损失		√	
17.4：雇主风险的后果	如雇主的风险使工程、物资或承包商的文件遭受损失，承包商可提出索赔	√	√	
18.1：对保险的一般要求	如果雇主作为保险方而保险失败，承包商可向雇主索赔由此造成的损失		√	
19.4：不可抗力的后果	如承包商因不可抗力的影响发生费用或造成工期延误，雇主应对此进行赔偿	√		√

表 6-5　新红皮书中有关雇主向承包商索赔的条款

条　款	事　由	缺陷通知期	费用	付款
4.2：履约保函	雇主根据第4.2款提出履约保函下的索赔			√
4.19：水、电、气	如承包商使用雇主提供的水、电、气或其他服务，承包商应向雇主支付相应的款项			√
4.20：雇主的设备和"自由发放材料"	如承包商使用雇主的设备，则雇主有权从承包商那里获得相应的支付			√
5.4：付款证据	雇主直接向指定的分包商付款			√
7.5：拒收	工程师要求对有缺陷的设备、材料等进行重复检验使雇主招致额外费用		√	
7.6：补救工作	承包商未能按工程师的指示拆运不合格的设备材料，雇主有权雇用他人完成		√	
8.6：进度	由于承包商自身原因导致进度缓慢需要加快进度而使雇主招致额外费用时，雇主可按第2.5款规定向承包商索赔		√	

条　款	事　由	缺陷通知期	费用	付款
8.7：误期损害赔偿	如承包商未能在第8.2款规定的时间内竣工，承包商应向雇主支付误期赔偿费		√	
9.2：拖期的检验	如承包商拖延检验且未执行第9.2款的相关规定时，雇主可自行检验，由此发生的费用和风险由承包商承担		√	
9.4：未能通过竣工检验	在工程未通过竣工检验而雇主同意移交的情况下，合同价格将做相应的扣减			√
11.3：缺陷通知期的延长	如果工程或设备因承包商应负责的缺陷或损坏而无法使用，雇主有权要求延长缺陷通知期	√		
11.4：未能修补缺陷	如果承包商未能在合理期限内修补缺陷或损坏，雇主可以用承包商的费用自行修补或对合同价格做出扣减。如果缺陷或损坏使雇主丧失工程的全部利益，雇主可以终止合同			√
11.11：现场清除	如承包商未能按合同规定清理现场，雇主可自行完成，费用由承包商支付		√	
13.7：相应于法律变更的调整	当法律变更导致承包商成本减少时，雇主可对合同价格进行相应扣减		√	
15.4：终止后的支付	如承包商严重违约、破产或行贿，雇主可终止合同并向承包商索赔由此造成的损失和损害		√	√
17.1：保障	在承包商提供的保障范围内，雇主可向承包商索赔所发生的费用		√	
18.1：对保险的一般要求	如果承包商作为保险方而保险失败，雇主可向承包商索赔由此造成的损失		√	
18.2：工程及承包商设备的保险	如在基础日期一年以后，第18.2款（d）项规定的保险不再有效，雇主可向承包商索赔此类保险的保险金		√	

　　索赔证据是当事人用来支持其索赔成立或和索赔有关的证明文件和资料。索赔证据作为索赔文件的组成部分，在很大程度上关系到索赔的成功与否。证据不全、不足或没有证据，索赔是不可能获得成功的。作为索赔证据既要真实、准确、全面、及时，又要具有法律证明效力。

　　索赔在某种程度上来说与聘请律师打官司相似，索赔的成败常常不仅在于事件的实情，而且取决于能否找到有利于自己的证据，能否找到为自己辩护的法律或合同条文。

　　施工过程中系统地积累和管理施工合同文件、质量、进度及财务收支等方面的资料，特别是施工现场发生的各种异常情况记录，都是索赔的有力证据。

6.5.3.3　经济索赔的基本原则

　　在工程施工索赔中，业主和承包商双方产生的经济纠纷，一般都集中反映在"该不该提出索赔要求"和"索赔费用金额是否合理"两个问题上，即"索赔资格"和"索赔数量"的确定上。

　　实际工作中，对索赔数量的认定难度大大超过对索赔资格的认定难度。

　　从国际上几种常用的工程合同条件及国际惯例来看，进行经济索赔应遵循如下几个原则。这些基本原则是工程合同履行过程中，承发包双方及中介咨询机构处理工程索赔的共同准则。

（1）必要原则。这是指从索赔费用发生的必要性角度来看，索赔事件所引起的额外费用应该是承包商履行合同所必需的，即索赔费用应在所履行合同的规定范围之内，如果没有该费用支出，就无法合理履行合同，无法使工程达到合同要求。

（2）赔偿原则。这是指从索赔费用的补偿数量角度看，索赔费用的确定应能使承包商的实际损失得到完全弥补，但也不应使其因索赔而额外受益。

（3）损失最小原则。这是指从承包商对索赔事件的处理态度来看，一旦承包商意识到索赔事件的发生，应及时采取有效措施防止事态的扩大和损失的加剧，以将损失费用控制在最低限度。如果没有及时采取适当措施而导致损失扩大，承包商无权就扩大的损失费用提出索赔要求。

（4）引证原则。承包商提出的每一项索赔费用都必须伴随有充分、合理的证明材料，以表明承包商对该项费用具有索赔资格且其数额的计算方法和过程准确、合理。没有充分证据的经济索赔项目一般都会被业主视为无效而被驳回。

（5）时限原则。几乎每一种工程合同条件都对索赔的提出时间有明确的要求。承包商应严格按照适用合同条件的要求或合同协议的规定，在适当时间内提出索赔要求，以免丧失索赔机会。时限原则的另一层含意是指承包商对索赔事件的处理应是发现一件、提出一件、处理一件，而不应采取轻视或拖延的态度。

（6）初始延误原则。所谓初始延误原则，就是索赔事件发生在先者承担索赔责任的原则。如果业主是初始延误者，则在共同延误时间内，业主应承担工程延误责任，此时，承包商既可得到工期补偿，又可得到经济补偿。如果不可抗力是初始延误者，则在共同延误时间内，承包人只能得到工期补偿，而无法得到经济补偿。

6.5.4 索赔管理工作

6.5.4.1 索赔意识

在市场经济环境中，承包商要提高工程经济效益必须重视索赔问题，必须有索赔意识。索赔意识主要体现在如下三方面：

（1）法律意识。

（2）市场经济意识。

（3）工程管理意识。

6.5.4.2 预测、寻找和发现索赔机会

寻找和发现索赔机会是索赔的第一步，是合同管理人员的工作重点之一。

虽然干扰事件产生于工程施工中，但它的根由却在招标文件、合同、设计、计划中，所以，在招标文件分析、合同谈判（包括在工程实施中双方召开变更会议、签署补充协议等）中，承包商应对干扰事件有充分的考虑和防范，预测索赔的可能。

承包商应对索赔机会有敏锐的感觉，可以通过对合同实施过程进行监督、跟踪、分析和诊断，以寻找和发现索赔机会。合同实施过程中的潜在索赔机会是客观存在的，但能否及早地发现，并合理地提出索赔要求，则取决于承包商现场管理人员本身的素质及其对索赔的辨识能力。

合同在工程实施前签订，在实施过程中不断调整、修正和补充。由于建设工程固有的不

确定性和动态变化特征，构成其合同状态①的基础条件参数总处在一种非确定性的时变状态，索赔机会的识别与索赔的客观存在性就蕴涵在这种不确定的合同状态的动态变化之中。

合同分析、成本分析、进度分析及事件分析，是承包商辨识和发现索赔机会的4种相互依存、互为条件的主要具体途径。它们之间的关系及单项索赔处理过程可由图6-2所示的流程图来描述。

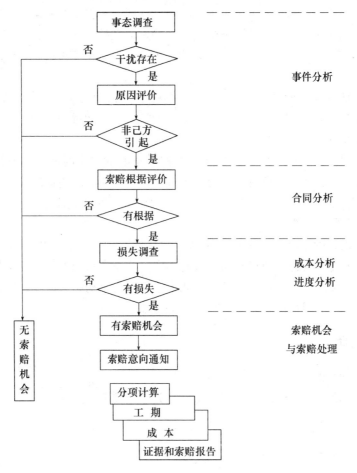

图6-2　单项索赔识别与处理过程流程图

6.5.4.3　收集索赔的证据和理由，调查和分析干扰事件的影响，计算索赔值

一旦发现索赔机会，应迅速作出反应，进入索赔处理过程。在这个过程中有大量具体、细致的索赔管理工作和业务，包括：向监理工程师和业主提出索赔意向；调查干扰事件，寻找索赔理由和证据，分析干扰事件的影响，计算索赔值，起草索赔报告；向业主递交索赔报告，通过谈判、调解或仲裁最终解决索赔争执，使自己的损失得到合理补偿。

按国际工程索赔惯例，一般有5种损失可以索赔：①由索赔事项引起的直接额外成本；

---

① 从合同签订开始到合同结束为止的整个合同实施过程中，任一时刻所对应的全部合同目标（如成本、工期、资源等）与合同基础条件（如适用法律、气候条件、实施方案、合同条件、经济社会环境等）各方面所包含的全部要素的总和，称为合同状态。

②由于合同延期而带来的额外时间相关成本；③由于合同延期而带来的利润损失；④合同延期引起的总部管理费损失；⑤由干扰造成的生产率降低所引起的额外成本。按照惯例，承包商的索赔准备费用、索赔金额在索赔处理期间的利息、仲裁费用、诉讼费用等是不允许索赔的，因而不应将这些费用包含在索赔费用中。

工期索赔和费用索赔的定量计算原则如下：

1. 工期索赔

（1）按单项索赔事件计算

关键工作：工期补偿＝延误时间

非关键工作：当延误时间≤总时差时，不予补偿；当延误时间＞总时差时，工期补偿＝延误时间－总时差。

（2）按总体网络综合计算

工期补偿＝"计划＋补偿"工期－计划工期。式中，"计划＋补偿"工期系指仅考虑业主责任及不可抗力影响的网络计算工期；计划工期系指承包商的初始网络计算工期。

2. 费用索赔

（1）合同内的窝工闲置，按照成本费用原则处理。

人工费——按窝工标准计算，一般仅考虑将这部分工人调做其他工作时的降效损失；

机械费—— $\begin{cases} \text{自有机械——按折旧费或停滞台班费计算} \\ \text{租赁机械——按合同租金计算} \end{cases}$

不得补偿管理费和利润损失。

（2）合同外的新增工程（或工作）

除人工费、材料费和机械台班费按合同单价计算外，还应补偿管理费及利润损失。

另外，针对不可抗力发生给双方造成的经济损失和人员伤亡的费用，一般采用风险共担方式进行处理。根据合同的一般原则，合同缔约及履行过程中，应合理分摊及转移风险。当风险事件发生后，对于无法通过保险等手段转移的风险，双方应共同承担，这就是风险共担方式的基本内涵。

6.5.4.4 提出索赔意向和报告

从索赔事件产生到最终处理全过程的索赔工作程序一般在合同中规定。合同双方必须严格按照合同规定办事，按合同规定的索赔程序工作，才能获得成功的索赔。

在工程实践中，比较详细的索赔程序一般可分为如下主要步骤：提出索赔意向→提交索赔文件→监理工程师（业主）对索赔文件的审核→索赔的处理与解决。

索赔意向通知应尽早发出。

承包商必须就索赔事项在合同规定的索赔时限内向业主或监理工程师提交正式的书面索赔文件（也称索赔报告），它表达了承包商的索赔要求和支持这个要求的详细依据和证据。

从提出索赔意向到提交索赔文件，是属于承包商索赔的内部处理阶段和索赔资料准备阶段。

索赔文件是合同一方向对方正式提出索赔要求的书面文件。它全面反映了一方当事人对一个或若干个索赔事件的所有要求和主张，对方当事人也是通过对索赔文件的审核、分析和评价来作出认可、要求修改、反驳甚至拒绝的回答，索赔文件也是双方进行索赔谈判或调解、仲裁、诉讼的基础，因此索赔文件的表达与内容对索赔的解决有重大影响，索赔方必须认真编写好索赔文件。

索赔文件需要经验丰富的专业人员来撰写，应避免使用强硬的不友好的抗议式的语言。对重大的索赔报告或一揽子索赔最好在律师或索赔专家的指导下进行。

索赔文件一般应包括：事件、理由、结论、工期延长的计算、损失费用的估算以及各种证据材料等内容。

从递交索赔报告到最终获得赔偿的支付是索赔的解决过程。

6.5.5 反索赔管理工作

6.5.5.1 反索赔的主要步骤

所谓反索赔就是找出说明事实的理由和根据，反驳对方提出的索赔或向对方提出新索赔要求。

反索赔与索赔有相似的处理过程。合同当事人应该认真对待每一次索赔，特别是重大的一揽子索赔，应该像对待一个新的项目一样，进行详细、认真的分析、斟酌，有计划、有步骤地去实施。

1. 制定反索赔策略

考虑如何对待所提出的索赔，采用什么样的基本策略（全部认可、全部否决、部分否决），并从总体上对反索赔的处理作出安排。反索赔通常有以下几种方法：

（1）以事实或确凿的证据论证对方索赔没有理由，不符合事实，以达到全盘否定或部分否定对方的索赔；

（2）以自己的索赔抵制对方的索赔。提出的索赔金额比对方的还要大，为最终谈判的让步留有余地；

（3）承认干扰事件存在，但指出对方不应该提出索赔。利用合同条款否定对方提出的索赔理由，指出在对方提出的这些问题上，合同规定不予补偿；

（4）承认干扰事件存在，反驳对方索赔超过规定的时限，计算方法错误，计算基础不合理，计算结果不成立。这样仍可以驳倒对方以维护自己的利益。

2. 合同总体分析

反索赔同样是以合同作为反驳的理由和根据。合同分析的目的是分析、评价对方索赔要求的理由和依据。在合同中找出对对方不利、对己方有利的合同条文，以构成对对方索赔要求否定的理由。

合同总体分析的重点是与对方索赔报告中提出的问题有关的合同条款。

3. 事态调查

反索赔仍然基于事实基础之上，以事实为根据。这个事实必须以己方对合同实施过程跟踪和监督的结果，即各种实际工程资料作为证据，用以对照索赔报告所描述的事情经过和所附证据。通过调查可以确定干扰事件的起因、事件经过、持续时间、影响范围等真实、详细的情况，以指认不真实、不肯定，没有证据的索赔事件。

在此应收集、整理所有与反索赔相关的工程资料。

4. 合同签订和实施状态分析

通过三种状态（合同原始状态、合同现实状态和合同假想状态）的分析可以达到：

（1）全面地评价合同、合同实施状况，评价双方合同责任的完成情况；

（2）对对方有理由提出索赔的部分进行总概括，分析出对方有理由提出索赔的干扰事件有哪些、索赔的大约值或最高值；

（3）对对方的失误和风险范围进行具体指认，这样在谈判中有攻击点；

（4）针对对方的失误作进一步分析，以准备向对方提出索赔。

5. 索赔报告分析

对索赔报告进行全面分析，对索赔要求、索赔理由进行逐条分析评价。分析评价索赔报告，可以通过索赔分析评价表进行。其中，分别列出对方索赔报告中的干扰事件、索赔理由、索赔要求，提出己方的反驳理由、证据、处理意见或对策等。

通常在索赔报告中有如下问题存在：

（1）对合同理解的错误；

（2）对方有推卸责任、转移风险的企图。在索赔报告中所列的干扰事件可能是，或部分是对方管理不善造成的问题，或索赔要求中包括属于合同规定对方自己风险范围内的损失；

（3）扩大事实根据、夸大干扰事件的影响，或提出一些不真实的干扰事件和没有根据的索赔要求，甚至无中生有或恶人先告状；

（4）未能提出支持其索赔的详细的资料，对方没有，也不能够对索赔要求作出进一步解释，并提供更详细的证据；

（5）索赔值的计算不合理，多估冒算，漫天要价。

6. 起草并向对方递交反索赔报告

反索赔报告是索赔报告分析工作的总结，向对方（索赔者）表明自己的分析结果、立场、对索赔要求的处理意见以及反索赔的证据。

在调解或仲裁中，反索赔报告应递交给调解人或仲裁人。

6.5.5.2 反索赔报告的重点内容

反驳索赔报告，是反索赔的重点，其目的是找出索赔报告中的漏洞和薄弱环节，以全部或部分地否定索赔要求。对一索赔报告的反驳通常可以从如下几方面着手：

（1）索赔事件的真实性。事件的真实性可以从两种方面证实：一是对方索赔报告后面的证据，二是己方合同跟踪的结果。

（2）干扰事件责任分析。干扰事件和损失是存在的，但责任不在己方。通常有：①责任在于索赔者自己，由于他疏忽大意，管理不善造成损失，或在干扰事件发生后未采取得力有效的措施降低损失，或未遵守工程师的指令、通知等；②干扰事件是由其他方面引起的，不应由己方赔偿；③合同双方都有责任，则应按各自的责任分担损失。

（3）索赔理由分析。反索赔和索赔一样，要能找到对自己有利的合同条文，推卸自己的合同责任，或找到对对方不利的合同条文，使对方不能推卸或不能完全推卸自己的合同责任。这样可以从根本上否定对方的索赔要求。

（4）干扰事件的影响分析。分析索赔事件和影响之间是否存在因果关系，分析干扰事件的影响范围以及索赔方对干扰事件处理的合理性。

（5）证据分析。证据不足、证据不当或仅有片面的证据，索赔是不成立的。证据不足，即证据不足以证明干扰事件的真相、全过程，或证明事件的影响；证据不当，即证据与本索赔事件无关或关系不大，证据的法律证明效力不足；片面的证据，即索赔者仅出具对自己有利的证据。

（6）索赔值审核。如果经过上面的各种分析、评价，仍不能从根本上否定该索赔要求，则必须对索赔值进行认真、细致的审核。重点放在各数据的准确性和计算方法的合理性方面。

6.6 合同终止和后评价

6.6.1 合同终止

6.6.1.1 合同终止的含义

合同终止又称为合同的消灭，合同法中称为合同的权利义务终止，是指因某种原因而引起的合同权利义务（债权债务）客观上不复存在，当事人不再受合同关系的约束。合同的终止也就是合同效力的完全终结。

合同的权利义务终止须有法律上的原因。法律规定的合同权利义务终止的原因一旦发生，合同当事人之间的权利义务关系即在法律上当然消灭，并不需由当事人主张。根据合同法规定，有下列情形之一的，合同终止：

（1）债务已经按照约定履行（又称为（债务）清偿）。

（2）合同被解除。合同解除是指合同有效、成立后，在尚未履行或尚未履行完毕之前，因当事人一方或者双方的意思表示，而使合同的权利义务关系自始消灭或者将来消灭。合同解除可以分为约定解除、协议解除和法定解除。

（3）债务相互抵消。是指合同当事人双方互负相同种类债务时，各自以其债权充当债务的清偿，从而使其债务与对方的债务在对等数额内相互消灭。

（4）债务人依法将标的物提存。提存是指出于债权人的原因致使债务人无法向其交付标的物时，债务人得以将该标的物提交给有关机关从而消灭合同权利义务关系。目前，我国的提存机关为公证机关。

（5）债权人免除债务，简称免除，是指债权人单方向债务人为意思表示，抛弃其全部或者部分债权，从而全部或者部分消灭合同的权利义务关系。

（6）债权债务归于一人，亦称为混同。是指债权和债务同归于一人，致使合同权利义务关系终止。

（7）法律规定或者当事人约定终止的其他情形。

6.6.1.2 合同终止的效力

合同终止，因终止原因的不同而发生不同的效力。

根据《合同法》规定，除上述合同终止情形的第 2 项和第 7 项终止条件以外，在消灭因合同而产生的债权债务的同时，也产生了下列效力：

（1）消灭从权利。债权的担保及其他从属的权利，随合同终止而同时消灭；

（2）返还负债字据。负债字据又称为债权证书，是债务人负债的书面凭证。合同终止后，债权人应当将负债字据返还给债务人。如果因遗失、毁损等原因不能返还的，债权人应当向债务人出具债务消灭的字据，以证明债务的了结。

根据《合同法》规定，上述合同终止情形的第 2 项和第 7 项规定的情形合同终止的，将消灭当事人之间的合同关系及合同规定的权利义务，但并不完全消灭相互间的债务关系，对此，将适用下列条款：

（1）结算与清理。《合同法》第九十八条规定，合同的权利义务终止，不影响合同中结算与清理条款的效力；

（2）争议的解决。《合同法》第五十七条规定，合同无效、被撤销或者终止的，不影响合同中独立存在的有关解决争议方法的条款的效力。

6.6.1.3 合同终止后的义务与主要管理内容

《合同法》规定，合同的权利义务关系终止后，当事人应当遵循诚实信用原则，根据交易习惯履行通知、协助以及保密等义务。这就是合同终止后的义务，即后合同义务，又称后契约义务。

合同正常终止以前，应当验证所有的合同条件都得到满足。

对于特殊情况下合同履行过程中的终止，必须及时办理终止手续，收集终止合同给项目管理机构带来的经济损失的证据和资料，为纠纷的处理做好准备。

合同终止时，承办部门做好终止记录，收集履行合同过程中所有与合同有关的文件，做好经济往来和结算工作，办理解除合同的手续，并将资料保存。

解除合同的协议、文件，应当按照合同审查程序履行审查手续。

合同签订时按照法律规定或者约定办理了批准、登记、公证等手续的，在撤销或者解除合同时仍需办理相应的批准、登记、公证等手续。

当事人签订的解除合同的协议、文书、电报等资料应当一并与原合同装订入卷，不分散存放。

6.6.2 合同后评价

6.6.2.1 合同后评价的含义与目的

合同后评价是指合同执行完后，对合同的战略、执行过程、效果、作用和影响等进行的系统、客观的分析和总结，是合同管理工作的重要内容。

由于合同管理工作比较依赖合同管理者的知识、经验和能力，组织管理层通过抓合同的综合评价工作，合同管理人员通过对合同从前期策划（评审）直到合同终止整个过程的全面回顾分析，找出差别和问题，分析原因，总结经验，提出切实可行的改进措施和建议，形成合同管理工作总结，可以将项目个体的经验教训变成组织财富。只有不断总结经验，才能不断提高管理水平，才能通过工程不断培养出高水平的合同管理者。所以，这项工作十分重要。但现在人们还不重视这项工作，或尚未有意识、有组织地做这项工作。

合同后评价，可以达到如下目的：及时反馈信息，调整相关政策、计划，改进或完善在执行合同；增强项目管理人员的责任心，提高合同管理水平；改进未来项目合同和合同的管理，提高经济效益。

6.6.2.2　合同后评价的内容

1. 合同签订情况评价

合同签订情况评价包括：

（1）预定的合同战略和策划是否正确，是否已经顺利实现；

（2）招标文件分析和合同风险分析的准确程度；

（3）该合同环境调查，实施方案，工程估价以及报价方面的问题及经验教训；

（4）合同谈判中的问题及经验教训，以后签订同类合同的注意点；

（5）各个相关合同之间的协调问题等。

2. 合同执行情况评价

合同执行情况评价包括：

（1）本合同执行战略是否正确，是否符合实际，是否达到预想的结果；

（2）在本合同执行中出现了哪些特殊情况，应采取什么措施防止、避免或减少损失；

（3）合同风险控制的利弊得失；

（4）各个相关合同在执行中协调的问题等。

3. 合同管理工作评价

合同管理工作评价，这是对合同管理本身，如工作职能、程序、工作成果的评价，包括：

（1）合同管理工作对工程项目的总体贡献或影响；

（2）合同分析的准确程度；

（3）在投标报价和工程实施中，合同管理子系统与其他职能协调中的问题，需要改进的地方；

（4）索赔处理和纠纷处理的经验教训等。

4. 合同条款的评价

合同条款的评价包括：

（1）本合同的具体条款，特别是对本工程有重大影响的合同条款的表达和执行的利弊得失；

（2）本合同签订和执行过程中所遇到的特殊问题的分析结果；

（3）对具体的合同条款如何表达更为有利；

（4）哪些条款可以进行增补和缩减等。

以上合同后评价内容也是合同总结报告的内容。应将合同总结与项目总结工作结合起来，关注相应的经验教训，并输入合同管理改进工作信息。

由于项目的唯一性，合同的总结报告应根据实际情况编写。组织管理层应针对项目的总结报告提出要求。

6.6.2.3　合同后评价的方法

合同后评价的主要分析评价方法是前后对比法，即根据合同执行的实际情况，对照合同策划时所确定的直接目标和间接目标，以及合同条款，分析合同实施的利弊得失，分析原因，得出结论和经验教训。

以合同执行情况为例，其分析评价可以采用表6-6的框架进行：一方面评价合同依据的法律规范和程序等，另一方面要分析合同履行情况和违约责任及其原因。

表6-6   合同履行情况评价分析表

合同主要条款	实际执行结果	执行的主要差别	原因与责任

6.7   合同风险管理

早期的工程项目管理决策，更多地考虑项目的代价和计划，而对风险考虑则很少。现代工程项目管理与传统工程项目管理的不同之处，是引入了风险管理技术。项目中的各类风险反映到合同中，通过合同定义和分配，成为合同风险。因此，风险管理是合同管理的一个十分重要的内容。

风险管理在我国工程建设领域还是个薄弱环节，需要在理论研究和实践中不断探索和完善。

6.7.1   风险的概念

6.7.1.1   风险的基本含义

风险一般是指在从事某项特定活动中因不确定性而产生的经济或财务损失、自然破坏或损伤的可能性。一般认为，风险是一种可以通过分析，推算出其概率分布的不确定性事件，其结果可能是损失或收益。通常情况下，风险是针对损失而言的。

6.7.1.2   风险的基本特征

风险的特征是指风险的本质及其发生规律的表现。正确认识风险的特征，对于加强风险管理，减少风险损失，提高经济效益具有重要的意义。

（1）客观性。风险是一种普遍的客观存在，人们既不能拒绝，也不能否认它的存在。

（2）不确定性。风险是各种不确定性因素的伴随物。同时，风险事件可能发生，也可能不发生。

（3）可预测性。可以根据以往发生过的类似事件的统计资料，通过概率分析，对某种风险发生的频率及其造成损失的程度作出主观上的判断，从而对可能发生的风险进行预测和衡量。

（4）损失性。风险的后果就是会带来某种损失，一般可用经济价值来量度，并且是指非故意、非计划性和非预期的经济价值的减少。风险导致的损失有直接损失和间接损失之分。前者指实质的、直接的损失，后者则包括额外费用损失、收入损失和责任损失三种。

（5）结果双重性。风险一旦发生会带来损失，但风险背后往往隐含着巨大的赢利机会。风险利益使风险具有诱惑效应，使人们甘冒风险去获取它。但一旦风险代价太大或决策者厌恶风险时，就会对风险采取回避行动，这就是风险的约束效应。人们决策时是选择还是回避风险，就是这两种效应相互作用的结果。

6.7.1.3　风险的分类

有多种方式对风险进行分类。

（1）按类型划分，风险可以分为纯风险和投机风险两大类。

纯风险，有时称作静态风险，该风险没有潜在的收益，这类风险通常是由于事故或技术失误而导致的。

投机风险，存在亏损的可能性，但同时存在获得收益的可能性，此类风险可能来自于金融、技术以及自然环境方面。

（2）从风险的来源性质划分，可概括分为大环境风险、自然风险、商务风险和特殊风险。

大环境风险是指政治、社会、经济以及其他外界环境风险。这种风险并不是项目本身带来的，可是一旦发生，往往会带来难以估量的损失。政治、社会和经济环境是可部分控制的，且一般是由政府控制的。

自然风险指工程所在地地质、水文、气象等自然条件及项目周围环境的不安全和干扰因素给项目双方的财产造成损失的可能性。虽然自然环境是不可控制的，但我们可以识别由其所引起的风险，并可以进一步采取措施来减轻风险的影响。

商务风险指来自项目参与者双方或其他第三方造成的风险因素。

特殊风险指一些特殊因素对项目或当事人造成的损害，如爆炸、放射性污染等。这种风险一旦发生，确定其责任范围和损害程度是十分复杂的，项目当事人能否得到补偿，往往不能确定。

表6-7为一组承包商风险因素统计排序情况，从中可以看出，商务风险和大环境风险为承包商面临的主要风险。

表6-7　承包商风险因素重要性排序

按重要性排序	风险因素（国内工程）	风险类型	风险因素（海外工程）	风险类型
1	资金回收困难	商务风险	资金回收困难	商务风险
2	业主付款不及时	商务风险	业主付款不及时	商务风险
3	投标缺乏公平竞争环境	大环境风险	项目所在地利率或汇率大幅变动	大环境风险
4	地方保护主义	大环境风险	项目所在地国通货膨胀，物价变化	大环境风险
5	业主不合理垫资要求	商务风险	向有关各方索赔困难	商务风险
6	业主不合理工期要求	商务风险	政府部门效率低、审批不及时	大环境风险
7	向有关各方索赔困难	商务风险	分包商技术力量差	商务风险
8	业主不合理的干预	商务风险	投标缺乏公平竞争环境	大环境风险
9	分包商管理能力差	商务风险	分包商管理能力差	商务风险
10	政府部门效率低、审批不及时	大环境风险	投标前所获信息不完备、不准确	商务风险
11	政府对工程不合理干预	大环境风险	监理故意刁难承包商	商务风险
12	分包商技术力量差	商务风险	项目所在地社会不安定	大环境风险
13	缺乏合理、公正的仲裁手段	大环境风险	分包商违约引起争议	商务风险
14	相关保险理赔困难	大环境风险	供货商供货突然延期	商务风险
15	供货质量存在问题	商务风险	承包商投标时报价或工期预测失误	商务风险

（3）从风险的危害程度划分，风险可以分为极端严重的风险、严重危害风险和一般危害风险。

应当指出，风险的危害程度是可以转化的，由于当事人的疏忽大意或措施不力，一般危害的风险也有可能转化为严重危害风险。

（4）从认识风险的难度划分，可概括分为现实风险（业已显现的风险），潜在风险（有发生的潜在因素存在）和假想风险（多数是在惧怕或多疑心理状态下形成的概念）。

（5）从风险可控制程度划分，一般分为可控制风险和不可控制风险。

（6）按照风险管理层次关系与技术影响因素可分为：总体风险和具体风险。

6.7.2 对合同风险的认识

6.7.2.1 合同与风险

合同的目的就是为了确立各方的权利、义务与职责，并在各方之间分配风险。

合同风险是建设工程合同中的不确定因素，它是工程风险、当事人资信风险、外界环境风险的集中反映和体现。

工程建设标准合同通过明示和隐含条款在合同各方之间进行了风险分配。但是，不同合同其风险分配差别很大。建筑业目前使用的标准合同包括了工程建设中的绝大多数风险。图6-3 简要表明了在目前建筑业中使用的各种合同中各方承担风险的情况。

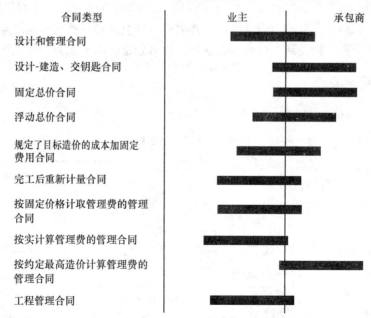

图6-3 各类合同的风险承担情况

6.7.2.2 合同风险分配的原则

对合同双方来说，如何对待风险是个战略问题。从总体上说，在合同中决定风险的分担，业主起主导作用。但业主不能随心所欲。国际工程专家告诫：业主应公平合理地善待承包者，公平合理地分担风险责任。合同中的苛刻的、不平衡条款往往是一把"双刃剑"，不

263

仅伤害承包者，而且会伤害业主自己。

风险分配应遵循以下基本原则：

（1）工程参与各方的责、权、利平等、互利与均衡；

（2）责、权、利的分配应与建设目标和特点相匹配；

（3）从项目整体效益出发，制定的责、权、利应最大限度地调动建设参与各方的积极性；

（4）业主承担风险管理的监管与决策责任。不同工程建设阶段中，工程建设执行方负责风险管理的实施，对工程建设期的风险承担合同规定的相应责任；

（5）合同责、权、利的分配符合惯例，即符合通常的处理方法。

风险分配首先与合同类型有关。固定总价合同和成本加酬金合同是两个极端的情况，而其他类型的合同都将风险在双方之间进行分配。

一般认为，最合理和节约项目成本的合同，应该是根据项目具体情况，将每一风险分摊给最有条件管理和设法将风险减少到最低程度的一方。

按照惯例，承包者承担对招标文件理解和环境调查的风险，报价的完备性和正确性风险，技术方案的安全性、正确性、完备性、效率的风险，材料和设备采购风险，自己的分包商、供应商、雇用工作人员的风险，进度和质量风险等。

业主承担招标文件及所提供资料的正确性风险，工程量变动、合同缺陷（设计错误、图纸修改、合同条款矛盾、二义性等）风险；国家法律变更风险，一个有经验的承包者不能预测的情况的风险，不可抗力因素作用，业主雇用的监理和其他承包商风险等。

物价风险的分担比较灵活，可由一方承担，也可划定范围由双方共同承担。

6.7.3 风险管理要点

6.7.3.1 风险管理的概念

按照《项目风险管理——应用指南》（GB/T 20032—2005/IEC62198：2001）的定义，风险管理是与建立总体框架、识别、分析、评价、处理、监视以及沟通风险有关的管理方针、程序和惯例的系统应用。

项目风险管理的过程是：建立总体框架（包括确认项目目标和确定风险标准）、风险识别、风险评定（包括风险分析与评价）、风险处理、评审与监视、沟通（包括咨询）、项目总结（风险后评审）。

项目风险管理过程的概念关系如图6-4所示。

6.7.3.2 工程风险管理流程

工程风险管理指工程参与各方

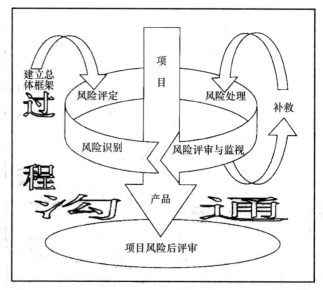

图6-4 项目风险管理概念

264

通过风险界定、风险辨识、风险估计、风险评价和风险决策，优化组合各种风险管理技术，对工程实施有效风险控制和妥善的跟踪处理的全过程。

工程风险管理内容根据不同建设阶段分步实施，具体风险管理流程包括：风险界定、风险辨识、风险估计、风险评价和风险控制，具体如图6-5所示。

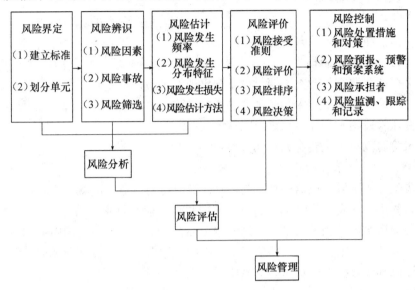

图 6-5　工程风险管理流程

6.7.3.3　合同风险管理的任务

任何有关风险的决策均会受到决策的个人或组织态度的影响，这称为风险态度。简单地说，个人或组织对风险有三种态度：喜好、厌恶或中立。

风险贯穿在项目实施的全过程之中，通过风险管理，有的风险可以减少或不造成损失，而在项目实施过程中又可能出现新的风险，因而风险管理应该贯穿在项目实施的全过程。合同风险管理的主要任务有：

（1）在招投标过程中和合同签订前对风险作全面分析和预测；

（2）对风险进行有效预防。在投标文件中，施工单位的风险管理方案和措施应符合招标文件的要求；

（3）在合同实施中对可能发生，或已经发生的风险进行有效的控制。

6.7.3.4　业主的风险防范

由于合同中的风险是由业主和承包者分担的，鉴于各自的地位不同，所采取的具体措施、方法也各异。业主风险防范对策主要有如下几点：

（1）认真编制好招标文件和相应的合同文件。合同中应明确划分出签订合同时可能预见到的事件的责任范围和处理方法，以减少执行合同过程中的争议与纠纷；

（2）认真对投标人进行资格预审；

（3）做好评标、定标工作。在评标时应特别注意对报价的综合评审，不要一味追求低报价；

（4）聘请信誉良好的（监理）工程师；

（5）高度重视开工前及工程实施过程中的协调管理，及时处理项目的重大问题，**避免**

265

使有关风险由小变大，尽量将工程中的风险事件减小到最低限度；

（6）利用经济、法律等手段约束承包者的履约行为。如投标保函、履约保函、预付款保函、维修保函、违约误期罚款、工程保险单等。

6.7.3.5　承包商的风险防范

在工程实践中，由于业主常处于主导地位，承包商是在激烈的竞争中夺标，合同风险主要集中在承包商方面。因此承包商应在投标、合同谈判、签约到项目执行过程中认真研究并采取减轻、转移风险和控制损失的有效方法。在投标报价阶段，承包商应深入研究招标文件，对现场进行认真调查与勘查，探讨可能会出现的风险，特别是潜在风险因素，用定量方法分析本单位对风险的承受能力和应采取的相应措施，来决定工程报价时各项风险系数的高低，以便研究风险费用和其他费用。

承包商风险防范对策主要有如下几方面：

1. 大环境风险的防范

大环境风险一般不以承包商的意志为转移，有时也不以业主的意志为转移。因此承包商必须在任何时候都要认真了解情况，加强信息搜集和调研，掌握各种信息，及时分析政治、经济形势、市场情况及其相关政策，并采取避免或补救措施，如在合同中强调不可抗力条款和不可预见事件的补救措施，增列保值条款，参加汇率保险，增设合同风险条款，减少自身固定资产投资或其他分散、转移风险的措施。

2. 自然风险的防范

自然风险不以人的主观意志为转移，承包商无力阻止自然风险的发生，也无法预见其何时发生，只能通过一些经济补偿措施弥补损失。针对自然风险制定的防范措施主要体现在对不可抗力条款的解释，就是说将可能发生的自然风险因素明确规定为不可抗力事件，并写明一旦发生这类事件时的解决办法。另外，在投标报价时亦应充分考虑自然制约因素。

避免自然风险造成损失的另一项措施就是投保。这种做法的根本目的就是将风险转移给保险公司。投保时要认真考虑和挑选保险人，还要全面比较保险费率、赔偿条款等有关因素。

3. 商务风险的防范

鉴于商务风险主要来自业主及其所处的环境，即与业主密切相关的主客观因素，因此商务风险的防范主要是针对业主。比如：做好对业主的资信调查、同监理处理好关系、合同中写明仲裁条款、利用各种可能突破保护主义的封锁、严格制订合同条款、堵住各种支付漏洞等。

同时合理地索赔，可以取得补偿、弥补损失。

4. 其他风险的防范

在工程承包过程中还可能碰上其他风险，尤其是因承包商自己的疏忽、失误导致的风险，例如投标时没有透彻理解标书、对承包工程的适用法规没有认真研究、在提交保函时措辞不严谨、为开拓市场或竞标需要而投低标等。这些因承包商自己方面的失误而招致的风险常常引起非常严重的后果。因此，风险防范措施不能仅以对方或外界因素为目标，对自己这一方的工作、判断、决策也应留有充分的余地。

总之，工程建设承包的风险是不可避免的，准确地预测风险和周密地防范措施是不可缺少的。只要充分发挥人的主观能动性，充分利用客观因素，就有可能走在风险前面，最大限度地减少损失。

266

第7章　国际招标投标概要

国际招标投标，是指在我国境内的工程、货物或服务面向国际，以招标方式进行采购的模式。"国际竞争性招标"是国际招标的最高形态。国际招标面向全球所有的潜在投标人，其招标规则不仅要符合国内法，而且要遵循国际组织的招标规定，国际招标投标受到的影响因素更多或更为复杂。

7.1　国际组织的招标规则

在国际招标中最典型、最有影响的规则，是联合国国际贸易法委员会（UNCITRAL）制定的《货物、工程和服务采购示范法》（以下简称《示范法》）、世界贸易组织（WTO）的《政府采购协议》和世界银行（WB）颁布的《国际复兴开发银行贷款和国际开发协会贷款指南》，它们已经成为国际项目采购的标准和规范。

7.1.1　《货物、工程和服务采购示范法》

《示范法》是联合国国际贸易法委员会于 1994 年在第 27 届年会上通过的，专门适用于货物、工程和服务的采购，用以指导各国，特别是发展中国家的招标采购立法。

7.1.1.1　《示范法》的目标

获取最大限度的竞争，使参与政府工程投标的供应商和承包商获得公平待遇，以及提高透明度和客观性，这些目标对于促进采购过程、成本的节约和效率，对于杜绝滥用职权，都是至关重要的。当《示范法》所规定的办法被纳入本国立法之后，颁布国就能创造必要的环境，使公众相信，政府采购部门能在花费公款上表现出廉洁和负责的态度，使那些公款得到合理的利用，还可创造一种环境，使各参与方有信心得到公平对待。

7.1.1.2　《示范法》的采购方法

《示范法》仅规定了采购实体（本国从事采购的任何政府部门、机构、机关或其他单位以及下属机构）如何选择供应商或承包商并与之订立采购合同的程序，而没有涉及合同的执行部分。考虑到货物和工程采购与服务采购之间的差异，《示范法》为服务采购专门提出了一套采购程序。

《示范法》提出了多种采购方法，采购实体可以根据实际情况有选择地使用。《示范法》规定，凡货物或工程采购一般情况下均应使用招标方法，只有在特定条件下才可使用限制性招标、两阶段招标、邀请报价、邀请建议书、竞争性谈判、单一来源采购方式。服务采购应采用征求建议书等方式进行，除非采购实体认为可以拟定详细的技术规格，而且考虑到拟采购项目的性质，可采用两阶段招标、邀请建议书、竞争性谈判等方式。招标方法被人们普遍认为是能最有效地促进竞争、节约费用和实现高效率以及其他目标的。

《示范法》规定的招标程序与我国《招标投标法》相近。

7.1.1.3　审查

为保证妥善执行采购规则，《示范法》赋予供货商或承包商要求审查采购实体违反规则行为的权利，使采购规则具有相当程度的自我监督和自我实施的功能。《示范法》规定，如果由于采购实体违反该法规定的责任而使供货商或承包商受到或可能受到损害，其有权要求进行审查。

审查的方式包括：采购实体审查（或审批机关审查）、行政审查、司法审查。

7.1.2　《政府采购协议》

《政府采购协议》（GPA）是世界贸易组织框架下的一项诸边协议（不是加入 WTO 时必须签署的协议），由世界贸易组织成员自愿加入，只对签署方具有约束力。2006 年 12 月，世界贸易组织政府采购委员会暂行通过了 1994 年版《政府采购协定》的全面修订文本（以下简称 2007 年版 GPA），这是 GPA 诞生 20 多年来第三次重大修改。

7.1.2.1　《政府采购协议》的总体框架

2007 年版的 GPA 是由正文和附录两部分组成的。

正文主要对目标、适用范围、发展中国家、原则、采购程序、技术规格、信息的公开与透明、质疑和审查程序、争端解决程序等方面的内容作了详细描述和规定。其构成是：序言；目录；第一条，定义；第二条，范围和领域；第三条，本协定的例外；第四条，发展中国家；第五条，总则；第六条，采购信息；第七条，通告；第八条，参与条件；第九条，供应商资格；第十条，技术规格和招标文件；第十一条，招标期限；第十二条，谈判；第十三条，限制性招标；第十四条，电子拍卖；第十五条，投标处理与合同授予；第十六条，采购信息透明度；第十七条，信息披露；第十八条，质疑审查程序；第十九条，适用范围的修改和纠正；第二十条，磋商和争端解决；第二十一条，机构；第二十二条，最后条款。

2007 年版的 GPA 除正文之外，还有更多的内容是说明各缔约方在加入《政府采购协议》时的承诺与义务，这就是《政府采购协议》附录。共有 4 个附录，它们与正文共同构成一个整体。附录主要包含以下内容：附录一，缔约方承诺各自受 GPA 约束的政府采购范围，包括采购实体清单和起点金额。该附录由六个附件组成，附件 1 是协议涵盖的中央政府采购实体；附件 2 是协议涵盖的次中央政府采购实体；附件 3 是协议涵盖的其他政府采购实体；附件 4 是协议涵盖的服务；附件 5 是协议涵盖的工程服务；附件 6 是适用于该缔约方附件的总注释。附录二，缔约方以电子或书面形式公布政府采购制度的信息。附录三，缔约方以电子或书面形式公布招标信息、供应商常用清单和合同授予信息。附录四，缔约方公布的网址或地址。

7.1.2.2　目标、适用范围和定义

GPA 的基本目标主要包括两方面：一是通过建立一个有效的关于政府采购的法律、规则、程序和措施的多边框架，实现世界贸易的扩大和更大程度的自由化，改善并协调世界贸易的运行环境；二是通过政府采购竞争范围的扩大，加强透明度和客观性，促进政府采购程序的经济性和高效率。

2007 年版的 GPA 明确协议涵盖的采购是指因政府目的的采购，不包括出于商业转售目的的采购货物或服务。

此外，2007 年版的 GPA 中列出了具体的定义，对政府采购中一系列常用专门术语进行了标准化解释，有利于解决认识模糊和解释不统一的问题。

7.1.2.3 采购方式、招标规则与程序

2007 年版的 GPA 所采用的采购方式统一规范为公开招标、选择性招标、有限性招标和电子拍卖四种。

2007 年版的 GPA 对招标规则和相关程序作了调整。修订的采购程序是按照通告、供应商资格、技术规格及招标文件、评标和合同授予、国内审议程序依次排列的。2007 年版的 GPA 对公开招标、选择性招标和限制性招标这些方式及其使用条件作了更清楚的描述。在招标过程特定问题的处理上，也作了调整和修改。主要体现在对公告、参与条件和供应商资格、常用清单、技术规格、招标文件、期限、谈判、国内审查程序和磋商与争端解决等条款某些问题的调整上。

7.1.2.4 采购电子化

2007 年版的 GPA 充分考虑了电子采购工具普遍和日益增长的应用，在序言中明确指出协议涵盖的采购中使用和鼓励使用电子化手段的重要性。

2007 年版的 GPA 列举了可以使用电子化手段的情况：①发布采购制度的普遍信息；②发布意向采购公告；③发布计划采购公告；④发布常用清单；⑤获得招标文件；⑥接标；⑦电子竞标；⑧发布授予合同的结果；⑨协议覆盖合同的必要统计信息报告。

7.1.2.5 环境保护

2007 年版的 GPA 中明确环境保护将成为政府采购中考虑的因素。在关于发展中国家的条款中，新增了缔约方应对发展中国家的环境给予特别的考虑。在授予合同的评估标准中也提及了关于环境特征的考虑。同时在技术规格条款中，新增了有关环境的条款，即为了更大的确定性，缔约方包括其采购机构可以拟定、采用或运用技术规格以保护环境或者自然资源。

7.1.2.6 执行采购

2007 年版的 GPA 关于执行采购的新条款体现了 GPA 对于政府采购管理和发展的重视。比如，序言中新增了认识到政府采购制度的健全性和可预期性对于公共资源管理、各缔约方的经济运行以及多边贸易体系的功能是不可缺少的。同时认识到政府采购透明度措施和以公正、透明的方式实施采购的重要性，避免利益冲突和腐败行为的重要性，遵守适用的国际文书，如联合国反腐败公约。

7.1.3 国际复兴开发银行贷款和国际开发协会信贷采购指南

世界银行为保证贷出的款项只能用于提供贷款所规定的目的，并充分考虑经济性，制订了《国际复兴开发银行贷款和国际开发协会信贷采购指南》（本节以下简称《指南》）。该《指南》也是世界银行制订的，除咨询服务以外，其他各类招标采购范本所依据的基础性文件。

7.1.3.1 《指南》的目的和原则

《指南》的主要目的是使项目实施人员了解和利用世界银行贷款安排的有关货物和工程

采购所遵循的政策和规则。《指南》不适用于咨询服务采购。采购的范围，适用于全部或部分由世界银行贷款资助的货物和工程合同，包括 BOT 合同和其他特许合同，对于不是由世界银行贷款资助的货物和工程的采购，借款人可以采用其他采购程序。

《指南》指出采购程序因项目而异，但总体应遵守如下四条原则：

（1）在项目实施，包括有关的货物和工程采购中必须注意节约和效率；

（2）世界银行愿为所有合格的投标者提供竞争合同的机会；

（3）世界银行愿意促进借款国国内承包业和制造业的发展；

（4）采购过程要有高度的透明度。

强调采购过程中透明度的重要性是世界银行在最近的版本中特别增加的一条原则。透明度原则不仅可以保证采购程序的公开、公正和公平，促进采购的各项政策目标的实现，而且对于防止采购中出现腐败有极其重要的作用。

7.1.3.2　投标资格

世界银行贷款资金只能用于支付由会员国国民提供的，在会员国生产的，或由会员国提供的货物和工程的费用。因此，会员国以外的其他国家的投标者无资格参与由世界银行提供全部或部分贷款的项目招标。

7.1.3.3　采购公告

《指南》规定凡是项目中以国际竞争性方式采购的货物和工程，贷款人必须准备并提交世界银行一份总采购公告。世界银行将免费在联合国出版的《发展商务报》上刊登。

除了总采购通告外，借款人应将具体合同的投标机会及时通知各方，及时刊登具体合同的招标公告，即投标邀请书。与总采购通告不同的是，这类具体合同招标公告虽不要求，但鼓励刊登在《发展商务报》上，至少应刊登在借款人国内广泛发行的一种报纸上。大型的、专业性强的或重要的合同，世界银行也可要求借款人把招标广告刊登在国际上发行很广的著名技术性杂志、报纸或贸易刊物上。

从发出广告到投标人作出反应之间应有充分的时间，以便投标人进行准备。从刊登招标广告或发售招标文件算起，给予投标人准备投标的时间应不得少于 45 天，工程项目通常为60～90 天；大型工程或复杂的设备，投标准备时间应不少于 90 天，特殊情况可长达180 天。

7.1.3.4　国际竞争性招标

《指南》根据不同地区和国家的情况，规定凡采购金额在一定限额以上的货物和工程合同，都必须采用国际竞争性招标。对于一般的借款国而言，10～25 万美元以上的货物采购合同、大中型的工程采购项目，都应使用国际竞争性方式。在下述情况下可采取两步法招标程序，即规定在无法事先确定技术规格的特殊情况下可以采用，这个特殊情况是指交钥匙的合同或大型复杂的工厂或特殊性质的土建工程。

在国际竞争性招标中，投标书的准备时间应不少于招标通告刊登之日，或招标文件发布之日起 6 周时间，如果是大型工程或复杂设备，则不少于 12 周。

开标时间应与招标通告中规定的投标截止日期相一致。借款人应在规定的时间和地点公开开标，投标者或其代表可出席。

根据贷款达成的协议和招标文件的规定，评标时可对国内制造商给予一定幅度的优惠，对于人均国民生产总值低于规定限额的会员国的土建工程，给予国内承包商一定幅度的优惠（如报价15%优惠）。

借款人应在原投标有效期内完成评标和授标，如有特殊情况必须延期的，应在投标有效期到期之前，以书面形式要求投标者延长其投标有效期。

7.1.3.5 世界银行对采购决定的审查

借款人的采购程序、采购文件、评标和授标以及合同，都要经世界银行审查，以确保采购过程按照贷款协议的程序进行。由世界银行贷款支付的不同类别的货物和工程的审查程序在贷款协议中有明确规定。

在《指南》附录中，详细规定了银行审查的程序，包括事先审查和事后审查。银行有权根据审查结果，要求借款人对采购活动中的任何决定说明理由和接受银行的建议。

7.2 世界银行标准招标文件

7.2.1 《工程项目采购标准招标文件》的基本框架

世界银行工程采购标准招标文件（Standard Bidding Document：Procurement of Works）是1995年1月正式颁布的，2000年5月重新修订，适用于金额大于1000万美元、以单价计算的工程合同的国际竞争性招标采购（不适用于总价合同采购），该文件的结构包括四大部分内容，具体如表7-1所示。

表7-1 世界银行《工程项目采购标准招标文件》的基本框架和内容

第Ⅰ部分	1. 投标邀请书	
	2. 投标人须知	A 总则
		B 招标文件
		C 投标书的准备
		D 投标文件的递交
		E 开标与评标
		F 授予合同
	3. 招标资料表	
	4. 合同条件第一部分——合同通用条件	
	5. 合同条件第二部分——合同专用条件	
第Ⅱ部分	6. 技术规范	
第Ⅲ部分	7. 投标书、投标书附录和投标保函格式	
	8. 工程量表	
	9. 协议书格式、履约保函格式及预付款保函格式	
	10. 世界银行资助的采购中提供货物、土建和服务的合格性	
第Ⅳ部分	11. 图纸	

该招标文件规定，未经世界银行的预先同意，应采用资格预审方式进行招标采购。文件

中的"投标者须知"和"通用合同条件"对任何同类工程都是不变的，如要修改，可放在"招标资料"和"专用合同条款"中。对超过 5000 万美元的合同（包括不可预见费用），需强制采用三人争端审议委员会（Dispute Review Board，DRB）方法；不足 5000 万美元的项目的争端处理办法由业主自行选择，可选择三人 DRB、一位争端审议专家（Dispute Review Expert，DRE）或提交工程师作决定，但工程师必须独立于业主之外。

7.2.2 投标邀请书与投标人须知

投标邀请书包括的内容与国内范本要求基本一致。

投标人须知共包括总则、招标文件、投标书的准备、投标文件的递交、开标与评标、授予合同 6 部分 39 条内容，包括了招标的一般情况、招标的程序性规定和招标内容的一些实质性规定。招标文件中这一部分内容和文字不准改动，如需改动可在"招标资料表"中改动。

7.2.2.1 总则

总则部分包括：招标范围，资金来源，合格的投标人（条件），合格的材料、工程设备、供货、设备和服务，投标人的资格，一个投标人投一个标，投标费用，现场考察 8 条要求。

合格的投标人应满足以下 4 个条件：①投标人必须来自 IBRD 采购指南规定的合格成员国；②投标人不得与为本工程业主提供咨询服务的公司或实体有任何联营、合作关系；③投标人必须通过业主方的资格预审；④如被世界银行公布有过腐败和欺诈行为的公司，不允许参加投标。对借款国的公有企业，除满足上述 4 条要求外，还必须在财务上和法律上是自主的，并且不是借款人或转借人隶属的机构，才有资格参加投标。

7.2.2.2 招标文件

招标文件部分包括：招标文件的内容，招标文件的澄清，招标文件的修改 3 条内容，与国内招标文件范本要求基本一致。

7.2.2.3 投标书的准备

投标书的准备部分包括：投标的语言、组成投标书的文件、投标报价、投标和支付的货币、投标有效性、投标保证、投标人的备选方案建议、标前会议、投标文件的格式和签署 9 条内容。

投标人对一个以上的分标"合同段"投标时，应将这些投标书组成一个包，可以提出如果全部中标时的价格折扣额（也可以不提），这样即可按打折的价格参与评标。若中标，以折扣价格签订合同。

按照招标文件规定，在某一日期（如投标截止日期以前 28 天）前，承包商按当地有关税收规定应交纳的全部关税、税收等均应包括在投标报价中。

关于项目实施过程中的价格调整，投标人应在投标时填写好价格指数和权重系数等。

投标有效期，按照国际惯例，一般为 90～120 天，通常不应超过 180 天。如果是世界银行贷款项目，还需考虑报送世界银行审批时间等。

如果业主要求延长投标有效期，应在有效期终止前征求所有投标人意见并通知世界银行，投标人有权同意或拒绝延长投标有效期，业主不能因此而没收其投标保证金。

对于不调价合同，如果投标有效期延长超过 8 周，则应按招标资料表或延长函的规定，对当地货币和外币进行调价。但评标仍以投标价为依据。

投标保证的有效期为投标有效期（或加上延长期）后的 28 天。投标保证的金额通常为投标总额的 1% ～3%。一般超过 1 亿美元的工程可选 1% 左右，小型合同可选 3% 左右。为避免投标人探听对手的投标保证金额，从中估计其投标报价，业主最好规定一个固定金额作为所有投标人的投标保证金额。

投标人首先应当对业主招标文件中的设计递交投标报价，然后再提备选方案的建议。

投标文件的正本、副本的每一页均应由投标人正式授权的全权代表签署确认。授权证书应在投标时一并递交业主。如果对错误进行修改，同样要原签署人进行小签（用缩写字签署）。

另外，世界银行工程项目采购标准招标文件的投标附录是有别于国内文本的一个内容。

投标书附录是一个十分重要的合同文件，业主对承包商的许多要求和规定都列在附录中，还有一部分内容要求承包商填写，投标书附录中的要求、规定和填入的内容，一经合同双方签字后即在整个合同实施期中有约束力。

投标书附录包括两部分，第一部分为业主填写有关要求和规定的部分；第二部分是业主在招标文件中给出表格，要求投标人在投标时填写的部分。

7.2.2.4 投标文件的递交

投标文件的递交包括投标文件的密封和印记，投标截止日期，迟到的投标文件，投标文件的修改、替代和撤销 5 条内容。

投标人在投标文件截止日期以前，可以通过书面形式向业主提出修改或撤销已提交的投标文件。要求修改投标文件的信函应该按照递交投标文件的有关规定编制、密封、标记和发送。撤销通知书可以通过电传或电报发送，然后再及时向业主提交一份具有投标人签字确认的证明信，业主方收到日期不得晚于投标截止日期。在投标截止日到投标有效期终止日期间，投标人不得撤销或修改投标书，否则，业主有权没收其投标保证金。

7.2.2.5 开标与评标

开标与评标包括开标，过程保密，投标文件的澄清及同业主的接触，投标书的检查和符合性的确定，错误的修正，折算成一种货币，投标文件的评审和比较，本国投标人的优惠 8 条内容。

开标时，对注明"修改"和"替代"的投标书将首先开封并宣布投标人名称。标明"撤回"的投标书将不被开封。

在必要时，业主有权个别邀请投标人澄清其投标文件，包括单价分析，但澄清时不得修改投标文件及价格。对要求澄清的问题及其答复均应采用书面公函或电报、电传形式。

在评审和比较时，业主将参照以下各点对投标价格进行调整，以确定每一份投标书的评标价格：①按投标人须知第 29 条，修改报价计算中的错误；②扣除暂定金额和不可预见费（如有时），但应包括具有竞争性标价的计日工；③将①、②的金额换算为单一货币；④对任何其他可量化、可接受的更改、偏离或备选方案的报价，当具有满意的技术或财务效果时，可进行适当的调整；⑤对投标人报的不同工期进行工期折价（具体方法应在"招标资料表"中说明）；⑥如果投标人投了一个以上的标段时，则应将他投标时许诺的折扣计入评标价。

业主保留接受或拒绝任何变更、偏离和备选方案报价的权利。

评标时不考虑价格调整条款的预期影响。

如果评标时发现最低标价的投标书中出现严重的不平衡报价和前重后轻法，业主可要求投标人对工程量表的任何或所有项目提供详细的价格分析。经分析后，业主有权要求投标人自费提高履约保证的数额，以保护业主的利益。

评标时，将投标人分为享受优惠与不享受优惠分类，在不享受优惠的投标人的投标报价上加上 7.5%，再统一排队、比较。备选方案的报价均按规定单独评审，同时也按规定决定是否享受国内优惠。

7.2.2.6　授予合同

授予合同内容包括：授予合同，业主有权接受任何投标和拒绝任何或所有投标，授予合同的通知，签订协议，履约保证，争端审查委员会（DRB），腐败或欺诈行为 7 条内容。

业主将把合同授予投标文件完整且实质上响应招标文件要求，经评审认为有足够能力和资产来完成合同，满足前述各项要求而投标报价最低的投标人。

业主在签订合同前，有权接受或拒绝任何投标，宣布投标程序无效或拒绝所有投标。对因此而受到影响的投标人不负任何责任，也没有义务向投标人说明原因。

业主向中标人寄发中标函的同时，也应寄去招标文件中所提供的合同协议书格式。中标人应在收到上述文件后，在规定时间（如 28 天）内派出全权代表与业主签署合同协议书，并提交履约保证。

如世界银行认定被推荐的投标人介入了腐败或欺诈行为，则将拒绝授予合同。

7.2.3　招标资料表、合同条件与技术规范

7.2.3.1　招标资料表

招标资料表是由业主方在发售招标文件之前，对应"投标人须知"中有关各条进行编写的、为投标人提供的具体资料、数据、要求和规定。

"投标人须知"的文字和规定是不允许修改的，业主方只能在招标资料表中对之进行补充和修改。招标资料表中的内容与"投标人须知"不一致时，以招标资料表为准。

7.2.3.2　合同条件

合同条件一般分为两大部分，即"通用合同条件"和"专用合同条件"。前者不分具体工程项目，不论项目所在国别均可使用，具有国际普遍适应性；而后者则是针对某一特定工程项目合同的有关具体规定，是对通用合同条件具体化，对通用合同条件进行某些修改和补充。

世界银行工程采购标准招标文件中全文采用 FIDIC "红皮书"的通用合同条件，不允许作任何修改。需修改处应全部放在合同专用条件中。

7.2.3.3　技术规范

技术规范也叫技术规程，简称规范。每一类工程（如房屋建筑、公路、水利、港口、

274

铁道等）都有专门的技术要求，而每一个项目又有其特定的技术规定。业主及其咨询工程师在拟定规范时，既要满足设计和施工要求，保证工程质量，又不能过于苛刻。

编写规范时，一般可引用本国有关各部门正式颁布的规范。国际工程也可引用国际上权威性的外国规范，但一定要结合本工程项目的具体环境和要求选用，同时往往还要由咨询工程师再编制一部分具体适用于本工程的技术要求和规定。

规范可分为总体规定和技术规范两部分。

总体规定通常包括工程范围及说明，水文气象条件，工地内外交通，承包商提供的材料质量要求，技术标准，工地内供水、排水，临建工程，安全，测量工作，环境卫生，仓库及车间等。

工程技术规范大体上相当于我国的施工技术规范的内容，由咨询工程师参照国家的规范和国际上通用规范，并结合每一个具体工程项目的自然地理条件和使用要求来拟订，因而也可以说它体现了设计意图和施工要求，更加具体化，针对性更强。

计量与支付条件也是技术规范中非常重要的内容。在规范中对计量要求作出明确的规定，可以避免和减少在实施阶段计算工程量与支付的争议。

在投标人须知中提到投标人可提出备选的技术建议。为便于业主进行全面评价，这些技术建议均应包含详细的技术资料，如图纸、计算书、规范、价格分析以及施工方案等。

7.3 国际工程合同条件及其发展

自 20 世纪 40 年代以来，随着国际工程承包事业的蓬勃发展，在实践中一些内容完备、程序严谨、能为承发包双方认可的合同条件逐步形成了国际工程施工承包的标准合同条件。许多国家在土木工程的招标承包业务中，参考国际性的合同条件标准格式，并结合自己的具体情况，制定出了本国的标准合同条件。

7.3.1 常见国际工程合同条件简介

目前，国际上常用的施工合同条件有近十种，其中，以国际咨询工程师联合会（FIDIC）编制的《土木工程施工合同条件》、英国土木工程师学会的《ICE 土木工程施工合同条件》和美国建筑师学会的《AIA 合同条件》最为流行。

7.3.1.1 FIDIC 合同条件

FIDIC 合同条件是 FIDIC 规范性文件中的一类。FIDIC 合同条件在国际上具有通用性。

为了适应国际工程业和国际经济的不断发展，FIDIC 对其合同条件不断进行修改和调整，以令其更能反映国际工程实践，更具有代表性和普遍意义，更加严谨、完善，更具权威性和可操作性。尤其是近十几年，修改调整的频率明显增大。如被誉为"土木工程合同的圣经"的"红皮书"，第一版制定于 1957 年，随后于 1963 年、1977 年、1987 年分别出版了第二、第三、第四版。1988 年、1992 年又两次对第四版进行了修改，1996 年又作了增补。1999 年，FIDIC 在原合同条件基础上又出版了新的合同条件文本。

FIDIC 已出版的合同条件文本有：

（1）《土木工程施工合同条件》（1987 年第 4 版，1992 年修订版）（红皮书）。

（2）《电气与机械工程合同条件》（1988 年第 3 版）（黄皮书）。

（3）《土木工程施工分包合同条件》（1994 年第 1 版）。

（4）《业主/咨询工程师标准服务协议书》（1990 年版）（白皮书）。

（5）《设计-建造与交钥匙工程合同条件》（1995 年版）（桔皮书）。

（6）《施工合同条件》（1999 年第 1 版）（新红皮书）。

（7）《生产设备和设计-施工合同条件》（1999 年第 1 版）（新黄皮书）。

（8）《EPC 交钥匙项目合同条件》（1999 年第 1 版）（银皮书）。

（9）《简明合同格式》（1999 年第 1 版）（绿皮书）。

一般情况下，在国际工程项目的招标文件中，可直接将 FIDIC 的合同通用条件放入招标文件中，不需再从头去编合同通用条件。

7.3.1.2 英国的合同条件

在土木工程建设领域，在英国和英联邦国家主要采用：ICE 合同条件、JCT 合同条件和NEC 合同条件。

ICE 是英国土木工程师学会的英文名称简称。该学会是一个在土木工程建设合同方面具有高度权威的组织，由该学会编制的《工程施工合同条件》等已修订出版多次，故称为 ICE合同条件。FIDIC 合同条件最初源于 ICE 合同条件。制订 ICE 合同条件者，除了英国土木工程师学会外，还有土木工程承包商联合会和英国咨询工程师协会。ICE 文本历史悠久，特别适用于大型的复杂的工程。

JCT 合同条件是英国合同联合仲裁委员会和英国建筑业行业的一些组织联合出版的系列标准合同文本。它主要用于英联邦国家的私人和一些地方政府的房屋建筑工程中使用。JCT合同系列有很多文本，其中最重要的文件是标准建筑合同，最新的版本是 1998 年版。在JCT 标准文本中，建筑师负责工程设计、工程量的确定和对整个合同的管理与协调。

NEC 合同（即新工程合同），是英国土木工程师学会颁布的，是吸收 ICE 及 JCT 等诸多合同条件的优点制定的施工合同条件，1995 年 11 月出版了第二版。NEC 合同也是系列合同，主要包括《工程施工合同》（ECC）、《工程设计和施工分包合同》（ECS）、《专业服务合同》（PSC）和《工程简要合同》（ECSC）。

7.3.1.3 美国的合同条件

在美国制定和颁布有关工程承包合同法规或合同条件格式的，主要有以下几个组织机构：美国建筑师学会（AIA），美国承包商总会（AGCA），美国工程师联合合同委员会（EJCDC），美国仲裁协会（AAA）等。

美国建筑师学会在美国建筑业界及国际工程承包界具有很高的权威与信誉，AIA 的成员总数达 56000 名，遍布美国及全世界。AIA 有关设计、咨询与施工的合同条件及协议格式，在美国和美国势力影响的地区采用很广，影响很大。由 AIA 制订的合同文件一直在随着工程实践的进展而修订，不断丰富与完善，现在已有 30 多种合同文件和格式。AIA 的合同文件共有 5 个系列，其中：A 系列是用于业主与承包商的标准合同文件，不仅包括合同条件，还包括承包商资料申报表、保证标准格式等；B 系列是用于业主与建筑师之间的标准文件，其中包括专门用于建筑设计、室内装修工程等特定情况的标准文件；C 系列是用于建筑师与专业咨询机构之间的标准文件；D 系列是建筑师行业内部使用的文件；G 系列是建筑企业及项目管理中使用的文件。特别是《施工合同通用条件》，经美国承包商总会的承认和签署，在法律上具有约束力。

美国承包商总会标准合同由其合同文件委员会开发并不断修订，有适应各种工程管理方式的标准合同文本。

EJCDC 制定的《施工合同标准通用条件》，内容较全面，在美国工程界享有盛誉。

7.3.2 国际工程合同条件的发展趋势

国际组织或地区专业组织制定的工程合同条件，具有种类上系列化，内容上一般 10 年一修改、更新，结构和基本原则上较为稳定、统一等特点。特别是以 FIDIC 和 NEC 施工合同条件为特色的国际工程合同更是体现了工程合同条件新的发展趋势：

（1）合同条件表现明显的结构化、系统化、系列化、集成化；

（2）现代合同原则中的公平原则、合作原则、严格责任原则，在合同中进一步引入与强化；

（3）现代项目管理原则中的事前控制原则、整体风险最小原则和进度计划控制技术，广泛引入和渗透到合同中；

（4）合同内容上，方便用户的原则得到强化。

7.4　FIDIC 合同条件的特点与基本内容

7.4.1　FIDIC 合同条件的特点

FIDIC 合同条件一般分"通用条件"和"专用条件"两大部分。专用条件的条款号与通用条件的条款编号完全对应，在效力上，专用条款优先。一般的合同专用条件中，有许多建议性的措辞范例，供业主具体决定是采用这些措辞或另行编制自己认为合理的措辞来对通用条件进行修改和补充。这样，两部分合同条件构成一个具体、完整的合同条件。

FIDIC 的合同条件之所以被广泛接受，是由于其具有如下的一些特点：

（1）平衡性。在合同各方之间公平地分配了风险、权利义务，并将风险分配给能够有条件控制它的一方。

（2）可靠性。经过了以往长期合同实践的考验，被国际合同所广泛应用，并被各个发展银行所推荐使用。

（3）有效性。它明确规定了各方的义务，职责分明；条文的执行有时限；有关于争端裁决的条款。

（4）公平、公正。由第三方的咨询工程师起草，没有业主强加的条款。

（5）公认的良好形象；世界范围的接受。

（6）清楚、协调。各实质性的条款有详细的定义；不同类型的合同条款有相似的结构，便于对比和查找。

（7）完整、灵活。条件范围涵盖了合同管理和实施最大限度的需要；程序严谨；很容易适合、满足各种需要。

7.4.2 施工合同条件的适应范围与基本内容

7.4.2.1 适应范围

施工合同条件（Conditions of Contract for Construction），推荐用于由业主或其代表工程师设计的建筑或土木工程项目。这种合同的通常情况是，由承包商按照业主提供的设计进行工程施工。但该工程可以包含由承包商设计的土木、机械、电气和（或）构筑物的某些部分。

7.4.2.2 基本内容

施工合同条件，由3部分组成：通用条件；专用条件编制指南；投标函、合同协议书和争端裁决协议书格式。修改后的新版合同条件在编制结构上显得层次清楚、结构严谨、顺序合理，体现了作为合同条件的严密性和科学性。

通用条件由3部分组成：20条163款、附录（争端裁决协议书一般条件）、附件（程序规则）。其中通用条件的20条分别为：一般规定，业主，工程师，承包商，指定的分包商，员工，生产设备、材料和工艺，开工、延误和暂停，竣工试验，业主的接收，缺陷责任，计量和估价，变更和调整，合同价格和付款，业主终止，承包商暂停和终止，风险与职责，保险，不可抗力，索赔争端和仲裁。

专用条件编制指南包括编写招标文件注意事项、专用条件、附件（担保函格式）。其中专用条件与通用条件对应。编写指南用以说明在专用条件中对通用条件20条所进行的修改内容，以适应具体项目的需要。

7.4.2.3 施工合同中主要事项的典型顺序

施工合同中主要事项的典型顺序如图7-1所示。

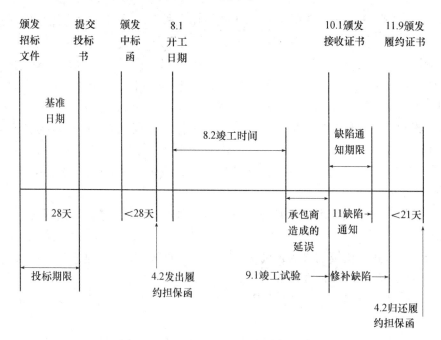

图 7-1　施工合同中主要事项的典型顺序

7.4.3 《EPC 交钥匙工程合同条件》的适应范围与基本内容

7.4.3.1 适应范围

FIDIC《设计、采购、施工（EPC）交钥匙工程合同条件》（Conditions of Contract for EPC Turnkey Projects，简称"银皮书"），可适用于以交钥匙方式提供工厂或类似设施的加工或动力设备、基础设施项目或其他类型开发项目，这种方式项目的最终价格和要求的工期具有更大程度的确定性，由承包商承担项目的设计和实施的全部职责，业主介入很少。交钥匙工程的通常情况是，由承包商进行全部设计、采购和施工（EPC），提供一个配备完善的设施，达到可使用或运行的水平。

《设计、采购、施工交钥匙工程合同条件》不适用于下列情况：①投标人没有足够时间或资料来仔细研究和核查雇主要求，或进行他们的设计、风险评估和估算；②建设内容涉及相当数量的地下工程，或投标人未能调查的区域内的工程；③雇主要严密监督或控制承包商的工作，或要审核大部分施工图纸；④每次期中付款的款额要经职员或其他中间人确定。

FIDIC 建议，上述情况下由承包商（或以其名义）设计的工程，可以采用《生产设备和设计-施工合同条件》。

《生产设备和设计-施工合同条件》，推荐用于电气和（或）机械设备供货和建筑或工程的设计与施工。这种合同的通常情况是，由承包商按照业主要求，设计和提供生产设备和（或）其他工程；可以包括土木、机械、电气和（或）构筑物的任何组合。

7.4.3.2 基本内容

《EPC 交钥匙工程合同条件》的组成与《施工合同条件》结构体系统一，都是由 3 部分组成：通用条件；专用条件编制指南；投标函、合同协议书和争端裁决协议书格式。

《EPC 交钥匙工程合同条件》的通用条件也由 3 部分组成：20 条 166 款、附录（争端裁决协议书一般条件）、附件（程序规则）。其中，通用条件的 20 条的题目与《施工合同条件》基本相同。

7.4.4 《简明合同格式》的适用范围与基本内容

7.4.4.1 适用范围

FIDIC《简明合同格式》（Short Form of Contract）是 FIDIC 历史上第一次出版该类合同。世界银行 2000 年 9 月新编写了简单工程采购（Procurement of Simple Works）的标准招标文件试用版本，该文件就直接选用了 FIDIC《简明合同格式》。

《简明合同格式》推荐用于资本金额较小的建筑或工程项目。根据工程的类型和具体情况，这种格式也可用于较大资本金额的合同，特别是适用于简单或重复性的工程或工期较短的工程。这种合同的通常情况是，由承包商按照业主或其代表（如果有）提供的设计进行工程施工，但这种格式也可适用于包括或全部是由承包商设计的土木、机械、电气和（或）构筑物的合同。

如果合同价值较小（例如 50 万美元以下），或工期短（例如 6 个月以下），或包含的工程较简单或是重复性的，则不论设计是否由雇主或承包商提供，以及项目是否涉及建筑物、电气、机械或其他工程，可考虑使用《简明合同格式》。

7.4.4.2 基本内容

FIDIC《简明合同格式》的主要目的是编写一个简单、灵活的文件，该文件包括全部基本的商务规定，并可用于具有多种管理安排的各种形式的工程。

FIDIC《简明合同格式》由协议书、通用条件、裁决规则、指南注释组成。

协议书把投标人的报价和雇主的接受编入了一个文件，协议书还包括一个附录，编写的意图是所有必要的信息应在协议书的附录中给出。此合同条件没有专用条件部分，只是在备注中提供了一些在特殊情况下可选用的范例措辞。所有必要的附加规定、要求和资料都应在附录中给出。当然，如果实际项目需要，用户可自行编制专用条件部分，修改或增加某些条款。

通用条件共 15 条，包括：一般规定、业主、业主的代表、承包商、承包商的设计、业主的责任、竣工时间、接收、缺陷修复、变更与索赔、合同价格与支付、违约、风险与责任、保险、争端的解决。

该合同条件没有规定计价方式，可以在附录中列明是采用总价方式，还是单价方式。它的合同管理模式类同于 EPC 合同条件。

7.4.5 业主/咨询工程师标准服务协议书的特点

7.4.5.1 适用范围

FIDIC 在 1979 年和 1980 年分别编写了三本业主与咨询工程师协议书的国际范本。一本是被推荐用于投资前研究及可行性研究；另一本被推荐用于设计和施工管理；第三本被推荐用于项目管理。经过 10 年的实践之后，1990 年，FIDIC 在国际范围内广泛征求了对此类服务的建议，正式出版了新的《业主/咨询工程师标准服务协议书》（Client/Consultant Model Services Agreement，简称"白皮书"），以后又进行了补充和完善，1998 年出版的第三版是最新的版本。

7.4.5.2 基本内容

"白皮书"由协议书、通用条件、专用条件和附件组成。

通用条件对任何类型的咨询服务都通用，而专用条件则应针对某一具体咨询服务项目确定其内容。附件 A（服务范围）、附件 B（业主提供的职员、设备、设施和其他人员的服务）、附件 C（报酬与支付）要根据每个服务项目具体编制，但均属于"白皮书"的一部分。

"白皮书"的标准条件共包括：定义及解释，咨询工程师的义务，业主的义务，职员，责任和保险，协议书的开始、完成、变更与终止，支付，一般规定和争端的解决 9 个方面。

7.5 EPC 交钥匙工程合同条件

7.5.1 EPC 与施工合同条件的对比

7.5.1.1 合同条款的对比

从总体上说，工程总承包合同具有与施工合同相似的形式，双方的责任和权益，工程的价格、进度、质量管理，保险和风险责任，争执和索赔的解决与施工合同基本相同。但由于承包商的工程范围扩展，工程的运作方式和风险分配有些变化，所以总承包合同还有一些新内容。

EPC 通用条件的 20 条题目与施工合同条件的对比如表 7-2 所示。从表中可以看出，这两个合同条件文本的大多数"条"的名称和条款的数目均相同（实际上大多数"款"的名称也相同，只是未在表中反映出来），可以明显反映出不同合同条件的根本区别。

表 7-2　EPC 合同条件与施工合同条件 20 条的题目对比

条　号	施工合同条件（款数）	EPC 合同条件（款数）
1	一般规定（14）	一般规定（14）
2	业主（5）	业主（5）
3	工程师（5）	业主的管理（5）
4	承包商（24）	承包商（24）
5	指定的分包商（4）	设计（8）
6	员工（11）	员工（11）
7	生产设备、材料和工艺（8）	生产设备、材料及工艺（8）
8	开工、延误和暂停（12）	开工、延误和暂停（12）
9	竣工试验（4）	竣工试验（4）
10	业主的接收（4）	业主的接收（3）
11	缺陷责任（11）	缺陷责任（11）
12	计量和估价（4）	竣工后试验（4）
13	变更和调整（8）	变更和调整（8）
14	合同价格和付款（15）	合同价格和付款（15）
15	业主终止（5）	业主终止（5）
16	承包商暂停和终止（4）	承包商暂停和终止（4）
17	风险与职责（16）	风险与职责（16）
18	保险（4）	保险（4）
19	不可抗力（7）	不可抗力（7）
20	索赔争端和仲裁（8）	索赔争端和仲裁（8）

7.5.1.2　主要特点对比

总承包交钥匙工程将以往分项承包模式中雇主与众多承包商之间的合同关系改变为雇主与一个总承包商单一的合同关系，使原属于多个合同的外部边界改变为一个合同内部的管理机制，减少了雇主的介入，加重了承包商自身的工程管理责任，雇主只需承担在大合同边界上需要双方约定的责任和义务。雇主的管理重点将由聘任的工程师对各分项合同进行进度、质量和支付的三大控制管理以及对各合同接口的协调，转移到由直接指派的业主代表对承包商按总承包合同进度计划进行的监督，按总承包合同约定的条件进行工程支付以及为确保工程的安全、优质，需要对合同指定的工程质量关键点进行检查、检验，直至竣工验收和接收"钥匙"。

EPC 合同条件与施工合同条件主要特点的对比如表 7-3 所示。

表 7-3　EPC 合同条件与施工合同条件主要特点的对比

对比内容	施工合同条件	EPC 合同条件
适用范围	推荐用于由雇主（或其代表）承担大部分（或全部）设计的建筑或工程项目	适用于：①项目的最终价格和工期要求有更大的确定性；②由承包商承担项目的设计和实施全部职责的，加工或动力设备、工厂或类似设施、基础设施项目或其他类型开发项目
合同生效	一般在雇主给承包商颁发中标函时，合同在法律上生效	一般按照合同协议书的规定，合同在法律上生效
	替代地，也可以不要这种函，合同按照合同协议书生效	投标函可以写明，允许采用替代做法，在雇主颁发中标函时合同生效
争端解决	合同由雇主指派的工程师管理，如果发生争端，交由 DAB 决定	合同由雇主管理（除非由其指派一个雇主代表），努力与承包商就每项索赔达成协议
	替代地，也可以在专用条件中规定，工程师的决定代替 DAB 决定	如果发生争端，交由 DAB 决定
设计及实施	由承包商按照合同（包括规范要求和图纸）和工程师指示，设计（只按规定的范围）和实施工程	由承包商按照合同，包括其投标书和雇主要求，提供生产设备、设计和实施其他工程，准备好运行投产
合同价格	单价合同，以测量与估价为基础，为通常根据雇主设计指示的大量变更进行估价，提供了方便的机制； 给出了总额估价替代方案的范例文本，但这种安排一般需要在招标前完成设计	以总额合同价格为基础
付款	期中付款和最终付款由工程师证明，一般是按实际工程量的测量及应用工程量表或其他资料表中的费率和价格计算确定，其他估价原则可以在专用条件中规定	期中付款和最终付款无需任何证明，一般参照付款计划表确定
		替代的按实际工程量的测量和应用价格表中的费率和价格的办法，可在专用条件中规定
风险	通用条件在考虑保险可能性、项目管理的合理原则和每一方对每种风险的有关情况的预见能力和减轻影响的能力等事项后，在公正、公平基础上，在双方间分配风险	根据通用条件，把较多的风险不平衡地分配给承包商，投标人将需要更多的对工程具体类型有关的现场水文、地下及其他条件的数据，以及更多的时间审查这些数据和评价此类风险

7.5.2　一般规定、合同各方的权利和义务

7.5.2.1　一般规定

1. 术语定义

在此规定中，FIDIC 对"合同"、"各方和人员"、"日期、试验、期限和竣工"、"款项和付款"、"工程和货物"等有关内容进行了详细定义，涉及其中 48 个基本概念，指出"合

同"系指合同协议书、合同条件、业主要求、投标书和合同协议书列出的其他文件（如果有）。

2. 通信交流

不论在何种场合规定给予或颁发批准书、证明、同意函、确定、通知和请求，这些通信信息都应采用书面形式。批准书、证明、同意函和确定不得无故被扣压或拖延。

3. 文件优先次序

构成合同的文件的优先次序是合同协议书、专用条件、通用条件、业主要求、投标书和构成合同组成部分的其他文件。

4. 合同协议书

合同自合同协议书规定的日期起全面实施和生效。为签订合同协议书，依法征收的印花税和类似的费用（如果有）应由业主承担。

CONS	EPCT	词语/措辞	CONS	EPCT	词语/措辞
1.1.4.1	/	中标合同金额	1.1.4.7	/	期中付款证明
1.1.1.9	/	投标书附录	1.1.6.5	1.1.6.5	法律
1.1.3.1	1.1.3.1	基准日期	1.1.1.3		中标函
1.1.1.10	/	工程量表	1.1.1.4	/	投标函
1.1.3.2	1.1.3.2	开工日期	1.1.4.8	1.1.4.5	当地货币
1.1.1.1	1.1.1.1	合同	1.1.5.3	1.1.5.3	材料
1.1.1.2	1.1.1.2	合同协议书	1.1.2.1	1.1.2.1	当事方
1.1.4.2	1.1.4.1	合同价格	1.1.4.9	/	付款证明
1.1.2.3	1.1.2.3	承包商	1.1.3.8	1.1.3.8	履约证书
1.1.6.1	1.1.6.1	承包商文件	/	1.1.1.5	履约保证
1.1.5.1	1.1.5.1	承包商设备	1.1.6.6	1.1.6.6	履约担保
1.1.2.7	1.1.2.7	承包商人员	1.1.5.4	1.1.5.4	永久工程
/	/	承包商建议书	1.1.5.5	1.1.5.5	生产设备
1.1.2.5	1.1.2.5	承包商代表	1.1.4.10	1.1.4.6	暂列金额
1.1.4.3	1.1.4.3	成本	1.1.4.11	1.1.4.7	保留金
1.1.6.2	1.1.6.2	工程所在国	1.1.1.7	/	资料表
1.1.2.9	1.1.2.9	DAB（争端裁决委员会）	/	/	保证表
1.1.3.9	1.1.3.9	日（天）	/	1.1.1.5	付款计划表
1.1.1.10	/	计日工作计划表	1.1.5.6	1.1.5.6	单位工程
1.1.3.7	1.1.3.7	缺陷通知期限	1.1.6.7	1.1.6.7	现场
1.1.1.6	/	图纸	1.1.1.5	/	规范要求
1.1.2.2	1.1.2.2	雇主	1.1.4.12	1.1.4.8	报表
1.1.6.3	1.1.6.3	雇主设备	1.1.2.8	1.1.2.8	分包商
1.1.2.6	1.1.2.6	雇主人员	1.1.3.5	1.1.3.5	接收证书
/	1.1.2.4	雇主代表	1.1.5.7	1.1.5.7	临时工程
/	1.1.1.3	雇主要求	1.1.1.8	1.1.1.4	投标书
1.1.2.4		工程师	1.1.3.6	1.1.3.6	竣工后试验
1.1.2.10	1.1.2.10	菲迪克（FIDIC）	1.1.3.4	1.1.3.4	竣工试验
1.1.4.4		最终付款证明	1.1.6.8	/	不可预见的
1.1.4.5	1.1.4.3	最终报表	1.1.6.9	1.1.6.8	变更
1.1.6.4	1.1.6.4	不可抗力	1.1.5.8	1.1.5.8	工程
1.1.4.6	1.1.4.4	外币	1.1.3.9	1.1.3.9	年
1.1.5.2	1.1.5.2	货物			

图 7-2　EPC 与施工合同术语定义比较

7.5.2.2　业主

1. 现场进入权

业主应在专用条件中规定的时间内给予承包商进入现场和占用现场各部分的权利。

2. 许可、执照或批准

业主应尽其所能为承包商取得与合同有关，但不易得到的工程所在国的法律文本，以及协助承包商申办工程所在国法律要求的许可、执照或批准。

3. 业主人员

业主应负责保证在现场的业主人员和其他承包商做到相互合作，共同努力完成合同，并确保施工安全，保护环境等。

4. 业主的资金安排

业主应在收到承包商的任何要求28天内，提供其已做并将维持的资金安排的合理证明，说明业主能够按"合同价格和付款"的规定，支付合同价格。如果业主想要对其资金安排作任何重要改变，应将其改变的详细情况通知承包商。

5. 业主的索赔

如果业主认为，根据本条件任何条款，或合同有关的另外事项，他有权得到任何付款，和（或）对缺陷通知期限的任何延长，业主应向承包商发出通知，说明细节。但对承包商根据"电、水和燃气"或"业主设备和免费供应的材料"规定的到期应付，或对承包商要求其他服务的应付款，不需发出通知。

通知应在业主了解引起索赔的事项或情况后尽快发出。关于缺陷通知期限，任何延长的通知应在该期限到期前发出。

通知的细节应说明提出索赔根据的条款或其他依据，还应包括业主认为根据合同他有权得到的索赔金额和（或）延长期的事实根据。然后，业主应按照有关规定对索赔内容予以商定或确定。如果是费用索赔，业主可在应付款中扣减。

7.5.2.3 业主的管理

1. 业主代表

业主可任命一名业主代表，代表他根据合同进行工作。

2. 业主的其他人员

业主或业主代表可随时指派或撤销对一些助手的指派和付托一定的任务和权力。

3. 受托人员

受托人员只能在付托规定的范围内向承包商发布指示，其行动应视同业主的，一样有效。

4. 指示

业主可向承包商发出根据合同承包商应履行的义务所需要的指示。每项指示都应以书面形式发出。如果指示构成一项变更时，应按照"变更和调整"的规定办理。承包商应接受业主或其代表根据受托享有相应权力的指示。

5. 确定

如果业主应对任何事项进行商定或确定时，业主应与承包商协商，并尽量达成协议，如果达不成协议，业主应对有关情况给予应有的考虑，按照合同作出公正的确定。业主应将每一项商定或确定，连同依据的细节通知承包商。各方都应履行每项商定或确定，除非承包商在收到通知14天内向业主发出通知，对某项确定表示不满。这时，任一方可依照"取得争端裁决委员会决定"的规定，将争端提交DAB。

7.5.2.4 承包商

1. 承包商的一般义务

承包商应按照合同设计、实施和完成工程，并修补工程中的任何缺陷。完成后，工程应能满足合同规定的工程预期目的。另外，承包商应提供合同规定的生产设备和承包商文件，以及设计、施工、竣工和修补缺陷所需的所有临时性或永久性的承包商人员、货物、消耗品及其他物品和服务。

工程应包括为满足业主要求或合同隐含要求的任何工作，以及为工程的稳定或完成，或安全和有效运行所需的所有工作。承包商应对所有现场作业、所有施工方法和全部工程的完备性、稳定性和安全性承担责任。

当业主提出要求时，承包商应对工程施工安排和方法提出建议。在没有通知业主并获批准时，承包商不得对原定的安排和方法作重要改变。

2. 履约担保

如果专用条件中有要求的情况下，承包商应提供履约担保，保证金额与币种应符合规定要求。履约担保应在双方签署合同协议书后 28 天内提交给业主，履约担保实体应符合业主批准要求，而且担保格式应采用专用条件所附格式或业主批准的其他格式。

在以下情况，业主可以根据履约担保提出索赔：

（1）承包商未能按规定要求延长履约担保的有效期，这时业主可以索赔履约担保的全部金额；

（2）承包商未能在商定或确定后 42 天内，将承包商同意的，或"业主的索赔"或"索赔、争端和仲裁"的规定确定的承包商应付金额付给业主；

（3）承包商未能在收到业主要求纠正的通知后 42 天内进行纠正，或根据"由业主终止"的规定，业主有权终止合同的情况，不管是否已发出终止通知。业主根据履约担保提出的索赔额不能超过担保额度。

业主应在收到履约证书副本后 21 天内，将履约担保退还承包商。

3. 承包商代表

承包商代表由承包商任命，并授予其根据合同采取行动所需的全部权力。

4. 分包商

承包商不得将整个工程分包出去。承包商应对其分包商的行为负责。承包商在雇用分包商时，应提前 28 天通知业主，并提交分包商的详细资料，以及分包商承担工作的开工时间。

5. 指定的分包商

指定的分包商是指业主根据"变更和调整"的规定，指示承包商雇用的分包商。如果承包商对指定的分包商不满意，应尽快向业主发出通知，提出合理的反对意见，并附有详细的依据资料，那么承包商不应有任何必须雇用的义务。

6. 合作

承包商应依据合同的规定或业主的指示，为可能被雇用在现场或其附近从事有关工作的人员提供适当的机会，该人员包括业主人员、业主雇用的任何其他承包商和任何合法建立的公共当局的人员。

如果指示导致承包商费用增加，达到不可预见的程度时，该指示应构成一项变更。承包商应对其在现场的施工活动负责，并应按照业主要求中规定的范围（如果有）协调其自己与其他承包商的活动。

如果根据合同，要求业主按照承包商文件向承包商提供任何基础、结构、生产设备或进入手段的占用权，承包商应按照规范中规定的时间和方式，向业主提交此类文件。

7. 放线

承包商应按照合同规定的原始基准点、基准线和基准标高给工程放线。承包商应负责对工程的所有部分正确定位，并应纠正在工程的位置、标高、尺寸或定线中的任何差错。

8. 安全程序

承包商应遵守所有适用的安全规则，照料有权在现场的所有人员的安全，尽力保持现场和工程清洁，以避免对这些人员造成危险。在工程竣工和按照"业主的接收"的规定移交前，提供围栏、照明、保卫和看守，因实施工程为公众和邻近土地的所有人、占用人使用和提供保护，提供可能需要的任何临时工程（包括道路、人行路、防护物和围栏等）。

9. 质量保证

承包商应建立满足合同要求的质量保证体系，业主有权对体系的任何方面进行审查。承包商应在每一设计和实施阶段开始前，向业主提交所有程序和实施细节，供其参考。在向业主发送任何技术性文件时，承包商应予以确认。遵守质量保证体系，不应解除合同规定的承包商的任何任务、义务或职责。

10. 现场数据

业主应在基准日期前，将其取得的现场地下、水文条件和环境方面的所有有关数据，提交给承包商。同样地，业主在基准日期后得到的所有此类资料，也应提交给承包商。

承包商应负责核实和解释所有此类资料。除"设计义务一般要求"提出的情况以外，业主对这些资料的准确性、充分性和完整性不承担责任。

11. 中标合同金额的充分性

承包商应被认为已确信合同价格的正确性和充分性。承包商将要根据所报合同价格承包合同义务，开展有关设计、实施和完成工程，并修补任何缺陷所需的全部有关事项。

12. 不可预见的困难

承包商应被认为已取得了对工程可能产生影响和作用的有关风险、意外事件和其他情况的全部必要资料。通过签署合同，承包商接受对预见到的为顺利完成工程的所有困难和费用的全部职责。合同价格对任何未预见到的困难和费用不应考虑予以调整。

13. 道路通行权和设施

承包商应为自己所需要的专用和（或）临时道路通行权承担全部费用和开支。承包商还应承担取得为工程目的可能需要的现场以外的任何附加设施的风险和费用。

14. 避免干扰

承包商应避免对公众的便利设施，如各类道路，产生不必要或不当的干扰，承包商应保障和保持使业主免受因任何不必要或不当的干扰造成的任何损害赔偿费、损失和开支的伤害。

15. 进场通路

承包商在确认对进场道路满意的情况下，在施工期间应尽合理的努力，防止任何道路或桥梁因承包商的通行或其人员受到损坏，做到正确使用适宜的车辆和通路。而且承包商应负责其使用的进场道路的维护，以及提供必要的标志或方向指示，包括为此需要获得有关政府部门的审批，业主不对由于进场通路的使用或其他原因引起的索赔负责，也不对进场道路的适宜性和可用性负责。

16. 货物运输

承包商应在不少于21天前，把生产设备或每项其他主要货物运到现场的日期通知业主，并且负责所有货物和其他产品的包装、装货、运输、接收、卸货、存储和保护。同时，要保障并保持使业主免受因货物运输引起的所有损害赔偿费、损失和开支的伤害，并应协商和支付由于货物运输引起的所有索赔。

17. 承包商设备

承包商应负责所有承包商设备。承包商设备运到现场后，应视作准备为工程施工专用。

18. 环境保护

承包商应采取一切适当措施，保护场内外环境，限制由施工作业引起污染、噪声和其他后果对公众和财产造成的损害和妨害。承包商应确保因其活动产生的气体排放、地面排水及排污等，不超过规范规定的数值，也不超过适用法律规定的数值。

19. 电、水和燃气

承包商应有权因工程的需要使用现场可供的电、水、燃气和其他服务，其详细规定和价格见业主要求。承包商应自担风险和费用，提供使用这些服务及计量所需要的任何仪器。这些服务的耗用数量和应付金额，应根据有关要求商定或确定，由承包商向业主支付。

20. 业主设备和免费供应的材料

如果合同中有规定业主提供设备，则承包商应按规定的细节、安排和价格在工程实施中使用。若是承包商人员使用设备，承包商应对该项设备负责，否则由业主负责。

使用业主设备的数量和应付金额应按有关规定进行商定或确定，承包商应向业主支付此金额。如果合同有规定由业主提供免费供应的材料，业主应自行承担风险和费用，并按照合同规定的时间和地点提供。随后，承包商应对其进行检查，并将这些材料情况迅速通知业主。如果出现不足情况，业主应立即予以补上。检查后的材料由承包商照管、监护和控制。

21. 进度报告

承包商应编制月进度报告，一式六份，提交给业主。第一次报告应自开工日期起至当月的月底止，以后应每月报告一次，在每次报告期结束后 7 日内报出。报告应持续到承包商完成整个工程的扫尾工作为止。

22. 现场保安

承包商应负责阻止未经授权人员进入现场，保护现场安全。

23. 承包商的现场作业

承包商作业限于现场及经业主同意的区域内。在工程施工期间，承包商应保持现场没有一切不必要的障碍物，并应妥善存放和处置承包商设备或多余的材料。承包商应从现场清除并运走任何残物、垃圾和不再需要的临时工程。

在颁发工程接收证书后，承包商应清除并运走所有承包商设备、剩余材料、残物、垃圾和临时工程。承包商应使现场和工程处于清洁和安全的状况。在缺陷通知期限内，承包商可在现场保留其根据合同完成规定义务所需要的此类货物。

24. 化石

在现场若发现化石、有价值的物品或文物等，承包商应采取合理预防措施，防止承包商人员或其他人员移动或损坏发现物，并且立即通知业主，业主应就处理上述物品发出指示。如承包商因执行指示而遭受延误和（或）费用的增加，承包商应向业主再次发出通知，根据有关规定提出索赔，业主在收到上述索赔通知后，应按有关规定予以商定或确定。

7.5.3 设计

7.5.3.1 设计义务一般要求

承包商负责工程设计时，应正确理解业主要求，并承担设施和工程施工责任。业主仅对在合同中规定的由业主负责的或不可变的部分、数据和资料，对工程或其任何部分的预期目的的说明，以及竣工工程的试验和性能的标准的正确性负责。

7.5.3.2 承包商文件

承包商文件应包括业主要求中规定的技术文件、报批文件，以及"竣工文件"和"操作和维修手册"中所述的文件，承包商文件应使用规定的交流语言书写。

承包商向业主提交的审核文件，其审核期从业主收到承包商文件起不应超过21天。业主在审核期可向承包商发出通知，指出文件中不符合合同规定的内容。如果承包商文件不符合要求，承包商应重新修正后再报。

7.5.3.3 承包商承诺

承包商应承诺其设计、承包商文件、实施和竣工的工程符合工程所在国的法律要求。

7.5.3.4 技术标准和法规

设计、承包商文件、施工和竣工工程，均应符合工程所在国的技术标准，建筑、施工与环境方面的法律，适用于工程将生产的产品的法律，以及业主要求中提出的适用于工程或适用法律规定的其他标准。

7.5.3.5 培训

如果合同规定了工程接收前的培训要求，则承包商应按照业主要求中规定的范围，对业主人员进行操作和维修培训，此培训结束不能作为达到业主接收工程的要求。

7.5.3.6 竣工文件

承包商应在竣工试验开始前，向业主提交两套竣工文件副本给业主。此外，承包商应负责绘制并向业主提供工程的竣工图，表明整个工程的施工完成的实际情况，提交业主审核。

在颁发任何接收证书前，承包商应按照业主要求中规定的份数和复制形式，向业主提交上述相关的竣工图。在业主收到这些文件前，不应认为工程已按规定的接收要求竣工。

7.5.3.7 操作和维修手册

在竣工试验开始前，承包商应向业主提供能够满足业主正常使用的暂行操作和维修手册。在业主没有收到足够详细的最后的操作和维修手册和其他相关资料前，不能认为工程已经按有关规定的接收要求竣工。

7.5.3.8 设计错误

如果承包商文件中出现错误、遗漏、含糊、不一致或其他缺陷，即使得到同意或批准，承包商仍应自费对这些缺陷和其带来的工程问题进行改正。

7.5.4 业主的接收、缺陷责任和竣工后试验

7.5.4.1 业主的接收

1. 工程和分项工程的接收

当已完成合同要求并颁发竣工验收证书，业主应接收工程。承包商可在他认为工程将竣

工并做好接收准备的日期前不少于 14 天，向业主发出申请接收证书的通知。如工程分成若干分项工程，承包商可类似地为每个分项工程申请接收证书。

业主在收到承包商的申请通知后 28 天内，向承包商颁发接收证书，或拒绝申请。

如果业主在 28 天期限内既未颁发接收证书，又未拒绝承包商的申请，而工程或分项工程（视情况而定）实质上符合合同规定，接收证书应视为已在上述规定期限的最后一日颁发。

2. 部分工程的接收

未经双方同意或合同规定，业主不得接收或使用部分工程。

3. 对竣工试验的干扰

如果是由业主的原因妨碍承包商进行竣工试验达 14 天以上，承包商应尽快地进行竣工试验。如果由于此项拖延，使承包商遭受延误和（或）招致费用的增加，承包商应向业主发出通知，并提出索赔要求。业主收到此通知后，应按规定对这些事项进行商定或确定。

7.5.4.2　缺陷责任

1. 完成扫尾工作和修补缺陷

为了使工程在相应缺陷通知期满后，尽快达到合同要求，承包商应在业主指示的合理时间内，完成接收证书中注明日期时尚未完成的任何工作，在工程的缺陷通知期满前，按照业主的要求，完成修补缺陷或损害所需要的所有工作，其风险和费用由承包商承担。

2. 缺陷通知期限的延长

如果因为某项缺陷或损害达到使工程、分项工程或某项主要生产设备不能按原定目的使用的程度，业主应有权对工程或某一分项工程的缺陷通知期限提出一个延长期。但是，缺陷通知期限的延长不得超过两年。

3. 未能修补缺陷

如果承包商未能在合理的时间内修补任何缺陷或损害，业主可确定一个日期，要求不迟于该日期修补好缺陷和损害，并将该日期及时通知承包商。

如果承包商到该通知的日期仍未修补好缺陷或损害，业主可选择由他人完成，由此发生的费用由承包商承担，承包商不再承担此部分工作的责任，而且按有关要求应适当减少合同额；如果缺陷或损害实质上使业主丧失了工程或其任何主要部分的整个利益时，业主可终止整个合同。业主还应有权在不损害根据合同或其他规定所具有的任何其他权利的情况下，收回工程或该部分工程全部支出总额，加上融资费用和拆除工程、清理现场以及将生产设备和材料退还给承包商所支付的费用。

4. 移出有缺陷的工程

如果缺陷或损害在现场不能迅速修复，承包商可经业主同意，将有缺陷或损害的各项生产设备移出现场进行修复。业主此项同意可以要求承包商按该部分设备的全部重置成本，增加履约担保的金额，或提供其他适宜的担保。

5. 进一步试验

如果任何缺陷或损害的修补可能对工程的性能产生影响，业主可要求重新进行合同提出的任何试验，此要求应在该缺陷或损害修补后 28 天内发出通知提出。试验的风险和费用由承包商负责。

6. 进入权

在颁发履约证书前，承包商应有进入工程的所有部分，使用工程运行和工作记录的权力。但不符合业主的合理保安限制的情况除外。

7. 承包商调查

如果业主要求调查任何缺陷的原因，承包商应在业主的指导下进行调查。费用除"修补缺陷的费用"的规定应由承包商承担外，调查费用加合理利润，按照有关要求商定或确定，并计入合同价格。

8. 履约证书

直到业主向承包商颁发履约证书，注明承包商完成合同规定的各项义务的日期后，才能认为承包商的义务已经完成。

履约证书应由业主在最后一个缺陷通知期限期满后28天内颁发，或者在承包商提供所有承包商文件，完成所有工程的施工和试验，包括修补任何缺陷后立即颁发。如果业主未能按此要求颁发履约证书，应认为履约证书已经在本要求的应颁发日期后28天颁发。只有履约证书应被视为对工程的认可。

9. 未履行的义务

颁发履约证书后，每一方仍应负责完成当时尚未履行的义务。为了确定这些未完义务的性质和范围，合同应被视为仍然有效。

10. 现场清理

在收到履约证书时，承包商应从现场撤走任何剩余的承包商设备、多余材料、残余物、垃圾和临时工程等。如果所有这些物品，在业主颁发履约证书后28天内，尚未被运走，业主可以出售或另行处理这些剩余物品。业主有权收回有关或由于此类出售或处理以及恢复现场所发生的费用。此类出售的余款应付给承包商。如果出售收入少于业主的费用，承包商应将差额付给业主。

7.5.4.3 竣工后试验

1. 竣工后试验的程序

如果合同规定了竣工后试验，业主应提供全部电力、燃料和材料，并安排业主人员和生产设备，承包商应提供有效进行竣工后试验所需要的所有其他设备、装备，以及有适当资质和经验的人员。以双方共同参与下进行竣工后试验。

竣工后试验应在工程或分项工程被业主接收后的合理时间内尽快进行。业主应提前21天将开始进行竣工后试验的日期通知承包商。除非另有商定，这些试验应在该日期后的14天内由业主指定日期进行。

竣工后试验的结果应由承包商负责整理和评价，并编写一份详细报告。对业主提前使用工程的影响应予适当考虑。

2. 延误的试验

如果由于业主原因造成竣工后试验的延误，致使承包商费用的增加，承包商有权向业主发出索赔通知。业主在收到通知后，应按要求商定或确定此项费用和利润。

如果工程或任何分项工程的竣工后试验，未能在缺陷通知期限内完成，且原因不在承包商方面，工程或分项工程应被视为已通过了竣工后试验。

3. 重新试验

如果工程或某分项工程未能通过竣工后试验，任一方即可要求按相同条款和条件重新进行此项未通过的试验和任何相关工程的竣工后试验。

如果此项未通过试验和重新试验是由"修补缺陷的费用"中规定的事项造成的，且达到致使业主增加费用的程度，承包商应根据"业主的索赔"的规定向业主支付这些费用。

4. 未能通过竣工后试验

如果工程或某分项工程未能通过任何或全部竣工后试验，且已按合同规定对此项未通过试验已作为未履约损害赔偿费支付了相应金额的，则该工程或分项工程应被视为已通过了这些竣工后试验。

如果工程或某分项工程未通过某项竣工后试验，而承包商建议对工程或该分项工程进行调整或修正，业主可指示承包商，到业主方便时才能给予工程或分项工程的进入权。此时，承包商应在等待业主关于业主方便时间的通知的合理期限内，对进行调整或修正，并履行该项试验负责。但如果承包商在相关缺陷通知期限内未收到此项通知，承包商应解除上述义务，而工程或分项工程应视为通过了该项竣工后试验。

如果对承包商为调查未通过某项竣工后试验的原因，或为进行任何调整或修正，要进入工程或生产设备，业主无故延误给予许可，招致承包商费用的增加，承包商应向业主发出通知，并根据规定提出索赔要求。业主收到此通知后，应对此项费用和利润进行商定或确定。

7.5.5 变更和调整、合同价格和付款

7.5.5.1 变更和调整

1. 变更权

在颁发工程接收证书前的任何时间，业主可通过发布指示或要求承包商提交建议书的方式，提出变更。承包商应遵守并执行每项变更。除非承包商立即向业主发出通知，说明难以取得变更所需要的货物，变更将降低工程的安全性或适用性，或将对履约保证的完成产生不利的影响。业主接到此类通知后，应取消、确认或改变原指示。

2. 价值工程

承包商可随时向业主提交书面建议，提出有关加快竣工，降低工程施工、维护或运行的费用，提高业主的竣工工程的效率或价值，或给业主带来其他利益的建议。此类建议书应由承包商自费编制。

3. 变更程序

如果业主在发出变更指示前要求承包商提出一份建议书，承包商应尽快作出书面回应，或提出不能照办的理由，或提交关于建议的设计和要完成工作的说明，以及实施的进度计划，对原进度计划的修改和合同价格的调整。

业主收到此建议书后，应尽快给予批准、不批准或提出意见的回复。在等待答复期间，承包商不应延误任何工作。

业主应向承包商发出执行每项变更并作好各项费用记录的任何要求的指示，承包商应确认收到该指示。对变更，业主应按有关要求商定或确定对合同价格和付款计划表的调整。这些调整应包括合理的利润。

4. 以适用的货币支付

如果合同规定一种以上的货币支付方式，在上述商定、批准或确定变更调整时，应规定每种货币的支付款额及合同价格支付中的各种货币比例。

5. 暂列金额

暂列金额只能按业主的指示全部或部分地使用。对于每笔暂列金额，业主可指示用于支付依照变更程序规定进行估价且由承包商实施的工作的费用。以及扣除暂列金额外要由承包商购买的生产设备、材料或服务的费用。此费用承包商已付或应付，及以合同规定的有关百分率计算的这些实际金额的一个百分比，作为管理费和利润的金额。

6. 计日工作

对于一些小的或附带性的工作，业主可指示按计日工作的形式实施变更。这时，工作应按照包括在合同中的计日工作计划表进行估价。

7. 因法律改变的调整

当基准日期后，工程所在国的法律有改变，或对此类法律的司法或政府解释有改变，对承包商履行合同规定的义务产生影响时，合同价格应考虑上述改变导致的任何费用增减，进行调整。

如果由于这些基准日期后作出的法律或此类解释的改变，使承包商已（或将）遭受延误和（或）招致增加费用，承包商应向业主发出通知，并根据规定提出索赔。业主收到此类通知后，应对这些事项进行商定或确定。

8. 因成本改变的调整

当合同价格要根据劳动力、货物以及工程的其他投入的成本的升降进行调整时，应按照专用条件的规定进行计算。

7.5.5.2 合同价格和付款

1. 合同价格

工程款的支付应以总额合同价格为基础，按照合同规定进行调整；承包商应支付根据合同要求应由其支付的各项税费。除"因法律改变的调整"说明的情况以外，合同价格不应因任何这些税费而进行调整。

2. 预付款

当承包商提交预付款保函后，业主应向承包商支付预付款，作为用于动员和设计的无息贷款。预付款为一次支付，预付款的适用货币及比例，应按合同价格支付的货币比例支付；预付款分期偿还比率，则应按预付款总额除以减去暂列金额的合同协议书中规定的合同价，按得出的比率进行计算。

若承包商已提交规定的各种保函，业主在收到期中支付申请后，应支付首次分期预付款。在还清预付款前，承包商应确保此保函一直有效并可执行，但其总额可根据承包商付还的金额逐渐减少。如果保函条款中规定了期满日期，而在期满日期前 28 天预付款尚未还清时，承包商应将保函有效期延至预付款还清为止。

预付款应通过在期中付款中按比例减少的方式付还。扣减应按照专用条件中规定的分期摊还比率计算，该比率应用于其他应付款项，直到预付款还清为止。

如果在颁发工程移交证书前，或根据"由业主终止"、"由承包商暂停和终止"、"不可抗力"的规定终止前，预付款尚未还清，则全部余额应立即成为承包商对业主的到期应付款。

3. 期中付款的申请

承包商应在每个月末后，按业主批准的格式向业主提交报表，一式六份，详细说明承包商自己认为有权得到的款额，并编制和提交相应的证明文件。

4. 付款计划表

如果合同有规定分期支付的付款计划表，实际支付应按该支付表进行。如果分期付款额不是参照工程实际进度确定，且发现实际进度比付款计划表依据的进度落后时，业主可按照要求与承包商商定，修改该分期付款额。

如果合同未包括付款计划表，承包商应在每三个月期间，提交他预计应付款额。第一次估算应在开工日期后 42 天内提交。直到颁发工程接收证书前，每隔三个月修正估算。

5. 拟用于工程的生产设备和材料

如果根据合同规定，承包商有权获得尚未运到现场的生产设备和材料的期中付款，则此生产设备和材料归属业主所有。

6. 期中付款

在未收到履约担保前，业主不办理付款。业主在收到有关报表和证明文件后 28 天内，向承包商发出关于报表中业主不同意的项目的通知，并附细节说明。如果承包商提供的物品或完成的工作不符合合同要求，在修正或更改完成前，可以扣发该修正或更换所需费用；如果承包商未能按照合同要求履行任何工作或义务，且业主已曾为此发出通知时，可以在该项工作或义务完成前，扣发该工作或义务的价款。

业主可以在任一次付款时，对以前曾被认为应付的任何款额作出应有的任何改正或修正。付款不应被认为业主的接受、批准、同意或满意。

7. 付款的时间安排

业主应在合同开始实施和生效后 42 天，或业主收到按"履约担保"和"预付款"的规定提出的文件后 21 天，两者中较晚的日期内，支付首期预付款；在收到有关报表和证明文件后 56 天内，支付每期报表（最终报表除外）的应付款额；在收到按"最终付款的申请"和"结清证明"的规定提出的最终报表和书面结清证明 42 天内，支付应付的最终款额。

每种货币的应付款额应汇入位于合同指定的付款国境内承包商指定的银行账户。

8. 延误的付款

如果承包商没有在规定的时间收到付款，承包商有权就本付款额按月计算复利，收取延误期的融资费用。

除非专用条件中另有规定，上述融资费用应以高出工程所在国中央银行的贴现率三个百分点的年利率进行计算，并应用同种货币支付。

9. 保留金的支付

当已颁发工程接收证书，且工程已通过所有规定的试验时，应将 50% 的保留金付给承包商。如果对某分项工程颁发了接收证书，当该分项工程通过了所有试验时，应付给该分项工程 50% 的保留金。

在最后一个缺陷通知期限满后，立即将保留金未付余额付给承包商。如对某分项工程颁发了接收证书，在该分项工程缺陷通知期后，应立即付给余下 50% 的保留金。

但如果根据"缺陷责任"或"竣工后试验"的规定，还有其他工作要做，业主有权在该项工作完成前，扣发完成该工作的估算费用。

每个分项工程的相关百分比应是合同中规定的该分项工程的价值百分比。如果合同中没有规定该分项工程的价格百分比，则不应对有关分项工程的保留金的任何一半按百分比放还。

10. 竣工报表

在收到工程接收证书后84天内，承包商应向业主提交竣工报表并附证明文件。一式六份，列出工程接收证书载明的截止日期，按合同要求完成的所有工作的价值，以及承包商认为应付的任何其他款额。此时业主应按"期中付款"的规定核发支付证书，并按"付款的时间安排"的规定支付。

11. 最终付款的申请

在收到履行证书后56天内，承包商应按照业主批准的格式，向业主递交最终报表草案，并附证明文件，一式六份，详细列出根据合同完成的所有工作的价值，以及承包商认为根据合同或其他规定应支付给他的任何其他款额。

如果业主不同意或无法核实最终报表草案中的任何部分，承包商应按照业主可能提出的合理要求提交补充资料，并按照双方可能商定的意见，对该草案进行修改。然后，承包商应按已商定的意见编制并向业主提交最终报表。

如果在最终报表草案修改过程中，双方明显存在争端，业主应按"期中付款"和"付款的时间安排"的规定，支付最终报表草案中同意的部分。此后，如果争端按照"取得争端裁决委员会的决定"或"友好解决"的规定，最终得到解决，承包商随后应编制并向业主提交最终报表。

12. 结清证明

承包商在提交最终报表时，应提交一份书面结清证明，确认最终报表上的总额代表了根据合同或与合同有关的事项，应付给承包商的所有款项的全部和最终的结算总额。该结清证明可注明"在承包商收到退回的履约担保和该总额中尚未付清的余额后生效"，在此情况下，结清证明应在该日期生效。

13. 最终付款证书的颁发

业主应向承包商支付最终应付款额扣除业主过去已付的全部款额，以及按"业主的索赔"的规定决定的任何减少额后的余款。

14. 业主责任的中止

除了承包商在最终报表中，为合同或工程实施引发的或与之有关的任何问题或事项，明确提出款项要求外，业主应不再为上述问题或事项对承包商承担责任。

7.5.6 终止、风险与职责

7.5.6.1 由业主终止

1. 通知改正

如果承包商未能根据合同履行任何义务，业主可通知承包商，要求其在规定的合理时间内，纠正并补救上述违约行为。

2. 由业主终止

如果承包商未能遵守"履约担保"的规定，或根据"通知改正"的规定发出通知的要求，或者放弃工程，或明确表现不继续按照合同履行其义务的意向；无合理解释，未按"开工、延误和暂停"的规定进行工程；未经必要的许可，将整个工程分包出去，或将合同转让他人；破产或无力偿债等，业主有权终止合同。

在出现任何上述事件或情况时，业主可提前14天向承包商发出通知，终止合同，并要求其离开现场。

业主作出终止合同的选择，不应损害其根据合同或其他规定所享有的其他任何权利。此时，承包商应撤离现场，并将任何需要的货物、所有承包商文件，以及由（或为）其做的其他设计文件交给业主。但承包商应立即尽最大努力遵从包括通知中关于转让任何分包合同和保护生命或财产、工程的安全的任何合理指示。

合同终止后，业主可以继续完成工程和（或）安排其他实体完成。此时业主和这些实体可以使用任何货物、承包商文件和由承包商或以其名义编制的其他设计文件。

之后，业主应发出通知，在现场或其附近，把承包商的设备及临时工程放还给承包商。承包商应自行承担风险和费用，迅速安排将它们运走。但如果此时承包商还有应付业主的款项没有付清，业主可以出售这些物品，以收回欠款。收益的任何余款应付给承包商。

3. 终止日期时的估价

在根据"由业主终止"的规定发出的终止通知生效后，业主应及时按要求商定或确定工程、货物和承包商文件的价值，以及承包商按照合同实施的工作应得的任何其他款项。

4. 终止后的付款

在根据"由业主终止"的规定发出的终止通知生效后，业主可以按照"业主的索赔"的规定进行；在确定设计、施工、竣工和修补任何缺陷的费用因延误竣工的损害赔偿费，以及由业主负担的全部其他费用前，暂不向承包商支付进一步款项；在根据"终止日期时的估价"的规定答应付给承包商的任何款额后，先从承包商处收回业主蒙受的任何损失和损害赔偿费，以及完成工程所需的任何额外费用。在收回任何此类损失、损害赔偿费和额外费用后，业主应将任何余额付给承包商。

5. 业主终止的权利

业主应有权终止合同，此项终止应在承包商收到该通知或业主退回履约担保的时间中较晚的日期后第28天生效。业主不应为了自己实施或安排另外的承包商实施工程而终止合同。在此项终止后，承包商应按"停止工作和承包商设备的撤离"的规定执行，并应按"自主选择终止、付款和解除"的规定获得付款。

7.5.6.2 由承包商暂停和终止

1. 承包商暂停工作的权利

如果业主未能遵守"业主的资金安排"或"付款的时间安排"的规定，承包商可在不少于21天前通知业主，暂停工作或放慢工作速度，直到承包商根据情况和通知中所述，收到付款证书、合理的证明或付款为止。

承包商的上述行动，不应影响其根据"延误的付款"的规定获得融资费用和根据"由承包商终止"的规定提出终止的权利。

如果在发出终止通知前，承包商随后收到了上述证明或付款，承包商应在合理，可能的情况下，尽快恢复正常工作。

如果因暂停工作或放慢工作速度使承包商遭受延误和（或）招致费用的增加，承包商应向业主发出通知，有权提出工期和费用索赔。业主收到此通知后，应按照规定对以上事项进行商定或确定。

2. 由承包商终止

承包商在根据"承包商暂停工作的权利"的规定，就未能遵循"业主的资金安排"规定的事项发出通知后42天内，仍未收到合理的证明；或在"付款的时间安排"规定的付款时间到期后42天内，承包商仍未收到该期间的应付款额；或业主实质上未能根据合同规定履行其义务；或业主破产或无力偿债等情况，承包商有权终止合同。

在上述情况下，承包商可通知业主，14天后终止合同。

3. 停止工作和承包商设备的撤离

根据"业主终止合同的权利"、"由承包商终止"或"自主选择终止、付款和解除"的规定发出的终止通知生效后，承包商应迅速停止所有进一步的工作（业主为保护生命或财产或工程的安全，可能指示的工作除外），移交承包商已得到付款的承包商文件、生产设备、材料和其他工作，从现场运走除为了安全需要以外的所有其他货物，并撤离现场。

4. 终止时的付款

在根据"由承包商终止"的规定发出的终止通知生效后，业主应迅速将履约担保退还承包商，按照"自主选择终止、付款和解除"的规定，向承包商付款，付给承包商因此项终止而蒙受的任何利润损失、其他损失或损害的款额。

7.5.6.3 风险与职责

1. 保障

承包商应保障和保持使业主、业主人员以及他们各自的代理人免受，由于工程设计、施工和竣工，以及修补任何缺陷引起的人身伤害或财产损失等导致的所有索赔、损害赔偿费、损失和开支带来的伤害。

2. 承包商对工程的照管

承包商应从开工日期起承担照管工程及货物的全部职责，直到颁发工程接收证书为止，这时工程照管职责应移交给业主。如果对某分项工程或部分工程已颁发接收证书，则对该分项工程或部分工程的照管职责届时应移交给业主。

3. 业主的风险

业主的风险包括战争、敌对行动（不论宣战与否）、入侵、外敌行运，以及工程所在国内的叛乱、恐怖主义、革命、暴动、军事政变或篡夺政权，或内战，还有承包商人员及承包商和分包商的其他雇员以外的人员在工程所在国内的暴乱、骚动或混乱，或工程所在国内的战争军火、爆炸物资、电离辐射或放射性引起的污染等。

4. 业主风险的后果

如果是由业主的风险导致对工程、货物或承包商文件造成损失或损害，承包商应立即通知业主，并应按照业主的要求，修正此类损失或损害。

如果因修正此类损失或损害使承包商遭受延误和（或）招致增加费用，承包商应进一步通知业主，并提出时间和费用的索赔。

5. 知识产权和工业产权

业主应保障并保持承包商免受因承包商遵从业主的要求或业主的原因造成的不可避免结果，提出侵权的任何索赔引起的伤害。

同样，承包商也应保障并保持业主免受承包商的工程设计、制造、施工或实施等产生或与之有关的任何其他索赔引起的伤害。

6. 责任限度

除根据"终止时的付款"和"保障"的规定外，任何一方不应对另一方使用任何工程造成的损失，或对另一方造成与合同有关的任何间接或必然损失或损害负责。

除根据"电、水和燃气"、"业主设备和免费供应的材料"、"保障"和"知识产权和工业产权"的规定外，承包商根据有关合同对业主的全部责任不应超过专用条件中规定的总额，或合同协议书中规定的合同价格。

第8章　工程担保与保险

工程保险和工程担保是风险转移的两种常用方法。工程保险针对的是自然灾害和意外事故；工程担保强调的是人为因素，是道德风险。二者均是用于抵御完成工程建设项目中遇到的风险的手段，工程保险是用于转移非预见性的、不可抗力、意外事故等风险，而工程担保则用于转移被担保人应该作为而不作为，违约产生的风险。

8.1　工程担保的概念与类型

工程担保最早起源于美国公共投资建设领域，已有100多年的发展历史。国际咨询工程师联合会（FIDIC）将其列入施工合同条件，国际贸易组织及许多国家政府文件都对工程担保作出了具体的规定。工程担保已成为世界建筑行业普遍接受和应用的一种国际惯例。在我国，工程担保虽然起步较晚，但已取得了一定的成效，并得到了各方的一定认同。

8.1.1　工程担保的概念

8.1.1.1　担保的概念

在民法上，担保主要有两种含义：一是对某一事项的保证，例如在合同中对商品或劳务质量的保证；二是对债务履行的保证，称为债的担保。

债的担保又有狭义债的担保与广义债的担保之分。

广义的债的招保，包括债的一般担保和特别担保，指法律规定的或当事人约定的，保证债务人履行债务和债权人实现债权的各项法律制度或手段。债的一般担保是担保一般债权人利益的担保，是债的法律效力的自然结果和表现之一。

狭义的债的担保，又称为债的特别担保，是法律为保证特定债权人债权的实现而设定的担保。一般说来，债的担保仅指狭义的债的担保，即《中华人民共和国担保法》（本章以下简称《担保法》）中所说的担保。即：法律为保证特定债权人利益的实现而特别规定的以第三人的信用或者以特定财产保障债务人履行债务，债权人实现债权的制度。

8.1.1.2　担保方式

担保方式，又称为担保方法，是指担保人用来担保债权的手段。对债务人而言，担保方式是保证其履行债务的手段或方法；对债权人而言，担保方式，是为确保其债权实现而要求对方提供的保障手段或方法。

担保方式是由法律直接规定，而不由当事人任意决定。我国担保法规定的担保方式为保证、抵押、质押、留置和定金。

1. 保证

保证是人的担保的典型方式。

我国《担保法》第六条规定："保证，是指保证人和债权人约定，当债务人不履行债务时，保证人按照约定履行债务或者承担责任的能力。"

保证方式有一般保证和连带责任保证。

一般保证的保证人在一般情况下仅在债务人的财产不能完全清偿债权时，才对不能清偿的部分负担担保责任。一般保证的债务人只有在主债权纠纷经过审判或仲裁，并就主债务人的财产强制执行而仍不足受偿时，才能请求保证人履行保证债务。

连带责任保证是指保证人在债务人不履行债务时与债务人负有连带责任的保证。连带责任保证的债务人在主合同规定的债务履行期届满没有履行债务的，债权人可以要求债务人履行债务，也可以要求保证人在其保证范围内承担保证责任。连带责任保证的债权人要求保证人承担保证责任的，只需证明债务人有届期不履行债务的事实即可，而不论债权人是否就债务人的财产已强制执行，保证人都应根据保证合同的约定承担保证责任。

2. 抵押

抵押是物的担保的一种，抵押是指债务人或者第三人不转移财产的占有，将该财产作为债权的担保。

3. 质押

质押是物的担保的一种，质押是指债务人或者第三人将其动产或权利移交债权人占有，将该动产作为债权的担保。

4. 留置

留置是物的担保的一种，留置是指因保管合同、运输合同、加工承揽合同发生的债权，债务人不履行债务的，债权人按照合同约定占有债务人的动产，债务人不按照合同约定的期限履行债务的，债权人有权依法留置该财产，以该财产折价或者以拍卖、变卖该财产的价款优先受偿。

5. 定金

定金是金钱担保的一种。法律上并未给定金一个明确的概念。《担保法》第八十九条规定："当事人可以约定一方向对方给付定金作为债权的担保。债务人履行债务后，定金应当抵作价款或者收回。给付定金的一方不履行约定的债务的，无权要求返还定金；收受定金的一方不履行约定的债务的，应当双倍返还定金。"这即有名的"定金罚则"。

6. 押金

押金，实务中也称保证金，是《担保法》规定外的一种金钱担保形式。是指当事人双方约定，债务人或第三人向债权人给付一定的金额作为其履行债务的担保，债务履行时，返还押金或予抵扣；债务不履行时，债权人就该款项优先受偿。

7. 其他分类方式

担保方式以担保的标的为标准可以分为人的担保、物的担保、金钱担保。人的担保，又称信用担保，指以人的信用来担保债权的担保，当债务人不按约定履行债务时，由担保人负责清偿。物的担保是以特定财产担保债权实现的担保方式。金钱担保，是在债务以外又交付一定数额的金钱，该金钱的得失与债务履行与否相联系，使当事人双方产生心理压力，从而促其积极履行债务，保障债权实现的制度。

担保还可以分为再担保、共同担保和反担保。再担保指由第三人向债权人承诺，当债权的担保人无力独立承担全部担保责任时，由该第三人代替担保人向债权人继续补充消偿担保人对债权的剩余清偿责任，以便确保债权人的债权能够完全实现。这个承担再担保的第三人称为再担保人，其承担的继续清偿责任，称为再担保。共同担保是由多个不同担保人对同一债权同时提供的担保。反担保指债务人为了获得担保人向债权人提供担保，而由债务人或第三人向该担保人提供的担保。反担保人可以是债务人，也可以是债务人以外的第三人。反担保的方式可以是债务人提供的抵押、质押，也可以是其他人提供的保证、抵押或者质押。

8.1.1.3 担保合同

1. 一般要求

担保合同是担保人和担保权人之间明确相互权利和义务的协议，是以担保债务履行为目的的民事合同。

担保合同的当事人是担保权人和担保人。担保权人是债权人，担保人是在担保合同中提供担保的一方，担保人既可以是债务人，也可以是债务人以外的第三人。

由债务人提供担保的，仅限于物的担保；由债务人以外的第三人提供担保的，既可以提供物的担保，也可以用保证方式以其自身信用作为人的担保。

担保合同是从属主合同的从合同，它以主合同的成立而成立，以主合同的转移而转移，以主合同的消灭而解除，离开了主合同，担保合同便不具有独立的存在价值。

担保合同依法成立之后，对担保权人、担保人、被担保人都具有约束力。担保的有效期，是指债权人要求担保人承担担保责任的权利存续期间。在有效期内，债权人有权要求担保人承担担保责任。有效期届满，债权人要求担保人承担担保责任的实体权利消灭，担保人免除担保责任。

2. 保证合同

保证与抵押、质押、留置、定金一样，是担保的一种方式或手段。保证是双方约定由保证人担保债务人履行债务的，所以保证人只能是债务人以外的第三人，保证人与被担保履行债务的债务人不能是同一人。

在工程担保中，保证人有四种模式：第一种是由银行充当保证人，出具银行保函；第二种是由担保公司充当保证人，开具担保保证书；第三种是由另一家具有同等或更高资信水平的承包商作为保证人来提供担保；第四种是由母公司充当保证人，为其子公司担保。

8.1.1.4 工程担保的概念

工程担保是担保的品种之一。

工程担保是指在工程建设活动中，由保证人向合同一方当事人（受益人）提供的，保证合同另一方当事人（被保证人）履行合同义务的担保行为，在被保证人不履行合同义务时，由保证人代为履行或承担代偿责任。工程担保实际上是对工程建设合同的保证担保。

广义地讲，我国担保法中规定的保证、抵押、质押、留置、定金等五种担保形式，只要与工程建设相关而采取的各种担保措施都是工程担保的方式。除了保证和留置外，其他的担保形式，都是通过业主和承包商之间的约定进行，而且只与业主和承包商有关。

工程保证担保可分为一般保证和连带责任保证。当事人对保证方式没有约定或者约定不明确的，按照连带责任保证承担保证责任。

8.1.1.5 担保金额和担保费用

担保金额是指担保人承担赔付或代为履行担保责任的数额或限额。

担保费用是指担保人承担风险的对价，是担保金额与担保费率的乘积。按惯例，业主的担保费用应计入工程造价，承包商担保费用应计入投标价格。担保费率一般为0.2%~1.2%。

8.1.2 工程担保的类型

8.1.2.1 工程担保的品种

国际上，要求承包商为履行合同义务提供工程承包类保证担保是国际惯例，且担保品种繁多，而要求业主向承包商提供担保的做法非常罕见，但业主需向政府提交另外的保证担保。

我国在建设工程项目中推行的工程担保的品种主要有：投标担保、承包商履约担保、业主工程款支付担保、承包商付款担保4个担保品种，也鼓励开展符合建筑市场需要的其他类型的工程担保品种，如预付款担保、分包履约担保、保修金担保等。

8.1.2.2 工程保证担保模式

工程保证担保模式主要包括无条件保函、传统的有条件保函和高保额有条件保函三种。

1. 无条件保函

无条件保函即"见索即付"保函。这种担保模式的担保金额在5%~10%之间。

在无条件保函发生索赔时，业主无需证明承包商违约，而只需按照保函上规定的索赔程序和业主出示的承包商违约原因的书面索赔要求，保证人就需在其担保的金额范围内向业主付款赔偿。因为保证人见业主的索赔要求就必须付款赔偿，所以保证人在向担保申请人开具无条件保函时，为了规避自己的担保风险，往往采取较为严格的反担保措施，常向担保申请人收取100%的保证金，或收到担保申请人等额的抵押、质押物后才向担保申请人出具保函，并且将保函的担保金额严格控制在收取的保证金或抵押、质押物总额的范围内。

2. 传统的有条件保函

传统的有条件保函的担保额常常在30%以上，其基本含义是指：当受益人要求担保人就保函索赔时，必须证明被担保人违约，而且担保人的赔付责任仅限在保函的担保金额内，且以受益人的实际损失为限。

3. 高保额有条件保函

美国实行的是典型的高保额担保，其履约担保和付款担保的担保金额均为100%，美国的专业保证担保机构采用的是一揽子赔偿协议为核心的承保模式。这种承保模式使担保人与承包商之间不仅仅只是就某一具体项目进行承保的简单关系，而是通过承保互相紧密捆绑在一起的长期合作关系。

8.1.2.3 工程保证担保范围

1. 强制担保范围

国际上，大多数国家的政府投资的公共设施工程项目，都规定必须实行强制担保，而私人业主投资的工程项目，一般参照政府投资的公共设施项目工程的担保方式实行担保。也有一些国家无论是政府投资的公共设施项目，还是私人投资的工程项目都普遍采用工程担保。

在我国，按照原建设部于2006年12月印发的《关于在建设工程项目中进一步推行工程担保制度的意见》（建市〔2006〕326号），目前强制担保的范围是工程建设合同造价在

1000万元以上的房地产开发项目（包括新建、改建、扩建的项目）。

2．保证债务的范围

保证债务的范围，是指保证人在主债务人不履行债务时，向债权人承担的履行义务的限度。保证债务的范围可由双方当事人自行约定，但保证责任的范围不必与主债务的范围一致，且不得超过主债务的数额，否则，超出部分无效。保证担保的范围包括主债权及利息、违约金、损害赔偿金和实现债权的费用。

我国规定，工程建设合同担保的保证人应是在中华人民共和国境内依法设立的银行、专业担保公司、保险公司。

8.2　工程担保实务

8.2.1　投标担保

8.2.1.1　投标担保方式

投标担保是指由担保人为投标人向招标人提供的，保证投标人按照招标文件的规定参加投标活动的担保（即保证担保）；或投标人直接向招标人提交现金、支票或银行汇票的方式，以此作为债权的担保。

在实际招标活动中，投标担保的方式主要有：

（1）现金保证金。目前，国内有一定数量的招标使用现金形式的保证金。明确规定了招标人不与中标人签订合同应当向中标人双倍返还投标保证金的，属于我国《担保法》规定的定金担保方式，否则为《担保法》没有规定的（非典型的）押金担保方式；

（2）保兑支票、银行汇票或现金支票。属于《担保法》规定的权利质押担保方式；

（3）银行保函或担保公司担保书。属于《担保法》规定的保证担保方式。

8.2.1.2　担保责任、保额及有效期

1．担保责任

投标担保需要投标人在投标截止日之前或当时，向业主或招标人提交投标保证金或投标保函，保证投标人在投标有效期内不撤回投标文件；投标人在收到中标通知书和合同书后，中标人应在招标人或业主规定的时间内保证受标并与业主签订承包合同；签约时，中标人应根据招标人或业主的要求提供履约保证担保。

投标保证担保的目的是保护业主不因投标人中途撤销投标或中标人不签约而使业主不能以满意的价格授标签约，造成经济损失。如果出现投标人违反保证责任，保证担保人将负责赔偿招标人或业主的损失。标准的投标担保的赔付金额通常为中标价与最后签约的承包商的投标价之间的差价，但以担保金额为限。由于投标担保的金额通常不高，国际上流行采用罚没性的投标担保，即投标人无故中途撤销投标或中标人不与业主签约时，必须赔付全部担保金额。

2．保额

对于投标担保的担保金额，我国各地要求不完全一致。住房和城乡建设部规定一般不超过投标总价的2%，且最高不超过80万元人民币。

3．有效期

如果投标人没有违背规定，或者没有中标，招标人就应及时将投标保函退给投标人，并相应解除担保人的担保责任。实际上投标保函一般都规定了有效期，有效期满，该保函将自然失效。

投标担保的有效期在担保合同中约定。住房和城乡建设部规定，约定的有效期一般要超过投标有效期后的28天，一般不超过180天。

投标担保退回时间的要求，国内的规定基本相同，一般要求中标人的投标担保在其提交履约担保后5个工作日内退回；其他投标人的投标担保在招标人与中标人签订工程建设合同之日起5个工作日内退回。

如果招标人拒不退还投标保函，投标人可通过出具保函的担保人向招标人宣布该保函自通知之日起无效。一旦发生如业主要另换其他投标人中标签约的情况，已接受中标通知书的投标人，可据理力争签约，或者要求业主加倍退回投标担保金额。

8.2.2 承包商履约担保

8.2.2.1 担保责任

承包商履约担保，是指由保证人为承包商向业主提供的，保证承包商履行工程建设合同约定义务的担保。

履约担保用于保证承包商按照合同的真实含义与意图严格履行、实施工程承包合同，使业主避免因承包商出现资金、技术、管理、非自然灾害、非意外事故等原因导致承包商违约而遭受损失。如果承包商不能按合同要求完成工程项目，除非业主也有违约行为，否则担保人必须无条件保证工程按合同的约定完工，或在担保规定的金额限度内向业主赔偿。

承包商履约担保的方式可采用银行保函、专业担保公司的保证。需要在合同签订之时提交。

如果承包商违约而不能履行合同，保证担保人可以采取以下方式：

（1）向承包商提供融资或资金上的支持，避免承包商宣告破产而导致工程失败；

（2）向承包商提供技术、设备和管理上的支持，使承包商能够继续履行合同，工程得以继续完成；

（3）安排业主满意的新的承包商接替原承包商继续完成工程项目；

（4）由担保人自己组织力量保证按照合同规定的质量、工期、造价等要求全部履约；

（5）由业主或发包人重新招标，中标者将完成合同的剩余部分，由此造成的工程造价超出原合同的部分，由保证担保人给予赔偿，但不超过担保人所担保的金额；

（6）如果业主对以上解决方案均不满意，保证担保人将根据业主的损失，按照履约保函的担保额度给予赔偿。

一般来说，银行大多使用无条件保函，专业担保公司大都使用有条件保函。

8.2.2.2 履约担保的额度及有效期

住房和城乡建设部规定，承包商履约担保的担保金额不得低于工程建设合同价格（中标价格）的10%。采用经评审的最低投标价法中标的招标工程，担保金额不得低于工程合同价格的15%。全国各地规定的比例稍有差别。

值得一提的是，《河北省建设工程担保管理办法（暂行）》在承包商履约担保的担保金额上第一次引进了国外高保额保证担保和低保额保证担保的概念。高保额模式履约担保的担保金额达到合同金额的15%～50%，一般不得要求采用高保额模式履约担保的承包人再另提交预付款担保。低保额模式履约担保的担保金额为合同金额的10%～15%，或为合同价与标底价之间的差额，两者之中取金额大者，应另向发包人提交预付款担保。

承包商履约担保的有效期应当在合同中约定。住房和城乡建设部规定，合同约定的有效期截止时间为工程建设合同约定的工程竣工验收合格之日后30～180天。

承包商在业主就其履约担保索赔了全部担保金额之日起一定时间（如28天）内，应当向业主重新提交同等担保金额的履约担保。当剩余合同价值已不足原担保金额时，承包商重新提交的履约担保的担保金额不应低于剩余合同价值。

8.2.3　业主工程款支付担保

8.2.3.1　担保责任

业主工程款支付担保，是指为保证业主履行工程合同约定的工程款支付义务，由担保人为业主向承包商提供的，保证业主支付工程款的担保。

业主支付担保，实质上是业主的履约担保。这在国外几乎不存在。在我国，推行业主支付担保制度，主要是解决拖欠工程款的"老大难"问题。按照住房和城乡建设部的规定，业主在签订工程建设合同的同时，应当向承包商提交业主工程款支付担保。未提交业主工程款支付担保的建设工程，视作建设资金未落实。

业主工程款支付担保可以采用银行保函、专业担保公司的保证。

由于非承包商的原因，业主未按工程建设合同的约定履行支付义务的，承包商可依据业主工程款支付保函，要求保证人承担工程款支付责任。

一般的，承包商依业主工程款支付担保向保证人提出索赔之前，应当书面通知业主和保证人，说明导致索赔的原因。业主应当在14天内向保证人提供能够证明工程款已按约定支付或工程款不应支付的有关证据，否则保证人应该在担保额度内予以代偿。

8.2.3.2　担保的额度及有效期

业主支付担保的担保金额应当与承包商履约担保的担保金额相等。

业主工程款支付担保的有效期应当在合同中约定。住房和城乡建设部规定，合同约定的有效期截止时间为业主根据合同的约定完成了除工程质量保修金以外的全部工程结算款项支付之日起30～180天。

对于工程建设合同额超过1亿元人民币以上的工程，业主工程款支付担保可以按工程合同确定的付款周期实行分段滚动担保，但每段的担保金额为该段工程合同额的10%～15%。

业主工程款支付担保采用分段滚动担保的，在业主、项目监理工程师或造价工程师对分段工程进度签字确认或结算。业主支付相应的工程款后，当期业主工程款支付担保解除，并自动进入下一阶段工程的担保。

业主工程款支付担保与工程建设合同应当由业主一并送建设行政主管部门备案。

业主在承包商就其支付担保索赔了全部担保金额之日起一定时间（如28天）内，应当向承包商重新提交同等担保金额的支付担保。当剩余合同价值已不足原担保金额时，业主重新提交的支付担保的担保金额不应低于剩余合同价值。

8.2.4 其他工程担保

8.2.4.1 承包商付款担保

承包商付款担保，是指担保人为承包商向分包商、材料设备供应商、建设工人提供的，保证承包商履行工程建设合同的约定，向分包商、材料设备供应商、建设工人支付各项费用和价款，以及工资等款项的担保。但这些分包商和材料、设备供应商、工人必须与承包商有合同关系，否则不受该保证担保的保障。

如果承包商不履行分包合同或供货合同的规定，不支付与工程相关的工资、材料、设备费用等相关款项，则担保人必须代付。

付款保证担保是为了保证业主避免由于与相关债权人的诉讼而使工程或财产受到损失，或卷入不必要的法律纠纷和管理负担。

承包商付款担保可采用银行保函和专业担保公司的保证，并需在合同签订之时提交。

一般来说，付款担保也是履约担保的一部分。承包商付款担保的额度，国内现有规范性文件并没有明确规定，一般参照履约担保。对于农民工工资付款担保，国内有比较明确的规定。如大连市规定，农民工工资付款担保额度，工程合同价款500万元以下的，为工程合同价款的10%；工程合同价款超过500万元的，为500万元以下部分的10%与超过500万元部分的5%之和。

承包商付款担保的有效期在合同中约定。住房和城乡建设部规定，合同约定的有效期截止时间为自各项相关工程建设分包合同（主合同）约定的付款截止日之后的30～180天。

8.2.4.2 预付款担保

预付款担保是指发包人在支付给承包人或供应商合同约定的预付款时，由承包人或供应商向发包人提交的担保，保证其按照合同约定正确、合理地为合同目的使用预付款以及按合同约定配合发包人全额扣回所预付的金额，不把预付款挪作他用。

承包人在取得业主提供的工程预付款时（前），需向业主提供与预付款额相同的担保。预付款担保的担保总额一般随项目预付款款中未运用金额的减少而递减。

预付款担保的有效期截止到预付款全额返还或抵扣之日。

发包人有足够的证据证明承包人或供应商未能正确、合理地为合同目的使用预付款时，发包人有权收回未扣回的预付款余额，承包人或供应商拒绝按发包人要求返还预付款余额时，发包人有权要求保证人在保额内承担保证责任，赔偿预付款余额。

8.2.4.3 维修担保

维修担保又称保修担保或质量担保。是保证人为承包商向业主提供的保证，保证承包商在工程保修期（又称质量缺陷责任期）内出现施工质量缺陷时，承包商应当负责维修的担保形式。若承包商拒不对出现的施工质量问题进行处理，则担保人必须负责维修或赔偿。

维修担保可采用银行保函或担保公司担保书、保修保证金等方式，也可以实行承包商的同业担保。维修担保可以包含在履约担保之中，也可以作为一种独立的担保形式。

工程竣工结算时，发包人将保修金全额支付给承包人的，一般会要求承包人提交维修证担保。维修保证担保额度与保修合同约定的保修金相等。

维修保证担保有效期由发包人与承包人在保修合同中约定。一般应当与法定的保修期限和合同约定的保修期限相一致，通常为工程竣工验收合格之日起满 5 年。

承包人不履行保修责任时，发包人可以要求保证人承担保证担保责任。

8.2.5 工程担保业务的主要内容

8.2.5.1 工程保证合同的主要条款

原建设部发布的《工程担保合同示范文本（试行）》中包括了投标委托保证合同、业主支付委托保证合同、承包商履约委托保证合同、总承包商付款委托保证合同 4 个保证合同范本。范本保证合同一般由 12 个条款组成。

（1）定义。包括担保种类、主合同约定的价款等含义。

（2）保证的范围及保证金额。投标保证的范围是甲方未按照招标文件的规定履行投标人义务，给招标人造成的实际损失；履约担保的范围是未履行主合同约定的义务，给业主造成的实际损失；支付（付款）担保的范围是主合同约定的价款。保证金额包括担保的金额与限额。

（3）保证的方式及保证期间。保证的方式为连带责任保证，保证期间包括确定的期间范围以及保证期间的调整方法。

（4）承担保证责任的形式。投标担保和履约担保分别约定担保责任情形，支付（付款）担保证责任的形式是代为支付。

（5）担保费及支付方式。规定担保费率根据担保额、担保期限、风险等因素确定。确定担保费率、担保费总额、一次性支付的日期。

（6）反担保。说明需按照要求提供反担保，由双方另行签订反担保合同。

（7）乙方的追偿权。强调保证人按照合同的约定承担了保证责任后，即有权要求被保证人立即归还乙方代偿的全部款项及乙方实现债权的费用，还应支付代偿之日起企业银行同期贷款利息、罚息，并按上述代偿款项的一定百分比一次性支付违约金。

（8）双方的其他权利义务。说明保证人出具担保函的日期；被保证人发生法定资格等变更及重大经营举措，发生亏损、诉讼等事项，主合同的修改、变更等，应尽通知义务；主合同发生重大变更，应经保证人书面同意；被保证人应全面履行主合同，及时通报合同履行情况，配合保证人进行的检查和监督。

（9）争议的解决。说明合同发生争议或纠纷时，双方当事人可以通过协商解决，协商不成的，通过法院或仲裁方式解决，写明法院或仲裁机构名称。

（10）甲乙双方约定的其他事项。

（11）合同的生效、变更和解除。说明合同生效条件为合同由双方法定代表人（或其授权代理人）签字或加盖公章生效。合同生效后，任何有关合同的补充、修改、变更、解除等均需由双方协商一致并订立书面协议。

（12）附则。说明合同份数。

8.2.5.2 工程保函的主要条款

原建设部发布的《工程担保合同示范文本（试行）》中包括了投标保函、业主支付保函、承包商履约保函、总承包商付款保函 4 个保函范本。范本保函一般由 8 个条款组成。

（1）保证的范围及保证金额。与工程保证合同类似。

（2）保证的方式及保证期间。与工程保证合同类似。

（3）承担保证责任的形式。与工程保证合同类似。

（4）代偿的安排。说明受益人要求保证人承担保证责任的，需要发出书面索赔通知及对方违约（或造成损失）的证明材料。索赔通知应写明要求索赔的金额，支付款项应到达的账号。有质量争议的，还需提供第三方机构出具的质量说明材料。保证人收到书面索赔通知及相应证明材料后，核实并承担保证责任的时间期限等。

（5）保证责任的解除。说明保证期间，受益人未书面主张保证责任，或者被保证人按主合同约定履行了全部义务，自届满次日起，保证责任解除；或者保证人按照保函向受益人履行保证责任所支付金额达到保函金额时，自支付之日起，保证责任即解除；按照法律、法规的规定或出现应解除保证人保证责任的其他情形的，保证责任亦解除。解除保证责任后，受益人应将保函原件返还保证人。

（6）免责条款。说明因受益人违约致使业主不能履行义务的，保证人不承担保证责任；依照法律、法规的规定或受益人与被担保人的另行约定，免除被保证人部分或全部义务的，保证人亦免除其相应的保证责任；受益人与被担保人协议变更主合同的，如加重被担保人责任致使保证人保证责任加重的，需征得保证人书面同意，否则保证人不再承担因此而加重部分的保证责任；因不可抗力造成被保证人不能履行义务的，保证人不承担保证责任。

（7）争议的解决。说明因保函发生的纠纷，由受益人与保证人双方协商解决，协商不成的，通过诉讼程序由指定法院解决。

（8）保函的生效。说明保函自保证人法定代表人（或其授权代理人）签字或加盖公章并交付受益人之日起生效。

8.3　工程保险的概念与特点

工程保险起源于 19 世纪中期的英国，紧随工业革命之后，至今已有近 150 年历史。工程实施阶段的安装工程一切险和建筑工程一切险，最早的有记录记载可以追溯到 1924 年和 1929 年。我国工程保险作为财产保险的重要分支，从 1979 年中国人民保险公司开办至今，经历了近 30 年的发展，发挥了巨大的风险保障作用，但我国工程保险市场毕竟起步较晚，尚处于发展的初级阶段。

8.3.1　工程保险基本概念

8.3.1.1　保险与保险合同

《保险法》定义：保险"是指投保人根据合同约定，向保险人支付保险费，保险人对于合同约定的可能发生的事故因其发生所造成的财产损失承担赔偿保险金责任，或者当被保险人死亡、伤残、疾病或者达到合同约定的年龄、期限时承担给付保险金责任的商业保险行为"。保险合同是投保人与保险人约定保险权利义务关系的协议。

现代保险学者一般从两个方面来解释保险的定义。从经济角度上说，保险是分摊意外事故损失的一种财务安排。投保人参加保险，实质上是将他的不确定的大额损失变成确定的小额支出，即保险费，而保险人集中了大量同类风险，能借助大数法则来正确预见损失的发生额，并根据保险标的的损失概率制定保险费率，通过向所有被保险人收取保险费建立保险基金，用于补偿少数被保险人遭受的意外事故损失。从法律角度来看，保险是一种合同行为，体现的是一种民事法律关系。

保险是转移风险的一种方式，它能使投保的受害人事后及时得到经济的补偿。但并不是所有的破坏物质财富或威胁人身安全的风险，保险人都可以承保，保险仅适用于可保风险。尤其对工程项目承发包而言，并不是所有风险均可成为保险保障的对象。

8.3.1.2 保险人、投保人、被保险人与受益人

保险人是指与投保人订立保险合同，并承担赔偿或者给付保险金责任的保险公司。

投保人是指与保险人订立保险合同，并按照保险合同负有支付保险费义务的人。

被保险人是指其财产或者人身受保险合同保障，享有保险金请求权的人，投保人可以为被保险人。

受益人是指人身保险合同中由被保险人或者投保人指定的享有保险金请求权的人，投保人、被保险人可以为受益人。

8.3.1.3 保险金额与保险费

保险金额是指保险人承担赔偿或者给付保险金责任的最高限额。

保险费指保险人承担风险的对价，是保险金额与保险费率的乘积。保险费由纯保费和附加保费构成。纯保费是保险人用于赔付给被保险人或受益人的保险金，它是保险费的最低界限。附加保费是由保险人所支配的费用，由营业费用、营业税和营业利润构成。保险费率即保险价格，是保险人按单位保险金额向投保人收取保险费的标准，通常用千分数表示。

8.3.1.4 工程保险

工程保险是保险的一个类种。从广义上理解工程保险包括工程实施阶段的保险和工厂运行设备的保险两大类。但从狭义的角度来看，通常人们所讲的工程保险主要是指工程实施阶段的保险，其中的核心是建筑（安装）工程一切险。本书主要指狭义含义。

从风险管理的角度看，保险实质上是一种风险转移，将原应由业主或承包人，或其他被保险人承担的风险责任转移给保险人承担。只不过这种转移是有偿的，需要工程项目业主，或承包人，或其他被保险人事先向保险人交纳一笔保险费用。

工程保险的投保人，一般为项目业主或总承包商。工程施工合同的工程一切险及其附加的第三者责任险，由谁投保的决定权通常在业主，多数的工程合同中规定由承包商负责投保。

8.3.2 工程保险的特点

保险具有经济性、商品性、互助性、契约性、科学性等特性。工程保险作为一种财产保险和责任保险的综合保险，属于财产保险的一部分，但它与普通财产保险有许多不同的地方。

8.3.2.1 保险标的的不完整性和保险金额的渐增性

普通财产保险价值是固定不变的，而工程保险在保险期限内的任何一个时点，保险金额

是不同的。工程施工开始时，工地上只有少量的工程材料和施工设备，所以也就只有少量与工程有关的财产处于风险中，但是随着时间的推移，随着工程施工的不断进展，工地的材料和施工设备逐渐增多，工程本身也逐渐显露未来的形状，处于风险中的保险财产价值不断增加，在工程完工或工程建设合同终止时，在险保险财产价值达到最大，潜在的火灾风险也在最后的安装工程阶段达到最大。

8.3.2.2 工程保险承保的是综合性风险

工程保险承保的风险表现在：①工程保险既承保被保险人财产损失的风险，同时还承保被保险人的责任风险；②承保的风险标的中，大部分处于裸露于风险中，对于抵御风险的能力大大低于普通财产保险的标；③工程在施工过程中，始终处于一种动态的过程，各种风险因素错综复杂，使风险程度加大。工程保险可以通过一张保险单，承保上述综合风险，表现形式一般为一切险。工程保险的主责任范围，一般由物质损失部分和第三者责任部分构成。同时，工程保险还可以针对工程项目风险的具体情况，通过附加条款或批单提供运输过程中、工地外储存过程中、保证期过程中等各类风险的专门保障。而普通财产保险不承保操作上的失误，也不承保因财产本身缺陷而引起的损失。

8.3.2.3 被保险人的多方性

普通财产保险的被保险人比较单一，一般为单个企业或单位。工程建设涉及多方利益，根据参与各方签订的各种合同中风险分担的规定，参与各方都承担着工程项目的不同种类和不同程度的风险。工程发生风险事故后，工程业主和承包商、分包商、设备供应商、设计方、工程监理方、贷款银行等，都有可能蒙受经济利益损失，这些对工程拥有利益的各方都可以成为被保险人。因此，尽管工程保险可以由业主或总承包商统一购买，但建筑安装工程险保险单中的被保险人往往是多个，包括业主、贷款银行、承包商和分包商等。

8.3.2.4 保险费率的个别性

工程保险没有固定或统一的保险费率。在承保时，保险公司对承保工程的风险进行评估，根据承保工程的风险状况，确定保险费率。同时，工程保险采用的是工期费率，而不是年度费率。并且，保费一般按工程期计算，预先确定，工程结束后再根据实际保险金额进行调整。

8.3.2.5 保险期限与建设期限的一致性

普通财产保险保险期限一般按年计算，并按1年计收保险费，1年后再续保。工程保险的保险期限一般是根据工期确定的，往往是几年，甚至十几年。与普通财产保险不同的是，工程保险保险期限的起止点也不是确定的具体日期，而是根据保险单的规定和工程的具体情况确定的。普通财产保险的保险期限有连续性，保险期满可以续保。工程保险期满后，也即工程竣工后，工程转变为工程所有人的财产，要投保的将是相应的财产保险和责任保险。

8.4 工程保险合同

保险合同，是指保险人与投保人约定保险权利义务关系，并承担源于被保险人保险风险的协议。保险合同双方的权利与义务为：一方当事人根据约定收取他方保险费，并对于约定的事故发生造成损失时或约定的期限届满时，承担赔偿或给付保险金的义务。

8.4.1 保险合同的特征与基本内容

8.4.1.1 保险合同的特征

保险合同具有以下特征：

（1）保险合同是保障性合同。即保险合同是在被保险人遭受保险事故时，保险人提供经济保障的合同。

（2）保险合同是射幸合同。"射幸"即碰运气的意思，一般的经济合同，多是等价交换的合同。而保险合同，特别是财产保险合同具有射幸合同的特点。

（3）保险合同是附合性与约定性并存的合同。附合性合同也叫格式合同或标准合同。

（4）保险合同是双务合同。即双方当事人均须承诺有对价关系的债务合同。

（5）保险合同是有偿合同。即被保险人取得保险保障，必须支付相应的保险费。

（6）保险合同是最大诚信合同。保险合同的权利义务完全建立在诚实信用基础上，因此，保险合同被称为"最大诚信合同"。

（7）保险合同是属人性合同。保险合同是一种基于个人性质（不论是自然人还是法人）基础之上的合同，这一性质称为"属人性"或"对人性"。

（8）保险合同是要式合同。我国《保险法》规定保险合同应采用书面形式。

8.4.1.2 保险合同条款的主要内容

保险条款是记载保险合同内容的条文、款目，是保险合同双方享受权利与承担义务的主要依据。保险单上都印有保险条款，其中事先印在保单上的条款称为"基本条款"，有些法律规定必须列入的内容，即"法定条款"也包含其中。此外，保险人根据业务需要载入保单的称"选择条款"；按照被保险人要求增加承保危险的称"附加条款"；被保险人为了享受合同权利而承诺应尽义务的约定称"保证条款"；对专门行业，保险人在保险保障等方面作专门规定的称"行业条款"。

按照《保险法》的规定，保险合同应当包括下列事项：

（1）保险人名称和住所；

（2）投保人、被保险人名称和住所，以及人身保险的受益人的名称和住所；

（3）保险标的；

（4）保险责任和责任免除；

（5）保险期间和保险责任开始时间；

（6）保险价值；

（7）保险金额；

（8）保险费以及支付办法；

（9）保险金赔偿或者给付办法；

（10）违约责任和争议处理；

（11）订立合同的年、月、日；

（12）与保险有关的其他事项。

8.4.1.3　保险合同的形式

保险合同通常采用书面形式，投保人通过填写投保单提出要约，保险人是以签发投保单、暂保单或保险单为承诺。投保单、保险单、保险条款、批单、双方协议、单方承诺以及其他双方约定构成合同的内容组成。

保险合同是一种法定形式的书面文件，一般包括：投保单、暂保单、保险单、保险凭证和批单。

（1）投保单。又称要保书，是投保人向保险人申请保险的一种单证，由保险人印制，具有统一格式，投保人按所列项目逐一填写，即向保险人陈述有关保险的事项，保险人据此决定是否接受投保。如果投保单填写不实或者有隐瞒和欺诈行为，这将影响保险合同的效力。如果某些信息在保险单上没有体现，但在投保单上有注明，则记载在投保单上的信息效力与记载在保险单上相同。

（2）保险单。是保险人和投保人订立保险合同的一种正式书面凭证，详细列明保险合同的全部内容，它是保险合同的主要组成部分，不仅是保险合同存在的凭证，也是被保险人提出索赔、保险人进行理赔的主要凭证。同时保险单具有证券的作用。虽然保险单是保险合同的证明，但是只要投保人提出的要约一经保险人承诺，保险合同即告成立，即使保险人尚未出立保险单，也要承担保险责任。

（3）暂保单又称临时保险单。一般在下列情况下使用暂保单：①保险代理人在争取到业务时还未向保险人办妥正式手续前，给投保人开出一张保险证明；②保险公司的分支机构在接受投保后，还未得到总公司批准前先出立一张保险证明；③保险合同双方在没有完全谈妥条件时，保险人给予被保险人一张保险证明。暂保单的法律效力与保险合同相同，但有效期较短，一般只有30天。当正式保险单出立后，暂保单就自动失效。在正式保险单出立之前，保险人有权终止暂保单的效力，但必须事先通知投保人。

（4）保险凭证。是一种简化的保险单，也称为小保单，只在少数几种业务中使用，如在企业单位的机动车辆保险业务中发给驾驶员的书面凭证。其法律效力与保险单相同，只是内容较为简单。

（5）批单。又称背书，是保险人应投保人或被保险人的要求出具的修订或更改保单内容的证明文件。批单通常在两种情况下使用：一是对已印制好的标准保单所作的部分修正，这种修正并不改变保单的基本保险条件，只是缩小或扩大保险责任范围；二是在保险合同订立后的有效期内，对某些保险项目进行更改和调整。批单可在原保单或保险凭证上批注，也可另外出具一张变更合同内容的附贴便条。凡经批改过的内容，以批单为准；多次批改，应以最后批改为准。批单一经签发，就自动成为保单的一个重要组成部分。

8.4.2　工程保险合同的法律原则

工程保险合同的法律原则主要有保险利益原则、补偿原则、最大诚信原则和分摊原则。

8.4.2.1　保险利益原则

保险利益是指投保人或者被保险人对保险标的具有的法律上承认的利益。

保险利益原则是指投保人或者被保险人对保险标的应当具有保险利益。投保人对保险标的不具有保险利益的，保险合同无效。

保险利益是指导保险实际业务活动的基本原则。保险人在履行赔偿或者给付责任时，必须以被保险人对保险标的所具有的保险利益为最高限额，赔偿或者给付的最高限额不得超过其保险利益的损失价值。根据这一原则，财产保险在保险事故发生时，被保险人（投保人）对保险标的必须具有保险利益。

8.4.2.2 补偿原则

补偿原则是指在发生保险事故，致使保险标的发生损失时，按照保险合同约定的条件，依保险标的的实际损失，在保险金额以内进行赔偿，但被保险人不能因损失赔偿而获得额外利益的原则。

工程遭受保险事故后引起的工程造价增加如图 8-1 所示。通常，工程都是按其造价作为保险金额投保的。此时，除受损工程原造价进入合同工程保险金额外，其他费用并未列入工程保险金额。也就是说，对这些超出受损工程原造价的各种额外费用（包括受损工程修复费用超额部分）进行赔偿虽不违反损失补偿原则，但均需双方特别约定才能获得赔偿。

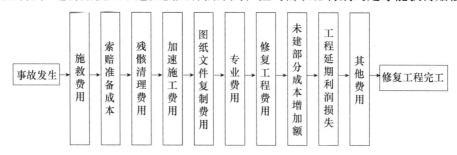

图 8-1　因保险事故发生而引起的工程造价增加的内容

8.4.2.3 最大诚信原则

保险活动中，最大诚信原则的基本含义是：保险双方在签订和履行保险合同时，必须以最大的诚意，履行自己应尽的义务，互不欺骗和隐瞒，恪守合同的约定与承诺，否则会导致保险合同无效。保险最大诚信原则在保险合同中应该对保险当事人双方都有约束，但在实际中，由于保险标的掌握在保险人手中，所以最大诚信原则只约束投保人，而对保险人的规范与监督，是通过保险业法和政府的监管来实现的。

最大诚信原则的实施，对于投保人来说，主要是告知（如实陈述有关保险标的的重要事实）、保证（按要求在保险期间对某一事项的作为或不作为，某种事态的存在或不存在作出承诺）和违反诚信原则的处分；对于保险人而言，则要求保险人在保险业务中不得有下列行为：①欺骗投保人、被保险人或者受益人；②对投保人隐瞒与保险合同有关的重要情况；③阻碍投保人、被保险人履行如实告知义务，或者诱导投保人不履行告知义务；④承诺向投保人、被保险人或者受益人给予保险合同规定以外的保险费回扣或者其他利益。

8.4.2.4 分摊原则

分摊原则是由补偿原则派生出来的，它与财产保险业务中发生的重复保险密切相关。重复投保原则上是不允许的，但在事实上是存在的。其原因通常是由于投保人或者被保险人的疏忽，或者源于投保人求得心理上更大安全感的欲望。重复保险的投保人应当将重复保险的有关情况通知各保险人。

在重复保险的情况下，当发生保险事故，对于保险标的所受损失，由各保险人分摊。如果保险金额总和超过保险价值的，各保险人承担的赔偿金额总和不得超过保险价值。这是补偿原则在重复保险中的运用，以防止被保险人因重复保险而获得额外利益。

8.4.3 建筑工程一切险

8.4.3.1 适用范围

建筑工程一切险是保障建筑工程建设过程中遭受到不可预见和突发的损失时获得赔偿的一个险种。

建筑工程一切险是以承包合同价格或概算价格作为保额，以重置基础进行赔偿的，承保以土木建筑为主体的工程在整个建设期间由于保险责任范围内的风险造成保险工程项目的物质损失和列明的费用的保险。

建筑工程一切险是财产和责任的综合险，其保险责任包括物质损失部分和第三者责任两部分。两部分的保险责任不同，除外责任的表述也不完全相同。物质损失部分的保险项目包括：建筑工程，包括主体工程、配套设施、与建筑工程相关的临建、存放在工地内的材料设备等；业主提供的物料及其负责建造的项目；与建筑工程配套的安装工程项目；建筑用机器、装置及设备；场地清理费；工地内现有的建筑；业主和承包商的其他财产。

建筑工程一切险的被保险人可以包括：业主、总承包商、分包商、业主聘用的监理工程师、与工程有密切关系的单位或个人（如贷款银行或投资人）等。由于在一张保单下可以有多个被保险人，为了避免多个被保险人相互追究责任，往往都会附加共保交叉责任条款。如果被保险人之间发生相互责任事故，均由保险人赔偿，无需进行追偿。通常，建筑工程一切险的投保人一般是业主或承包商。如果工程项目的各个部分由总承包人分包出去，则有可能使用多份保险单。

8.4.3.2 保险单结构

一个典型的建筑工程一切险保险单通常包括下列部分：明细表、导言、释义部分、总除外责任、保险期限、物质损失险部分、第三者责任险部分、免赔数额、保险金额、赔偿处理、被保险人的义务、总则、附加条款等内容。国内建筑工程一切险保险条款的具体内容详见本书8.4.4的介绍，下面简要介绍明细表、导言、释义、免赔数额和附加条款等内容。

（1）明细表。明细表通常用于准确地描述保险单中一些重要变量的定义和数值，明细表附在保险单后面，并且作为保险单的一部分。明细表经常是一页纸的内容，它的采用方便了工程保险单的管理和对保险单主要内容的查阅。明细表通常包括下列项目：被保险方、工程简要描述、合同施工场所、估算的合同价值以及营业额、被保险财产及其存放地点、被保险财产的保险金额、保险期限、对第三方责任的赔偿限额、免赔额、有关试运转期和（或）保修期的保险期限、保险费。

（2）导言。工程险保险单通常有一个非常简短的导言，导言条款说明的是：被保险人缴纳保费后，保险人将对应地按照保险单条款提供保障，也可能包括确认投保单或投保申请书是保险合同的基础，并且作为保险合同的一部分。

（3）释义部分。释义部分对那些在保险单中通用的词语作初定义，以便在保险单中使用这些词语时具有统一的含义，并且可以用简短的词语来代替繁冗的表述。

（4）免赔数额。保险公司要求投保人根据其不同的损失，自负一定的责任，即由被保险人承担的损失额称为免赔额。保险单中通常会就每一次损失和全部损失列明具体的免赔数额。保险人在合向中加入免赔额是通过让被保险人承担一定的风险以减少索赔次数。如果允许被保险人将免赔部分投保，就会弱化被保险人风险管理的努力，增加保险人的管理成本和可能的赔偿数额。对于建筑工程一切险，工程本身的免赔额为保险金额的 0.5%～2%；施工机具设备等的免赔额为保险金额的 5%；第三者责任险中财产损失的免赔额为每次事故赔偿限额的 1%～2%，但人身伤害没有免赔额。保险人向被保险人支付为修复保险标的遭受损失所需的费用时，必须扣除免赔额。

（5）保证和条件。需要说明的是，在我国的工程保险条款中，保证和条件的内容通常包含在总则、被保险人义务、赔偿处理等部分的内容中。保险单中"保证"和"条件"条款在保险法里有特殊的含义，保证是被保险人对某一特定事实的存在与否，或被保险人对某一事项的作为或不作为作出的契约性承诺，保证影响到整个保险合同；条件是指被保险人应该如何做或以什么态度做的要求，或者是指被保险人索赔有效性或行使索赔所依赖的特定意外事故。

（6）附加条款。工程险的附加条款是依附于标准保险单后的保险规定，是对标准保险单的补充，使标准保险单适合于特定的工程或特定的工程参与单位。尽管只是作为标准保险单的补充，但在保险条款解释原则上，附加条款内容的效力优先于标准保险单上的内容，当标准保险单与附加条款内容相抵触时，以附加条款内容为准。

8.4.3.3 物质损失部分

1. 责任范围

建筑工程一切险物质损失部分的保险责任包括：

（1）保险单明细表中分项列明的被保险财产在列明的工地范围内，因保险单除外责任以外的任何自然灾害或意外事故造成的物质损坏或灭失（以下简称"损失"）；

（2）对经保险单列明的因发生上述损失所产生的有关费用。

其中，自然灾害是指地震、海啸、雷电、飓风、台风、龙卷风、风暴、暴雨、洪水、水灾、冻灾、冰雹、地崩、山崩、雪崩、火山爆发、地面下陷下沉及其他人力不可抗拒的破坏力强大的自然现象。而意外事故是指不可预料的以及被保险人无法控制并造成物质损失或人身伤亡的突发性事件，包括火灾和爆炸。

通常保险人对每一保险项目的赔偿责任均不能超过保险单明细表中对应列明的分项保险金额以及保险单特别条款或批单中规定的其他适用的赔偿限额。在任何情况下，保险人在保险单项下承担的对物质损失的最高赔偿责任不会超过保险单明细表中列明的总保险金额。

建筑工程一切险物质损失部分的保险责任采用的是概括式的说明，但详细列举了除外责任。因此判断某事故是否属于保障范围，只需要判断是否属于除外责任即可。

2. 除外责任

建筑工程一切险物质损失部分，除了总除外责任之外，保险人对下列各项也不负责赔偿：

（1）设计错误引起的损失和费用；

（2）自然磨损、内在或潜在缺陷、物质本身变化、自燃、自热、氧化、锈蚀、渗漏、

314

鼠咬、虫蛀、大气（气候或气温）变化、正常水位变化或其他渐变原因造成的被保险财产自身的损失和费用；

（3）因原材料缺陷或工艺不善引起的被保险财产本身的损失，以及为换置、修理或矫正这些缺陷所支付的费用；

（4）非外力引起的机械或电气装置的本身损失，或施工用机具、设备、机械装置失灵造成的本身损失；

（5）维修保养或正常检修的费用；

（6）档案、文件、账簿、票据、现金、各种有价证券、图表资料及包装物料的损失；

（7）盘点时发现的短缺；

（8）领有公共运输行驶执照的，或已由其他保险予以保障的车辆、船舶和飞机的损失；

（9）除非另有约定，在被保险工程开始以前已经存在或形成的位于工地范围内或其周围的属于被保险人的财产的损失；

（10）除非另有约定，在保险单保险期限终止以前，被保险财产中已由工程所有人签发完工验收证书或验收合格或实际占有或使用或接收的部分。

上述除外责任中，前三项是建筑工程一切险所特有的，而第四到第八项是大多数保险中共同的除外责任，第九项是指那些不属于被保险工程的财产是除外的，而第十项则被视为完工，相应的，这部分已完工工程的保险也已经终止了。

8.4.3.4　第三者责任部分

建筑工程一切险的第三者责任保险，是指保险人负责保障被保险人对第三者的人身或者财产造成损失，同时还保证相关的法律诉讼费用。

1. 责任范围

建筑工程一切险第三者责任部分的保险责任包括：

（1）因发生与保险单所承保工程直接相关的意外事故引起工地内及邻近区域的第三者人身伤亡、疾病或财产损失，依法应由被保险人承担的经济赔偿责任。

（2）对被保险人因上述原因而支付的诉讼费用以及事先经保险人书面同意而支付的其他费用。

通常保险人对每次事故引起的赔偿金额以法院或政府有关部门根据现行法律裁定的应由被保险人偿付的金额为准。但在任何情况下，均不得超过保险单明细表中对应列明的每次事故赔偿限额。同时，在保险期限内，保险人在保险单项下对上述经济赔偿的最高赔偿责任不得超过保险单明细表中列明的累计赔偿限额。

建筑工程一切险第三者责任部分的保险责任同样采用的是概括式的说明，而除外责任则详细列举。

2. 除外责任

建筑工程一切险第三者责任部分，除了总除外责任之外，保险人对下列各项也不负责赔偿：

（1）保险单物质损失项下或本应在该项下予以负责的损失及各种费用；

（2）由于震动、移动或减弱支撑而造成的任何财产、土地、建筑物的损失及由此造成的任何人身伤害和物质损失；

（3）下列原因引起的赔偿责任：①工程所有人、承包人或其他关系方或他们所雇用的在工地现场从事与工程有关工作的职员、工人以及他们的家庭成员的人身伤亡或疾病；②工程所有人、承包人或其他关系方或他们所雇用的职员、工人所有的或由其照管、控制的财产发生的损失；③领有公共运输行驶执照的车辆、船舶、飞机造成的事故；④被保险人根据与他人的协议应支付的赔偿或其他款项，但即使没有这种协议，被保险人仍应承担的责任不在此限。

8.4.3.5　保险金额

由于建筑工程中被保险标的的价值随着工程进展而不断变化，因此建筑工程一切险保险金额的确定比较复杂。通常，保险单明细表列明的保险金额是分项列明的。其中，建筑工程保险单明细表中列明的保险金额应不低于被保险工程建筑完成时的总价值，包括原材料费用、设备费用、建造费、安装费、运保费、关税、其他税项和费用，以及由工程所有人提供的原材料和设备的费用；施工用机器、装置和机械设备保险单明细表中列明的保险金额应不低于重置同型号、同负载的新机器、装置和机械设备所需的费用；其他保险项目保险单明细表中列明的保险金额应不低于由被保险人与保险人商定的金额。

被保险人投保时，通常是先估计保险金额，而后再根据实际的变化进行调整。同时，保费也是估计并预收的，在保险期限结束时，根据工程的实际价值调整保险金额，再相应调整保费。因此，若被保险人是以被保险工程合同规定的工程概算总造价投保，被保险人应：

（1）在保险项下工程造价中包括的各项费用因涨价或升值原因而超出原被保险工程造价时，必须尽快以书面通知保险人，保险人据此调整保险金额；

（2）在保险期限内对相应的工程细节作出精确记录，并允许保险人在合理的时候对该项记录进行查验；

（3）若被保险工程的建造期超过3年，必须从保险单生效日起每隔12个月向保险人申报当时的工程实际投入金额及调整后的工程总造价，保险人将据此调整保险费；

（4）在保险单列明的保险期限届满后3个月内向保险人申报最终的工程总价值，保险人据此以多退少补的方式对预收保险费进行调整。

否则，针对以上各条，保险人将视为保险金额不足，一旦发生保险责任范围内的损失时，保险人将根据保险单总则中"比例赔偿"的规定对各种损失按比例赔偿。

8.4.3.6　保险期限

建筑工程一切险承保从开工到完工过程中的风险，保险期限是按整个工程的期限计算。对于大型、综合性工程，由于其各部分的工程项目分期施工，如果投保人要求分别投保，可以分别签发保单和分别规定保险期限。

1. 建筑期物质损失及第三者责任保险期限

保险人的保险责任自被保险工程在工地动工或用于保险工程的材料、设备运抵工地之时起始，至工程所有人对部分或全部工程签发完工验收证书或验收合格，或工程所有人实际占有或使用或接收该部分或全部工程之时终止，以先发生者为准。但在任何情况下，建筑期保险期限的起始或终止不得超出保险单明细表中列明的建筑期保险生效日或终止日。

不论安装的被保险设备的有关合同中对试车和考核期如何规定，保险人仅在保险单明细表中列明的试车和考核期限内对试车和考核所引发的损失、费用和责任负责赔偿；若保险设备本身是在本次安装前已被使用过的设备或转手设备，则自知其试车之时起，保险人对该项设备的保险责任即行终止。

上述保险期限的展延，须事先获得保险人的书面同意，否则，从保险单明细表中列明的建筑期保险期限终止日起至保证期终止日止期间内发生的任何损失、费用和责任，保险人不负责赔偿。

2. 保证期物质损失保险期限

保证期的保险期限与工程合同中规定的保证期一致，从工程所有人对部分或全部工程签发完工验收证书或验收合格，或工程所有人实际占有或使用或接收该部分或全部工程时起算，以先发生者为准。但在任何情况下，保证期的保险期限不得超出保险单明细表中列明的保证期。

8.4.3.7 总除外责任

总除外责任适用于保险单的所有部分，在不同的保险市场，总除外责任可能会有所不同。建筑工程一切险的总除外责任包括：

（1）战争、类似战争行为、敌对行为、武装冲突、恐怖活动、谋反、政变引起的任何损失、费用和责任；

（2）政府命令或任何公共当局的没收、征用、销毁或毁坏；

（3）罢工、暴动、民众骚乱引起的任何损失、费用和责任；

（4）被保险人及其代表的故意行为或重大过失引起的任何损失、费用和责任；

（5）核裂变、核聚变、核武器、核材料、核辐射及放射性污染引起的任何损失、费用和责任；

（6）大气、土地、水污染及其他各种污染引起的任何损失、费用和责任；

（7）工程部分停工或全部停工引起的任何损失、费用和责任；

（8）罚金、延误、丧失合同及其他后果损失；

（9）保险单明细表或有关条款中规定的应由被保险人自行负担的免赔额。

8.4.3.8 赔偿处理

建筑工程一切险的赔偿方式（有支付赔款、进行修复或重置赔偿方式）由保险人选择，但对被保险财产在修复或重置过程中发生的任何变更、性能增加或改进所产生的额外费用，保险人不负责赔偿。

在发生保险单物质损失项下的损失后，保险人按下列方式确定赔偿金额：

（1）可以修复的部分损失——以将被保险财产修复至其基本恢复受损前状态的费用扣除残值后的金额为准。但若修复费用等于或超过被保险财产损失前的价值时，则按全部损失或推定全损的规定处理；

（2）全部损失或推定全损——以被保险财产损失前的实际价值扣除残值后的金额为准，但保险人有权不接受被保险人对受损财产的委付；

（3）发生损失后，被保险人为减少损失而采取必要措施所产生的合理费用，保险人可予以赔偿，但本项费用与物质损失赔偿金额之和以受损的被保险财产的保险金额为限。

保险人赔偿损失后，由保险人出具批单将保险金额从损失发生之日起相应减少，并且不退还保险金额减少部分的保险费。如被保险人要求恢复至原保险金额，应按约定的保险费率加缴恢复部分从损失发生之日起至保险期限终止之日止按日比例计算的保险费。

当发生第三者责任项下的索赔时，未经保险人书面同意，被保险人或其代表对索赔方不得作出任何责任承诺或拒绝、出价、约定、付款或赔偿。在必要时，保险人有权以被保险人的名义接办对任何诉讼的抗辩或索赔的处理。保险人有权以被保险人的名义，为保险人的利益自付费用向任何责任方提出索赔的要求。未经保险人书面同意，被保险人不得接受责任方就有关损失作出的付款或赔偿安排，或放弃对责任方的索赔权利，否则，由此引起的后果将由被保险人承担。在诉讼或处理索赔过程中，保险人有权自行处理任何诉讼或解决任何索赔案件，被保险人有义务向保险人提供一切所需的资料和协助。

被保险人的索赔期限，从损失发生之日起，不得超过规定年限（一般 1～2 年）。

8.4.3.9 被保险人的义务

建筑工程一切险的被保险人及其代表应严格履行规定义务。包括：

（1）在投保时，被保险人及其代表应对投保申请书中列明的事项以及保险人提出的其他事项作出真实、详尽的说明或描述。

（2）被保险人或其代表应根据保险单明细表和批单中的规定按期缴付保险费。

（3）在保险期限内，被保险人应采取一切合理的预防措施，包括认真考虑并付诸实施保险人代表提出的合理的防损建议、谨慎选用施工人员、遵守一切与施工有关的法规和安全操作规程，由此产生的一切费用，均由被保险人承担。

（4）在发生引起或可能引起保险单项下索赔的事故时，被保险人或其代表应立即通知保险人，并在 7 天或经保险人书面同意延长的期限内，以书面报告提供事故发生的经过、原因和损失程度；采取一切必要措施防止损失的进一步扩大，并将损失减少到最低程度；在保险人的代表或检验师进行勘查之前，保留事故现场及有关实物证据；在被保险财产遭受盗窃或恶意破坏时，立即向公安部门报案；在预知可能引起诉讼时，立即以书面形式通知保险人，并在接到法院传票或其他法律文件后，立即将其送交保险人；根据保险人的要求，提供作为索赔依据的所有证明文件、资料和单据。

（5）若在某一被保险财产中发现的缺陷表明或预示类似缺陷亦存在于其他被保险财产中时，被保险人应立即自付费用进行调查并纠正该缺陷。否则，由类似缺陷造成的一切损失应由被保险人自行承担。

8.4.3.10 总则

总则是合同中的总体概括性的条款。建筑工程一切险的总则通常包括保单效力、保单终止、权益丧失、合理查验、比例赔偿、重复保险、权益转让、争议处理等内容。

（1）保单效力。被保险人严格地遵守和履行保险单的各项规定，是保险人在保险单项下承担赔偿责任的先决条件。

（2）保单无效。如果被保险人或其代表漏报、错报、虚报或隐瞒有关保险的实质性内容，则保险单无效。

（3）保单终止。除非经保险人书面同意，保险单将在下列情况下自动终止：①被保险人丧失保险利益；②承保风险扩大。保险单终止后，保险人将按日比例退还被保险人保险单项下未到期部分的保险费。

（4）权益丧失。如果任何索赔含有虚假成分，或被保险人或其代表在索赔时采取欺诈手段企图在保险单项下获取利益，或任何损失是由被保险人或其代表的故意行为或纵容所致，被保险人将丧失其在保险单项下的所有权益。对由此产生的包括保险人已支付的赔款在内的一切损失，应由被保险人负责赔偿。

（5）合理查验。保险人的代表有权在任何适当的时候对被保险财产的风险情况进行现场查验。被保险人应提供一切便利及保险人要求的，用以评估有关风险的详情和资料。但上述查验并不构成保险人对被保险人的任何承诺。

（6）比例赔偿。在发生保险物质损失项下的损失时，若受损被保险财产的分项或总保险金额低于对应的应保险金额，其差额部分视为被保险人所自保，保险人则按保险单明细表中列明的保险金额与应保险金额的比例负责赔偿。

（7）重复保险。保险单负责赔偿损失、费用或责任时，若另有其他保障相同的保险存在，不论是否由被保险人或他人以其名义投保，也不论该保险赔偿与否，保险人仅负责按比例分摊赔偿的责任。

（8）权益转让。若保险单项下负责的损失涉及其他责任方时，不论保险人是否已赔偿被保险人，被保险人应立即采取一切必要的措施行使或保留向该责任方索赔的权利。在保险人支付赔款后，被保险人应将向该责任方追偿的权利转让给保险人，移交一切必要的单证，并协助保险人向责任方追偿。

（9）争议处理。被保险人与保险人之间的一切有关保险的争议应通过友好协商解决。如果协商不成，可申请仲裁或向法院提出诉讼。除事先另有协议外，仲裁或诉讼应在被告方所在地进行。

8.4.3.11 保险费率

1. 保险费率的组成

建筑工程一切险的保险费率通常根据风险的大小确定。它由 5 个分项费率组成。

（1）业主提供的物料及项目、安装工程项目、场地清理费、工地内现存的建筑物、业主或承包人在工地的其他财产等为一个总的费率，规定整个工期一次性费率。

（2）施工用机器、装置及设备为单独的年度费率，因为它们流动性大，一般为短期使用，旧机器多，损耗大，小事故多。因此，此项费率高于第（1）项费率。如保期不足一年，按短期费率计收保费。

（3）第三者责任险费率，按整个工期一次性费率计取。

（4）保证性费率，按整个工期一次性费率计取。

（5）各种附加保障增收费率或保费，也按整个工期一次性费率计取。

对于一般性的工程项目，为方便起见，费率构成考虑了以上因素的情况下，可以只规定整个工程的平均一次性费率，一般为合同总价的 0.2% ~ 0.45%。

2. 保险费率的制定依据

建筑工程一切险没有固定的费率表，其具体费率系根据以下因素，结合参考费率表制定。

（1）风险性质（气候影响和地质构造数据，如地震、洪水或水灾等）；

（2）工程本身的危险程度，工程的性质及建筑高度，工程的技术特征及所用的材料，工程的建造方法等；

（3）工地及邻近地区的自然地理条件，有无特别危险源存在；

（4）巨大灾害的可能性，最大可能损失程度及工地现场管理和安全条件；

（5）工期（包括试车期）的长短及施工季节，保证期长短及其责任的大小；

（6）承包人及其他与工程有直接关系的各方的资信、技术水平及经验；

（7）同类工程及以往的损失记录；

（8）免赔额的高低及特种危险的赔偿限额。

3. 保险费的交纳

建筑工程一切险因保险期较长、保费数额大，可分期交纳保费，但出单后必须立即交纳第一期保费，而最后一笔保费必须在工程完工前半年交清。分期付费，保险人必须出具批单说明。工程完工时，根据工程完工价值和工期，调整保费，多退少补。

如果在保险期内工程不能完工，保险可以延期，不过投保人须交纳补充保险费。延展期的补充保险费只能在原始保险单规定的逾期日前几天确定，以便保险人能及时、准确地了解各种情况。

8.4.4 安装工程一切险

8.4.4.1 适用范围

安装工程一切险属于技术险种，其目的在于为各种机器的安装及钢结构工程的实施提供尽可能全面的专门保险，它是以设备的购货合同价和安装合同价加各种费用或以安装工程的最后建成价格为保额的，以重置基础进行赔偿的，专门承保以新建、扩建或改造的工矿企业的机器、设备、储油罐、起重机、吊车或钢结构建筑物以及包含机械工程因素的任何建造工程，在整个安装、调试期间，由于保险责任范围内的风险造成的保险财产的物质损失和列明的费用的保险。

安装工程一切险的被保险人除承包商外还包括：业主、制造商或供应商、技术咨询顾问、安装工程的信贷机构、待安装构件的买受人等。

建筑工程保险和安装工程保险在形式和内容上基本一致，是承保工程项目相辅相成的两个险种，只是安装工程保险针对机器设备的特点，在承保的标的和责任范围方面与建筑工程保险有所不同（两者风险性质的区别见表8-1）。

表8-1　建筑工程一切险与安装工程一切险风险性质的区别

风　险	建筑工程一切险	安装工程一切险
标的风险	标的多半处在暴露状态，遭受自然灾害损失的可能性较大	标的多半在建筑物内，机器设备的安装技术性强，遭受人为事故损失的可能性较大
试车风险	不存在	在交接前必须通过试车考核，在试车期发生的损失在整个安装工期中占很大比例
风险变化	保险标的从开工以后逐渐增加，风险责任也随着标的的增加而增加	保险标的的变化不大，待安装的机器设备通常从安装开始就存放在工地上，保险人从一开始就承担着全部风险责任

一般而言，安装工程一切险适用于以安装工程为主体的工程项目（土建部分不足总价20%的，按安装工程一切险投保；超过50%的，按建筑工程一切险投保；在20%～50%之间的，按附带安装工程险的建筑工程一切险投保）。

具体地，安装工程一切险的保险标的包括：安装的机器及安装费，包括安装工程合同内要安装的机器、设备、装置、物料、基础工程（如地基、座基等）以及为安装工程所需的各种临时设施（如水、电、照明、通讯设备等）；安装工程使用的承包人的机器、设备；附带投保的土木建筑工程项目，指厂房、仓库、办公楼、宿舍、码头、桥梁等（这些项目一般不在安装合同以内，但可在安装险内附带投保）。可以根据投保人的要求附加第三者责任险。

8.4.4.2 保险责任和除外责任

安装工程一切险的保险责任也包括物质损失部分和第三者责任两部分，其保险责任也采用概括式的方式界定，除外责任采用列举式界定。

安装工程一切险的保险责任与建筑工程一切险基本相同，主要承保保单列明的除外责任以外的任何自然灾害和意外事故造成的损失及有关费用。

安装工程一切险的除外责任与建筑工程一切险的除外责任基本相同，只是有几处除外，差异内容见表8-2。

表8-2　安装工程一切险与建筑工程一切险除外责任部分的差异

内　容	安装工程一切险	建筑工程一切险
物质损失项下的除外责任部分	因设计错误、铸造或原材料缺陷或工艺不善引起的被保险财产本身的损失，以及为置换、修理或矫正这些缺点、错误所支付的费用	设计错误引起的损失和费用；因原材料缺陷或工艺不善引起的被保险人财产本身的损失以及为置换、修理或矫正这些缺点、错误所支付的费用
	由于超负荷、超电压、碰线、电弧、漏电、短路、大气放电及其他电气原因造成电气设备或电气用具本身的损失	—
	施工用机具、设备、机械装置失灵造成的本身损失	非外力引起的机械或电力装置的本身损失，或施工用机具、设备、机械装置失灵造成的本身损失
第三者责任项下的除外责任部分	—	由于震动、移动或减弱支撑而造成的任何财产、土地、建筑物的损失及由此造成的任何人身伤害和物质损失

8.4.4.3 保险金额

安装工程一切险保险金额与建筑工程一切险中的一致。其中，安装工程项目的保险金额应不低于被保险人工程安装完成时的总价值，包括设备费用、原材料费用、安装费、建造费、运输费和保险费、关税、其他税项和费用，以及由工程所有人提供的原材料和设备的费用；施工用机器、装置和机械设备保险单明细表中列明的保险金额应不低于重置同型号、同负载的新机器、装置和机械设备所需的费用；其他保险项目保险单明细表中列明的保险金额应不低于由被保险人与保险人商定的金额。

需要注意的是通常安装工程承包合同的承包价是不包括被安装设备的价值，它仅仅是包括安装费用和安装过程中必需的辅助材料的费用。

同样，被保险人是以被保险合同规定的工程概算总造价先估计保险金额和保费，而后再根据工程的实际价值调整保险金额及保费，保险人据此以多退少补的方式对预收保险费进行调整。

8.4.4.4 保险的费率

安装工程险的费率主要有以下几类：

（1）安装项目。土木建筑工程项目、业主或承包人在工地上的其他财产及清理费用为一个总的费率，是整个工期一次性费率；

（2）试车期为一单独费率，是一次性费率；

（3）保证期，是整个保证期一次性费率；

（4）各种附加保障增收费率，也是整个工期一次性费率；

（5）安装、建筑用机器、装置及设备为单独的年费率。

安装工程保险的费率，应按不同类型的工程项目确定，主要考虑以下因素：

（1）工程本身的危险程度，工程的性质及安装技术难度；

（2）工地及邻近地区的自然地理条件，有无特别危险存在；

（3）最大可能损失程度及工地现场管理和施工及安全条件；

（4）被安装机器设备的质量、型号；

（5）工期长短及安装季节，试车期和保证期的长短；

（6）承包人及其他工程关系方的资信，施工人员的技术水平和管理人员的素质；

（7）同类工程以往的损失记录；

（8）免赔额的高低及特种危险的赔偿限额。

总的来讲，安装工程一切险的风险较大，保险费率也要高于建筑工程一切险，一般为合同总价的 0.3%～0.5%。

第9章 违约与合同纠纷的处理

在建设工程合同的履约过程中，不可避免地会出现一些违约事件，致使各种合同纠纷经常发生。一旦发生合同违约与合同纠纷事件，对业主和承包者来说，都是一件不愉快的事，大家都要因此花费不少时间、精力和金钱，影响双方的合作基础和未来的合作关系，并会影响项目最终目标的顺利实现。因此，业主、承包人和监理工程师都希望尽量减少引起合同纠纷的潜在因素，避免和减少合同纠纷的产生，或以最小的代价合理处理合同纠纷。

9.1 合同违约责任

9.1.1 违约责任的一般规定

9.1.1.1 违约责任的概念

合同的违约责任是指合同的当事人一方不履行合同义务或者履行合同义务不符合约定时，所应当承担的民事责任。

在具体合同文本中所说的违约责任是指当事人约定的关于当事人违约后应当承担的责任的方式，至于在什么情况下承担违约责任则由《合同法》予以规定，对此当事人不能约定。

合同的违约责任是对当事人违约的经济制裁，它表现为违约方丧失一定经济权利或增加一定的经济义务。

9.1.1.2 合同违约责任的构成要件

违约责任的构成要件是指合同当事人应具备何种条件才应承担违约责任。违约责任的构成要件包括违约行为、违约事实以及违约行为与损害事实之间的因果关系等。

（1）当事人有违约行为。违约行为是指当事人违反合同义务的行为。违约行为分为预期违约和实际违约两种。预期违约是指当事人一方明确表示或者以自己的行为表明不履行合同义务。预期违约又可分为明示违约和默示违约。实际违约又可分为不履行、不适当履行。但并不是所有的不履行、不适当履行都要承担违约责任，只有依法律规定或合同约定承担违约责任时，才承担违约责任。

（2）有损害的事实。损害事实是指一方的违约行为造成对方财产上的损害。这种损害必须是实际发生的损害，对于尚未发生的损害，不能赔偿。违约损害分为直接损害和间接损害。直接损害是指违约行为直接造成标的物的损害，如现有财产的毁损、灭失、已花费的开支等。间接损害是指违约行为造成标的物损害以外的其他损害，如应增加而未增加的收入，因违约给第三人造成的损失等。

（3）违约行为和损害后果之间有因果关系。因果关系是指违约行为与损害后果之间是前因后果的关系。按照《合同法》的规定，除了有法定免责事由的情况外，当事人只要有违约行为，无论其主观上是否有过错，都要承担违约责任。

9.1.1.3　承担违约责任的方式

合同违约责任的承担方式主要有：继续履行，支付违约金，支付赔偿金，采取补救措施等。这些方式有时单独适用，有时同时适用。

违约金是指合同当事人违约后，按照当事人约定或法律规定向对方当事人支付的一定数量的货币。违约金是合同法普遍采纳的一种责任形式。违约金是预先规定的。但违约金条款在下列情况下无效：①载有违约金条款的合同无效、被撤销或不成立，则约定的违约金条款无效（此时，当事人虽有时可以要求赔偿，但其依据的是缔约过失责任）；②在违约金条款与赔偿损失条款并存时，可以认定违约金条款无效；③违约金条款中约定的违约金超过了合同中的价款或报酬（一般是对超过的部分确认无效，未超过部分有效）。同时，当事人支付违约金后，不能当然免除其继续履行的义务。当事人迟延履行时，支付违约金后，还应当履行债务。

赔偿金是指在合同当事人不履行合同或履行合同不符合约定，给对方当事人造成损失时，依照约定或法律规定应当承担的、向对方支付一定数量的货币。这里所说的赔偿金，是指违约赔偿金。违约赔偿金的数额与当事人的损失一般情况下是相等的。合同中当事人一方违约后，对方应当采取适当措施防止损失的扩大；没有采取适当措施致使损失扩大的，不得就扩大的损失要求赔偿。当事人因防止损失扩大而支出的合理费用，由违约方承担。当事人因对方违约而发生损失的，如果当事人因同一原因而获得某种利益时，在其应得的损害赔偿中，应扣除其所获得的利益部分。

9.1.1.4　违约责任的免除

1. 免责事由

免责是指在合同履行过程中，因出现了法定的免责条件和合同约定的免责事由而导致合同不能履行，将被免除履行义务，并全部或部分免除责任。这些法定的免责条件和合同约定的免责事由统称为免责事由。法定的事由通常就是指不可抗力。而当事人约定的免责事由，则包括了免责条款和当事人约定的不可抗力条款。一般来说，当事人约定的不可抗力条款只是对法定的关于不可抗力的免责条件的补充。对于约定的其他免责条款，如果不违反法律规定，则在这些约定的事由发生以后，法律承认它们具有免责效力，但违反法律规定的则无效。

2. 不可抗力

《合同法》规定，不可抗力，是指不能预见、不能避免并不能克服的客观情况。

《合同法》第一百一十七条规定，因不可抗力不能履行合同的，根据不可抗力的影响，部分或者全部免除责任，但法律另有规定的除外。当事人迟延履行后发生不可抗力的，不能免除责任。

《合同法》第一百一十八条规定，当事人一方因不可抗力不能履行合同的，应当及时通知对方，以减轻可能给对方造成的损失，并应当在合理期限内提供证明。

3. 不可抗力条款

合同中关于不可抗力的约定称为不可抗力条款，其作用是补充法律对不可抗力的免责事由所规定的不足，便于当事人在发生不可抗力时及时处理合同。一般来说，不可抗力条款应包括下述内容：①不可抗力的范围；②不可抗力发生后，当事人一方通知另一方的期限；

③出具不可抗力证明的机构及证明的内容；④不可抗力发生后对合同的处置。

9.1.2 建设工程违约责任的承担

《合同法》、《最高人民法院关于审理建设工程施工合同纠纷案件适用法律问题的解释》（法释〔2004〕14号）（以下简称《司法解释》）等法律文件中，明确规定了建设工程违约责任的具体承担方式。

9.1.2.1 《合同法》关于违约的相关规定

勘察、设计的质量不符合要求或者未按照期限提交勘察、设计文件拖延工期，造成发包人损失的，勘察人、设计人应当继续完善勘察、设计，减收或者免收勘察、设计费并赔偿损失（第二百八十条）。

因施工人的原因致使建设工程质量不符合约定的，发包人有权要求施工人在合理期限内无偿修理或者返工、改建。经过修理或者返工、改建后，造成逾期交付的，施工人应当承担违约责任（第二百八十一条）。

因承包人的原因致使建设工程在合理使用期限内造成人身和财产损害的，承包人应当承担损害赔偿责任（第二百八十二条）。

发包人未按照约定的时间和要求提供原材料、设备、场地、资金、技术资料的，承包人可以顺延工程日期，并有权要求赔偿停工、窝工等损失（第二百八十三条）。

因发包人的原因致使工程中途停建、缓建的，发包人应当采取措施弥补或者减少损失，赔偿承包人因此造成的停工、窝工、倒运、机械设备调迁、材料和构件积压等损失和实际费用（第二百八十四条）。

因发包人变更计划，提供的资料不准确，或者未按照期限提供必需的勘察、设计工作条件而造成勘察、设计的返工、停工或者修改设计，发包人应当按照勘察人、设计人实际消耗的工作量增付费用（第二百八十五条）。

发包人未按照约定支付价款的，承包人可以催告发包人在合理期限内支付价款。发包人逾期不支付的，除按照建设工程的性质不宜折价、拍卖的以外，承包人可以与发包人协议将该工程折价，也可以申请人民法院将该工程依法拍卖。建设工程的价款就该工程折价或者拍卖的价款优先受偿（第二百八十六条）。

9.1.2.2 《司法解释》关于违约与争议解决的相关规定

建设工程施工合同无效，但建设工程经竣工验收合格，承包人请求参照合同约定支付工程价款的，应予支持（第二条）。

建设工程施工合同无效，且建设工程经竣工验收不合格的，按照以下情形分别处理：①修复后的建设工程经竣工验收合格，发包人请求承包人承担修复费用的，应予支持；②修复后的建设工程经竣工验收不合格，承包人请求支付工程价款的，不予支持。因建设工程不合格造成的损失，发包人有过错的，也应承担相应的民事责任（第三条）。

当事人对垫资和垫资利息有约定，承包人请求按照约定返还垫资及其利息的，应予支持，但是约定的利息计算标准高于中国人民银行发布的同期同类贷款利率的部分除外。当事人对垫资没有约定的，按照工程欠款处理。当事人对垫资利息没有约定，承包人请求支付利息的，不予支持（第六条）。

建设工程施工合同解除后，已经完成的建设工程质量合格的，发包人应当按照约定支付相应的工程价款；已经完成的建设工程质量不合格的，参照本解释第3条规定处理。因一方违约导致合同解除的，违约方应当赔偿因此而给对方造成的损失（第十条）。

因承包人的过错造成建设工程质量不符合约定，承包人拒绝修理、返工或者改建，发包人请求减少支付工程价款的，应予支持（第十一条）。

发包人具有下列情形之一，造成建设工程质量缺陷，应当承担过错责任：①提供的设计有缺陷；②提供或者指定购买的建筑材料、建筑构配件、设备不符合强制性标准；③直接指定分包人分包专业工程。承包人有过错的，也应当承担相应的过错责任（第十二条）。

建设工程未经竣工验收，发包人擅自使用后，又以使用部分质量不符合约定为由主张权利的，不予支持；但是承包人应当在建设工程的合理使用寿命内对地基基础工程和主体结构质量承担民事责任（第十三条）。

当事人对建设工程实际竣工日期有争议的，按照以下情形分别处理：①建设工程经竣工验收合格的，以竣工验收合格之日为竣工日期；②承包人已经提交竣工验收报告，发包人拖延验收的，以承包人提交验收报告之日为竣工日期；③建设工程未经竣工验收，发包人擅自使用的，以转移占有建设工程之日为竣工日期（第十四条）。

建设工程竣工前，当事人对工程质量发生争议，工程质量经鉴定合格的，鉴定期间为顺延工期期间（第十五条）。

当事人对建设工程的计价标准或者计价方法有约定的，按照约定结算工程价款。因设计变更导致建设工程的工程量或者质量标准发生变化，当事人对该部分工程价款不能协商一致的，可以参照签订建设工程施工合同时当地建设行政主管部门发布的计价方法或者计价标准结算工程价款。建设工程施工合同有效，但建设工程经竣工验收不合格的，工程价款结算参照本解释第3条规定处理（第十六条）。

当事人对欠付工程价款利息计付标准有约定的，按照约定处理；没有约定的，按照中国人民银行发布的同期同类贷款利率计息（第十七条）。

利息从应付工程价款之日计付。当事人对付款时间没有约定或者约定不明的，下列时间视为应付款时间：①建设工程已实际交付的，为交付之日；②建设工程没有交付的，为提交竣工结算文件之日；③建设工程未交付，工程价款也未结算的，为当事人起诉之日（第十八条）。

当事人对工程量有争议的，按照施工过程中形成的签证等书面文件确认。承包人能够证明发包人同意其施工，但未能提供签证文件证明工程量发生的，可以按照当事人提供的其他证据确认实际发生的工程量（第十九条）。

当事人约定，发包人收到竣工结算文件后，在约定期限内不予答复，视为认可竣工结算文件的，按照约定处理。承包人请求按照竣工结算文件结算工程价款的，应予支持（第二十条）。

当事人就同一建设工程另行订立的建设工程施工合同与经过备案的中标合同实质性内容不一致的，应当以备案的中标合同作为结算工程价款的根据（第二十一条）。

当事人约定按照固定价结算工程价款，一方当事人请求对建设工程造价进行鉴定的，不予支持（第二十二条）。

当事人对部分案件事实有争议的，仅对有争议的事实进行鉴定，但争议事实范围不能确定，或者双方当事人请求对全部事实鉴定的除外（第二十三条）。

建设工程施工合同纠纷以施工行为地为合同履行地（第二十四条）。

因建设工程质量发生争议的，发包人可以以总承包人、分包人和实际施工人为共同被告提起诉讼（第二十五条）。

实际施工人以转包人、违法分包人为被告起诉的，人民法院应当依法受理。实际施工人以发包人为被告主张权利的，人民法院可以追加转包人或者违法分包人为本案当事人。发包人只在欠付工程价款范围内对实际施工人承担责任（第二十六条）。

因保修人未及时履行保修义务，导致建筑物毁损或者造成人身、财产损害的，保修人应当承担赔偿责任。保修人与建筑物所有人或者发包人对建筑物毁损均有过错的，各自承担相应的责任（第二十七条）。

9.2 合同纠纷的防范与合同的解释

合同纠纷，又称合同的争议，是指因合同的生效、解释、履行、变更、终止等行为而引起的合同当事人的所有争议。合同解释制度的出现正是出于解决当事人争议的需要。

9.2.1 合同纠纷的产生与防范

9.2.1.1 施工合同纠纷常见类型

合同纠纷的范围广泛，涵盖了一项合同从成立到终止的整个过程。

施工合同常见的纠纷有如下几种主要类型：

（1）施工合同主体纠纷；

（2）施工合同工程款纠纷；

（3）施工合同质量纠纷；

（4）施工合同分包与转包纠纷；

（5）施工合同变更和解除纠纷；

（6）施工合同竣工验收纠纷；

（7）施工合同审计纠纷。

9.2.1.2 施工合同纠纷的成因与防范措施

合同纠纷产生的原因是多方面的，也是十分复杂的，主要是目前建筑市场不规范、建设法律法规不完善等外部环境，市场主体行为不规范、合同意识和诚信履约意识薄弱等主体问题，施工项目的特殊性、复杂性、长期性和不确定性等项目特点，以及施工合同本身复杂性和易出错误等众多原因导致的。

为了尽可能地减少合同纠纷及违约事件发生，总体上，各方当事人需要提高和强化合同意识、诚信履约意识和合同管理意识，建立、完善和落实合同管理体系、制度、机构及相关人员，正确使用合同标准文本，提高风险管理能力和水平。在具体项目上，各方当事人都应从以下两方面入手去解决问题：首先，签订合同要严肃认真；其次，在履约过程中，合同各方当事人应及时交换意见，或按标准合同条款规定，及时交与监理工程师，由三方协商解决，尽可能将合同执行中的问题分别及时地加以适当处理，不要将问题累积下来算总账。

9.2.2　合同的解释

9.2.2.1　合同的解释的含义

合同的解释是指根据有关的事实，按照一定的原则和方法，对合同的内容所作的说明。它有广义、狭义之分。广义的合同解释，是指所有的合同关系人基于不同的目的对合同所作的解释。狭义的合同解释，是指受理合同纠纷的法院和仲裁机关对合同及其相关资料的含义所作的有法律拘束力的分析和说明。

9.2.2.2　合同的解释规则

《合同法》第一百二十五条规定：当事人对合同条款的理解有争议的，应当按照合同所使用的词句、合同的有关条款、合同的目的、交易习惯以及诚实信用原则，确定该条款的真实意思。合同文本采用两种以上文字订立并约定具有同等效力的，对各文本使用的词句推定具有相同含义。各文本使用的词句不一致的，应当根据合同的目的予以解释。

1．文义解释规则

文义解释是指依合同所用语言的字面含义进行解释。在适用该规则时，应取词语通常含义解释，即除合同上下文、交易习惯等赋予其他含义外，词语是一般用语的，取其一般含义；词语是专业用语的，则取其专业意义。在确定词语的通常含义时，法院一般依词典含义确定词语的通常含义，如果词典含义有多项，如一项通常含义和一项特殊含义，则依文义解释规则取其通常含义，除非另有证据证明当事人取其特殊含义。

2．整体解释规则

整体解释是反映将词语或条款放置在整个合同文体中进行解释，不应被割裂、孤立而断章取义。整体解释要求合同的全部条款得互相解释，以确定每一条款在整个合同中的意义；特殊用语与一般用语矛盾的，应先按特殊用语解释；有印刷和书写两种条款时，应确认手写条款效力优于印刷条款；具体规定优先于原则规定；直接规定优先于间接规定；细节的规定优先于概要的规定。

3．习惯解释规则

习惯解释是指当合同条款语句有疑义或疏漏，且当事人并未明示排斥习惯时，可依习惯进行解释。所谓习惯，是指当事人所知悉或实践的惯性表意方式。当事人对该习惯的存在负举证责任。该习惯亦不得违反强行法规定、国家政策和公序良俗。

4．目的解释规则

目的解释是指依照当事人所欲达到的经济的或社会的效果而对合同进行解释。合同目的有抽象目的和具体目的之分，抽象目的是当事人订立合同时有使合同有效的目的，如果合同条款相互矛盾有使合同有效和无效两种解释时，那么应从使合同有效的解释；具体目的是指合同本身所欲追求的具体的经济或社会效果，如果合同条款文字含义与当事人目的相背离时，应以合同目的解释之，不应拘泥于文字。司法实践中主要通过书面合同本身发现目的，如果不足以发现目的则参考各种交易证据等综合判断。

5．公平解释规则

公平解释是指合同的解释应公平合理，兼顾双方当事人的利益公平解释要求：无偿合同的条款含义不清时，应作出有利于债务人的解释；对于有偿合同，应按双方公平的含义解释；如果合同用语有歧义，应作出不利于合同起草者的解释。

6. 诚信解释规则

它要求解释合同时应当诚实，讲究信用。该规则具有明显的补充合同的意义。诚信解释规则与其说是方法规则不如说是合同解释的原则。诚信原则要求法官注重合同解释的合理性、公平性，这种公平、合理的获得需要法官运用文义解释、整体解释、习惯解释等多种规则进行解释，而由诚信观念检验之。

9.3　合同纠纷的处理

对于合同争议的处理方式，合同法给出了明确的规定：当事人可以通过和解或者调解解决合同争议。当事人不愿和解、调解或者和解、调解不成的，可以根据仲裁协议向仲裁机构申请仲裁。涉外合同的当事人可以根据仲裁协议向中国仲裁机构或者其他仲裁机构申请仲裁。当事人没有订立仲裁协议或者仲裁协议无效的，可以向人民法院起诉。当事人应当履行发生法律效力的判决、仲裁裁决、调解书；拒不履行的，对方可以请求人民法院执行。

9.3.1　和解

9.3.1.1　和解的含义

和解，是指在合同发生纠纷后，合同当事人在自愿互谅的基础上，依照法律、法规的规定和合同的约定，自行协商解决合同争议。

和解是双方在自愿、友好、互谅的基础上进行的。实事求是地分清责任是和解解决合同纠纷的基础。

和解的方式和程序十分灵活，适合双方当事人对合同纠纷的及时解决。

和解解决节省开支和时间，能使争议得到经济、快速的解决。有利于双方当事人团结和协作，便于协议的执行。

和解应遵循合法、自愿、平等和互谅互让等原则。

和解是有局限性的。和解所达成的协议能否得到切实，自觉的遵守，完全取决于争议当事人的诚意和信誉。如果在双方达成协议之后，一方反悔，拒绝履行应尽的义务，协议就成为一纸空文，而且在实践中，当争议标的金额巨大或争议双方分歧严重时，通过协商达成谅解是比较困难的。

9.3.1.2　和解解决合同争议的程序

从实践中看，用和解的方法解决建设工程合同纠纷所适用的程序与建设工程合同的订立、变更或解除所适用的程序大致相同，采用要约、承诺方式。即一般是在建设工程合同纠纷发生后，由一方当事人以书面的方式向对方当事人提出解决纠纷的方案，方案应当是比较具体，比较完整的。另一方当事人对提出的方案可以根据自己的意愿，作一些必要的修改，也可以再提出一个新的解决方案。然后，对方当事人又可以对新的解决方案提出新的修改意见。这样，双方当事人经过反复协商，直至达到一致意见，从而产生"承诺"的法律后果，达成双方都愿意接受的和解协议。对于建设工程合同所发生的纠纷用自行和解的方式来解决，应订立书面形式的协议作为对原合同的变更或补充。

9.3.2 调解

9.3.2.1 调解的含义

调解，是指在合同发生纠纷后，在第三人的参加和主持下，对双方当事人进行说服、协调和疏导工作，使双方当事人互相谅解并按照法律的规定及合同的有关约定达成解决合同纠纷的协议。

通过调解的方式解决合同争议与和解解决一样，也具有方法灵活、程序简便、节省时间和费用、不伤争议双方的感情等特点，因而既可以及时、友好地解决争议，又可以保护当事人的合法权益。同时，由于调解是在第三人主持下进行的，这就决定了它所独有的特点：

（1）有第三人介入，看问题可能客观、全面一些，有利于争议的公正解决；

（2）有第三人参加，可以缓解双方当事人的对立情绪，便于当事人双方较为冷静、理智地考虑问题；

（3）有利于当事人抓住时机，便于寻找适当的突破口，公正、合理地解决争议。

9.3.2.2 调解的种类

一般而言，调解主要有下列几种：

（1）行政调解。是指合同发生争议后，根据双方当事人的申请，在有关行政主管部门主持和协调下，双方自愿达成协议的解决合同争议的方式。

（2）法院（司法）调解或仲裁调解。是指合同争议的诉讼或仲裁过程中，在法院或仲裁机构的主持和协调下，双方当事人进行平等协商，自愿达成协议，并经法院或仲裁机构认可从而终结诉讼或仲裁程序的活动。调解成功，法院或仲裁庭需要制作调解书，这种调解书一旦由当事人签收就与法院的判决书或仲裁裁决书具有同等的法律效力。

（3）人民（民间）调解。是指合同发生争议后，当事人共同协商，请有威望、受信赖的第三人，包括人民调解委员会、企事业单位或其他经济组织、一般公民以及律师、专业人士等作为中间调解人，双方合理合法地达成解决争议的协议（书面、口头均可）。

9.3.2.3 调解的程序

调解合同纠纷，方法是多样的，但调解过程都应有步骤地进行，通常可以按以下程序进行：

（1）纠纷当事人向调解人提出调解意向；

（2）调解人作调解准备；

（3）调解人协调和说服；

（4）达成协议。

9.3.3 争议评审（裁决）

9.3.3.1 争议评审（裁决）的含义

争议评审（裁决）是指争议双方通过事前协商，选定独立公正的第三人对其争议作出决定，并约定双方都愿意接受该决定的约束的一种解决争议的程序。它是近年来国际工程合同争议解决的一种新方式。20世纪90年代，我国在二滩水电站项目中首次引进。《中华人民共和国标准施工招标文件》（2007 年版）的合同条款引入了争议评审机制，供当事人选择使用。

争议评审（裁决）方式具有如下优点：

（1）具有施工和管理经验的技术专家的参与，处理方案符合实际，有利执行；

（2）节省时间，解决争议便捷；

（3）解决成本比仲裁或诉讼要便宜；

（4）评审（裁决）决定并不妨碍再进行仲裁或诉讼。

9.3.3.2　争议评审（裁决）的种类

1. 争议评审委员会（Dispute Review Board，简称"DRB"）

这种方式是 20 世纪 70 年代首先在美国发展起来的。美国科罗拉多州的艾森豪威尔隧道工程包含价值 1.28 亿美元的土建、电器和装修 3 个合同，4 年工程实施中发生了 28 起争议，均通过 DRB 的调解得到了解决，并得到双方的尊重和执行。这种调解方式的成功引起了美国工程界的广泛关注，之后在许多工程中推广了 DRB 方式。

世界银行关注到 DRB 这种新的争议解决的替代方式，并开始在其贷款项目中试行。由于世界银行在随后的项目中采用 DRB 方式也取得了很好的成效，因此在 1995 年 1 月世界银行出版的《工程采购标准招标文件》中正式规定以 DRB 替代工程师解决争议的作用：5000 万美元以上的项目必须采用 DRB；1000～5000 万美元的项目可由合同双方商定采用下述 3 种方式中的任一种来调解争议：DRB（三人），DRE（一位争议评审专家），"红皮书"中的工程师。

2. 争端裁决委员会（简称"DAB"）

FIDIC 在 1995 年出版的《设计-建造与交钥匙工程合同条件》（桔皮书）中提出了用 DAB 来替代过去版本中依靠工程师解决争议的办法。在 1999 年新出版的《施工合同条件》（新红皮书）、《生产设备和设计-建造合同条件》（新黄皮书）、《EPC 交钥匙项目合同条件》（银皮书）中，均统一采用 DAB，并且附有"争议裁决协议书的通用条件"和"程序规则"等文件。

根据建设项目的规模、工期和复杂程度的不同，DAB 可由一人或三人组成。对工程合同金额超过 2500 万美元的项目，FIDIC 建议采用三人组成的 DAB。

DAB 成员应是工程师或其他建造专业人士，DAB 的决定应采用书面形式，如果在规定的时间内任何一方没有得出异议，则该决定具有最终的约束力。

9.3.3.3　DAB 的组织操作

DAB 有常设和临时两种类型，可根据项目的具体情况选择其中一种，也可两者都有。

常设 DAB 是指从签订合同起，直至工程竣工止。有的项目，DAB 会运作好几年。常设 DAB 通过对施工现场的定期考察，解决施工争议，适用于土木工程的施工。在施工合同中，DAB 是常设的，合同双方应在开工后 28 天内共同指定 DAB，对施工中发生的争议，在寻求 DAB 决定前，可共同征询 DAB 的意见，预知双方各自的权利，以避开争议决定后的风险。FIDIC 还规定，合同一方不得单独征询 DAB 的意见。对于常设 DAB，每年对施工现场考察不得少于 3 次，并应在施工关键时刻进行，由合同双方向 DAB 所有成员提供一份合同文件及其所要求的其他文件，考察结束，DAB 应写出考察报告。当合同双方发生争议时，DAB

一般先举行听证会，由合同双方提供书面资料，保证争议各方均有充分陈述意见的机会。DAB 的决定应采用书面形式，其内容还应包括争议事项的概述、相关事实、决定的原则等。

临时 DAB 则是指仅在发生争议时再组成的争议裁决委员会，争议解决即行解散。临时 DAB 的成员也是临时选定的与争议有关的专家。采用临时 DAB 的目的是为了降低解决争议的费用。一般对于设备供应项目、工厂设备及设计-建造项目，因大量工作集中在工厂内而不是施工现场，为节省费用而选择临时 DAB 方式。FIDIC 在新的《生产设备和设计-建造合同》和《EPC 交钥匙合同》中规定临时 DAB 解决争议的程序是：首先由合同一方向另一方发出争议提交 DAB 的通知，在以后的 28 天内，双方应指定一个 DAB，并将争议提交其解决，DAB 应在 84 天内作出决定并指明决定的依据。

9.3.3.4 解决争议的程序

由于 DRB 和 DAB 都是借鉴在美国采用的 DRB 的经验，因之二者的规定大同小异。

（1）采用争议评审（裁决）解决争议的协议或条款。

（2）成立争议评审（裁决）组（委员会）。关于委员的选定，DAB 与 DRB 均是在规定时间内由合同双方各推举一人，然后由对方批准。DAB 是由合同双方和这两位委员共同推举第三位委员任主席，DRB 则是由被批准的两位委员推选第三人。

（3）申请评审（裁决）。申请人向争议评审（裁决）组提交一份详细的报告（副本同时提交给被申请人和监理人）。

（4）被申请人向争议评审（裁决）组提交一份答辩报告（副本同时提交给申请人和监理人）。

（5）争议评审（裁决）组邀请双方代表和有关人员举行调查会。

（6）争议评审（裁决）组作出书面评审（裁决）意见。合同任何一方就工程师未能解决的争端提出书面报告后，DAB 应在 84 天内作出书面决定（DRB 为 28～56 天内）。

发包人或承包人接受评审（裁决）意见（执行）。不接受评审（裁决）意见，提交仲裁或提起诉讼。双方收到决定或建议书后，如在一定时间内（DAB 为 28 天，DRB 为 14 天）未提出异议，即应遵守执行。

9.3.4 仲裁

9.3.4.1 仲裁的含义

仲裁，又称为公断，就是当发生合同纠纷而协商不成时，由合同双方当事人根据自愿达成的仲裁协议，申请选定的仲裁机构对合同争议依法作出有法律效力的裁决的解决合同争议的方法。

根据《中华人民共和国仲裁法》的规定，裁决当事人合同纠纷时，实行"或裁或审制"：当事人没有仲裁协议，一方申请仲裁的，仲裁委员会不予受理；当事人达成仲裁协议，一方向人民法院起诉的，人民法院不予受理，但仲裁协议无效的除外。

仲裁协议是指双方当事人自愿将争议提交仲裁机构解决的书面协议。它是包括：合同中的仲裁条款、专门仲裁协议以及其他形式的仲裁协议。仲裁协议应当具有下列内容：①请求仲裁的意思表示；②仲裁事项；③选定的仲裁委员会。

9.3.4.2　仲裁的基本原则

（1）意思自治原则。又称为自愿原则，即当事人是否将他们之间发生的纠纷提交仲裁，以及当事人将他们之间的纠纷提交哪一个仲裁委员会仲裁，由其自愿协商决定。仲裁不实行级别管辖和地域管辖。

（2）独立公正原则。仲裁依法独立进行，不受行政机关、社会团体和个人的干涉。

（3）一裁终局原则。仲裁裁决是终局的，裁决作出后，当事人就同一纠纷再次申请仲裁或向人民法院起诉的，仲裁委员会或者人民法院不予受理。

（4）先行调解的原则。就是仲裁机构先于裁决之前，根据争议的情况或双方当事人自愿而进行说服教育和劝导工作，以便双方当事人自愿达成调解协议，解决纠纷。

9.3.4.3　仲裁的程序

仲裁的一般程序为：

（1）合同当事人向仲裁机构提交仲裁的申请。仲裁申请书应依据规范，载明下列事项：①当事人的基本信息；②仲裁请求和所根据的事实、理由；③证据和证据来源、证人姓名和住所。

（2）仲裁的受理。仲裁委员会收到仲裁申请书之日起 5 日内，认为符合受理条件的，应当受理，并通知当事人；认为不符合受理条件的，应当书面通知当事人不予受理，并说明理由。

（3）仲裁委员会向申请人、被申请人提供仲裁规则和仲裁员名册。

（4）被申请人向仲裁委员会交答辩书，仲裁委员会将答辩书副本送达申请人。未提交答辩书的，不影响仲裁程序的进行。

（5）组成仲裁庭。仲裁庭不是一种常设机构，采用一案一组庭。仲裁庭可以由 3 名仲裁员（合议制仲裁庭）或一名仲裁员（独任制仲裁庭）组成。由 3 名仲裁员组成的，设首席仲裁员。当事人约定由 3 名仲裁员组成仲裁庭的，应当各自选定或者各自委托仲裁委员会主任指定一名仲裁员，第三名仲裁员由当事人共同选定或者共同委托仲裁委员会主任指定。第三名仲裁员是首席仲裁员。当事人约定由一名仲裁员成立仲裁庭的，应当由当事人共同选定或者共同委托仲裁委员会主任指定仲裁员。

（6）开庭。仲裁应当开庭进行。开庭是指仲裁庭依法定程序，对争议进行有步骤，有计划的审理。仲裁一般不公开进行。仲裁过程中，当事人应当对自己的主张提供证据。仲裁庭认为有必要收集的证据，可以自行收集。仲裁庭对专门性问题认为需要鉴定的，可以交由当事人约定的鉴定部门鉴定，也可以由仲裁庭指定的鉴定部门鉴定。证据应当在开庭时出示，当事人可以质证。当事人在仲裁过程中有权进行辩论。当事人申请仲裁后，可以自行和解。仲裁庭在作出裁决前，可以先行调解。仲裁机关在查明事实，分清责任的基础上，应着重进行调解，引导和促使当事人达成调解协议。

（7）裁决。是指仲裁机构经过对当事人之间争议的审理，根据争议事实和法律，对当事人双方争议作出的具有法律约束力的判断。当事人协议不开庭的，仲裁庭可以根据仲裁申请书、答辩书以及其他材料作出裁决。裁决应当按照多数仲裁员的意见作出，少数仲裁员的不同意见可以记入笔录。仲裁庭不能形成多数意见时，裁决应当按照首席仲裁员的意见作出。

（8）执行。裁决书自作出之日起发生法律效力。一经送达当事人即发生法律效力，当事人应主动履行。一方当事人不自动履行时，另一方当事人可以向有管辖权的人民法院申请执行。

（9）法院监督。当事人提出证据证明裁决有下列情形之一的，可以向仲裁委员会所在地的中级人民法院申请撤销裁决：①没有仲裁协议的；②裁决的事项不属于仲裁协议的范围或者仲裁委员会无权仲裁的；③仲裁庭的组成或者仲裁的程序违反法定程序的；④裁决所根据的证据是伪造的；⑤对方当事人隐瞒了足以影响公正裁决的证据的；⑥仲裁员在仲裁该案时有索贿受贿，徇私舞弊，枉法裁决行为的。人民法院经组成合议庭审查核实，裁决有前款规定情形之一的，应当裁定撤销。人民法院认定该裁决违背社会公共利益的，应当裁定撤销。

9.3.5　诉讼

9.3.5.1　诉讼的含义

诉讼是合同纠纷的一方当事人将纠纷诉诸国家审判机关，由人民法院对合同纠纷案件行使审判权，按照民事诉讼法规定的程序进行审理，查清事实，分清是非，明确责任，认定双方当事人的权利义务关系，从而解决争议双方的合同纠纷。

诉讼方式解决合同纠纷的特点：

（1）最大特点是强制性。一方面，在双方当事人之间没有仲裁协议的情况下，一方当事人向法院起诉，无需征得他方的同意，如果另一方当事人拒不出庭，法院可发出传票强令其出庭；另一方面，法院作出生效的判决具有强制拘束力，败诉方必须无条件予以执行。

（2）诉讼应当向有管辖权的人民法院起诉。当事人向法院提起诉讼，适用《中华人民共和国民事诉讼法》规定的民事诉讼程序，应当遵循级别管辖、地域管辖和专属管辖的原则。在不违反级别管辖和专属管辖的规定的前提下，可以依法选择管辖法院。

（3）法院审理合同争议案件，实行两审终审。法院审理合同纠纷案件时，可以进行调解，调解不成才进行判决。当事人对判决不服可在法定期限内向上一级人民法院上诉。当事人对已经发生法律效力的判决、裁定，认为有错误的，可以向上一级人民法院申请再审。上诉后作出的判决为终审判决，立即生效，交付执行。

9.3.5.2　民事诉讼的管辖

管辖是指各级人民法院和同级人民法院之间，受理第一审民事案件的分工和权限。民事案件的管辖分为级别管辖、地域管辖、移送管辖和指定管辖。

1. 级别管辖

级别管辖是指各级人民法院受理第一审民事案件的权限范围。

（1）除法律明确规定由最高人民法院、高级人民法院、中级人民法院管辖的案件外，基层人民法院管辖第一审民事案件。

（2）最高人民法院管辖在全国范围内有重大影响的或认为应当由自己审判的案件。

（3）高级人民法管辖本辖区内有重大影响的案件。

（4）中级人民法院管辖：①重大涉外案件；②在本辖区有重大影响的案件；③最高人民法院确定由中级人民法院管辖的案件。

2. 地域管辖

地域管辖是同级人民法院审理第一审民事案件的分工和权限。主要有：

（1）一般地域管辖。以"原告就被告"为原则，即民事案件一般由被告所在地人民法院管辖。

（2）特殊地域管辖。以诉讼标的所在地域引起法律关系产生、变更、消灭的法律事实所在地为划分标准的一种管辖。其中由合同纠纷提起的诉讼，由被告住所地或合同履行地人民法院管辖。

（3）专属管辖。民事诉讼法规定某些案件必须由特定的人民法院管辖，其他人民法院无权管辖。

（4）协议管辖。当事人在法律允许的范围内书面约定将他们的争议提交共同选择的法院予以审判。合同的双方当事人可以在书面合同中协议选择被告住所地、合同履行地、合同签订地、原告住所地、标的物所在地人民法院管辖，但不得违反法律对级别管辖和专属管辖的规定。

3. 管辖权的异议

管辖权的异议，是指当事人认为受诉人民法院对该案无管辖权，而向受诉人民法院提出的不服该法院管辖的意见或主张。提出管辖权异议的主体应当是本案当事人，并且只能是被告。当事人对管辖权的异议，应当在提交答辩状期间提出。如没有提出，则视为放弃提出异议的权利，以后不得再提出。

9.3.5.3 诉讼的参加人

诉讼参加人包括当事人、第三人和诉讼代理人。

1. 当事人

当事人是指因民事上的权利义务关系发生纠纷，以自己的名义进行诉讼，并受人民法院裁判约束，与案件审理结果有直接利害关系的人。在第一审程序中，提起诉讼的一方称为原告，被诉的一方为被告。当事人享有委托代理人、申请回避、提供证据、进行辩论、请求调解、提起上诉、申请保全或执行的权利，同时，也必须承担相应的义务，包括举证、遵守诉讼秩序、履行发生法律效力的判决书、裁定书和调解书。

法人由其法定代表人进行诉讼。其他组织由其主要负责人进行诉讼。

2. 第三人

第三人是指对他人之间的诉讼标的具有独立的请求权，或者虽无独立的请求权，而案件的处理结果与其有法律上的利害关系，从而参加到诉讼中来的人。有独立请求权的第三人，对他人之间的诉讼标的，不论全部或者部分，以独立实体权利人的资格提出诉讼请求而参加诉讼的人；无独立请求权的第三人，对他人之间的诉讼标的，没有独立的实体权利，只是参加当事人一方进行诉讼，以维护自己利益的人。

3. 诉讼代理人

诉讼代理人是指根据法律规定或者当事人的委托，代理当事人进行诉讼的人。在合同争议诉讼中，诉讼代理人的代理权多是由委托授权而产生的。委托代理人在代理的权限范围内，为诉讼行为和接受诉讼，视为当事人的诉讼行为，在法律上对当事人发生效力。因此，当事人有代理人的，一般可以不出庭。

9.3.5.4 第一审普通程序和简易程序

普通程序是指人民法院审理民事案件时适用的基础程序，又称为第一审普通程序，它具有程序的完整性和广泛的适用性两个特点。

1. 起诉和受理

起诉必须符合下列条件：①原告是与本案有直接利害关系的公民、法人和其他组织；②有明确的被告；③有具体的诉讼请求和事实、理由；④属于人民法院受理民事诉讼的范围和受诉人民法院管辖。

起诉应当向人民法院递交起诉状，并按照被告人数提出副本。起诉状应当记明下列事项：①当事人的姓名、性别、年龄、民族、职业、工作单位和住所，法人或者其他组织的名称、住所和法定代表人或者主要负责人的姓名、职务；②诉讼请求和所根据的事实与理由；③证据和证据来源，证人姓名和住所。

当事人对自己提出的主张，有责任提供证据。证据有下列几种：①书证；②物证；③视听资料；④证人证言；⑤当事人的陈述；⑥鉴定结论；⑦勘验笔录。

受理是人民法院对原告的起诉进行审查，确定是否立案的活动。人民法院经审查认为符合受理条件的，应在7日内立案；否则，应在7日内通知原告不予受理并说明理由。

2. 审理前的准备

人民法院应当在立案之日起5日内将起诉状副本发送被告，被告在收到之日起15日内提出答辩状。

被告提出答辩状的，人民法院应当在收到之日起5日内将答辩状副本发送原告。被告不提出答辩状的，不影响人民法院审理。

在案件受理后，应及时确定法庭组成人员。人民法院审理第一审民事案件，由审判员、陪审员共同组成合议庭，或者由审判员组成合议庭。合议庭的成员人数必须是单数。适用简易程序审理的民事案件，由审判员一人独任审理。合议庭的审判长由院长或者庭长指定审判员一人担任；院长或者庭长参加审判的，由院长或者庭长担任。

合议庭组成人员确定后，应当在3日内告知当事人。

3. 开庭审理

开庭审理是指人民法院受理民事案件后，按照法定程序，对民事案件进行法庭审理和裁判的诉讼活动。人民法院审理民事案件，以公开审理为原则。

开庭审理大致有以下几个步骤：

（1）宣布开庭。

（2）法庭调查。法庭调查按照下列顺序进行：①当事人陈述；②告知证人的权利义务，证人作证，宣读未到庭的证人证言；③出示书证、物证和视听资料；④宣读鉴定结论；⑤宣读勘验笔录。

当事人在法庭上可以提出新的证据。证据应当在法庭上出示，并由当事人互相质证。

当事人经法庭许可，可以向证人、鉴定人、勘验人发问。

当事人要求重新进行调查、鉴定或者勘验的，是否准许，由人民法院决定。

人民法院对专门性问题认为需要鉴定的，应当交由法定鉴定部门鉴定；没有法定鉴定部门的，由人民法院指定的鉴定部门鉴定。

（3）法庭辩论。在法庭调查结束后，在审判人员主持下，当事人双方对如何认定事实和适用法律相互进行言词辩论。

（4）评议和宣判。合议庭评议案件，实行少数服从多数的原则。法庭辩论终结，应当依法作出判决。判决前能够调解的，还可以进行调解。当庭宣判的，应当在10日内发送判决书；定期宣判的，宣判后立即发给判决书。

人民法院适用普通程序审理的案件，应当在立案之日起6个月内审结。有特殊情况需要延长的，由本院院长批准，可以延长6个月；还需要延长的，报请上级人民法院批准。

4. 简易程序

简易程序是指基层人民法院及其派出法庭审理简单民事案件所适用的一种简便易行的诉讼程序，它只适用于事实清楚、权利义务关系明确、争议不大的简单民事案件。人民法院适用简易程序审理案件，应当在立案之日起3个月内审结。

9.3.5.5　第二审程序

第二审程序是指当事人不服第一审人民法院作出的未生效的裁判，依法向上一级人民法院提起上诉，上一级人民法院根据事实和法律，对案件进行审判的程序。

当事人不服地方人民法院第一审判决的，有权在判决书送达之日起15日内向上一级人民法院提起上诉。当事人不服地方人民法院第一审裁定的，有权在裁定书送达之日起10日内向上一级人民法院提起上诉。

上诉应当递交上诉状。上诉状的内容，应当包括当事人的姓名，法人的名称及其法定代表人的姓名，或者其他组织的名称及其主要负责人的姓名；原审人民法院名称、案件的编号和案由；上诉的请求和理由。

上诉状应当通过原审人民法院提出，并按照对方当事人或者代表人的人数提出副本。

第二审人民法院应当对上诉请求的有关事实和适用法律进行审查。

第二审人民法院对上诉案件，应当组成合议庭，开庭审理。经过阅卷和调查，询问当事人，在事实核对清楚后，合议庭认为不需要开庭审理的，也可以径行判决、裁定。

第二审人民法院对上诉案件，经过审理，按照下列情形，分别处理：①原判决认定事实清楚，适用法律正确的，判决驳回上诉，维持原判决；②原判决适用法律错误的，依法改判；③原判决认定事实错误，或者原判决认定事实不清、证据不足，裁定撤销原判决，发回原审人民法院重审，或者查清事实后改判；④原判决违反法定程序，可能影响案件正确判决的，裁定撤销原判决，发回原审人民法院重审。当事人对重审案件的判决、裁定，可以上诉。

第二审人民法院的判决、裁定，是终审的判决、裁定。

人民法院审理对判决的上诉案件，应当在第二审立案之日起3个月内审结。有特殊情况需要延长的，由本院院长批准。

9.3.5.6　审判监督程序

审判监督程序是指对已经发生法律效力的裁决，人民法院认为确有错误，或当事人基于法定的事实和理由认为有错误，或人民检察院发现存在应当再审的法定事实和理由，而由人民法院依法再次进行审理的程序。

各级人民法院院长对本院已经发生法律效力的判决、裁定，发现确有错误，认为需要再审的，应当提交审判委员会讨论决定。

最高人民法院对地方各级人民法院已经发生法律效力的判决、裁定，上级人民法院对下级人民法院已经发生法律效力的判决、裁定，发现确有错误的，有权提审或者指令下级人民法院再审。

当事人对已经发生法律效力的判决、裁定，认为有错误的，可以向上一级人民法院申请再审，但不停止判决、裁定的执行。

对违反法定程序可能影响案件正确判决、裁定的情形，或者审判人员在审理该案件时有贪污受贿，徇私舞弊，枉法裁判行为的，人民法院应当再审。

当事人申请再审的，应当提交再审申请书等材料。人民法院应当自收到再审申请书之日起5日内将再审申请书副本发送对方当事人。对方当事人应当自收到再审申请书副本之日起15日内提交书面意见；不提交书面意见的，不影响人民法院审查。人民法院可以要求申请人和对方当事人补充有关材料，询问有关事项。

人民法院应当自收到再审申请书之日起3个月内审查，符合规定情形的，裁定再审；不符合规定的，裁定驳回申请。

当事人对已经发生法律效力的调解书，提出证据证明调解违反自愿原则或者调解协议的内容违反法律的，可以申请再审。经人民法院审查属实的，应当再审。

当事人申请再审，应当在判决、裁定发生法律效力后2年内提出；2年后据以作出原判决、裁定的法律文书被撤销或者变更，以及发现审判人员在审理该案件时有贪污受贿、徇私舞弊、枉法裁判行为的，自知道或者应当知道之日起3个月内提出。

最高人民检察院对各级人民法院已经发生法律效力的判决、裁定，上级人民检察院对下级人民法院已经发生法律效力的判决、裁定，发现有法律规定情形的，应当提出抗诉。地方各级人民检察院对同级人民法院已经发生法律效力的判决、裁定，发现有法律规定情形的，应当提请上级人民检察院向同级人民法院提出抗诉。

人民检察院提出抗诉的案件，接受抗诉的人民法院应当自收到抗诉书之日起30日内作出再审的裁定；符合法律规定情形的，可以交下一级人民法院再审。

9.3.5.7 合同争议的诉讼时效

诉讼时效指权利人在法定期间内不行使权利，即丧失请求人民法院依诉讼程序强制义务人履行义务的权利。

1988年颁布的《中华人民共和国民法通则》中的7个条文，奠定了我国诉讼时效制度的基石。此后，有关诉讼时效的一些规定也零散地分布在不同的司法解释中。2008年9月1日，最高人民法院颁布实施《关于审理民事案件适用诉讼时效制度若干问题的规定》（法释[2008] 11号），这是我国迄今为止第一个有关诉讼时效制度的专门的司法解释。

1. 诉讼时效的种类

我国民法规定了3种诉讼时效：①普通诉讼时效。即向人民法院请求保护民事权利的诉讼时效期间一般为2年。②特别诉讼时效。即部分诉讼时效期间为1年。它们包括：身体受到伤害要求赔偿的；出售质量不合格的商品未声明的；延付或者拒付租金的；寄存财物被丢失或者损毁的。③最长诉讼时效。即从权利被侵害之日起超过20年的，人民法院不予保护。上述3种诉讼时效期间，前两种从知道或者应当知道权利被侵害时计算，最长诉讼时效期间从权利被侵害之日起计算。

2. 诉讼时效中止

诉讼时效中止指在诉讼时效期间的最后6个月内，因不可抗力或者其他障碍不能行使请求权的，暂时停止计算诉讼时效期间，待阻碍时效进行的原因消除后，继续进行诉讼时效期间的计算。

有下列情形之一的，应当认定为《中华人民共和国民法通则》第一百三十九条规定的"其他障碍"，诉讼时效中止：①权利被侵害的无民事行为能力人、限制民事行为能力人没有法定代理人，或者法定代理人死亡、丧失代理权、丧失行为能力；②继承开始后未确定继承人或者遗产管理人；③权利人被义务人或者其他人控制无法主张权利；④其他导致权利人不能主张权利的客观情形。

3. 诉讼时效中断

诉讼时效中断是指在诉讼时效进行期间，因发生一定的法定事由，使已经经过的时效期间统归无效，待时效中断的事由消除后，诉讼时效期间重新计算。诉讼时效中断的法定事由有：①提起诉讼；②当事人一方提出要求；③当事人一方同意履行义务。

诉讼时效的中断要受到20年最长诉讼时效的限制。

4. 诉讼时效抗辩权的行使

当事人可以对债权请求权提出诉讼时效抗辩，但对下列债权请求权提出诉讼时效抗辩的，人民法院不予支持：①支付存款本金及利息请求权；②兑付国债、金融债券以及向不特定对象发行的企业债券本息请求权；③基于投资关系产生的缴付出资请求权；④其他依法不适用诉讼时效规定的债权请求权。

当事人违反法律规定，约定延长或者缩短诉讼时效期间、预先放弃诉讼时效利益的，人民法院不予认可。

当事人未提出诉讼时效抗辩，人民法院不应对诉讼时效问题进行释明及主动适用诉讼时效的规定进行裁判。

附录　相关资源链接

1. 中华人民共和国招标投标法［EB/OL］.［2008-12-28］. HTTP：//www. cin. gov. cn/zcfg/fl/200611/t20061101_159454. htm

2. 中华人民共和国政府采购法［EB/OL］.［2008-12-28］. HTTP：//www. cin. gov. cn/zcfg/fl/200611/t20061101_159494. htm

3. 中华人民共和国合同法［EB/OL］.［2008-12-28］. HTTP：//www. cin. gov. cn/zcfg/fl/200611/t20061101_159466. htm

4. 中华人民共和国建筑法［EB/OL］.［2008-12-28］. HTTP：//www. cin. gov. cn/zcfg/fl/200611/t20061101_159456. htm

5. 建设工程质量管理条例［EB/OL］.［2008-12-28］. HTTP：//www. cin. gov. cn/zcfg/xzfg/200611/t20061101_158929. htm

6. 建设工程勘察设计管理条例［EB/OL］.［2008-12-28］. HTTP：//www. cin. gov. cn/zcfg/xzfg/200611/t20061101_158928. htm

7. 国务院办公厅印发国务院有关部门实施招标投标活动行政监督的职责分工意见的通知（国务院办公厅，国办发［2000］34号）［EB/OL］.［2008-12-28］. HTTP：//www. cin. gov. cn/zcfg/gwywj/200611/t20061101_155480. htm

8. 国务院办公厅关于进一步规范招标投标活动的若干意见（国办发［2004］56号）［EB/OL］.［2008-12-28］. HTTP：//www. gov. cn/gongbao/content/2004/conten t_62892. htm

9. 最高人民法院关于审理建设工程施工合同纠纷案件适用法律问题的解释（法释［2004］14号）［EB/OL］.［2008-12-28］. IITTP：//www. court. gov. cn/lawdata/explain/civil/200410270004. htm

10. 最高人民法院关于审理民事案件适用诉讼时效制度若干问题的规定（2008年8月11日最高人民法院审判委员会第1450次会议通过）法释［2008］11号［EB/OL］.［2008-12-28］. HTTP：//www. court. gov. cn/lawdata/explain/civilcation/200809010005. htm

11. 最高人民法院关于建设工程价款优先受偿权问题的批复（法释［2002］16号）［EB/OL］.［2008-12-28］. HTTP：//www. mohurd. gov. cn/zcfg/jswj/jzsc/200611/t2006 1101_158604. htm

12. 工程建设项目招标范围和规模标准规定（中华人民共和国国家发展计划委员会第3号令，2000）［EB/OL］.［2008-12-28］. HTTP：//fgs. ndrc. gov. cn/flfgk/ztbfgk/t20061230_107361. htm

13. 工程建设项目自行招标试行办法（中华人民共和国国家发展计划委员会第5号令，2000）［EB/OL］.［2008-12-28］. HTTP：//www. bjjs. gov. cn/publish/portal0/tab1108/info4701. htm

14. 工程建设项目可行性研究报告增加招标内容和核准招标事项暂行规定（国家计委第9号令，2001）［EB/OL］.［2008-12-28］. HTTP：//www. ndrc. gov. cn/zcfb/zcfbl/zcfbl2003pro/t20051216_53546. htm

15. 招标公告发布暂行办法（中华人民共和国国家发展计划委员会第 4 号令，2000）〔EB/OL〕.〔2008-12-28〕. HTTP：//fgs. ndrc. gov. cn/flfgk/ztbfgk/t20061230_107368. htm

16. 工程建设项目勘察设计招标投标办法（国家发展和改革委员会、建设部、铁道部、交通部、信息产业部、水利部、民用航空总局、国家广播电影电视总局令第 2 号，2003）〔EB/OL〕.〔2008-12-28〕. HTTP：//www. cin. gov. cn/zcfg/xgbwgz/200611/t20061101_159835. htm

17. 工程建设项目施工招标投标办法（国家发展计划委员会、建设部、铁道部、交通部、信息产业部、水利部、民用航空总局第 30 号，2003）〔EB/OL〕.〔2008-12-28〕. HTTP：//www. cin. gov. cn/zcfg/xgbwgz/200611/t20061101_159832. htm

18. 工程建设项目货物招标投标办法（国家发展和改革委员会、建设部、铁道部、交通部、信息产业部、水利部、民用航空总局令第 27 号，2005）〔EB/OL〕.〔2008-12-28〕. HTTP：//www. cin. gov. cn/zcfg/xgbwgz/200611/t20061101_159837. htm

19. 评标委员会和评标方法暂行规定（国家计委、经贸委、建设部、铁道部、交通部、信息产业部、水利部令第 12 号，2001）〔EB/OL〕.〔2008-12-28〕. HTTP：//fgs. ndrc. gov. cn/flfgk/flfg/t20050614_161085. htm

20. 评标专家和评标专家库管理暂行办法（国家计委令第 29 号，2003 年）〔EB/OL〕.〔2008-12-28〕. HTTP：//www. ndrc. gov. cn/zcfb/zcfbl/zcfbl2003/t20050613_6710. htm

21. 工程建设项目招标投标活动投诉处理办法（国家发展和改革委员会、建设部、铁道部、交通部、信息产业部、水利部、民用航空总局令第 11 号，2004）〔EB/OL〕.〔2008-12-28〕. HTTP：//fgs. ndrc. gov. cn/flfgk/flfg/t20050719_37402. htm

22.《标准施工招标资格预审文件》和《标准施工招标文件》试行规定（国家发展和改革委员会、财政部、建设部、铁道部、交通部、信息产业部、水利部、民用航空总局、国家广播电影电视总局第 56 号令，2007）〔EB/OL〕.〔2008-12-28〕. HTTP：//fgs. ndrc. gov. cn/bzwjxcgc/t20071227_181550. htm

23. 国家重大建设项目招标投标监督暂行办法（国家计委令第 18 号，2002 年）〔EB/OL〕.〔2008-12-28〕. HTTP：//www. ndrc. gov. cn/zcfb/zcfbl/zcfbl2003pro/t2005070 7_27426. htm

24. 关于印发贯彻落实 2007 年反腐倡廉工作任务，进一步加强工程建设招投标监督管理工作意见的通知（国家发展和改革委员会、监察部、建设部、铁道部、交通部、信息产业部、水利部、商务部、民用航空总局、国务院法制办公室，发改法规〔2007〕1399 号）〔EB/OL〕.〔2008-12-28〕. HTTP：//fgs. ndrc. gov. cn/gzdt/t20070704_146096. htm

25. 招标投标违法行为记录公告暂行办法（国家发展和改革委员会、工业和信息化部、监察部、财政部、住房和城乡建设部、交通运输部、铁道部、水利部、商务部和法制办，发改法规〔2008〕1531 号）〔EB/OL〕.〔2008-12-28〕. HTTP：//www. cin. gov. cn/zcfg/jswj/jzsc/200806/t20080627_173697. htm

26. 招标投标部际协调机制暂行办法（发改法规〔2005〕1282 号）〔EB/OL〕.〔2008-12-28〕. HTTP：//fgs. ndrc. gov. cn/flfgk/ztbfgk/t20070309_120604. htm

27. 国际复兴开发银行贷款和国际开发协会信贷采购指南(2006 年 10 月修改)〔EB/OL〕.〔2008-12-28〕. HTTP：//siteresources. worldbank. org/EXTEAPCHINAINCHINESE/Resources/Procurement_oct_06. pdf？resourceurlname = Procurement_oct_06. pdf

28. 世界银行借款人选择和聘请咨询顾问指南（2006 年 10 月 1 日修改）［EB/OL］. ［2008-12-28］. HTTP：//siteresources. worldbank. org/EXTEAPCHINAINCHINESE/Resources/Consultant_oct_06. pdf？resourceurlname = Consultant_oct_06. pdf

29. 世界银行标准采购文件——土建工程采购资格预审文件及用户指南（2006 年 8 月）［EB/OL］. ［2008-12-28］. HTTP：//web. worldbank. org/WBSITE/EXTERNAL/EXTCHINESEHOME/EXTCOUNTRIESCHINESE/EXTEAPINCHINESE/EXTEAPCHINAINCHINESE/0，contentMDK：21454957 ~ pagePK：141137 ~ piPK：141127 ~ theSitePK：3885742，00. html

30. 世界银行标准建议书征询文件——选择咨询顾问（2004 年 5 月）［EB/OL］. ［2008-12-28］. HTTP：//web. worldbank. org/WBSITE/EXTERNAL/EXTCHINESEHOME/EXTCOUNTRIESCHINESE/EXTEAPINCHINESE/EXTEAPCHINAINCHINESE/0，contentMDK：21454957 ~ pagePK：141137 ~ piPK：141127 ~ theSitePK：3885742，00. html

31. 世界银行标准招标文件——货物采购（2007 年 5 月版）［EB/OL］. ［2008-12-28］. HTTP：//web. worldbank. org/WBSITE/EXTERNAL/EXTCHINESEHOME/EXTCOUNTRIESCHINESE/EXTEAPINCHINESE/EXTEAPCHINAINCHINESE/0，contentMDK：21454957 ~ pagePK：141137 ~ piPK：141127 ~ theSitePK：3885742，00. html

32. 中华人民共和国财政部编. 世界银行贷款项目招标文件范本——货物采购国内竞争性招标文件（1997 年 5 月）［EB/OL］. ［2008-12-28］. HTTP：//web. worldbank. org/WBSITE/EXTERNAL/EXTCHINESEHOME/EXTCOUNTRIESCHINESE/EXTEAPINCHINESE/EXTEAPCHINAINCHINESE/0，contentMDK：21454957 ~ pagePK：141137 ~ piPK：141127 ~ theSitePK：3885742，00. html

33. 中华人民共和国财政部编. 世界银行贷款项目招标文件范本——土建工程国内竞争性招标文件（1997 年 5 月）［EB/OL］. ［2008-12-28］. HTTP：//web. worldbank. org/WBSITE/EXTERNAL/EXTCHINESEHOME/EXTCOUNTRIESCHINESE/EXTEAPINCHINESE/EXTEAPCHINAINCHINESE/0，contentMDK：21454957 ~ pagePK：141137 ~ piPK：141127 ~ theSitePK：3885742，00. html

34. 世界银行评审报告格式样本——选择咨询者（1999 年 10 月）［EB/OL］. ［2008-12-28］. HTTP：//web. worldbank. org/WBSITE/EXTERNAL/EXTCHINESEHOME/EXTCOUNTRIESCHINESE/EXTEAPINCHINESE/EXTEAPCHINAINCHINESE/0，contentMDK：21454957 ~ pagePK：141137 ~ piPK：141127 ~ theSitePK：3885742，00. html

35. 房屋建筑和市政基础设施工程施工招标投标管理办法（建设部令第 89 号，2001 年）［EB/OL］. ［2008-12-28］. HTTP：//www. cin. gov. cn/zcfg/jsbgz/200611/t20061101_159028. htm

36. 建筑工程设计招标投标管理办法（建设部令第 82 号，2000）［EB/OL］. ［2008-12-28］. HTTP：//www. cin. gov. cn/zcfg/jsbgz/200611/t20061101_158980. htm

37. 建筑工程方案设计招标投标管理办法（住房和城乡建设部［建市［2008］63 号］）［EB/OL］. ［2008-12-28］. HTTP：//www. cin. gov. cn/zcfg/jswj/jzsc/200804/t20080402_158921. htm

38. 建设工程监理范围和规模标准规定（建设部令第 86 号）［EB/OL］. ［2008-12-28］. HTTP：//www. cin. gov. cn/zcfg/jsbgz/200611/t20061101_159024. htm

39. 建设工程勘察设计资质管理规定［EB/OL］.［2008-12-28］. HTTP：//www. cin. gov. cn/zcfg/jsbgz/200707/t20070706_159103. htm

40. 建筑业企业资质管理规定［EB/OL］.［2008-12-28］. HTTP：//www. cin. gov. cn/zcfg/jsbgz/200707/t20070706_159101. htm

41. 工程建设项目招标代理机构资格认定办法（建设部令第154号，2007）［EB/OL］.［2008-12-28］. HTTP：//www. cin. gov. cn/zcfg/jsbgz/200702/t20070214_159095. htm

42. 工程监理企业资质管理规定［EB/OL］.［2008-12-28］. HTTP：//www. cin. gov. cn/zcfg/jsbgz/200707/t20070706_159104. htm

43. 工程造价咨询企业管理办法［EB/OL］.［2008-12-28］. HTTP：//www. cin. gov. cn/zcfg/jsbgz/200704/t20070412_159098. htm

44. 房屋建筑和市政基础设施工程施工分包管理办法［EB/OL］.［2008-12-28］. HTTP：//www. cin. gov. cn/zcfg/jsbgz/200611/t20061101_159063. htm

45. 房屋建筑工程和市政基础设施工程竣工验收备案管理暂行办法（建设部令第78号）［EB/OL］.［2008-12-28］. HTTP：//www. cin. gov. cn/zcfg/jsbgz/200611/t20061101_158983. htm

46. 机电产品国际招标投标实施办法（商务部令2004年第13号）［EB/OL］.［2008-12-28］. HTTP：//mep128. mofcom. gov. cn/mep/zcfg/zh/101663. asp

47. 机电产品国际招标机构资格审定办法（商务部令2005年第6号）［EB/OL］.［2008-12-28］. HTTP：//www. mofcom. gov. cn/aarticle/o/200504/20050400049931. html

48. 机电产品国际招标综合评价法实施规范（试行）［EB/OL］.［2008-12-28］. HTTP：//mep128. mofcom. gov. cn/mep/zcfg/qita/255493. asp

49. 出口商品配额招标办法（对外贸易与经济合作部令2001年第11号）［EB/OL］.［2008-12-28］. HTTP：//www. mofcom. gov. cn/aarticle/b/e/200207/20020700031757. html

50. 工业品出口配额招标实施细则［EB/OL］.［2008-12-28］. HTTP：//mep128. mofcom. gov. cn/mep/zcfg/ckgl/100522. asp

51. 水利工程建设项目招标投标管理规定（水利部第14号令，2001）［EB/OL］.［2008-12-28］. HTTP：//fgs. ndrc. gov. cn/flfgk/ztbfgk/t20070320_122602. htm

52. 民航专业工程及货物招标投标管理办法（中国民用航空总局AP－129－CA－03，2007）［EB/OL］.［2008-12-28］. HTTP：//fgs. ndrc. gov. cn/flfgk/ztbfgk/t20071024_166792. htm

53. 通信建设项目招标投标管理暂行规定（信息产业部令第2号，2000）［EB/OL］.［2008-12-28］. HTTP：//fgs. ndrc. gov. cn/flfgk/ztbfgk/t20070321_122626. htm

54. 招标拍卖挂牌出让国有建设用地使用权规定（国土资源部令第39号，2007）［EB/OL］.［2008-12-28］. HTTP：//www. cin. gov. cn/zcfg/xgbwgz/200710/t20071016_159874. htm

55. 政府采购货物和服务招标投标管理办法（财政部令第18号，2004）［EB/OL］.［2008-12-28］. HTTP：//fgs. ndrc. gov. cn/flfgk/ztbfgk/t20070105_109100. htm

56. 公路工程勘察设计招标投标管理办法（交通部令2001年第6号）［EB/OL］.［2008-12-28］. HTTP：//search. moc. gov. cn：8080/was40/detail？record=39&channelid=49189&searchword=％E6％8B％9B％E6％A0％87

57. 公路工程施工监理招标投标管理办法（交通部令 2006 年第 5 号）［EB/OL］. ［2008-12-28］. HTTP：//search. moc. gov. cn：8080/was40/detail？record＝25&channelid＝49189&searchword＝% E6% 8B% 9B% E6% A0% 87

58. 公路工程施工招标投标管理办法（交通部令 2006 年第 7 号）［EB/OL］. ［2008-12-28］. HTTP：//search. moc. gov. cn：8080/was40/detail？record＝23&channelid＝49189&searchword＝% E6% 8B% 9B% E6% A0% 87

59. 经营性公路建设项目投资人招标投标管理规定（交通部令 2007 年第 8 号）［EB/OL］. ［2008-12-28］. HTTP：//fgs. ndrc. gov. cn/flfgk/ztbfgk/t20071031_169522. htm

60. 道路旅客运输班线经营权招标投标办法（交通运输部令 2008 年第 8 号）［EB/OL］. ［2008-12-28］. HTTP：//search. moc. gov. cn：8080/was40/detail？templet＝falvtest. jsp&record＝1&encoding＝gbk&channelid＝1386&searchword＝% E5% 90% 8D% E7% A7% B0＝% E9% 81% 93% E8% B7% AF% E6% 97% 85% E5% AE% A2% E8% BF% 90% E8% BF% 93% E7% 8F% AD% E7% BA% BF% E7% BB% 8F% E8% 90% A5% E6% 9D% 83% E6% 8B% 9B% E6% A0% 87% E6% 8A% 95% E6% A0% 87% E5% 8A% 9E% E6% B3% 95

61. 水运工程勘察设计招标投标管理办法（交通部令 2003 年第 4 号）［EB/OL］. ［2008-12-28］. HTTP：//fgs. ndrc. gov. cn/flfgk/ztbfgk/t20070320_122596. htm

62. 水运工程施工监理招标投标管理办法（交通部令 2002 年第 3 号）［EB/OL］. ［2008-12-28］. HTTP：//search. moc. gov. cn：8080/was40/detail？record＝37&channelid＝49189&searchword＝% E6% 8B% 9B% E6% A0% 87

63. 水运工程施工招标投标管理办法（交通部令 2000 年第 4 号）［EB/OL］. ［2008-12-28］. HTTP：//fgs. ndrc. gov. cn/flfgk/ztbfgk/t20070320_122587. htm

64. 水运工程机电设备招标投标管理办法（交通部令 2004 年第 9 号）［EB/OL］. ［2008-12-28］. HTTP：//fgs. ndrc. gov. cn/flfgk/ztbfgk/t20070320_122597. htm

65. 中华人民共和国标准施工招标资格预审文件（2007 年版）［EB/OL］. ［2008-12-28］. HTTP：//www. ndrc. gov. cn/zcfb/zcfbl/2007ling/W020071221364300653131. pdf

66. 中华人民共和国发展和改革委员会等. 中华人民共和国标准施工招标文件（2007 年版）［EB/OL］. ［2008-12-28］. HTTP：//www. ndrc. gov. cn/zcfb/zcfbl/2007ling/W020071221364303156712. pdf

67. 建设部合同示范文本（施工、造价咨询、工程担保、施工分包、监理等）［EB/OL］. ［2008-12-28］. http：//219. 142. 101. 122/wsbsdtnew/xzzx/

68. 北京市建设工程招标投标管理办公室. 关于资格预审评审办法编制的指导意见（试行）（2006 年 3 月第八版）［EB/OL］. ［2008-12-28］. HTTP：//www. bjpc. gov. cn/zcwj/ztb/bjztb/200707/t186053. htm

69. 建设部（建筑业、勘察、设计、监理等）资质分级标准［EB/OL］. ［2008-12-28］. http：//219. 142. 101. 122/wsbsdtnew/xzzx/

70. 世界银行标准招标文件英文版［EB/OL］. ［2008-12-28］. HTTP：//WEB. WORLDBANK. ORG/WBSITE/EXTERNAL/PROJECTS/PROCUREMENT/0，CONTENTMDK：20062006 ～ MENUPK：84284 ～ PAGEPK：84269 ～ PIPK：60001558 ～ THESITEPK：84266，00. HTML

参考文献

［1］ 国家计委政策法规司，国务院法制办财政金融法制司．中华人民共和国招标投标法释义［M］．北京：中国计划出版社，1999．

［2］ 中华人民共和国招标投标法起草小组．招标投标法操作实务［M］．北京：法律出版社，2000．

［3］ 中华人民共和国建设部．建设工程项目管理规范（GB/T 50326—2006）［S］．北京：中国建筑工业出版社，2006．

［4］ 中华人民共和国建设部．建设项目工程总承包管理规范（GB/T 50358—2005）［S］．北京：中国建筑工业出版社，2005．

［5］ 中国工程项目招标投标工作手册编委会．中国工程项目招标投标工作手册（上、下册）［M］．北京：机械工业出版社，2003．

［6］ 王俊安．招标投标与合同管理［M］．北京：中国建材工业出版社，2003．

［7］ 何伯森．工程项目管理的国际惯例［M］．北京：中国建筑工业出版社，2007．

［8］ 李启明．土木工程合同管理［M］．2版．南京：东南大学出版社，2008．

［9］ 刘尔烈．工程项目招标投标实务［M］．北京：人民交通出版社，2000．

［10］ 舒福荣．招标投标国际惯例［M］．贵阳：贵州人民出版社，1994．

［11］ 张莹．招标投标理论与实务［M］．北京：中国物资出版社，2003．

［12］ 成虎．建筑工程合同管理与索赔［M］．4版．南京：东南大学出版社，2008．

［13］ 本书编写组．中华人民共和国2007年版标准施工招标文件使用指南［M］．北京：中国计划出版社，2008．

［14］ 本书编写组．中华人民共和国2007年版标准施工招标资格预审文件使用指南［M］．北京：中国计划出版社，2008．

［15］《中国建设工程项目管理规范》编写委员会．建设工程项目管理规范实施手册［M］．2版．北京：中国建筑工业出版社，2006．

［16］ 邓辉．招标投标法新释与例解［M］．北京：同心出版社，2003．

［17］ 国际咨询工程师联合会，中国工程咨询协会．菲迪克（FIDIC）合同指南［M］．北京：机械工业出版社，2003．

［18］ 国际咨询工程师联合会，中国工程咨询协会．简明合同格式［M］．北京：机械工业出版社，2002．

［19］ 国际咨询工程师联合会，中国工程咨询协会．设计采购施工（EPC）－交钥匙工程合同条件［M］．北京：机械工业出版社，2002．

［20］ 国际咨询工程师联合会，中国工程咨询协会．施工合同条件［M］．北京：机械工业出版社，2002．

［21］ 国际咨询工程师联合会，中国工程咨询协会编译．FIDIC招标程序［M］．北京：中国计划出版社，1998．

［22］ 何伯森．国际工程合同管理［M］．北京：中国建筑工业出版社，2005．

［23］ 李武伦．建设合同管理与索赔［M］．郑州：黄河水利出版社，2003．

［24］梁镳，潘文，丁本信．建设工程合同管理与案例分析［M］．北京：中国建筑工业出版社，2004.

［25］王洪亮．承揽合同·建设工程合同［M］．北京：中国法制出版社，2000.

［26］国务院法制局农林城建司，建设部体改法规司，建筑业司．中华人民共和国建筑法释义［M］．北京：中国建筑工业出版社，1997.

［27］谢怀栻等．合同法原理［M］．北京：法律出版社，2000.

［28］刘晓君，席酉民．拍卖理论与实务［M］．北京：机械工业出版社，2001.

［29］张明峰．FIDIC 新红皮书精要解读［M］．北京：航空工业出版社，2002.

［30］翟云岭．合同法总论［M］．北京：中国人民公安大学出版社，2003.

［31］中华人民共和国建设部．房屋建筑和市政基础设施施工工程施工招标文件范本［M］．北京：中国建筑工业出版社，2003.

［32］中华人民共和国住房和城乡建设部．建筑工程方案设计招标投标管理办法［M］．北京：中国建筑工业出版社，2008.

［33］Turner J. R. 项目中的合同管理［M］．天津：南开大学出版社，2005.

［34］王利明．合同法研究［M］．北京：中国人民大学出版社，2003.

［35］美国项目管理协会．项目管理知识体系指南［M］．3 版．北京：电子工业出版社，2005.

［36］孟春主编．政府采购理论与实践［M］．北京：经济科学出版社，2001.

［37］中华人民共和国建设部．地铁及地下工程建设风险管理指南（试行）［M］．北京：中国建筑工业出版社，2007.

［38］王俊安．招标投标案例分析［M］．北京：中国建材工业出版社，2005.

［39］乐云．国际新型建筑工程 CM 承发包模式［M］．上海：同济大学出版社，1998.

［40］张维迎．博弈论与信息经济学［M］．上海：上海三联书店，上海人民出版社，1996.

［41］中华人民共和国住房和城乡建设部．建设工程工程量清单计价规范（GB 50500—2008）［S］．北京：中国计划出版社，2008.

［42］周锐，周盛廉．工程担保操作实务［M］．北京：中国建筑工业出版社，2007.

［43］建设部建筑管理司．质量管理体系（GB/T 19001—2000）专业应用指南——建设工程施工［S］．北京：中国民艺出版社，2006.

［44］郭振华等．工程项目保险［M］．北京：经济科学出版社，2004.

［45］中华人民共和国财政部．标准评标报告格式（世界银行贷款项目招标文件范本）［M］．北京：清华大学出版社，1997.

［46］中华人民共和国财政部．货物采购国内竞争性招标文件（世界银行贷款项目招标文件范本）［M］．北京：清华大学出版社，1997.

［47］中华人民共和国财政部．土建工程国际竞争性招标文件（世界银行贷款项目招标文件范本）［M］．北京：清华大学出版社，1997.

［48］中华人民共和国财政部．土建工程国内竞争性招标文件（世界银行贷款项目招标文件范本）［M］．北京：清华大学出版社，1997.

［49］国家技术监督局．质量管理体系——项目质量管理指南（GB/T 19016—2005）［S］．北京：中国标准出版社，2006.

［50］国家技术监督局．项目风险管理应用指南（GB/T 20032—2005）［S］．北京：中国标准出版社，2006.

［51］粟芳，许谨良．保险学［M］．北京：清华大学出版社，2006.

［52］王卓甫．工程项目风险管理——理论、方法与应用［M］．北京：中国水利水电出版社，2002.

［53］WTO 秘书处．WTO 政府采购协议修订本［J］．于安，译．中国政府采购，2007（7）.

［54］陈守愚．招标投标理论研究与实务［M］．北京：中国经济出版社，1998.

［55］单健，曹小琳，洪红．浅析施工索赔与违约责任［J］．施工技术，2004（12）.

［56］方东平等．项目承包风险评价［J］．建筑经济，2002（8）.

［57］郭耀煌，王亚平．工程索赔管理［M］．北京：中国铁道出版社，1999.

［58］郝丽萍，郑远挺，谭庆美．建设工程投标报价的博弈模型研究［J］．哈尔滨建筑大学学报，2002（2）.

［59］何红锋．工程建设中的合同法与招标投标法［M］．北京：中国计划出版社，2002.

［60］胡怀．工程施工索赔中的利润索赔［J］．上海企业，2004（11）.

［61］交通部．公路工程国内招标文件范本（2003 年版）［M］．北京：人民交通出版社，2003.

［62］孟晔．WTO 政府采购协议的新发展［J］．WTO 经济导刊，2008（3）.

［63］宁延，黄有亮．施工工程合同激励条款分析与设计建议［J］．建筑管理现代化，2008（5）.

［64］秦玉秀，浅谈施工合同交底［J］．建筑经济，2005（9）.

［65］邱闯．国际工程合同中业主违约下的损害赔偿［J］．建筑经济，2000（12）.

［66］求索，胡季英．影响投标决策的典型因素［J］．建筑管理现代化，2003（4）.

［67］宋彩萍．工程施工项目投标报价实战策略与技巧［M］．北京：科学出版社，2004.

［68］宋宗宇．建设工程合同效力研究［J］．重庆建筑大学学报，2005（2）.

［69］王文举等．博弈论应用与经济学发展［M］．北京：首都经济贸易大学出版社，2003.

［70］朱树英．法官看建设工程合同无效以及施工企业应注重的问题［J］．建筑经济，2003（8）.